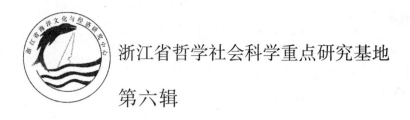

浙江省哲学社会科学重点研究基地

第六辑

浙江海洋文化与经济

张 伟 主编

海洋出版社

2013 年 · 北京

图书在版编目(CIP)数据

浙江海洋文化与经济. 第6辑/张伟主编.
—北京:海洋出版社,2013.11
ISBN 978 – 7 – 5027 – 8724 – 0

Ⅰ.①浙…　Ⅱ.①张…　Ⅲ.①海洋 – 文化 – 浙江省 – 文集
②沿海经济 – 经济发展 – 浙江省 – 文集　Ⅳ.①P722.6 – 53②F127.55 – 53

中国版本图书馆 CIP 数据核字(2013)第 264122 号

责任编辑:赵　武
责任印制:赵麟苏

海洋出版社　出版发行

http://www.oceanpress.com.cn

北京市海淀区大慧寺路 8 号　邮编:100081
北京旺都印务有限公司印刷　新华书店发行所经销
2013 年 11 月第 1 版　2013 年 11 月北京第 1 次印刷
开本:787mm×1092mm　1/16　印张:17.5
字数:440 千字　定价:60.00 元
发行部:62132549　邮购部:68038093　总编室:62114335
海洋版图书印、装错误可随时退换

前　言

　　《浙江海洋文化与经济》是浙江省哲学社会科学重点研究基地——浙江省海洋文化与经济研究中心主办的学术性刊物。本刊物旨在围绕本中心的浙江海洋经济与管理、浙江海外经济文化交流与区域社会变迁、浙江海洋文化三个研究方向，通过理论与实证研究，努力推出一批高质量、有影响的基础性与对策性研究成果，在促进基地建设、推动学术交流的同时，为浙江省全面实施海洋经济强省和文化强省建设提供智力服务。

　　本辑共收录论文 31 篇，其中除了中心研究人员的部分研究成果外，也有国内外其他高等院校、研究机构以及地方政府部门研究人员的相关成果。就其内容而言，涉及海洋经济、海洋文化以及海洋资源的开发与利用等方面，既有宏观研究，也有个案研究；既有理论、对策类研究，也有基础性研究，一定程度上反映了当前相关海洋文化、海洋经济研究，尤其是浙江省海洋文化与经济研究的一些新动态。

　　由于我们的水平有限，加之编纂时间仓促，文中错讹之处在所难免，敬请读者批评指正。同时，我们也衷心感谢同行专家对我们的大力支持。

《浙江海洋文化与经济》编委会

2013 年 4 月

目 次

近年博多港研究的新动向

——以中国人居住区的形成为中心

山内晋次[1] 撰　李广志[2] 译

（1. 日本神户女子大学　2. 宁波大学）

摘要　唐朝中后期,东亚、东南亚海域交流日益频繁,中国商人在拓展海外贸易的同时,形成了独具特色的海外华人居住区。日本博多港,自古以来就成为连接中国与日本的重要窗口。本文通过文献史料和最新的考古资料,考证了 11—13 世纪中国商人在博多的居住设施以及社会生活情况。文章所介绍的有关博多中国人居住区的最新研究成果,对亚洲史乃至世界史的研究均具有极为珍贵的史料价值。

关键词　中国海商　博多　中国人居住区　鸿胪馆　唐坊

一、引言

9 世纪以后,中国商人开始拓展海外贸易,并逐渐在东亚以及东南亚海域掌握了海上贸易主导权。10 世纪后期的宋代,中国国内的商品流通得到巨大发展,海商们的贸易活动更加活跃,他们的活动范围覆盖东起日本列岛,西至东南亚地区的广阔海域,确立了其掌管海上贸易的优越地位。而且,在这一历史过程中,海商以及搭乘他们贸易船只的各阶层、各工种的中国人,分别在东南亚、朝鲜、日本等国形成了海外中国人居住地①。本文聚焦 11—13 世纪日本博多形成的居住区状况,并着重总结近 10 年来的最新研究成果。

二、日本国际交流史上划时代性的 9 世纪与博多

如上所述,中国海商于 9 世纪正式展开贸易活动,这一时期也是日本国际交流史上的一个重要时期。之所以这么说,在此之前,日本与朝鲜半岛、中国大陆的国际交往,基本上是通过日本王权派遣新罗使、遣唐使,以及新罗、渤海等地的王权国家向日本派遣外交使节的形式进行的。而且在其派遣的时间间隔、参加人员等方面,都受到固定线路的制约。但进入 9 世纪以后,这些外交使团的相互派遣几乎全部停止下来,而新罗和中国的民间海商,连年驶

---

①　关于 9 世纪以后中国商人拓展的海上贸易,榎本涉在 2008 年总结了研究概要。关于东南亚、东亚的中国人居住区,参见和田久德的 1959 年、1961 年、1982 年,山内晋次的 2003:210 - 213 页等研究。

往日本从事贸易活动,出现了一种新的格局。也就是说,9世纪时,国际交流形成了新的路径,交流人员范围扩展到民间人士。据此,可以认为,9世纪在日本国际交流史上具有划时代性意义①。10世纪以后,来自中国大陆的民间海商贸易活动更加活跃,由此展开了"宋日贸易"②。

日本与中国大陆海上贸易的最大据点位于博多(现在的福冈县福冈市中心地)一带。博多地处九州岛北岸中心部,它与朝鲜半岛和中国大陆隔海相望。另外,它面向玄界滩,位于狭窄的博多湾中央地区,对于船舶避风拥有得天独厚的地理条件。此外,博多的重要性还在于,它能便捷地连接王权所在地的列岛中部近畿地方和濑户内海。正因为拥有如此众多的地缘优势,博多一带自9世纪以前就成了日本国际交流的重要窗口③。这样,古时国际交流重地的博多,在9世纪以后的海上贸易发展过程中,被日本朝廷批准为中国商船驶入的贸易港④。结果,博多成为日本古代、中世纪时期最大的贸易城市,迈入了有别于国内其他都市的发展历程。

三、博多的鸿胪馆

7世纪后半叶,日本(倭国)朝廷在博多设置了对外公馆。这一设施,归属负责九州地区行政和外交的政府派出机构(后来的大宰府)管辖,当初称"筑紫馆"。9世纪前期,仿照中国改为"鸿胪馆"。这个鸿胪馆,本来的功能是作为日本派遣外交使节的进出地和迎接朝鲜半岛、中国外交使节的迎宾馆。但是,如上所述,9世纪以后,这种外交使节的往来几乎全部停止下来,取而代之的是新罗、唐的民间商船大量涌入。这一设施也只好改变其原有机能,主要用于临时接待外国商人,成为朝廷管理海外贸易的设施⑤。

经考古发掘确定,鸿胪馆位于今福冈市中央区的和平台球场一带。那里古时为博多湾突出的海角台地,鸿胪馆就设置在它的前面。遗憾的是,有关鸿胪馆的史料几乎荡然无存。因此,仅靠文献资料,很难弄清楚其真实状况。但是,1987年以后,经过对鸿胪馆遗址进行连续考古调查,从出土遗物中逐渐呈现出了该设施本来的面目。

现已确定,鸿胪馆遗迹由南北两座建筑群构成,被东西走向的沟渠隔开。遗迹表明,建筑物至少经历了3个时期,即第1期(7世纪后半期)、第2期(8世纪前半期)和第3期(8世纪后半期至9世纪前半期)。尽管无法更深入地了解该建筑遗迹的具体细节,但从出土的中国陶瓷和瓦等遗物来判断,这一设施在第4期(9世纪后半期至10世纪前半期)和第5期(10世纪后半期至11世纪前半期)中也曾使用过。

---

① 关于9世纪日本的划时代性,参见山内晋次2008年、2011;榎本涉2010b:12-17页。
② 关于9世纪以后日本海上贸易的研究动向,参见榎本涉2002、2009、2010年;Enomoto 2003;山内晋次2008a,2008b。
③ 关于这一点,比较新的研究成果见小林茂、矶望、佐伯弘次、高仓洋彰编1998;バートン2001;Batten 2006;久住猛雄2007等。
④ 山内晋次2003:128-166页。
⑤ 关于鸿胪馆历史变迁的文献资料及考古数据,参见大庭康时2005,2006,2009年;古代博多展实行委员会编2007;渡边诚2010b等。

在鸿胪馆出土的遗物中,令人瞩目的是9世纪后半期以后出土量剧增,以越窑青瓷为主的大量中国陶瓷碎片,远远高于日本同期其他地区的出土量。更值得关注的是,在大量的中国陶瓷碎片中,有些珍贵的器种(茶具、灯具、捏钵等)是日本国内的其他遗迹中未曾发现过的。由于这些器种出土的数量有限,因此可以认为,它们并不是流通的商品,而是居住在鸿胪馆里的中国商人的日常用品。此外,还发现许多日本其他地区基本没有出土过的粗制陶瓷,以及未出窑的叠烧瓷碗等器物。由此可以断定,这些中国陶瓷,有些是不符合日本国内的需求,有些是作为次品没有进行流通,结果就废弃在鸿胪馆里了。从这些出土的中国陶瓷可以看出,鸿胪馆是在日本朝廷的管理下提供给中国海商居住和从事贸易的场所。

四、贸易据点的转移——从鸿胪馆到博多遗迹群

然而,在鸿胪馆遗址11世纪中期以后的土层中,没有发现其他建筑物的痕迹和遗物。由此可以推定,11世纪中期以后,鸿胪馆已经停止运营。至于为何停止使用,具体原因不详。但是,据日本史书《扶桑略记》《百錬抄》等永承二年(1047年)十一月条记载,中国海商居住的宿坊发生了火灾(放火)事件。因此可以推测,那场火灾就是废馆的主要原因。但是,史料中多次出现,即使11世纪中叶以后鸿胪馆没再使用,中国海商仍然不断地驶向博多,从事海上贸易。那么,11世纪中期以后的贸易活动,到底是在博多的哪里进行的呢?

关于这个问题,尚未发现更多的文史资料。然而,能提供最有力证据的仍属考古资料。1977年以后,在鸿胪馆遗迹以东2~3千米的日本铁道株式会社博多站北侧中心地段,连续进行了200余次考古挖掘,结果发现很多建筑遗迹和其他遗物,这些遗迹统称为"博多遗迹群"[①]。遗迹群跨越古代和中世,位于东侧沙丘之上,隔海湾与鸿胪馆相望,东侧与内陆相连,而北、南、西侧面向大海和河流,与周围陆地相隔离。

在这个遗迹群的大批发掘成果中,最令人瞩目的是中国海商贸易的实物资料,也就是11世纪后期以来中国陶瓷碎片剧增这一事实。如前所述,鸿胪馆遗迹至11世纪中叶为止,再没有出土过中国陶瓷碎片等遗物。与此相反,博多遗迹群自11世纪中叶以后,中国陶瓷碎片数量猛增,其出土量远远高于鸿胪馆遗迹。这一事实,有力地证明了从11世纪中叶开始,中国海商居住和贸易的场所,已从鸿胪馆遗迹转向了博多遗迹群一带。

博多遗迹群地区,应该在11世纪中叶以前就设有某种行政机构。关于这一点,尽管没有文献资料记载,但考古发掘显示,这里已具有公共设施特征的大型建筑遗迹和官员专用的服饰用品。因此,可以认为,在日本朝廷的主导下,海商们的居住和贸易场所从鸿胪馆转移到博多遗迹群,而且朝廷仍然对转移后的博多遗迹群地区实施贸易管理[②]。

五、博多中国人居住区的形成

在这个博多遗迹群地区,究竟形成了怎样的中国海商居住区和贸易据点?遗憾的是,几

---

① 关于博多遗迹群及其贸易状况,参见大庭康时1999,2011,2006,2009b,2011;田上勇一郎2006;大庭康时、佐伯弘次、菅波正人、田上勇一郎编2008等。

② 山内晋次2003;128 – 263页。

3

乎未见记载其详情的史料。然而,12 世纪前后的一些文献中却称博多中国人居住、贸易区为"唐坊"或"唐房"①。关于"唐坊"与"唐房"这一称呼,"唐"指唐人,也就是中国人的意思,"坊"指他们居住街区的一部分。另外,"房"还有房屋、住所的意思。因此,史料中的"唐坊"或"唐房",指的就是中国人居住地或居住设施。如此可以印证,11 世纪后期至 12 世纪,博多已形成中国人居住区。

关于中国人居住区"唐坊"的具体状况,只有通过考古资料才能反映其真实细节。如上述所言,从博多遗迹群中出土了大量的中国陶瓷碎片,其出土状况具有以下鲜明特征②。

首先,值得关注的是,与日本同期国内其他遗迹相比,中国陶瓷碎片的出土量极其庞大,并且在出土的陶瓷碎片总量中,进口陶瓷碎片所占的比例极高。

其次,在出土的陶瓷中,特别引人注目的是那些大型陶瓷、特殊器型的物品等。这些大型容器,很可能是从中国进口某种物品时使用的装箱容器,在博多卸货后遗弃在那里的。

再者,在博多遗迹群中,还发现因火灾等原因遗弃的数百件中国陶器,以及一并被废弃的建筑遗址。根据这些特殊状态的遗物,可以推断中国海商们曾经拥有店铺、仓库等设施。此外还发现 2 000 件以上的中国陶瓷碎片,器物的底部(高台的内侧)墨书有各种各样的文字和记号。其中出现许多写有中国人名,或人名 + "纲"字的瓷器。这个"纲"字,在中国代表运输货物的队伍。由此可以断定,中国商人发送货物时,在商品上墨书某种印记,并于博多进行挑选,一些因残次不能出售的就丢弃在那里。有一点特别值得注意,除博多外,其他地区几乎没有发现过器物底部带有墨书的中国陶瓷。关于不能出售的商品,博多遗迹群中还屡次出土一些釉药溶解后盖身粘在一起的盒子,以及叠烧在一起的瓷碗等器物。这些陶瓷也是为了销往日本国内,在此区域内挑选后因残次而丢弃的遗物。

另外,在博多遗迹群中,尽管出土量不多,但频频出土一些陶瓷灯具、盅、人形、香炉、水具等生活用品。这些物品是逗留在博多的中国商人及相关中国人士的日常用品,在日本国内的其他遗迹中几乎没有发现过。因此,中国陶瓷的出土状况,除上文所述的众多特征,再结合日本国内其他地区没有类似物品出土这一事实,对于判定博多遗迹群的性质和功能,具有极其重要的价值。

博多遗迹群出土的中国陶瓷量,在 12 世纪中叶达到了顶峰。尽管 13 世纪以后,在数量和器种方面有所减少,但仍是国内出土量最多的地区。通过考古数据可以看出,在 11—13 世纪的日本,博多遗迹群一带是国内唯一一处中国海商的常驻地和贸易据点。这一场所,正是上述文献史料中所载的中国人居住区"唐坊"③。

至于唐坊的准确位置,由于文献记录极其有限,因此,仅靠考古资料推测难度较大。但依据现有的考古数据判断,它位于博多遗迹群西侧,即从现在的栉田神社到冷泉公园一带的可能性极大。此外,在这一区域里,除中国瓷片外,还出土了许多形态及纹样明显不同于日

---

① 关于博多唐坊的研究动向及新发现的史料,参见山内晋次 2003:230 – 237 页,2010;榎本涉 2005;渡边诚 2006,2009。

② 参见大庭康时 1999,2001,2009b,2011。

③ 近年来有学者主张,同一时期博多以外的九州各地也存在唐坊,见服部英雄 2005,2008;柳原敏昭 2011:70 – 159 页。对此,渡边诚 2006 提出否定意见,双方展开论争。正如山内晋次 2003:128 – 166 所言,笔者对九州各地有过唐坊的说法持否定意见。

本中世纪的珍奇瓦片。这些瓦片酷似中国南部的瓦片,仍然可以看做是与中国人居留设施有关的遗物。

六、博多的中国人社会

这里,主要依据几部仅存的文献史料,介绍一下居住在博多的中国人社会的一些状况。

从史料来看,自 11 世纪后期至 12 世纪前期,唐坊是在大宰府的管理下设置的。至于 12 世纪下半叶以后,因史料的缺失,已无法掌握其与大宰府的关系。但是,最新的研究表明,这一时期,唐坊以及以此为据点的中国海商们,仍然与大宰府政权保持着密切联系,尽管方式与过去有所不同[①]。

唐坊与权力机构的关系在中国人社会与大宰府等日本官府之间起到中介作用。9 世纪到 13 世纪的史料中,记载着一些停留、居住在博多的有实力的中国人担任"通事"一职之事。在这些事例中,比如"大唐通事"张友信(《日本三代实录》贞观六年八月十三日条),明确是大宰府任命的公职。另外,12 世纪末期的李宇(《日吉山王利生记》第7),称作"博多津前通事"。通事头衔,应该属于代代相传的官职。笔者认为,极有可能正是这些拥有"通事"官衔的中国人,在博多中国人社会中统筹运作,同时在日本政府和中国人社会之间起着中介和协调作用[②]。

行驶到博多的中国海商及船员,从贸易结束后到归国这段时间,一般在那里停留半年乃至数年。这期间,一些中国人与日本女子之间结合生子。史料中多处记载,这些孩子长大后,也同其父亲一样,从事中日贸易[③]。

12—13 世纪的史料中,记载一种名为"纲首"的人,他们把贸易据点设在博多,是有实力的中国海商。他们以各种形式与大宰府及博多周边的大神社、寺院、中央政府官员及贵族结成友好关系。其理由是,只有在当权者的保护下,他们才能够顺利地从事贸易活动。同时,作为回报,纲首们承揽了当权者出资的商贸及相关业务[④]。

另外,在纲首之中,一些人凭借财力在博多建造寺院。博多现存的圣福寺和承天寺等,就属这类寺院。纲首们从事的佛教事业,不仅在博多,而且也向中国寺院大批捐赠。除此之外,这些中国海商们也为无数的日本僧人入宋、入元,以及宋、元僧侣访日等提供了航海便利。当然,海商们给僧侣提供便利的原因,也有出自经营上的战略考虑,目的是为了同他们的贸易保护者,也就是与寺院这样的重要客户保持良好关系。不过也有因海商们出于对佛教的纯粹信仰,才做出如此举动[⑤]。这样,以纲首为代表的中国海商,在中日佛教交流史上

---

① 渡边诚 2010a:248 页。

② 山内晋次 2003:260 页。

③ 这一问题的最新研究成果,参见山崎觉士 2011。

④ 参见林文理 1998;榎本涉 2006,2007,2010c;渡边诚 2010a 等。

⑤ 山内晋次 2003:237 - 244 页。

扮演了重要角色①。

13 世纪中期以后,史料中再没有出现过博多中国人居住区的相关内容。"纲首"一词,也于 1253 年之后不见了。其原因,有学者推测,由于 1274 年和 1281 年元朝两次进攻日本,致使博多的唐坊走向衰退。但文献和考古资料显示,在 13 世纪后半期以后的宋、元贸易中,博多仍然是日本国内最大的据点。然而,为什么博多的唐坊和纲首在文献史料中消失的问题,有待于今后继续研究②。

七、结语

总之,本文介绍的 11—13 世纪期间博多中国人居住区"唐坊"的有关资料,它不仅对于日本史研究具有重要价值,而且在亚洲乃至世界史研究方面也具有极其重要的意义。

如上所述,随着宋代中国海商贸易的发展和扩大,在东亚和东南亚各地海域,形成了中国人居住地,日本博多的唐坊亦属于这类居住地。但是,关于亚洲各地中国人居住地形成的证明材料,只现于中国史料中。也就是说,关于那些居住地的记录,只保留在中国一方。相反,几乎见不到当地人记录的中国人居住地存在的史料。虽然后来当地的记录有所增多,但仍然可以说,几乎没有像 11—13 世纪这样早期的当地记录。在文献记录极为缺乏的情况下,居住地博多一方存有部分早期史料这一事实,足以说明其重要价值所在。而且,大量的博多遗迹群考古数据,远远胜出文献资料,更加说明其意义之重大。

另外,有关博多的日本文献和考古资料,对于今后比较研究亚洲各贸易港的外国人居住地问题,包括中国泉州、广州等国际贸易港中以穆斯林海商为中心的外国人居住地"蕃坊"等,都提供了极其重要的基础材料。

参考文献

［1］ 榎本渉:《日本史研究における南宋・元代》,《史滴》24,2002 年。

［2］ 榎本渉:《〈栄西入唐縁起〉からみた博多》,五味文彦编《中世都市研究 11　交流・物流・越境》,新人物往来社,2005 年。

［3］ 榎本渉:《宋代市舶市貿易にたずさわる人々》,歴史研究会编《シリーズ港町の世界史 3　港町に生きる》,青木書店,2006 年。

［4］ 榎本渉:《宋代の〈日本商人〉の再検討》,《東アジア海域と日中交流‐九~十四世紀》,吉川弘文館,2007 年。

［5］ 榎本渉:《中国人の海上進出と海上帝国としての中国》,桃木至朗编《海域アジア史研究入門》,岩波書店,2008 年。

［6］ 榎本渉:《解説　日宋貿易》,新編森克己著作集編委员会编《新編森克己著作集 2 続日宋貿易の研

---

① 有关海商与佛教、僧侣和寺院等的密切关系,榎本渉 2010b 做过历时性的、综合性的论述。此外,尽管不属于海商与佛教关系的主题,但手岛崇裕 2010 年研究中,从平安时期日本对外关系史与佛教史的统合角度,对日本佛教史做过研究史整理。

② 另外,《日本三代实录》贞观十二年(870 年)二月 20 条等有所记载,很可能是博多唐坊的前史资料。关于居住在大宰府管辖内的新罗商人的动向,今后有必要深入研究。这一点,参见郑淳一 2010 等。

究》,勉誠出版,2009 年。

[7] 榎本渉:《日宋交流史研究》,遠藤隆俊他編《日本宋史研究の現状と課題——1980 年代以降を中心に–》,汲古書院,2010a 年。

[8] 榎本渉:《講談社選書メチエ 469 選書中世史 4 僧侶と海商たちの東シナ海》,講談社,2010b 年。

[9] 榎本渉:《東シナ海の宋海商》,荒野泰典・石井正敏・村井章介編《日本の対外関係 3 交通・通商圏の拡大》吉川弘文館,2010c 年。

[10] Enomoto Wataru. 2003. "Updates on Song History Studies in Japan:The History of Japan – Song Relations,"Journal of Song – Yuan Studies 33.

[11] 大庭康時:《集散地遺跡としての博多》,《日本史研究》448,1999 年。

[12] 大庭康時:《博多綱首の時代 – 考古資料から見た住蕃貿易と博多》,《歴史学研究》756,2001 年。

[13] 大庭康時:《鴻臚館》,上原真人他編《列島の古代史:ひと・もの・こと 4 人と物の移動》,岩波書店,2005 年。

[14] 大庭康時:《博多の都市空間と中国人の住居》,歴史学編集会編《シリーズ港町の世界史 2 港町のトポグラフィ》,青木書店,2006 年。

[15] 大庭康時:《大宰府鴻臚館・博多》,新編森克己著作集編委員会編《新編森克己著作集 2 続日宋貿易の研究》,勉誠出版,2009a 年。

[16] 大庭康時:《シリーズ遺跡を学ぶ 61 日本中世最大の貿易都市 博多》,新泉社,2009b 年。

[17] 大庭康時:《国際都市博多》,川岡勉・古賀信幸編《日本中世の西国社会 3 西国の文化と外交》,清文堂出版,2011 年。

[18] 大庭康時・佐伯弘次・菅波正人・田上勇一郎編:《中世都市・博多を掘る》,海島社,2008 年。

[19] 古代の博多展示実行委員会編:《鴻臚館遺跡発掘 20 周年記念特別展 古代の博多 鴻臚館とその時代》,福岡市博物館,2007 年。

[20] 久住猛雄:《〈博多湾貿易〉の成立と解体》,《考古学研究》53 – 4,2007 年。

[21] 小林茂・磯望・佐伯弘次・高倉洋彰編:《福岡平野の古環境と遺跡立地 – 環境としての遺跡との共存のために》,九州大学出版,1998 年。

[22] 田上勇一郎:《発掘調査から中世都市博多》,《市史研究ふくおか》1,2006 年。

[23] 鄭淳一:《新羅海賊事件からみた交流と共存 – 大宰府管内居住の新羅人の動向を手がかりとして–》,《立命館大学コリア研究センター次世代研究者フォーラム論文集》3,2006 年。

[24] 手島崇裕:《平安時代の対外関係史と仏教 – 入唐僧・入宋僧研究から見た現状と課題 –》,《中国 – 社会と文化 –》25,2010 年。

[25] バートン,ブルース:《NHK ブックス922 国境の誕生 大宰府から見た日本の原型》,日本放送協会,2001 年。

[26] Batten,Bruce L. 2006. Gateway to Japan:Hakata in Warand Peace,500 – 1300. University of Hawaii Press.

[27] 服部英雄:《日宋貿易の実態 –〈諸国〉に来着の異客たちと、チャイナタウン〈唐房〉–》,《東アジアと日本 – 交流と変容》2(九州大学 21 世紀 COE プログラム・人文科学),2005 年。

[28] 服部英雄:《宗像大官司と日宋貿易》,九州史学研究会編《境界からみた内と外》,岩田書院,2008 年。

[29] 林文理:《博多綱首の歴史的位置 – 博多における権門貿易 –》,大阪大学文学部日本史研究室編《古代中世の社会と国家》,清文堂出版,1998 年。

[30] 柳原敏明:《中世日本の周縁と東アジア》,吉川弘文館,2011 年。

[31] 山内晋次:《奈良平安期の日本とアジア》,吉川弘文館,2003 年。

[32] 山内晋次:《日本列島と海域世界》,桃木至朗編《海域アジア史研究入門》,岩波書店,2008a 年。

［33］ 山内晋次:《解説 森克己の研究の意義と問題点》,新編森克己著作集編委員会編《新編森克己著作集 1 新訂日宋貿易の研究》,勉誠出版,2008b 年。

［34］ 山内晋次:《《香要抄》の宋海商史料をめぐって》,《アジア遊学》132（東アジアを結ぶモノ・場）,2010 年。

［35］ 山内晋次:《九世紀東部ユーラシア世界の変貌－日本遣唐使関係資料を中心に－》,古代学協会編《仁明朝史の研究－承和転換期とその周辺－》,思文閣出版,2011 年。

［36］ 山崎覚士:《海商とその妻－十一世紀中国の沿海地域と東アジア海域交易－》,《仏教大学歴史学部論集》1,2011 年。

［37］ 渡邊誠:《大宰府の〈唐坊〉と地名の〈トウボウ〉》,《史学研究》251,2006 年。

［38］ 渡邊誠:《年紀制と中国海商－平安時代貿易管理制度再考－》,《歴史学研究》856,2009 年。

［39］ 渡邊誠:《十二世紀の日宋貿易と山門・八幡・院御厩》,入間田宣夫編《兵たちの時代Ⅱ 兵たちの生活文化》,高志書院,2010a 年。

［40］ 渡邊誠:《鴻臚館の盛衰》,荒野泰典・石井正敏・村井章介編《日本の対外関係 3 交通・通商圏の拡大》,吉川弘文館,2010b 年。

［41］ 和田久徳:《東南アジアにおける初期華僑社会（960－1279）》,《東洋学報》42－1,1959 年。

［42］ 和田久徳:《東南アジアにおける華僑社会の成立》,筑摩書房編集部編《世界の歴史 13 南アジア世界の展開》,筑摩書房,1961 年。

［43］ 和田久徳:《東南アジアにおける元朝商船の活躍と中国人社会の展開》,稲・舟・祭刊行世話人編《稲・舟・祭－松本信廣先生追悼論文集－》,六興出版,1982 年。

政策改革与政治本性

——以中国与塞内加尔海洋渔业为例

费拉罗·吉安鲁卡[1]　玛琳·布兰斯[1]　白斌[2]

（1. 比利时鲁汶大学　2. 宁波大学）

摘要　多层次的规则规范着渔业管理：国际协议、国家法律、授权立法和行政区域法案。所有层次中，政策决定应该建立在科学知识的基础之上，特别是环境和自然资源管理领域中生态问题所需要考虑的内容。自1990年代以来，众多国际协议有完整的科学性信息，促使其向更负责任的渔业管理转变。相比之下，国家（地区）的政策决定不能仅仅是基于知识，还需要为了被视为合法和避免冲突去回应政治、管理和社会经济行为等相关事件。本文通过渔业政策改革中突出显示各种行为的角色，分析伴随着向可持续渔业政策过渡的政治不确定性。为了这个目的，本文追踪了中国和塞内加尔在国际协议中影响渔业政策形成与实施的主要矛盾。

关键词　政治　渔业政策　中国　塞内加尔　冲突

寻找解决问题需要发现的不仅是那些措施被认为是技术上能够解决或纠正的一个问题，而且还要考虑将其落实到位的可能性或可行性（Howlett & Ramesh 2003：143-144）。

一、引言

关于科学与政治在国际制度中的作用，Arild Underdal（2000）认为，一些制度安排（如国际机制）"比其他方法更有能力解决特殊的难题"（Underdal 2000：1），因为它们能更好地应对两个主要挑战。第一个挑战是知识：制度必须能够理解问题和产生足够的回应（制度的过渡能力）；第二个挑战是政治：能够调动各因素解决方案（制度的政治能力）。因此，Underdal（2000）认为，制度的成功，即制度的有效性依赖于科学与政治之间的互动，把知识转化为可行的决策（Underdal 2000：2）。

相关的科学与政治之间的对话也强调国家公共政策。根据 Rotmans 和 Van Hasselt（1996：331-332）的研究，科学家们提供科学知识和专业技术所依据的可信的和可能的信息。另一方面，决策者和社会利益相关者决定基本利益中什么是合法和合适的，以及社会经济组织中的价值存在。政策不只是来源于知识，还需要考虑一些重要因素的支持。

1990年以来，许多国际协议整合科学信息，向可持续发展逐步过渡，并在特定的渔业领域，向更负责任的管理转变。这种转变清晰地体现在已经解决了发生在沿海国家管辖权和专属经济区(EEZ)内海域所有类型渔业的四个全球协议中。《联合国海洋法公约》(UN-CLOS 1982,1994)关注的焦点是通过引入专属经济区(EEZ)分配和利用渔业资源。《21世纪议程》(联合国环境与发展大会1992年通过)代表海洋资源向可持续开发利用与保护转变,这种对可持续性的关注随后被联合国粮农组织(FAO)的《负责任渔业行为守则》(CCRF,1995)和《约翰内斯堡实施计划》(JPOI)所确认(世界可持续发展高峰论坛2002年通过)(Freestone,Barnes and Ong 2006)。

关于我们上面提到的科学与政治的对话,如果在全球环境治理中可以感觉到"科学霸权",如同一些作者所争论的(如 Blok 2008:39;Underdal 2000:6),这些国际协议的履行全部展示出政治特性。通过对中国和塞内加尔国家渔业体制的研究表明,实际上,政治复杂性表现在环绕渔业政策及其在新的国际承诺下的改革。

在解释所采用的理论与方法后,论文分析了国际义务履行中冲突的产生和国家政策所暗含的转变。之后,本文试图勾勒一些全国性的注意事项和政策制定进化的一般意义。最后,结论部分强调和重新确立科学和政治的互补角色。

二、理论框架

国际协议旨在使国家政府及其角色行为有助于在紧要关头解决问题(Jacobson & Brown Weiss 2000:1;Keohane et al. 1993:8;Stokke et al. 1999:91)。Bernstein 和 Cashore (2000)强调通过国际协议,国家政策逐渐扩张(国际化),国内法规和实践朝符合国际惯例的"拉对遵守(pull towards compliance)"方向转变。不过,只要中央政府愿意并能够将国际义务整合到国家立法中并确保其应用和执行(Cicin – Sain et al. 2006:36),国际制度也可以影响国家政策的发展和变化。因此,国际承诺在国内的实现就变得极其重要 (Young 1999:273 – 279)。

国际机制在国内实施的过程很少为研究国际关系方面的学者所关注,只有近期一些研究 (Brown Weiss & Jacobson 1998/2000;Underdal & Hanf 2000;Victor, Raustiala, & Skolnikoff 1998)指出他们的注意力转移到国内因素,如国家支持和管理能力。欧洲研究更多的是国际义务的履行。

欧盟/欧共体的政策实施被解释为欧盟直接对成员国渗透和影响的过程(Héritier 2001;Radaelli 2003),这可能引发成员国的制度转型和政策变化 (Featherstone 2003;Haverland 2003)。欧盟要求和国家实践中制度水平的不兼容性导致各成员国适应强度(或"适应压力")的不同。高适应压力(High adaptational pressure)将面临决定国家改革能力的国家因素逐步的反对(Risse,Cowles and Caporaso 2001)。

诸如适应压力和改革能力,用有效性的概念来解释履行在某种程度上被政策研究证实。类似于 Goggin、Bowmann 和 Lester (1990)研究的在美国联邦层面的授权决定,可以证明"消息"源自延伸到国家层面的国际协议。这里,履行取决于国家的改革能力,即建立在国家一级的政治以及在州一级的能力(也就是说资源)(Goggin et al. 1990)。关注消息(或者更广泛的说,政策设计)、政治(如冲突的舞台),以及能力(或资源的需求)可以追溯到其他关于履行的研究(例如 Winter 2003),这些体现在发展中国家政策变化和改革的研究中,如 Grindle 和 Thomas（1991）。

在缺乏宏大的理论下,以现有成果为基础,我们认为,任何国际承诺推动的主动改革会产生一些人为偏差,并在履行过程的不同阶段释放出来。关于生成的反应,三个领域似乎特别相关:政治精英、官僚机构和目标群体。至于阶段,三个阶段需要在国际政策履行的过程中区别:制定、执行和强制（见 Andresen et al. 1995）。

因此,我们建议,一些著作里着重描述的政策执行过程（如 Goggin et al. , Winter 2003, Grindle & Thomas 1991）和强调计划、冲突及资源可以重叠为国际协议履行的三个阶段:①从国际条款到颁布国家法律（即制定）;②从这个法律到执行法令（或行政法规）（即执行）;③及从这样的法规到运用这些法令诱导行为的变化（即强制）。三个角色集合,即政治、官僚、公共领域,在三个不同时刻会扭曲国家政策框架下国际目标的渗透:在制定新法律,在定义履行框架,及在国家政策的执行（见图1）。

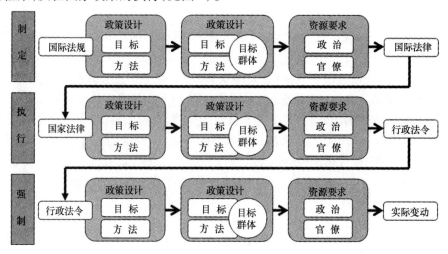

图1　理论模型

我们需要比预期更高的反应,以防因国际条例而引发一个更强的适应压力。克服这类冲突所需要的政治（例如政权合法性和政治支持）和官僚（例如金融和技术资源）资源可能都不足。本文的目的,主要将重点放在政策设计和政策冲突。

三、方法论

我们通过过程追踪,懂得依照在理论框架解释的基础上结合具体活动的历史叙述方法,并试图摆脱若干关于因果过程干预国际义务下的政策改革（Checkel 2005；George & Bennett 2005）。具体活动包括履行特定的国际规定。事实上,贯彻国际机制意味着执行特定的条约（Andresen et al. 1995:26；Chayes, Chayes & Mitchell 2000:39）。我们选择的规则是关于渔业管理的政策工具。根据渔业管理文献（Charles 2001）和国际指导方针（FAO 1997）,渔业管理通过三个主要类型的手段:输入控制、输出控制和技术措施。由于空间的原因,本文将只处理输入控制（即经济法规）和技术措施,特别是海洋保护区（看成是政府的一种直接形式)。

输入控制,比如渔业许可证,调节捕鱼活动的次数(Charles 2001:95)。在《联合国海洋法公约》呼吁沿海国家通过许可制度和容量限制预防资源过度开采的同时,《负责任渔业行为守则》(CCRF)要求沿海国家确保捕捞努力量(fishing effort)与资源的可持续利用相称,预防或者最终减少过剩产能到与资源的可持续性利用相称的水平。

技术措施包含解决何时、何地及如何捕鱼的多种工具。在这些措施中,海洋保护区(MPAs)通常被定义为"指定为某种保护形式的海洋环境区域"(Charles 2001:233)。《联合国海洋法公约》缺少的需要建立海洋保护区(MPAs)保护生物多样性的内容被写入了《21世纪议程》。而《约翰内斯堡实施计划》(JPOI)不仅确认了通过建立海洋保护区来保护海洋环境的承诺,还要求到2012年成立具有代表性的网络(representative networks)。

(一)案例选择

这项研究的案例选用对象是两个发展中国家:中国和塞内加尔。尽管中国正在经历快速的经济增长,但它仍然是一个发展中国家(联合国开发计划署(UNDP),2006),它代表了一个渔业的有关案件(联合国粮农组织(FAO),2007)。在中国地方政府政策履行方面,因其与整个国家经济的关联性,我们选择广东省来说明(Chen 2002;Saich 2004:158)。

塞内加尔被选中作为次要案例,这两个国家,中国和塞内加尔,作为正式和非正式的案例分别运作。事实上,这项作为更大项目一部分的研究已经限制了第二个案例的选择。即使为了清晰化和透明化,这样的限制也无法否认,塞内加尔确实提出了一个有用的案例来揭示中国案例的独特性和(因此)具有发展中国家海洋渔业政治特征的规律。

(二)资料收集

国际渔业体制在有效的主要文件(国际组织协议与报告)和次要资源(文献)的基础上重建。在第二个阶段,国际机构 (FAO 和 IOC – UNESCO) 于 2007 年 10 月(在罗马和巴黎)对于高级官员的十次半结构化访谈(semi – structured interviews)提供了有用的信息,并确认了相关的四个选择文件及对政策工具的强调。对这两个国家渔业政策演进的追踪,起始于《联合国海洋法公约》签署的 1980 年代早期。

对于中国,有关中国体制的书籍和中国环境政策的文章提供了最初的有用信息。其后,我们分析了 1980 年后中国的法律、法规和措施的内容,以及省级立法文件。2007 年 6 月至 2008 年 6 月,我们通过对中国(广东省)政策制定者和执行政策的公务员的采访获得渔业政策、管理和行政框架的进一步信息。13 个受访者属于中国渔业涉及的两个主要功能:渔业管理部门和(海洋)环境保护部门和机构。此外,联合国粮农组织亚洲及太平洋区域办事处的一个采访(曼谷,2008 年 5 月)帮助我们将在中国通过采访收集到的数据恰当地置于亚洲区域内。

塞内加尔部分则依赖于英语和法语文献(来自不同的领域),以及最后 30 年的政策文件。然而,最相关的信息来自 2009 年 3 月在达喀尔开展的实地调查研究。10 个面谈主要是与海洋经济部门,当然,也包括专业组织和非政府组织的代表。

四、立法框架综述

(一)中国

中国与渔业有关的国家立法主体包括两条主线:一个与渔业资源管理有关,一个关注海洋环境保护。长期以来,相关的法案分别是:1986 年渔业法(Fisheries Law)(FL 1986),裁定渔业管理的各方面,和 1982 年海洋环境保护法(Marine Environmental Protection Law)(ME-PL 1982)(Beyer 2006;Xue 2005;Zou 2005)。作为对《联合国海洋法公约》(UNCLOS)(1996)批准的回应,以及《中国 21 世纪议程》(1994)和《中国海洋 21 世纪议程》(1996)中国家可持续发展的承诺,这两项措施都在世纪之交全面修订(2000 年新渔业法和 1999 年新海洋环境保护法)。

尤其 2000 年的新渔业法(FL 2000)是中国渔业管理措施立法改进和联合国粮农组织(FAO)《负责任渔业行为守则》(CCRF)实际执行,以及 21 世纪议程向可持续性发展转变的重要标志。大体在 2000 年早期,中国推动修订渔业法(2000)方面,制定的与国际规定相关的内容不仅有输入控件(包含在《联合国海洋法公约》),还有产能消减(包含在 CCRF)。而且新法律首次被认为是国家政策框架下建立配额制度的承诺。同年,另一个修订法案,1999 年的《海洋环境保护法》(MEPL 1999)首次强调建立海洋保护区(MPAs)(MEPL 1999)。

虽然不可否认国际机构对中国国内立法的直接影响,但中国当局(采访公务员,广东,2008 年 5 月)和来自国际组织的分析师(采访政策官员,曼谷,2008 年 5 月)都承认国家立法框架的修改主要来自于内部的压力。1990 年代,中国科学界开始向中国共产党报告鱼类资源的惊人减少和海洋环境的极端污染。在这样的压力下,联合国环境与发展会议(UNCED 1992)提倡的可持续发展理念在国家政治议程中加快发展(采访公务员,广东,2008 年 5 月)。政策改革的解释力(explanatory power)代表国内环境危机和国际压力的结合,也突出了其他环境保护的研究(见 Beyer 2006)。

(二)塞内加尔

塞内加尔渔业裁定的主要文件已经过几次修改。独立后的塞内加尔于 1976 年通过的一项海洋渔业法规(CMF)在 11 年后,即这个国家于 1984 年批准《联合国海洋法公约》(UNCLOS)后被修订(CMF 1987)。1987 年的法规肯定了塞内加尔对领海及专属经济区的管辖权,并于 1998 年对商业事项作了进一步修订(Camara 2008)。

尽管法规于 1998 年颁布实施,但人们对法规无效应用的意识,以及渔业部门对惊人危机的感知,导致政府于 2007 年发布部门政策函(Sectoral Policy Letter(SPL))。部门政策函(SPL)促进渔业资源的可持续利用,呼吁部门改革和现行法规文本的修订(MME 2007;2008)。在撰写本文的时候,海洋渔业法规(CMF)的一个新文本正被精心设计。按照《负责任渔业行为守则》(CCRF)和《约翰内斯堡实施计划》(JPOI)的要求,新法规也被认为充分回应了国际渔业框架演变和恪守更负责任承诺的运用(采访公务员,达喀尔,2009 年 3 月)。

然而,1998 年的海洋渔业法规(CMF)和随后的国家法令已经设想许可证、容量控制、配额和海洋保护区,特别是最近引入的一个适合于小型渔船的许可制度和海洋保护区(MPAs)似乎响应的是渔业部门对危机的一般感知,而不是国际条款的影响(采访公务员,达喀尔,2009 年 3 月)。

五、政策制定中的不稳定因素

(一)许可证

1. 中国

中国的捕捞许可证制度起始于 1976 年。随着批准《联合国海洋法公约》(UNCLOS)(1996)和修改以前 1986 年的文本,2000 年的渔业法(FL 2000)没有暗示改进海洋资源使用体制的较多压力,而只是延长了中国专属经济区内对所有捕鱼活动的管辖权。2002 年的这个渔业法对授权体制中的"操作方式、地点、期限和渔具数量"(Art. 23 – 25)提出了符合《负责任渔业行为守则》(CCRF)精神(Xue 2005;Zou 2005)的更为严格的要求(通过采访公务员确认,广东,2008 年 5 月)。

尽管中国许可制度改革的过程无论是在立法,还是在执行阶段似乎没有反对派,但是在框架下的一些领域中都出现了在执行过程中发生大量违反许可制度的行为(例如,无证捕鱼或违反授权规定捕鱼)(Cheng et al. 2006;Zou 2005)。这代表了执行过程中的主要瓶颈。

在中国,执行过程中最终实施的低制裁没有形成与目标群体(即渔民)的公开冲突[①]。此外,与渔民的潜在冲突从未表面化,因为他们往往是因为检查员们的行政宽容而淡化。事实上,高水平的行政自由裁量权和不作为可以很容易在中国渔业基层官员实施许可法规时发觉(采访公务员,广东,2008 年 5 月)。

资源稀缺只为当地渔业检查员的一般行政宽容负部分责任。根据 Saich(2004)的研究,中国政策过程的特征是强大利益的干预和非正式合作关系类型,特别是地方政府级别(如当地企业家和当地官员之间)的庇护。中国地方政府庇护关系(clientelist)的性质或许可以解释当地渔业检查员对逃税的宽容。当地方企业由当地官员或相同的省级政府经营时,这个问题变得更为严重(Saich 2004)。

渔业法(1986/2000)赋予农业部(MOA)渔业管辖权及渔业管理局(FMB)管理职责。渔业管理局监督 11 个地方管理局(LMBs)管理沿海各省渔业(Cheng, Cai, Cheung, Pitcher, Liu and Pramod 2006;Xue 2005;Zou 2005)。广东省地方渔业管理局(LMFB)是广东省海洋与渔业局(GDOFA)。与其他地方渔业管理局(LFMBs)一样(见 Xue 2005),广东省海洋与渔业局同时对渔业管理总局和省政府(经费是从那里来的)负责(采访公务员,广东,2008 年 5 月)。

---

① 尽管 2000 年渔业法已经提高了(中国和外国)捕鱼船只违反国家许可制度的法律责任,并建立了一套更高的罚金(见 Art. 41 – 43,与 Art. 30 – 32 1986 年文本相比)但其罚款数额仍可以忽略不计。结果是违法捕鱼成本大于由于处罚所造成的损失(Cheng et al. 2006;Zou 2005)。

在我们的研究中,2000 年渔业法认可的省级渔业局,即广东省海洋与渔业局(GD-OFA),被认为是实施许可制度的主要机构。为了落实 2000 年渔业法中描述的许可制度,2002 年,农业部出台渔业许可执行规定(Provisions on the Administration of Fishery Licensing (PAFL))(进一步修改在 2004 年)。这个渔业许可执行规定(PAFL)(Art. 5 and 8)确认了 2000 年渔业法的目标并认识到省级渔业管理部门在执行许可制度中的重要能力(见 PAFL for details;confirmed in Zou 2005)。

广东省政府在中国南海拥有一个大型渔业公司,这将省置于利益冲突的中心。因此,在中国,省在管理渔业执照中拥有很高的自由裁量权,拥有一个重要的渔业公司,并在财政分权下负责自己的预算。明显的利益冲突推动渔业资源进一步开发,这仍然是公共收入的一个重要来源。在中国许多经济领域频繁出现的利益冲突(Beyer 2006),作为一个导致糟糕履行和鱼群枯竭的潜在因素是不应奇怪的:Saich(2004)已经认定中国国有大型林业产业是森林毁坏的罪魁祸首。

省的自由裁量权在减少中国渔业生产力方面似乎也发挥了重要作用。2002 年,农业部采取了(许可)五年回购计划(BBP),放弃 7% 的中国商用船队(Cheng et al. 2006;FAO 2007)。该项目,基于自愿参与和针对近岸小型舰只,指定每个沿海省份减排目标,并在很大程度上是依靠省级政府实施及财政支持。结果就是(胜任计划实施的)每一个省最终根据自己的优先级以自己的步调执行自己的计划(采访公务员,广东,2007 年 10 月)。该计划只取得了有限成功(FAO 2007)。虽然由于高水平不规范捕捞和缺乏数据导致在中国用成果评价结果特别困难,但是可用的信息显示,中国降低捕捞强度和产能过剩的努力依然不足(细节见 Cheng et al. 2006 and FAO 2007;通过采访公务员证实,广东,2008 年 5 月)。

表1　中国动力捕鱼船队

项目	2000 年	2001 年	2002 年	2003 年	2004 年	2005 年
艘数(艘)	487 297	479 810	478 406	514 739	509 717	513 913
吨位(万吨)	6 849 326	6 986 159	6 933 949	7 225 660	7 115 195	7 139 746
功率(千瓦)	14 257 891	14 570 750	14 880 685	15 735 824	15 506 720	15 861 838

资料来源:联合国粮农组织(FAO)(2007:27)。

2. 塞内加尔

在塞内加尔,适合于渔业产业的许可制度一直存在,并在 1987 年批准《联合国海洋法公约》之后,通过 1987 年的海洋渔业法规(CMF)适应于专属经济区(EEZ)(采访公务员,达喀尔,2009 年 3 月)。相比之下,适合于手工渔业的许可制度在 2005 年才建立起来(Arrête né 5916)。渔业资源损耗严重的背景在最后十年显然适合于手工渔业,这在最近几年不可避免地控制小型渔船的入海通道。在那之前,适合于手工渔业的新执照体系已经终结了当时政权对地方的开放(MME 2008;Pramod & Pitcher 2006;République du Sénégal 2007;通过采访公务员证实,达喀尔,2009 年 3 月)。

虽然 1998 年海洋渔业法规(CMF)的最初草案已经包含为小规模(或手工)渔业(首次)引入许可系统,但是手工渔民和他们的组织强烈反对这种可能发生的变化。因为小型渔民的政治影响力——由于他们的数量和他们选区的关联性,所以可以预见,一旦1998年海洋渔业法规(CMF)的文本被送到总统办公室,其部分关于小规模渔业许可系统将被取消(采访公务员,达喀尔,2009年3月)。

1998年海洋渔业法规(CMF)确认海洋经济部(MME)作为所有渔业管理活动的主管机关及海洋渔业理事会(DMF)的主要执行者(粮农组织国家档案)。尽管1998年新海洋渔业法规(CMF)指定了一个胜任的授权系统,但主要问题是,已经疲软的监控机制(Pramod & Pitcher 2006)更多的行政资源需要进行适当的监控(MME 2008)。但在塞内加尔,一个严重的问题就是检查员的行政宽容。

这种宽容最终解释了为什么小规模渔业许可是可以接受的。在缺乏监管的情况下,正式抗议已经消失了。因此,对渔业资源许可征税并不意味着小规模渔业的真正转变。因为小规模渔业监管与制裁的匮乏,无照钓鱼成为一种常见的活动(采访手工渔业团体,达喀尔,2009年3月)。政府中代表渔民利益的强大政治力量和替代收入来源的缺乏也限制了降低小规模渔业的任何能力。

国家渔业和水产养殖可持续发展战略(2001年采用)承认在渔业领域有必要优先考虑减少容量和管理渔业的努力(粮农组织国家档案;经2007:3)。然而,目前在塞内加尔实际上还没有具体措施减少捕捞能力(Pramod & Pitcher 2006:5);发放牌照的工业化渔业自2003年以来就已经暂停,并在2006年正式冻结(Arrété 5166)。当前的船队规模仍然非常高,对已经枯竭的资源造成严重的压力。

(二)海洋保护区

1. 中国

1950年代以来,尽管一些形式的海洋保护区(MPAs)在中国零星地建立起来,但是合法的海洋保护区的建立则始于1982年《海洋环境保护法(MEPL)》颁布后。然而,由于缺乏详细的管理规定去实施法律,导致大多数根据这一法律指定的海洋保护区仍然停留在纸面上。十几年后,1995年国家海洋局(SOA)颁布的《海洋自然保护区管理措施》对《海洋环境保护法(MEPL)》(1982)的文本做了详细说明(Xue 2005:121;Zou 2005:251)。

第一个失败的经验,结合科学家在海洋环境日益恶化的条件下向中国共产党所做的报告,以及联合国环境与发展会议(UNCED)和21世纪议程聚焦于海洋保护区(MPAs),推动了中国政府特意关注这一政策工具(Xue 2005:89 - 90;Zou 2005:90;经采访公务员证实,广东,2008年5月)。为应对联合国环境与发展会议(UNCED)及修订1982年《海洋环境保护法(MEPL)》的要求,中国有两个政府文件包含了海洋保护区(MPAs)的规定,即《中国21世纪议程》和《中国海洋21世纪议程》(Xue 2005:89 - 90;Zou 2005)。

多个政府部门参与海洋事务和环境保护产生权力分配中的官僚冲突,导致1982年《海洋环境保护法(MEPL)》修正案的推迟。所找到的解决方案包括国务院通过由全国人民代表大会(NPC)批准的新法律后,更详细地说明了在实施新法律规定中认识多个主管当局的确切作用(Zou 2005:204 - 205)。

因此,尽管新《海洋环境保护法》(MEPL 1999)已经改善了环境保护部门的能力(采访公务员,广东,2008年5月),但国家政府威信仍不明朗,导致当局法律权威的消失——主要是在国家环保总局(SEPA)和国家海洋局(SOA)之间(Zou 2005)。官僚主义的冲突似乎是1999年新《海洋环境保护法》(MEPL)缺乏实施措施的主要原因(采访学者,广东,2008年5月)。实际上,在接受新《海洋环境保护法》(MEPL)(1999)后,并没有产生新的行政法令,海洋保护区(MPAs)的管理仍然是1995年制定的措施。

于是就出现了政策设计不够到位的结果。例如,关于自然保护区管理措施和办法的政策对制裁显示出无力的特点。然而,渔民违规并不能认为其代表海洋保护区(MPAs)日常管理和执法的主要问题(采访公务员,广东,2008年5月)。官僚体制内紧张局势频繁出现在国家机构(主要是国家环保局(SEPA)与国家海洋局(SOA)之间)和中央-地方轴线。

根据1994年自然保护区的规定,大部分资金应该来自自然保护区所在地的省级政府。然而,地方政府通常关注经济的发展而不是环境保护,他们的财务计划不包含任何海洋保护区(MPAs)管理的预算,结果使海洋保护区(MPAs)管理尚未得到充分资助(Zou 2005:268;通过采访MPA管理机构和公务员确认,2007年9—10月和2008年5月)。因此,海洋保护区(MPAs)管理授权省级政府优先发展项目的分权方式并不利于海洋保护区(MPAs)的良好运转,甚至在北京致力于可持续发展的时候。

总之,在1999年修订《海洋环境保护法》(MEPL)之后,海洋保护区(MPAs)的指示速度也逐步加快(Xue 2005:111 - 120;Zou 2005:244 - 245)。然而,与国家广阔的海洋区域相比,实际建立的海洋保护区仍然是有限的。此外,即使海洋保护区(MPAs)已经建立,其管理也被官僚政治的权限冲突所弱化。

表2　中国国家海洋保护区

年代	1980	1986	1988	1990	1992	1995	1997	1999	2000
数量	1	2	4	9	14	15	17	18	19
面积(平方公顷)	17 000	20 337	101 195	174 801	806 181	892 581	1 016 688	1 019 368	1 025 668

资料来源:据国家海洋局资料计算(http://www.soa.gov.cn)。

2. 塞内加尔

在塞内加尔的主要法律中没有海洋保护区(MPAs)概念的一点痕迹,既不存在于1998年的《海洋渔业法规》(CMF),也不属于2001年的《环境法》(Code of the Environment)(MME 2008:46;通过采访公务员,达喀尔,2009年3月)。然而,2004年总统令指定了五个海洋保护区(法令No. 2004 - 1408)。总统法令指定五个海洋保护区是总统在2002年签署《约翰内斯堡计划》(JPOI)对其规定承诺的直接结果,这使海洋保护区(MPAs)的创建上升到政治高度(采访公务员,达喀尔,2009年3月)。

《21世纪议程》提出海洋保护区(MPAs)十几年后,在对《约翰内斯堡计划》(JPOI)的新承诺下,塞内加尔政府开始被严肃的理由说服。在《21世纪议程》和《约翰内斯堡计划》(JPOI)之间十年的变化是什么,是在塞内加尔政策框架内目标群体(主要是手工渔业)总体不反对引入海洋保护区(MPAs)。自2000年开始,小型渔民能够不再否认鱼类资源的危机已经开始破坏他们的收入(采访公务员和非政府组织,达喀尔,2009年3月)。

目标群体与国家官僚机构都不反对总统的决定(采访公务员,达喀尔,2009年3月)。

更多的问题出现在执行阶段,以及官僚政治体制(bureaucratic arena)的水平。根据总统令(2004 - 1408),五个区域必须由渔业与环境责任部门共同管理,这就必须给每个海洋保护区(MPA)指定一个管理部门和计划(法令 2004 - 1408)。在实践中,从创立到 2008 年,海洋保护区(MPAs)已经由国家公园理事会下属的环境部门直接管理(卡马拉 2008:271)。

在 2008 年的制度重组中,对海洋保护区的管理权由环境部(MoE)转到海洋经济部(MME),看起来海洋保护区的一个新的主管部门将在海洋经济部内成立。但由于政治压力和个人风险,海洋保护区最终的执行机构仍不清楚(采访公务员,达喀尔,2009 年 3 月)。

在塞内加尔,部长级的权限似乎定期改组,在各部之间来回移动。甚至当法律已经明确执行机构,一系列总统法令的出台就能轻易地改变职责。问题的关键是,更多的部长级意味着特定部门创造更多的工作岗位,最终保证政治精英的个人"客户端"和政治支持。结果就是,在如何分配权力上,每一个部长都经常利用国内公开辩论中政治议程带来的问题,或者海洋保护区的国际影响这类事例试图去影响总统决定(采访公务员,达喀尔,2009 年 3 月)。

这种伴随权力"逃走"的官僚政治从环境部(MoE)转到海洋经济部(MME),导致海洋保护区(MPAs)实际管理在更高层次上的混乱与瘫痪。环境部(MoE)最近从现有的海洋保护区(MPAs)召回其人员,这样总统和非政府组织就可以通过干预,避免五个保护区的崩溃(采访公务员,达喀尔,2009 年 3 月)。现在塞内加尔公共管理存在的、已经在实施框架的执行与定义阶段造成混乱的高层冲突,无助于解决在这些领域的执行过程中显露出来的弱点。

这为手工渔业反对海洋保护区(MPAs)建立的软弱提供了进一步的解释。监控领域非常软弱,因此,实际上,部分渔民不尊重海洋保护区而继续捕鱼的行为并没有受到处罚。唯一行之有效的海洋保护区(Bambour),从来都不是一个海洋渔业区(采访手工渔业团体,达喀尔,2009 年 3 月)。

六、政策制定的讨论与启示

在这一部分,我们根据数据呈现一些跨国思考,及其对决策可能造成的影响。

(一)过程中逐步上升的反对:危机与设计的角色

在履行国际承诺和他们可以暗示的政策改革的过程中,制定似乎并不构成最弱的阶段。中国已经完全修订了管辖海洋事务的国家立法框架,已经把可持续发展的原则吸收进新的法案(FL 2000 and MEPL 1999),同时回应输入和输出控件的国际需求以及海洋保护区。同样,塞内加尔将国际承诺转化为国家立法。提案涉及的许可证、配额和海洋保护区出现在1998 年《海洋渔业法规》或进一步的立法文书,而且会增加新的文本(2009 年 3 月)。

此外,对危机的看法加速了法令的颁布。在中国,自 1990 年代初期以来,鱼类资源枯竭和海洋环境的退化已引起政策制定者的关注,并促使立法框架的修订。在塞内加尔,承认渔业枯竭和危机的部门施加了比国际机构更大的压力。在这两种情况下,国际机制的"拉向合规"与危机观念内部的"推"力似乎有助于政策的制定。

案例研究也揭示,明显受影响的利益相关者的强烈反对和对决策者的质疑,会使现有政

18

策不管如何改变,通常都会在执行和新规则实施中淡化。我们的研究结果被其他文献所证实。例如, Richardson（1997：53－55）认为,假定政治家接受和口头承诺要如何保护自然资源是相当容易的。真正困难的是实际接受和投入到政治行动,这是唯一能产生实际改变的方法。然而,政府很可能会避免（通过具体的实施）可能导致与那些"希望巩固自己的权力和遵循经济增长道路"的州和社会部门更高冲突的政治行动（Richardson 1997：55）。

因为更高的适应性压力产生更强的反对派,所以国际和国家政策制定者设计的同一政策特点会危害政策的执行和实施。在一些领域,当国际承诺向已经到位的政策框架施加一个更高的要求变革的压力（或适应性压力）,在执行和实施期间更有可能出现反对派。换句话说,国际义务和国家政策的不兼容增加了冲突的水平,阻碍改革的执行和实施。20世纪90年代,塞内加尔试图为小型渔民引入许可证这个有代表性的例子清楚地说明,终止一个传统开放的海域资源如何导致个体渔民极大的反对。这导致1998年《海洋渔业法规》的最终文本取消了这个改革。

（二）制度不兼容性和发展速度变化

相关机构的不兼容和由此产生的适应性压力表明,政策很难通过全面创新去改变:"改革一般是渐进的,零碎的,以及明显迟缓的。"（Symes 2007：780）政策改革的主动性暗示了变更程度,特别是受国际协议或政策指导方针启发的时候,应考虑到现存国家（和地区）政策框架代表的出发点。渐进主义意味着时间是一个关键的资源。然而,在一个鱼群枯竭的严峻形势下（see Christensen, Aiken, and Villanueva 2007）,时间成为非常稀缺的资源。这表明政策的制定将不得不应付追求增量变化放在一边,把迫切性的气候放在另一边。在这样的框架下,当更多激进政策得到改变,危机及危机意识可能慢慢开朗化。

如果政策设计和正式制度机构几乎不可能迅速变化,非正式制度的变化看起来将会更加缓慢。事实上,制度冲突不仅显著存在于新的（例如,国际）和现存的（国家）正式制度之间,而且存在于正式与非正式制度之间[①]。虽然这方面不是我们学科的焦点,但还有一些主题需要关注。在最近的非洲环境法研究中, Zakane（2008）强调种群社会文化取向和为保护环境,尤其当其受到国际机构的关注而出台的国家法律之间的制度不足（Zakane 2008：24）。依据 Zakane（2008）的说法,人们的生活通常是由社会规范的不同体系,或者可能妨碍正式法律有效性的"非正式制度"所控制（见 Cleaver 2003）。

这表明,政策制定者不仅面临迫切性和增量变化之间,还要面临规则中正式制度与非正式制度之间的取舍。例如,根据 Castilla 和 Defeo（2005）的研究,"工业和手工渔业不能被归在一起,因为它们使用不同的尺度和需要不同的管理解决方案"。对于手工渔业,尊重传统是根本（Castilla & Defeo 2005）。跳出渔业领域,用更一般的术语而言, Cleaver（2003）在正式和非正式的机构之间提出一个可以理解为传统社会文化安排官僚化的"制度拼凑"（institutional bricolage）。资源管理的现代和传统安排应互相加强,而不是被理解为规则的制度冲突。制度应该固化进他们的社会环境,因为没有这个社会嵌入,官僚制度可能是无效的。与

---

① Cleaver（2003：13）辨别"官僚机构"（比如"那些政府引进的正式安排［…］"）和非正式或者更好的"社会嵌入式机构"（比如"那些以文化、社会组织和日常生活为基础的实践"）。

此同时,传统安排必须接受最终适应新的目的(Cleaver 2003:14-20)。

(三)工具、阶段和策略

执行过程中,国际协议(以及可能意味着随之而来的改革)履行的过程体现在不同政策工具在不同区域(制定、执行、强制)的不同时刻。

1. 许可证

无论是在中国,还是在塞内加尔,履行国际承诺的相关监管措施(如渔业许可证)在执行阶段引起公众与官僚体制之间的庇护关系(clientelist relationships)和实施阶段基层官僚的行政宽容。特别是行政不作为,不仅是由于资源稀缺,而且更主要的政治意愿是避免潜在的冲突。政策环境进一步增加了这方面的共同核心(common core)。

首先,采用的模型里,冲突显然架构于不同领域:政治精英、官僚系统和目标人群。差别实施非常适用于公共和私人领域显然是分开的政治语境中,但在中国"规则制定者"和"规则被支配者"的界限往往是模糊的,省有很高的渔业许可证管理的自由裁量权,拥有一个重要的渔业公司,并在财政分权的形势下负责自己的预算。一个明显的利益冲突推动,仍然是一个重要的公共收入来源的渔业资源的进一步开发。

其次,研究表明,目标群体在设定的水平也可以导致履行国际条款(和主动性改革),只要他们有足够的政治影响力(资源),并在政治系统中表达他们的异议,目标群体就能够在进程开始的时候向政治精英施加压力。不像中国渔民,1998年《海洋渔业法规》实行期间,塞内加尔的手工渔民可能会阻止任何改变来实行法规。

2. 海洋保护区

海洋保护区与目标群体的冲突似乎并不那么相关,政府管理的本性使冲突在公共场合更加重要,执行阶段(履行框架)的模糊性制造了更多问题。在对这两个国家的研究中,中国和塞内加尔政府管理工具主要在官僚斗争上获得,这种官僚斗争主要是中国和塞内加尔政策竞争及组织间冲突。中国国家环保局和国家海洋局在管理海洋保护区的职权上相互重叠;塞内加尔的海洋经济部与环境部之间的关系同样紧张。国家特异性引发更多考虑。

在中国,中央和省(我们研究的广东)之间,更多政府层面的投入导致冲突加剧。政府管理工具在省级预算(在一个财政分权为主的系统)所隐含的财政负担,以及与省在管理海洋保护区的责任,解释了海洋保护区没有执行的原因:省级政府可以优先考虑行动并减少用于海洋保护区的资源。

在一个西非国家特定条件下的冲突不仅是制度,更多是由于个人利益的结果。在塞内加尔,部长级层面的权利定期重组,在各部委之间转移;即使履行机构被法律所认可,连续发布的总统法令能轻易改变职责。新的部长权利意味着更多的工作机会,这在今后的选举中加强了部长的个人"客户端"和他们的政治支持(采访公务员,达喀尔,2009年3月)。

最终产生两种结果,海洋保护区管理的高水平混乱和这一工具功能的麻痹。

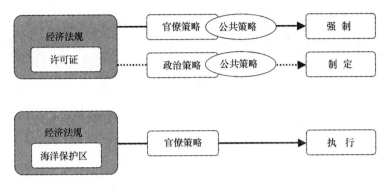

图 2　工具、阶段和策略

七、结论:科学和政治

在过去的 15 年,国际组织通过各种文件已经促进了渔业资源的可持续利用(例如:《21 世纪议程》第 17 章、《联合国粮农组织行为守则》和《约翰内斯堡行动计划》)。在国家和海洋环境力学信息与科学知识增长的基础上,至少在国际层面,关注更负责任的渔业管理。虽然这些年在制作"信息"政策中科学的角色在增强,但知识无法自行产生成形的政策。

任何政策举措,事实上,嵌入到一个目前以社会经济利害关系为特征的空间,在特定范围内围绕一个特定问题。此外,越来越多的环境与自然资源的战略价值需要细心思考国家利益与角色。社会、经济和政治利益的相互作用确定了一个独特的权力游戏(受 Diouf 启发 1992:235 – 236)。理解这些"权力游戏"对于预知显现在特殊政策举措周围的冲突,以及试图在发展中解决这些争议的可能性是非常重要的。应付环境问题需要的不仅要从生态角度来看,还要考虑生物标准。社会和经济可行性政策解决方案需要注意的是到期账户和政治关注点,而政策决定造成的社会经济后果需要融入生态考量和建议①。

因此,正如 Castilla 和 Defeo(2005)所争论的,"渔业科学探测是必要的,但不是海洋资源可持续性的不充分条件"。这项在塞内加尔和中国履行国际渔业管理规定过程的研究显示出渔业政策与改革的政治复杂性。为此,本文假定科学在国际体制形成过程中有很强的影响力(Blok 2008:39;Underdal 2000:6),突出了政治、官僚和社会领域的国内相反意见。这种最初的假设需要根据实验数据减弱钝化,科学的影响也需要处于国内水平的位置。作为一个例子,中国案例明确显示了在中国科学界的压力下,联合国环境与发展会议推动的可持续发展理念是如何获得进入中国国家议程的动力。

总之,任何改变都要面对位于不同地理水平(国家和地方)和一些领域(政治、官僚、公众)多重利益可能的反应。我们认为,阻碍渔业政策成功改革基本上来自于一些领域参与者的异议,它们主要是在出现阶段的执行和实施,特别是当国际规定要求一个高水平的变化时。围绕政策倡议分散位置的这些利益,在伴随履行国际协定的政策改革过程中有潜在的

---

① ECOST 项目的附加值在于评估渔业政策和实践中考虑生态、社会经济和政治集合的尝试。

破坏性。Gehring 和 Ruffing 也有类似观点(2008：123 – 124)。

"然而最初保护自然资源带来的好处是[一个濒临灭绝物种的]广泛分布,但成本一般只集中在少数利益相关者[州]。因此,受地方利益和参与者反对威胁的政策[清单]决定是成功履行所必须的"(Gehring & Ruffing 2008：123 – 124)。

参考文献

[1] Andresen, S. , Skjoerseth, J. B. , and Wettestad, J. (1995) Regime, the State and Society：Analyzing the Implementation of International Environmental Commitments, Working Paper, International institute for Applied Systems Analysis, Laxenburg.

[2] Bernstein, S. and Cashore, B. (2000) "Globalization, Four Paths of Internationalization and Domestic Policy Change：The Case of EcoForestry in British Columbia, Canada", in Canadian Journal of Political Science, Vol. 33, No. 1, March, pp. 67 – 99.

[3] Beyer, S. (2006) "Environmental Law and Policy in the People's Republic of China", in Chinese Journal of International Law, Vol. 5, No. 1, pp. 185 – 211.

[4] Blok, A. (2008) "Contesting Global Norms：Politics of Identity in Japanese Pro – Whaling Countermobilization", in Global Environmental Politics, Vol. 8, No. 2.

[5] Brown Weiss, E. and Jacobson, H. K. (2000) (eds.) Engaging Countries – Strengthening Compliance with International Environmental Accords, the MIT Press, Cambridge and London.

[6] Camara (2008), M. M. , Quelle gestion des pêches artisanales en Afrique de l'Ouest é Etude de la complexité de l'espace halieutique en zone littorale sénégalaise, PhD thesis, Université Cheikh Anta Diop, Dakar.

[7] Castilla, J. C. and Defeo, O. (2005) "Paradigm Shifts Needed for World Fisheries", in Science, 26 August, Vol. 309, pp. 1324, 1325.

[8] Charles, A. (2001) Sustainable Fishery Systems, Blackwell Science, Oxford.

[9] Chayes, A. , Chayes, A. H. , and Mitchell, R. B. (2000) "Managing Compliance：A Comparative Perspective" in Brown Weiss, E. and Jacobson, H. K. (eds.) Engaging Countries – Strengthening Compliance with International Environmental Accords, the MIT Press, Cambridge and London.

[10] Checkel, J. T. (2005) It's the Process Stupid! Process Tracing in the Study of European and International Politics, Working paper, Arena, Centre for European Studies, University of Oslo.

[11] Chen, R. (2002) "Administrative Reform in Guangdong Province and Its Characteristics", in Chinese Public Administration Review, Vol. 1, No. 1, January/March.

[12] Cheng, J. , Cai, W. , Cheung, W. Pitcher, T. J. , Liu Y. and Pramod, G. (2006) "An Estimation of Compliance of the Fisheries of China with Article 7 (Fisheries Management) of the UN Code of Conduct fro Responsible Fishing", in Pitcher, T. J. , Kalikoski, D. and Pramod, G. (eds.) Evaluations of Compliance with FAO (UN) Code of Conduct for Responsible Fisheries, Fisheries Centre Research Reports, Vol. 14, No. 2, The Fisheries Centre, University of British Columbia, Vancouver.

[13] Christensen, V. , Aiken, K. A. , and Villanueva, M. C. (2007) "Threats to the ocean：on the role of ecosystem apporaches to fisheries", in in Social Science Information, Vol. 46, No. 1, pp. 67 – 8.

[14] Cicin – Sain, B. , Vandeweerd, V. , Bernal, P. A. , Williams, L. C. , and Balos, M. C. (2006) Meeting the Commitments on Oceans, Coasts and Small Island Developing States Made at the 2002 World Sum-

mit on Sustainable Development - How Well Are We Doingé Global Forum on Oceans, Coasts, and Islands.

[15] Cleaver, F. (2003) "Reinventing Institutions: Bricolage and the Social Embeddedness of Natural Resource Management", in Benjaminsen, T. A. and Lund, C. (eds.) Securing Land Rights in Africa, Frank Cass, London.

[16] Diouf, M. (1992) "Le clientelism, la 'technocratie' et aprésé", in Diop, M. - C. (ed.) Sénégal. Trajectoires d'un Etat, Codesria, Dakar.

[17] FAO (1997) Fisheries Management, FAO Technical Guidelines for Responsible Fisheries No. 4, Rome.

[18] FAO (2007) The state of world fisheries and aquaculture, FAO, Rome.

[19] Featherstone, K. (2003) "Introduction: In the Name of 'Europe'", in Featherstone, K. and Radaelli, C. M. (eds.) The Politics of Europeanization, Oxford University Press.

[20] Freestone, D., Barnes, R. and Ong, D. M. (2006) (eds.) The Law of the Sea, Oxford University Press, Oxford.

[21] Gehring, T. and Ruffing E. (2008) "When Arguments Prevail Over Power: The CITES Procedure for the Listing of Endangered Species", in Global Environmental Politics, Vol. 8, No. 2, pp. 123 – 148.

[22] George, A. L., and Bennett, A. (2005) Case Studies and Theory Development in the Social Sciences, MIT Press, Cambridge (Massachusetts) and London.

[23] Goggin, M. L., Bowmann, A. O'M., Lester, J. P., O'Toole, L. J. Jr. (1990) Implementation Theory and Practice - Toward a Third Generation, Harper Collins Publishers.

[24] Grindle, M. S. and Thomas, J. T. (1991) Public Choices and Policy Change - The Political Economy of Reform in Developing Countries, The Johns Hopkins University Press, Baltimore and London.

[25] Haverland, M. (2003) "The Impact of the European Union on Environmental Policies", in Featherstone, K. and Radaelli, C. M. (eds.) The Politics of Europeanization, Oxford University Press.

[26] Héritier, A. (2001) "Differential Europe: The European Union Impact on National Policymaking", in Héritier, A., Kerwer, D., Knill, C., Lehmkuhl, D., Teutsch, M., Douillet, A. - C. (eds.) Differential Europe - The European Union Impact on National Policymaking, Rowman & Littlefield Publishers, Inc., Lanham - Boulder - New York – Oxford.

[27] Jacobson, H. K. and Brown Weiss, E. (2000) "A Framework for Analysis", in Brown Weiss, E. and Jacobson, H. K. (eds.) Engaging Countries – Strengthening Compliance with International Environmental Accords, the MIT Press, Cambridge and London.

[28] Keohane, R. O., Haas, P. M., and Levy, M. A. (1993) "The Effectiveness of International Environmental Institutions", in Haas, P. M., Keohane, R. O., and Levy, M. A. (eds.) Institutions for the Earth – Sources of Effective International Environmental Protection, the MIT Press, Cambridge (Massachusetts) and London.

[29] Pramod, G. and Pitcher, T. (2006) "An Estimation of Compliance of the Fisheries of Senegal with Article 7 (Fisheries Management) of the UN Code of Conduct for Responsible Fisheries", in Pitcher, T. J., Kalikoski, D. and Pramod, G. (eds.) Evaluations of Compliance with FAO (UN) Code of Conduct for Responsible Fisheries, Fisheries Centre Research Reports, Vol. 14, No. 2, The Fisheries Centre, University of British Columbia, Vancouver. [30]Radaelli, C. M. (2003) "The Europeanization of Public Policy", in Featherstone, K. and Radaelli, C. M. (eds.) The Politics of Europeanization, Oxford University Press.

[31] Richardson, D. (1997) "The politics of sustainable development", in Baker, S., Kousis, M., Richard-

son, D. , and Young, S. (eds.) The politics of sustainable development - Theory, policy and practice within the European Union, Routledge, London and New York.

[32] Risse, T. , Green Cowles, M. , and Caporaso, J. (2001) "Europeanization and Domestic Change: Introduction", in Cowles, G. M. , Caporaso, J. , and Risse, T. , (eds.) Transforming Europe – Europeanization and Domestic Change, Cornell University Press, Ithaca.

[33] Rotmans, J. and M. B. A. van Asselt (1996) "Integrated Assessment: A Growing Child on its Way to Maturity", in Climate Change, Vol. 34, pp. 327 – 336.

[34] Saich, T. (2004) Governance and Politics of China, Palgrave MacMillan, New York and Basingstoke (UK).

[35] Stokke, O. S. , Lee, G. A. and Mirovitskaya, N. (1999) "The Barents Sea Fisheries", in Young, O. R. (ed.) The Effectiveness of International Environmental Regimes – Causal Conections and Behavioural Mechanisms, The MIT Press, Cambridge and London.

[36] Symes, D. (2007) "Fisheries management and institutional reform: a European perspective", in ICES Journal of Marine Science, Vol. 64, pp. 779 – 785.

[37] Underdal, A. (2000) "Science and politics: the anatomy of an uneasy partnership", in Andresen, S. , Skodvin, T. , Underdal, A. , and Wettestad J. (eds.) Science and politics in international environmental regimes - Between integrity and involvement, Manchester University Press, Manchester and New York.

[38] Underdal, A. and Hanf, K. (2000) (eds.) International Environmental Agreements and Domestic Politics - The case of acid rain, Ashgate Publishing Limited, Hants and Burlington. UNDP (2006) Human Development Report 2006 - Beyond scarcity: Power, poverty and the global water crisis, UNDP, New York.

[39] Victor, D. G. , Raustiala, K. , and Skolnikoff, E. B. (1998) (eds.) International Environmental Commitments - Theory and Practice, The MIT Press, Cambridge and London.

[40] Winter, S. (2003) "Introduction", in Peters, B. G. , and Pierre, J. (eds.) Handbook of Public Administration, SAGE Publications, London - Thousand Oaks – Delhi.

[41] Xue, G. (2005) China and International Fisheries Law and Policy, Martinus Nijhoff Publishers, Leiden and Boston.

[42] Young, O. R. (1999) "Regime Effectiveness: Taking Stock", in Young, O. R. (ed.) The Effectiveness of International Environmental Regimes - Causal Conections and Behavioural Mechanisms, The MIT Press, Cambridge and London.

[43] Zakane, V. (2008), "Problématique de l'effectivité du droit de l'environnement en Afrique: l'exemple du Burkina Faso", in Granier, L. (ed.) Aspects contemporains du droit de l'environnement en Afrique de l'ouest et centrale, Droit et politique de l'environnement, Issue 69, UICN, Gland.

[44] Zou, K. (2005) China's Marne Legal System and the Law of the Sea, Martinus Nijhoff Publishers, Leiden and Boston.

欧洲海滨旅游的起源与演变及其对中国的启示*

杜鹏飞[1]　沈世伟[2]　任小丽[2]

（1. 法国昂热大学　2. 宁波大学）

摘要　海滨旅游在欧洲产生至今已有近 200 年的历史,期间历经从"求医"到"逐乐"、从"美白"到"美黑"、从"无序发展"到"有序管理"等多个阶段的演变。其产生、发展和演变都与欧洲社会和文化的变革紧密关联。笔者认为当中国旅游市场发展到所谓的"成熟"阶段之后,中外旅游者的活动类型及行为表现将趋于一致的"进化论"观点并不站得住脚,但同欧洲一样,旅游风潮日盛的中国海滨必须也必定会成为多元群体共同保护、共同管理、共同享有并为之既竞争又合作的多功能空间。

关键词　欧洲　海滨旅游　启示

旅游无疑是一项经济活动,但首先是一种人类现象,因为没有旅游者,就没有旅游活动,也无所谓旅游地,无所谓旅游(Equipe MIT,2002)[1]。从根本上说,即便是秉持旅游经济论的学者也不能忽略旅游行为以及旅游者赋予其的意义。旅游研究,无论是为了对该现象有更深或更新的认识(也就是开展基础性研究),还是旨在制定科学的规划或为其建言献策(也就是开展应用性研究),都需要深入分析旅游行为及其蕴含的意义。旅游尽管已是一种世界性的现象,但它在世界上的分布与传播是不均衡的,即便在同一类型的旅游地,不同时代、不同人群开展的旅游活动类型、表现形式及其蕴含的意义也不尽相同,甚至存在很大差异(沈世伟 & Violier,2010)[2]。关注这些异同,研究其产生的原因和发展的规律,有助于认识旅游的本质。

随着海洋时代的到来,海滨旅游在中国呈现出方兴未艾之势,不仅旅游活动日益多样,参与的群体也日益多元,不过国内旅游学界对其关注和研究至今为时尚短,有影响的成果也很少。而作为公认的海滨旅游发源地的欧洲,已有 2 个多世纪的相关历史。2 个多世纪以来,起源于欧洲的海滨旅游已经历了一个从无到有,从简单到多元,从局部到多地的发生、发展、演变、扩散的过程,成为一种世界性的现象。笔者希望通过追根溯源,重现海滨旅游在欧洲发生、发展、演变的历程,分析其产生的影响,进而对照审视中国海滨旅游的现状,尝试做一些思考。

---

　*　本文系浙江省海洋文化与经济研究中心自设课题"浙江省海滨海岛旅游研究"(课题编号:11HYJDYY06)阶段性研究成果。

一、从求医到求乐——海滨旅游的产生

现代意义上的旅游产生于工业革命时期的欧洲,海滨是孕育旅游的主要场所。旅游活动在海滨出现至今已有两个多世纪,其产生和演变与欧洲社会和文化的变革紧密关联。曾经发生在欧洲海滨的种种活动与行为有些已经消逝在历史长河中,有些则延续至今,甚至传播到世界上的其他地方,例如中国。

1. 海滨旅游的先声——以医疗为目的的海水浴

在基督教信仰压倒一切、工业和社会革命到来之前的欧洲"先旅游时期",洗浴是不寻常之举,一则是由于要裸露身体而被视为有伤风化;二则是由于人们担心浸泡在冷水中会引起体温下降从而有害健康。不过温泉浴是例外:不仅因为温泉水温度高,不会使人担心体温下降,还因为种种关于温泉的神异传闻使人相信其具有祛病消灾的神效,更何况当时的医药对大多数疾都不见效。直到17世纪末,尤其是18世纪初,随着科学思想传播,宗教影响减弱,特别是法国大革命之后,欧洲人认识到水确实具有治疗疾病的功能(Boyer,1996[3];1999[4])。矿泉水得到大力肯定,历史上的温泉胜地重焕青春,发展为温泉理疗功能主导的专业化街区。围绕由医师新建和经营的温泉疗养所甚至发展出一批真正的"水城"。它们普遍具有舒适的接待条件,可供人们长期逗留。英国的巴斯(Bath)是其中的先锋,是18世纪末19世纪初在欧洲大陆上次第出现的温泉疗养城镇的典范(Stock,2001)[5]。这些温泉普遍位于高山地区或中高山地区,由医师分析其成分,测定其功效(Corbin,1988)[6]。

18世纪末,继温泉之后,冷而咸的海水也被认为具有疗效,海水理疗法应运而生:人们在医师的指导和辅助下下海沐浴,由海浪冲击身体。于是乎,跟温泉地一样,海边也出现了疗养所,形成了海水疗养城镇,位于英吉利海峡英国一侧的布莱顿(Brighton)是其中的典型(Equipe MIT,2005)[7]。

2. 海滨旅游的到来——游乐活动的出现与医疗功能的消失

19世纪下半叶,新的变化出现了。随着预防医学思想的发展,海水浴的治疗功能逐渐弱化。人们转而信奉通过体育锻炼强身健体。这一潮流与当时上流社会社交生活日益丰富,文体活动日益兴盛的大环境密不可分。到19世纪末,随着海水浴活动由欧洲北部海岸逐步转移到南部海岸,海滩的消遣娱乐功能日益突出,治疗功能逐渐消失(Equipe MIT,2005)[7]。就法国而言,靠大西洋一侧,从中部的旺代省(Vendée)海岸直到南部的巴斯克地区(Pays basque)海岸,遍布细沙海滩,而北部海岸,即北海沿岸、诺曼底海岸、布列塔尼海岸则多为卵石海滩,且水温更低。因此对于开展娱乐活动而言,前者显然更适合,尤其当退潮时,平缓的细沙海滩可以提供更为广阔的散步和游乐空间。

也正是在19世纪下半叶,英国人发明了诸多体育活动,其中包括游泳和其他一些水上运动。这些运动进一步拉近了人与水的关系,使两者达到前所未有的亲密,不再有距离。这一转变的一个重要标志是沐浴指导员职能的转变。他们开始教孩子们学游泳,并且很快转型为游泳教练。到19世纪末,海滩上的运动和游戏愈发丰富多样,水球、网球、羽毛球、槌球、徒手捉鱼、堆沙堡等活动在海滩上纷纷开展起来(Urbain,1994)[8]。海滩装备和设施也

发生了变化。仅以更衣间为例,尽管在比利时和荷兰的海滩上以及法国菲尼斯泰尔省的私人海滩上,仍有人使用带轮子的移动小木屋,包括在里面更衣(当时人下海沐浴前须换上包裹严实的泳衣,连手和腿都不能外露,上岸活动前须换回平日装束)并由其将自己拖入水中和拖回岸上,但在欧洲别处海滩上,人们已普遍使用条纹帐篷作为更衣室,下海与上岸也变得简单而自然,不再如此繁琐费事,也不再引人围观(Equipe MIT,2005)[7]。海滩真正成了人们的游乐空间,海滨旅游的时代到来了。

二、从"美白"到"美黑"——"3S"时代的到来

当代人谈及海滨旅游,或者更确切地说"旅游化的海滨",浮现在脑海中的几乎都是同样的画面:艳丽的阳光(Sun)、蔚蓝的海水(Sea)、细密的沙滩(Sand),也就是业内津津乐道的"3S",似乎供人游乐的海滨原该如此,本就如此,皆为如此。然而通过以上回顾,我们已经知道"3S"并非海滨旅游与生俱来的标签。事实上,"3S"的纪元至今不过一个世纪而已。

1. 冬季到地中海滨来漫步

18 世纪中期,饱受冬季阴郁湿冷之苦的英国人发现了一处理想的"越冬地",即法国东南部的地中海沿岸,包括尼斯(Nice)、戛纳(Cannes)、耶尔(Hyères)等城镇。他们发现这里冬季依然温暖和煦,处处可以凭海临风,悠然漫步,是避寒度假的绝佳之地,于是每到冬季便像候鸟一般按时迁徙而至。19 世纪中期,英国人又在法国开辟了第二片"越冬地"——西南海岸。大西洋之滨的阿卡雄(Arcachon)和比亚利茨(Biarritz)由此开始快速发展起来。这一传统延续至今。如今在法国、西班牙沿海地区置业的英国人比比皆是,他们大多夏居英国,冬居法国或西班牙。许多退休的英国人甚至彻底迁居法国、西班牙海滨。

2. 日光浴与天体主义

也是在 19 世纪,在医疗保健人员的鼓吹和推动下,出现了日光浴疗法,也就是裸露局部或全部身体,使之接受阳光照射从而实现治疗某些疾病(例如肺结核、淋巴结核、风湿等)的目的。日光浴疗法源于瑞士,到 20 世纪初已扩散至其他欧洲国家。随着天体主义的盛行,日光浴在目的上和形式上都逐渐发生了变化。天体主义源头众多,众说纷纭,但 20 世纪初产生在德国的一系列倡导裸体的健康与修身学说是公认的直接源头。在这些学说的推动下,德国出现了日光浴公园和空气浴公园。这时的日光浴和空气浴已不再是一种治疗手段,而演变为保健行为和社交行为,可称之为"天体浴"。第一个已知有组织的天体俱乐部Freilichtpark(自由光公园),于 1903 年由 Paul Zimmerman 在德国汉堡附近开设(Buchy,2005)[9]。

无论是日光浴还是天体浴,都伴随着身体的裸露。之所以将裸露身体使之接受阳光照射的做法称为"浴",不仅是为了形象的比拟,也是因为它蕴含的卫生保健理念和"浴"最初的含义——洁净——高度契合。不过由于个体内在的卫生健康状况往往并不轻易为外人察觉,肤色变黑才是阳光照射身体后产生的最直观的效果,于是是否拥有古铜色的肌肤无形中成了欧洲人评判健康的一个显性标准。需要指出的是,尽管在 19 世纪末后印象派大师高更(Gauguin)和近东风情画家已分别通过笔下的波利尼西亚少女和阿尔及利亚女郎充分展示

了古铜色肌肤的魅力,但直到 20 世纪初,欧洲人才真正开始逐渐接受以黝黑肤色为美的观念(Stazack,2008)[10],曾经深受青睐的白色肌肤则开始令人联想到结核病患者的苍白脸色。而在此之前,黝黑的肤色由于被看作是农民与长期户外劳作的劳动者特有的肤色而受到上流社会的鄙夷(Ory,2008)[11]。

3.“里维耶拉风”与可可·香奈儿

20 世纪 20 年代,亲近阳光、追逐阳光已在欧洲蔚然成风。当时第一次世界大战结束不久,追逐艳丽阳光和温暖海水的美国人首创了夏季到地中海地区度假的潮流,而此前地中海地区是英国人的冬季避寒天堂,夏季鲜有人光顾。这些美国人身着蓝白条纹的海魂衫,配以白帽和短裤。这种装束风靡一时,被时尚界称为“里维耶拉(Riviera)风”。与美国人不同,可可·香奈儿则是独领潮流。1920—1930 年代,她先是大胆地改短了女裙,继而又率先舍弃了伴随欧洲女性数世纪之久的小阳伞(Ory,2008)[11]。在这些风潮的引领下,欧洲人从此彻底告别了以“白”为美的时代,转而以“黑”为美,纷纷在烈日炎炎的夏季挤到海边去度假。源于德国的“天体浴”也于彼时在法国开始与海滩结合:1920 年代,马赛周边出现了第一批私人俱乐部性质的天体浴海滩。从 1930 年代起,每到夏季,地中海滨小城耶尔(Hyères)附近的勒旺岛(île du Levant)以及大西洋畔吉伦特省(Gironde)蒙塔利维(Montalivet)附近的偏远海滩开始年复一年地被蜂拥而至的天体主义者占领(Barthe - Deloizy,2003)[12]。海滨旅游的“3S”时代轰轰烈烈地到来了。

三、从无序到有序——海滨规划建设时代的到来

第二次世界大战再次将欧洲拖入到深重的灾难中,旅游业遭遇重创,停滞不前。战后三四十年间,欧洲经济与社会快速复苏,各国先后迎来了大众旅游时代。这一时期产生了一批新型的旅游地,尤其在海滨地区。参与旅游发展的力量也多元化了,财力雄厚的政府成为旅游开发的主导力量。欧洲的海滨旅游告别了此前无序开发的局面,进入了规划建设的时代,法国在这方面堪称范例。

第二次世界大战之后的 30 年里,法国迎来了一段经济快速发展的时期,史称“光辉 30 年”。这一时期,法国政府大力投资推行旅游规划建设。1963 年 6 月 8 日,“朗格多克 - 鲁西永地区(Languedoc - Roussillon)海滨旅游规划建设部际协调委员会”的成立是这一战略的里程碑。这一机构人数不多,但个个都是总理直接领导下的能人强将。其工作目标主要为:①将经该区南下西班牙海滨度假的北方国家游客留在当地度假;②分流蔚蓝海岸(Côte d'Azur)承受的巨大旅游接待压力;③消除葡萄酒产业危机给该区带来的不利影响;④化解因阿尔及利亚独立导致大量法侨回流而产生的巨大的安置压力(Racine,1980)[13]。

当时,欧洲社会刚刚进入大众旅游时代,而海滨正是大众最偏爱的旅游空间类型。面对大众对海滨旅游的旺盛需求,为了保证朗格多克 - 鲁西永海滨拥有宜人的居住和度假环境,部际协调委员会敏锐地意识到:在启动这一宏伟计划时,首先必须抑制房地产投机,避免成片住宅区和分散式村屋的无序扩张;其次要合理设计各个旅游功能组团的接待能力,以便其保持平衡。这样的旅游新城组团规划了 6 个,建成了 5 个。每个组团含若干个旅游度假小城镇,除了个别小城镇是旧有的之外,其他绝大多数是新建的。各组团之间都保留了一片自

然地带,以维持当地的海滨风貌,使之与同时期西班牙旅游海滨普遍呈现的建筑林立的形象形成对比(Duhamel,2000)[14]。大型的基础工程和配套工程由法国中央政府负责立项、设计和实施,包括基础设施建设、沼泽排水工程、绿化工程、渠道修筑工程、自来水工程等。经过国家的投资建设,原本沼泽遍布、草木丛生、人烟稀少的朗格多克-鲁西永海滨改头换面,发展成为新兴旅游目的地。仅以夏季旅游接待人次为例,在建设计划启动前的 1962 年,朗格多克-鲁西永地区海滨的夏季旅游接待人次为 35 万,到 1966 年上升为 53 万,到 1974 年已达 140 万(Jouvin,2008)[15]。除朗格多克-鲁西永海滨之外,法国政府在这一时期还投资开发了另一些地区的海滨,例如 1962 年开工的阿基坦(Aquitaine)海滨开发计划。相比朗格多克-鲁西永海滨的开发计划,其余海滨开发计划的投资和建设规模都要小得多。

总的来看,20 世纪 60 和 70 年代法国政府对海滨地区的大力投资与有序建设满足了大众旺盛的海滨旅游需求,取得了巨大成功。不过当时建设的旅游度假小城镇及其基础设施在运营三四十年后大多已经老化,需要翻修和更新,但想要付诸实施却面临重重困难:首先是小业主为数众多,而人多意见也多,很难协调;其次是所有设施同时老化导致翻新成本高昂;最后还有房屋租赁市场的瞒报逃税行为导致政府掌握的专项修缮资金匮乏。好在近 10 年来情况又有了明显改善。由于朗格多克-鲁西永首府蒙彼利埃和阿基坦首府波尔多都是著名的大学城,近 10 年来吸引了越来越多的国内外大学生前往就读,其中不少人就选择到这些风景宜人的小城镇租住。这些学生的租期大多为 9 个月,与他们的学年一致,即头一年9 月初到第二年 5 月底,而他们留下的 6—8 月的空档正好由旅游度假客来填补。同时,另一些人群,如无法承受大城市住房压力的工薪族和退休后希望改善居住环境的银发族,也纷纷到这些海滨小城镇来安家或季节性居住。常住居民和临时居民数量的增加提升了这些地方的人气和活力,带动了城镇设施和基础设施的修缮和更新。

四、从建设到保护——海滨管理新时代的到来

作为法国传统上最重要的国内旅游度假地类型,海滨地带近 10 年来吸引了越来越多的非游客群体,其居民从最初的原住民,扩展到旅游开发后的原住民+游客,再到现在的原住民+游客+新型住户,显示其已成为多功能的空间,引起了多元群体的共同关注。面对新的形势,各个管理部门和机构陆续推出了一些新规章和新条例。尽管政出多门,但这些新规章和新条例都响应了地区、中央、欧盟乃至国际上对保护自然资源和生态环境的规定和要求。这是自 20 世纪 90 年代起,尤其是在地球峰会(1992 年在里约热内卢举行)之后出现的新变化。管理者们希冀创建一种能同时满足经济、社会、环境发展需要的整体管理机制。这样的创举无论是对当地而言,还是对国家乃至全球而言都是一项重大的挑战(Lefeuvre,1995[16];Marrou & Sacareau,1999[17])。

不过由于不同的群体有不同的社会和经济利益诉求,在意识形态上也有差别,因此尽管在保护海滨地区的大目标上一致,但在如何保护的具体设想和实践上并不一致,甚至彼此相左。这就需要不同群体通过相互协商来协调矛盾和争端(Duhamel & Violier,2009)[18]。这方面的正面案很多,例如在蔚蓝海岸地区随着城市化进程加速,出现了地产投机,地价上涨导致农业用地成本高昂,农民尤其是缺乏资金积累的年轻农民无力购买,种植业于是萎缩。

当地农民团体为此提议仿效"海滨空间保全条例",推出一部"农用地保全条例"。后者创立于 1975 年,依据其推出的一项地产政策可以为法国海滨和湖滨的自然区域与景观起到终极保护的作用。它在法国本土的海滨乡镇中得到推行,成为 1986 年颁布的海滨法的源头。该法禁止在距海岸线 100 米以内的空间里修筑基础设施(Legrain,2000)[19]。

如今,对于海滨地区来说,法国中央政府扮演的角色与其说是规划者和建设者,还不如说是决策顾问者和服务者。它的首要任务是在各地的规划建设过程中,通过执行法国和欧盟的法律法规来实现发展和保护之间的平衡(Miossec,1998)[20]。所有拥有或使用或保护海滨空间的人员都被号召起来加入相关团体中并发表意见,参与行动,以求共同制订公共政策。但是这样的社会协商并不容易,因为大家都已在过去的数十年中习惯了由国家来担任唯一合法管理者的角色(Secula,2011)[21]。

可见,在经历了近 200 年的发展和演变之后,欧洲的海滨早已不复"前旅游时代"那种价值寥寥、缺乏关注的局面,国家对其投资建设、大包大揽的一极管理时代也已成为历史,已成为多元群体共同保护、共同管理、共同享有并为之既竞争又合作的多功能空间。

五、对照与启示

相比欧洲漫长的海滨旅游发展历史而言,中国的海滨旅游发展历程无疑要短得多,但也要快得多。两相对照之下,能带给我们很多启示。

让我们首先来审视一下关于中国当代旅游发展的某种观点。持这种观点的学者为数不少,他们普遍认为当中国旅游市场发展到所谓的"成熟"阶段之后,中外旅游者的活动类型及行为表现将趋于一致。这是典型的"进化论"观点:旅游发展有一个全球模式,所有国家、所有社会文化群体都将经历一个从"初级旅游阶段"到"文化旅游阶段"的过程。这一观点尽管被广泛认同,却站不住脚,因为它忽视了旅游后发国家(例如近 30 余年来经历旅游快速发展的中国)所拥有的独特历史、文化、民族个性和创新能力。以海滨旅游为例,事实上,某些曾在欧洲前后相承、演化的旅游活动和行为在中国却可能同时上演。例如,中国人现在普遍喜欢在热海水里浸泡(不一定游泳),但同时又小心翼翼地做好防晒美白措施,两者并行不悖;而在欧洲,注重防晒美白与开展热海水浴则分属两个不同的阶段。中国和欧洲都有着自己独特的历史、文化、民族个性和创新能力,我们不能因为欧洲曾有过这样那样的经历,就断言中国也必将有这样、那样的经历。实际上,只要真正了解中国文化,就不会困扰于诸如"中国人为何不喜欢被晒黑"这样的问题。诚然,发端于夏威夷,而后由美国人传入法国再传播到欧洲各地的这种刻意晒黑肌肤并以之为美的行为(Coëffé,2005)[22]已融入欧洲文化,成为欧洲人无意识的集体行为(Bourdieu,1984)[23],但它显然与数千年根深蒂固的中国文化格格不入,而且我们至今也不能预见哪一天它会被中国社会接受。

与基于独特的历史、文化和民族个性而产生的某项具体活动或某种具体行为不同,一些牵涉到全人类共同的命运,例如自然资源、文化遗产以及生态环境的保护,不仅影响西方,也同时影响中国,必然受到中国人民在内的全人类共同关注。具体到已在欧洲摸索、实践,旨在满足经济、社会、环境多元发展需要的整体管理机制,必然也将在中国出现。同欧洲海滨一样,中国的海滨必须也必定会成为多元群体共同保护、共同管理、共同享有并为之既竞争又合作的多功能空间。

对于旅游研究者而言,以机械的线性逻辑来想当然地预言或断言是不严肃、不科学的,正确的做法应该是从中国的社会文化特性出发,认真研究哪些外来元素可能被中国社会接受并与之结合,从而预测或设计出既符合旅游发展规律又适合中国国情的旅游发展新模式。

参考文献

[1] Equipe MIT, Tourismes 1. Lieux communs [M]. Paris : Belin, 2002 : 320p.

[2] 沈世伟:Violier P. 法国旅游资源研究方法的三十年演进历程[J]. 经济地理, 2010, 30(6) : 1027 – 1032.

[3] Boyer M. L'invention du tourisme [M]. Paris : Gallimard, 1996 : 160p.

[4] Boyer M. Le tourisme en l'an 2000 [M]. Lyon : Presses universitaires de Lyon, 1999 : 265p.

[5] Stock M. Mobilités géographiques et pratiques des lieux. Etude théorico – empirique à travers deux lieux touristiques anciennement constitués : Brighton & Hove (Royaume – Uni) et Garmisch – Partenkirchen (Allemagne) [M]. Paris (Thèse de Doctorat en géographie) : Université de Paris 7 – Denis Diderot, 2001 : 663p.

[6] Corbin A. L'avènement des loisirs (1850 – 1960) [M]. Paris : Flammarion, 1988 : 471p.

[7] Equipe MIT. Tourismes 2. Moments de lieux [M]. Paris : Belin, 2005: 352p.

[8] Urbain J. – D. Sur la plage, mœurs et coutumes balnéaires [M]. Paris: Payot, 1994: 374p.

[9] Buchy P. – E. A Nudist Resort, thesis for MA [D]. Miami University, Oxford, Ohio, Department of Architecture, 2005, http://www. ohiolink. edu/etd/send – pdf. cgi? acc_num = miami1114115398, retrieved 29/11/2007

[10] Staszack J. – F. Danse exotique, danse érotique [J]. *Annales de géographie*, 2008 (660 – 661) : 129 – 158.

[11] Ory P. L'invention du bronzage [M]. Paris : Editions Complexe, 2008 : 135p.

[12] Barthe – Deloizy F. Géographie de la nudité: Etre nu quelque part [M]. Paris: Bréal, 2003: 240p.

[13] Racine P. Mission impossible ? L'aménagement touristique du littoral du Languedoc – Roussillon, éditions Midi – Libre, collection *Témoignages*, Montpellier, 1980, 293 p.

[14] Duhamel P. Le territoire majorquin (Baléares) face au tourisme [J], *L'information géographique*, 2000 (2) : 134 – 147.

[15] Jouvin P. La Mission Racine (1963 – 1983) et 45 ans d'aménagement du littoral languedocien, séminaire des Sites et Paysages, 25, 26 et 27 juin 2008, [EB/OL] . http://www. languedoc – roussillon. developpement – durable. gouv. fr/IMG/pdf/13Philippe_jouvin_amenagement_littoral_cle5e1cb9. pdf

[16] Lefeuvre J. – C. Progression des marais salés à l'ouest du Mont – Saint – Michel entre 1984 et 1994[J]. *Mappemonde*,1995 (4) : 28 – 34.

[17] Marrou L. et Sacareau I. Les espaces littoraux dans le Monde [M]. Paris: Géophrys, 1999, 192p.

[18] Duhamel P. & Violier P. Tourisme et littoral : un enjeu du monde [M]. Paris:Belin, 2009 : 182 p.

[19] Legrain D. Le Conservatoire du littoral [M]. Paris: Actes Sud, 2000, 210p.

[20] Miossec A. Les littoraux entre nature et aménagement [M]. Paris: SEDES, 1998: 324p.

[21] Secula C. Acteurs et gestion du littoral. Une anthropologie de la baie du Mont Saint – Michel [M]. Paris

（Thèse de Doctorat en ethnologie）：Muséum d'Histoire Naturelle，2011：797p.

［22］ Coëffé V. Les Hawai'i saisies par la *géo – graphie*：l'espace utopique de Mark Twain［J］．*Cahiers de géographie du Québec*，2005（49）：225 – 240.

［23］ Bourdieu P. Questions de sociologie［M］．Paris：Les Editions de Minuit，1984：277p.

古代椒江海洋诗歌的文化学解读

汪文萍[1]　　王康艺[2]

（1. 宁波卫生职业技术学院　2. 浙江省民办教育协会）

摘要　位于台州湾的椒江,具有丰富的古代海洋诗歌资源,呈现出浓郁的地域特色和海洋文化特征。本文从文化学的意义上解读古代椒江海洋诗歌,从中揭示椒江的风土人情、社会习俗、文化形态和生活方式。

关键词　椒江　海洋诗歌　文化学解读

椒江隶属于台州市,是台州市政府的所在地。古代椒江的海洋诗歌,是指宋元以来直至近代描写椒江海洋地域特点和椒江百姓涉海生活的诗歌。作者或是椒江本地的诗人,或是寓居椒江或偶尔路过椒江的外地诗人,他们对椒江海域风情的描摹和历史文化的吟诵,呈现出了浓郁的椒江海洋文化的特征。对椒江海洋诗歌进行文化学意义上的解读,就是要从古代椒江海洋诗歌的价值阅读中,体味椒江的风土人情、社会习俗、文化形态和生活方式等。可以说,对古代椒江海洋诗歌的文化学解读,既是一次对椒江地域诗歌的梳理,更是一次对椒江地域文化的弘扬和彰显。

一、海域风景的描摹

椒江旧称"海门",位于浙东南沿海台州湾的入海口,自古以来就因其地势险要而被称为台州的"咽喉之地"或"第一门户"。椒江外海的老鼠屿山(又称孤屿山或麒麟山),是古代椒江文人登临观海的最佳方位。每当海潮袭来,这里碧海涵天,江涛怒吼,与海门口特殊的地理位置相映衬,充分展露出大海的野性和力量;而每当海潮退却,这里则又是一派月色朦胧、海天一色的景象,呈现在人们面前的是大海的妩媚和温柔。因此,椒江的海域风光是粗犷与柔美的统一,是雄奇与娟秀的调和,它与都市的繁华喧嚣和乡村的宁静恬美构成了极大的差异性,充分地展示了独具特色的海上魅力。

清代天台诗人徐传瑷,在游览了椒江后即兴写下了《游海门》一诗,无疑是一首反映椒江海天壮景的佳作:"碧海涵天一望浑,两岸中锁若熊蹲。江涛怒挟葫芦口,潮信争冲铁瓮门。无数鱼龙随出没,尽年樯柁弄朝昏。我来欲访蓬瀛宅,蜃气茫茫自吞吐。"诗人把"两岸中锁"的椒江口比喻成"熊蹲"、"葫芦口"和"铁瓮门",极其形象生动。诗人在观赏海涛怒吼着冲向椒江口的过程中,被这里海气蜃景的浩荡吞吐之气所折服,为这里蓬莱瀛岛般的神奇魅力所慑服。这是大海的野性、激情与海门口的险要地势共同组成的一幅雄壮之图,是一种气势恢宏的崇高美与苍茫辽阔的狂野美。同是清代的临海籍诗人江河清,在他所写的《海门山》中,也把海门关的江山形胜写得纷纭诡谲、神秘莫测而又险要万分:"潮声昼夜海门关,江口渡通万里间。浪涌礁痕疑马去。天连帆影认鸦还。日光空阔黄无岸,云气停留黑即山。近指桅樯风动处,苍烟乱屿泊舫湾。"海门山,又称小圆山,离椒江外海的老鼠屿山不远,它与海门南岸的牛头颈山相对峙,形成了椒江的一道天然屏障。在这里,诗人不仅绘声绘色地描写了海门山外海的景象——"潮声昼夜"、"渡通万里"、"浪涌礁痕"、"天连帆影",而且还极其生动地勾勒了海门山近处"桅樯风动"、"苍烟乱屿"的迷人风光。此诗视野开阔,气象万千,道出了海门山独特的海山风貌,呈现了椒江鲜明的地域海洋特色。

当然,大海在人类面前展示出其汹涌澎湃、气贯长虹的同时,也有柔情似水、温婉动人的一面。在朦胧的夜色中,椒江的海天景色简直就是一幅令人心旌摇曳的水彩画。清代诗人童芸在《椒江夜渡》中是这样来描写的:"潮来忙问渡,月上好行舟。远火依江静,轻风曳橹柔。烟销鳌背迥,枫落海门秋。斜拨芦花棹,沙汀起白鸥。"当渡船的时候,正是涨潮之时,也是月亮升起之时。远处,在依稀的灯火中,只见金鳌山上的烟云渐渐消散,整个山脊都明明白白地展露了出来;近处,在温柔的划船声中,枫叶静静地飘落在海面上,更有岸边飞舞的芦絮和惊飞的白鸥,为美丽的海景增添了几份野趣。可以说,这时的椒江之海已经没有了"吞吐洪波万里开"的壮阔气象,而只有让人"篷窗醉倚看"的恬静而悠远诗意美了!

当代台湾诗人林位东的《浦口归帆》,是一首难得描写海岛风光的诗篇。它的立足点也不在于讴歌海洋的大风大浪,而是展现了富有自然魅力和生活情趣的渔村画面。"几家渔户傍山涯,网罟高悬石径斜。落日苍波金万点,归帆阵阵绕飞鸦。"渔家的住所挨挨挤挤地傍着山崖,周围到处网罟高悬;远处的海面上,落日融金,波光万点,还有列队归来的渔帆和盘旋飞翔的海鸟,给茫茫的海天渔村带来了灵动的生机与和谐的景象。只寥寥数笔,就把岛上的自然风光与人情风貌写得活灵活现。

二、地域风情的再现

椒江是从一个偏居海隅的渔家小镇逐渐发展起来的,它的海域面积大约 600 平方千米左右,两倍于陆域面积。这使得椒江的先民们一直以来将目光投射到大海,把大海作为自身生存与生活的依靠,用生命和汗水从波涛汹涌的大海中觅取食物。他们聚海而居,出海捕鱼,围海造田,开辟鱼市进行买卖,对海神充满了崇拜。当我们对椒江的古诗词进行文化学意义上的阅读,也就是通过揭示作品所隐含的文化价值时,可以发现,椒江的先民们以独特的生活方式和风俗习惯生存在这片土地上。

1. 耕海牧渔的生产方式

与农耕文化的最大区别,"滨海之人"大多以海为田,从事盐业或捕捞业,当然,也有部分从事海鲜销售与海上贸易活动。于是,这些有着鲜明海乡风情的生活方式,在椒江的历代古诗词中得到生动的体现。如,清代贡生郎镜涵在《渔洋》诗中写道:"蜃楼海市总虚悬,岂若洋山人海填。闻说今年鱼汛好,畅销行市是冰鲜。"渔洋,即捕鱼作业于洋。作者为千百只渔船一起出洋捕鱼的盛况感到欢欣鼓舞,也为渔家能碰上如此"海鲜畅销"的年景而拍手叫好。如果说,在农耕文化的背景下,男耕女织是一种经典的生活时尚,那么,在椒江的古典海洋诗歌里,男人弄潮,女人织网,出海观潮,鱼市交易,则构成了别有洞天的渔家生活模式。清代黄岩人牟濬写的《答人问家子风景》,可谓典型地反映了椒江当地的民情风俗:"结网家家课女红,弄舟个个逞强雄。潮声蛤晕时时验,市满渔腥岁岁同。面面屏山云灭没,村村箬屋水西东。我生惯作非非想,昔昔思乘破浪风。"家子,地名,即今椒江葭沚,是当时椒江的重要港口。从这首诗中,我们可以清晰地看到椒江先民的生产与生活方式:男儿家与风浪搏斗,成为弄潮弄舟的后生;女儿家都会结网、做针线活。他们还学会了看验潮水捕鱼的本领,一旦鱼货上岸,就到鱼市上吆喝出售。有人曾用"满街齐唱卖黄鱼"的诗句来概括椒江当时的商贸盛况和市井风貌。当然,在葭沚的鱼市中,最值得一提的是鱼类品种的丰富和鱼的新鲜,这是其他地方所罕与其比的。为此,清代诗人朱邺华在《椒江竹枝词》中曾作过这样的描写:"一夜潮回葭沚船,花蚶白蟹不论钱。记过周七娘娘庙,满地青蟹带雨鲜。"从海上归来的捕鱼船,满载着各种各样的海鲜,不仅鲜透,而且价钱的低廉让人瞠目咋舌。此诗着实地道出了椒江古时海滨鱼市的动人风情,在字里行间透露出鲜明的海洋文化元素。

2. 船网交错的居住环境

陶渊明在传统农耕文化的包围下,体会到的是一种"采菊东篱下,悠然见南山"的诗情画意。但是,在椒江先辈们的生活中,则完全呈现了别样的生态环境,即以舟船为家,以渔网为墙,凸显了浓郁的海域特色。清代诗人陈蓥在《海荡竹枝词》中写道:"海国从来未有涯,茫茫三荡旧儿家。白茅矮屋黄泥壁,傍水门栽芦荻花。"诗虽寥寥几笔,但把椒江先民的居住状况表现得一览无遗——在海塘边,满载着芦苇深处的几间小茅屋,便是渔民们赖以栖息的家园了。在天气晴好的日子里,你还可以看见"海门四面网悬渔,天际清和把钓余"(清代朱士夔《海门竹枝词》)的美好景象。要是再把眼光放得稍微远一点,你还可以看见渔民们用自己勤劳的双手建立起来的市井生活:"尘市烟火聚,访胜爱江乡。小住船为屋,长堤网作墙。涛声喧井里,估客集帆樯,数里渔盐富,真堪壮越疆。"在这首清代诗人姜文衡所写的《海天吟》中,不仅勾勒出了椒江渔民"小住船为屋,长堤网作墙"的生存地域特点,而且还生动地描绘了椒江"涛声喧井里,估客集帆樯"的景致,并对椒江富甲数里的经济风貌作了画龙点睛式的反映。可以说,这是一首极具概括力和表现力的诗篇,对远在天涯的椒江风土人情进行了全方位、立体式的观照。

3. 逐水而歌的爱情故事

在传统的椒江古诗词中,体现出来的情感生活是相当丰富多彩的。"贺得顺风多获利,渔棚庙内赛花钿"(清代卢锦篇《咏海门冰鲜船》),"提壶沽酒匆匆去,备得盘飧客可邀"(清代无名氏《栅浦堂神诞竹枝词》之六),对椒江海边人一掷千金的豪爽和热情好客的民风作了淋漓尽致的描写。尤其是在爱情生活方面,椒江的古诗词也有生动的表达。由于终年漂泊在水上,因此,渔家女的爱情始终与水紧密地联系在一起。从广阔的空间水域看,清晨,还在楚水游弋,傍晚,俨然已到了吴江,爱情随水流淌,逐水而居,缠绵细长;从狭小的船体空间看,妹在船头,哥在船尾,爱情在风声和水声的应和声中,在把舵和摇橹的呐喊声中,已经化做了抵御一切苦难的护身符。清代椒江栅桥人邬佩之在《舟中即事》中采用仿竹枝词的形式,对多情船女的恋爱方式作了别具一格的描写:"踪迹全家逐水浮,朝来楚尾暮吴头。阿依把舵郎摇橹,听水听风不用愁。"当然,渔妇的爱情生活也和海潮密切相关。海水的每次潮涨潮落,都牵动着渔妇的心,她祈盼潮水有情,渴望海潮有信,捎去她对丈夫的思念和祝福。如清代椒江西山人徐泰,在他所写的 13 首《苍溪竹枝词》中,就有一首反映当地人爱情生活的:"妾家茅屋江渚东,江空潮落照帘栊。嫁得弄潮儿有信,随潮来去一帆风。"这是何等缠绵的爱情,又是何等悠长的思念! 似乎完全可以这样说,在椒江的传统诗歌中,"爱情"是一个特别有份量的词眼。

三、地域历史文化的抒写

美国学者斯蒂芬·格林布拉特(Stephen Greenblatt)在《文艺复兴自我造型》一文中提出了"文化诗学"的概念。王岳川教授在诠释这个概念时强调指出:"批评者必须意识到自己作为阐释者的身份,而有目的地将文字理解为构成某一特定文化的符号系统的组成部分,进而打破文学与社会、文学与历史之间封闭的话语系统,沟通作品、作家与读者之间的内在联系,并发现作为人类特殊活动的艺术表现问题的无限复杂性。"[1]事实上,我们不难发现,古代椒江的海洋诗歌中到处承载着丰富的历史文化内涵:或者通过对现实状况的真实记录,给后人传达某种历史文化的信息;或者通过对即将消逝的历史事件的表达,以唤醒地域历史文化的记忆,反映地域历史文化的凝重与厚度。因此,当我们采用新历史主义的文论方法,超越了传统的作家心理研究,超越了作家符号形式结构研究,也超越了读者接受和反应批评研究,而注重社会历史的文学视角研究,我们才有可能对人类的文化精神生活、文化政治活动和意识形态加以近距离的考察。

1. 海防文化的彰显

椒江作为海防前哨,历史上发生过戚继光抗倭斗争,这在椒江的古诗词中得到生动的体现。其中有一部分是戚继光等爱国将领在戍守台州和椒江期间所写的抗倭述怀诗,有一部分是后人缅怀与颂扬抗倭英雄的吊唁诗。这些诗歌无疑传达了保家卫国的责任感和强烈要求抵御外侮的信心,是对后人进行爱国主义教育的重要材料。这里特别值得一提的是,还有一部分是当年的亲历者所写的海防记录诗,或者从正面叙述战争的胜利,或者从反面记录海寇所造成的灾难,这些诗篇都同样具有重要的史料价值。清代诗人汪度写于 1851 年的《海寇焚海门卫纪事》,是一首反映海寇入侵、焚烧海门卫城的纪实体史事诗:"嗟兹洋匪何其顽,不识畏官翻逐官。三镇兵船出巡海,一逢贼艇争入关。港中寇泊十余日,卫内屋焚千数间。赢得木头价顿长,郡城巷巷造门阑。"这是发生在清咸丰元年(1851 年)的一次海匪袭扰椒江的事件。此诗以真实的笔触记录了海匪在海门卫逗留十余日的烧杀抢掠活动,致使海门卫内的数千间房屋被焚烧殆尽,整个卫所满目苍痍,同时也讽刺了驻防官兵不顾百姓死活、争避入关的怯战行为。可以说,这从一个侧面表达了"自古承平重备兵"的道理和强烈呼吁增强海防意识的信念。

2. 金鳌山的文化内涵与诗人的金鳌山情结

金鳌山不过是一座濒江小山,高不过 20 来米,与海门卫隔江相望,其北侧约 500 米左右便

---

① 王岳川:《当代西方最新文论教程》,上海:复旦大学出版社,2008 年,第 394 页。

是古章安。据说，在波光涛影中远远看去，此山活像一只金色的巨鳌，于是后人就以形取名，称为金鳌山。北宋末年，康王赵构为金兵所逼，南渡椒江驻跸此山时，还真有点喜欢上了金鳌山的风光，为此写了一首《阻潮金鳌》的诗："碧天低处浪滔滔，万里无云见玉毫。不是长亭多一宿，海神留我看金鳌。"由此可见，金鳌山的秀丽风光非同一般。但问题是，夹着尾巴逃难的赵构，已然纵情于海边狭小空间的山水景色，而忘却了国难当头的奇耻大辱，这多少让人感到失望。于是，自南宋以降，出现了许多歌咏金鳌山的诗篇，几乎都不约而同地把金鳌山当成了屈辱和蒙羞的代名词。在一次次义正词严的讨伐声中，彰显了椒江地域的民族正气与爱国情感。宋代黄岩县尉孙应时所写的《金鳌山》，就是一首典型的金鳌怀古诗，代表了椒江文人对历史文化批判的声音："金鳌山下海门边，万顷澄江涨碧烟。武德郡城知底处，建炎天仗忆当年。从教世事尘埃出，不碍人心铁石坚。一笑清风夕阳里，花开渔棹独延缘。"此诗以写景起兴，转入忆旧、论史，对康王赵构偏安一隅的轻松做派表示了婉转的讽刺，由于写在南宋当朝，因此多少有点隐晦曲折，似褒而实贬。但此后形成的一大批关于金鳌山的咏史诗中，诗人们的表达就不是那么的含蓄了："风急江门白浪高，翠华南渡幸金鳌。于今辇路迷芳草，疏雨残阳恨未消。"这首元代章安诗人卢纶写的《金鳌吊古》诗，就十分清晰地描述了赵构南行之狼狈，同时又表明了这次皇帝的幸临，其实是一次千秋难以雪耻的国仇家恨。

曾几何时，金鳌山作为一种意象积淀在诗人们的心中，又曾经被当成了飘泊不定、危险自重的象征——最著名的莫过于文天祥对金鳌山的咏唱了。在《入浙东》诗中，文天祥对自己逃难的经历作了详尽的描叙："厄运一百日，危机几十遭。孤踪入虎口，薄命付鸿毛。漠漠长淮路，茫茫巨海涛。惊魂犹未定，消息问金鳌。"诗人既简单地概述了自己虎口脱身的经历，也表达了对国家前途命运的担忧，对时局动荡不安的迷茫。金鳌山，便成为了危险不定、焦虑急切的代名词。"消息问金鳌"，也就作为一种凝重的文化符号载入椒江的诗歌史中。

3. 对"海难"的恐怖记录

以海为生，有取之不尽、用之不竭的资源，但也有免不了的海洋灾难。特别是由于过去抗击风潮的能力有限，每当海潮凶涌，台风咆哮，大海就会变成让人遭罪的可怕的策源地。在古代椒江的海洋诗歌中，我们不难看到有一部分关于洪潮暴发的记录。诗人们不仅保持了对灾难的冷静叙述，也在字里行间透露出浓郁的人文关怀。孙参华在《哀洪潮诗》中，对发生在 1919 年农历五月间的一次风暴潮事件作了详尽的记录：全诗从风暴潮来临前夕的连夜滂沱大雨写起，一直写到洪潮飞涨、海水倒灌入城的种种惨状；接着，还描写了风暴潮过后"白棺碧草骨嶙嶙"和"迩来米价贵如珠"等一系列凄苦景况；最后，诗人表达了自己对百姓"受饥寒苦"的深沉关切之心，也表达了"愿借钱弩射海潮"、使得天下风平浪静和百姓安居乐业的美好愿望。此诗对于我们认识"民生多艰"的历史和古代自然灾难的危害，都有着重要的史料价值和人文意义。

正如"文化诗学"所一再要求的那样："将一部作品从孤零零的文本分析中解放出来，将其置于同时代的社会惯例和非话语实践关系中，通过文本与社会语境、文本与其他文本的'互文'关系，构成一种新的文学研究范式或文学研究的新方法论。"[①]我们通过将"历史

---

① 王岳川：《当代西方最新文论教程》，上海：复旦大学出版社，2008 年，第 390 页。

与文本互动"的方法,寻找椒江的古代海洋诗歌的文化意蕴,可以清晰地看到椒江的古诗词正是植根在椒江这片蕴含独特而丰富的海洋文化元素的土地上,通过对椒江特有的海域风光的描摹、地域风情的重现和地域历史文化的抒写展示其诗情、诗性之美,这些诗歌也正因为其深蕴的地域文化内涵而获得了永久的生命力,至今仍在椒江的诗歌花园中绽放。

参考文献

[1] 王岳川:《当代西方最新文论教程》,上海:复旦大学出版社,2008 年。
[2] 王康艺、陈楚:《百名诗人咏椒江》,北京:作家出版社,2009 年。
[3] 贾剑秋:《神语·族阈·地域——对当代大凉山诗歌的文化学解读》,《西南民族大学学报》,2008 年第 12 期。
[4] 张安如、钱张帆:《中国古代海洋文学导论》,《宁波服装职业技术学院学报》,2002 年第 2 期。

海洋民俗文化的一朵奇葩

——海峡两岸如意信俗的传播与衍变

郦伟山

（浙江省象山县渔文化研究会）

摘要 海洋民俗是海洋文化的重要组成部分。浙江省象山县是个典型的半岛县，独特的地理环境与社会生活方式，产生了独特的如意信俗。如意信俗从渔山岛传到台湾台东县，经历了信仰圈的迁徙、传播、衍变和重归，成为海峡两岸永远割不断的文化情缘。如意信俗是中国海洋民俗文化百花园中的一朵奇葩，被列入国家非遗名录。

关键词 如意信俗 省亲迎亲 重归

海洋民俗是海洋文化的重要组成部分，它因沿海居民的社会生活需要而产生，在独特的自然与文化环境中发展衍变、积淀。独特的地理环境与社会生活，使如意信俗在象山县渔山岛应运而生，并成为海峡两岸同胞情感的纽带，血脉相连的生动写照。如意信俗是中国海洋民俗文化百花园中的一朵奇葩。

一、浮木立庙，香火不绝

如意娘娘信仰是发源于宁波象山地区渔山列岛的民间信仰，是渔山岛人特有的传统文化形态，始于清朝，庙宇建在北渔山岛上的庙岙。据称庙岙这一地名，也是由于如意娘娘的存在而命名的。

追根溯源，如意娘娘的由来说法有二：一是"木板（木头）"说。据徐七寿老人讲述，渔山岛几百年前就常有福建兴化人来捕鱼，也有台州、黄岩人来岛铲淡菜（一种岩生海产贝壳类）。一日，有采贝人落崖身亡。后其女如意从家乡赶到，问知其爹身亡确切地点之后，二话不说，纵身跃入海中殉葬。众人大惊，但见从该女投身处浮上一块木板。人们为该女的孝道所感动，也为该神奇木板所震惊，遂将木板雕塑成一尊如意神像建庙于该岛，称之为如意娘娘庙。现任渔山岛村主任柯位楚同样听爷爷讲过这个传说，只不过他说，那浮上来的是一段木头，后来雕成如意塑身。如意娘娘是坐身形象，双手搁在膝上，扶着一块约20厘米宽、100厘米长的木板。这与徐七寿老人的说法相一致。二是"绣花鞋"说。在渔山岛住了40余年的原庙管陈金杏女士，听她公爹讲过如意传说：很早以前如意娘娘的父亲在渔山岛劳动，帮渔老大干活，做长工。他们本来不是当地人，如意来渔山看望父亲，恰逢其父亲铲淡菜时不幸跌落海中,如意一时心急,从庙舀跳入海中救父。跳下后,浮上来一只绣花鞋。有人认为这是如意娘娘灵魂的化身,为此塑像立庙。

不管是"浮木说"还是"绣花鞋"说,在如意塑像中均有体现。1956年,渔山岛如意娘娘庙遭"8.1"特大台风中倒废。1990年,台湾台东县富岗村、象山渔山村共集资6万元,由渔山人徐七寿、周雪礼、汤全生(已故)等人依照被搬到台湾的如意娘娘真身照片进行雕塑,从此渔山岛上又现如意神像和庙宇,香火不绝。

二、小小插曲,奠定基础

渔山地处东海前哨,临近公海。据《浙江沿海图说》记载:"有居民者三岛,……南渔山二十余户、北渔山二十户、白礁五户,皆闽人之捕鱼为业者。"[①]晚清时期曾为海防禁域,历来为兵家必争之地。

1949年,除一些沿海岛屿外,中国大陆基本解放,而渔山岛仍处在国民党控制之下,与陆地的交流基本被隔绝。1955年,随着形势的变化,岛上的渔民被强迫要求撤往台湾,撤离总指挥是时任"国防会议副秘书长"的蒋经国,负责运输的是美国第七舰队。渔民们开始收拾行李,准备登舰。就在这时,出现了一个小小的插曲,也为以后的交流打下了基础。因为渔山岛如意娘娘庙有100多尊神像,有强烈信仰的渔民要求把神像带走,但被"官方"拒绝,他们说,连人都快站不下了,哪还有空间放菩萨像!渔民见此,都不愿意上船,纷纷表示:如意娘娘不走,我们也不走,宁可家当不要了,也要带上如意娘娘。当时渔山岛渔民柯位林(亚洲飞人柯受良父亲)斗胆向正在岛上巡视的蒋经国求助。蒋当时讲了十个字:"可以,可以,搬上去,搬上去。"渔民一听很高兴,马上行动,把神像装进箱子里,当作行李。最大的一尊如意娘娘,因手脚可以移动,于是大家一路轮流背着,跨越海峡到了台湾。

如意信仰是一代又一代渔山岛人用他们的情感、智慧和理念创造的一个传奇,反映了渔山岛人对人生的独特理解和美好生活的追求。渔民如此执著要带上"如意娘娘",有许多复杂的因素:一是担心渔山岛成为无人岛,冷落了如意娘娘;二是岛民去台湾,海上航行充满风险,祈求如意娘娘的庇佑;再者,到了台湾一个完全陌生的环境,在情感上有一种寄托,心理就会感到踏实。

数百年来,如意信俗在偏远的渔山岛代代相传,已发展成为一种成熟、完备的民间信俗。1960年,去台湾的渔山人在台富岗新村建如意娘娘为主神的"海神庙"。随着时间的推移,两岸兵戎对峙的坚冰渐溶。2007年7月27日,在象山县台办的全力支持下,阔别了50多年的如意娘娘,由台东富岗村村民柯位林率渔山岛的原居民及后代组团54人,第一次踏上故土渔山岛祈福祭祖,开创了两岸娘娘神明省亲、迎亲的习俗。

三、妈祖如意,迎亲习俗

妈祖又称天上圣母、天后、天后娘娘、天妃、天妃娘娘等,是我国沿海百姓崇祀的海神,始

---

① (清)朱正元:《浙江沿海图说》卷一《海岛表》,清光绪二十五年刊本。

于北宋,源于福建。象山县三面环海,一路穿陆,东临大洋,为"蕃舶闽船之所经",海上捕捞、海上航运与海上贸易十分活跃。尤其是县南的石浦港,山环水抱,港内南北两岸大小船只均可停泊,历来为浙洋中路重镇。因石浦、东门、延昌原住民多为早年福建移民,于是妈祖信仰也随之传入。据《东门岛志》记载,渔民们每年以农历三月二十三日的妈祖诞辰为黄道吉日,扬帆北上岱衢洋捕鱼,并举行妈祖寿辰庆典。庆典活动气氛热烈,场面壮观。

当地传说如意娘娘升天后,与妈祖娘娘、瑶池金母结成三姐妹,神灵相通,情感相通。这样如意又融入了妈祖信仰范畴。象山在举办开渔节期间,特邀台湾台东富岗新村如意娘娘进住东门岛妈祖庙作客省亲,并参加开渔节祈福巡游。迎亲的基本习俗:

1. 起身祭

如意娘娘在富岗海神庙动身前一天,庙里要为她颂经祭拜。其法为,置八仙桌祭台,上摆鸡、鸭、鱼、肉、水果、饼干等祭品,祭祠告知娘娘,某年某月某日,因何要启身回大陆家乡省亲。

2. 落地祭

当如意娘娘省亲队伍到达家乡目的地村口时,必须举行落地祭。接待方要摆祭桌,一般是八仙桌1~2张,置祭品鸡、蛋、鱼、肉,备酒及老式酒杯,置香炉;请吹打乐队迎候;组织信徒持香接驾。对方省亲队伍要在村外下车步行进村,由自己的锣鼓队开道。当娘娘坐轿到接待方祭桌前,要停轿受拜,念经烧纸。然后双方同迎娘娘进村进庙。

如意娘娘到渔山娘娘庙,因为是到"家"了,可以居中停放。到东门妈祖庙,因为在姐姐家做客,妹妹如意只能停放于大殿中堂小位(即左侧)。以后出巡,也只能姐姐(妈祖)在前,妹妹(如意)在后,不能错位。

3. 守夜

如意娘娘省亲来访,一般要在客庙住上几天,夜间香火与陪客不断,双方都会各指派信徒4~6人,负责夜间通宵上香陪护。

4. 赠礼

犹如人间主、客往来,神明往来赠礼也不可或缺,礼品重轻不计。2007年7月,富岗村海神庙赠渔山岛娘娘庙功德红包人民币6 000元,功德铜香炉一尊(200斤)价值2.5万元人民币。2007年9月,富岗村海神庙赠东门岛妈祖庙功德红包人民币1 200元,"安阑赐福"旌旗一面。东门妈祖庙回赠红包人民币1 888.88元,"百世蒙庥"旌旗一面。

5. 客祭

对于远道而来的客神如意娘娘,当地信徒更是虔诚有加,不断有人前来上香祭拜、祈福,男人们祈祷合境平安,女人们祈祷生活安康,姑娘们祈祷美丽快乐,孩子们祈祷学业有成。客祭一般只上香,个人不设祭品。

6. 送别祭

如意娘娘要回程了,启身之日,同样要在村口祭拜欢送,仪式与落地祭相同,只不过如意娘娘回程时,众信徒要护送她一程。

7. 回庙祭

如意娘娘返回台湾本庙后,要举行香火祭拜仪式,告慰娘娘,一路辛苦,已平安到家。

四、台东富岗,祭祀神秘

中国各地渔民都有"多神信仰"的习俗,台东富岗小石浦村的如意信俗也是一种典型的多神信仰。如意信俗是以如意娘娘为主神,并由中国民间广泛信奉的各神祇组成的信俗系统。渔民们在惊涛骇浪里讨生活,他们比一般人更渴望安全感。在小石浦村的海神庙里,以如意娘娘为中心,左右两旁供奉的大大小小几十尊神像,这些神祇都是如意娘娘的左臂右膀,有李府元帅、广泽尊王、保生大帝、池府王爷、泉州王爷、北极王爷、德福正神、关公、周仓、三太子等,也供奉着观世音菩萨。

当第一代小石浦人带着他们的神祇一起到达台湾这块陌生的土地时,如意信俗却被完整无缺地继承了下来。可以说,源于大陆石浦渔山岛的如意信俗,如今已在台湾台东的小石浦村生根开花,生机勃勃。每年农历的六月十八、七月初六和正月十四是如意信俗的三大节日,"六月十八"是池府王爷生日,"七月初六"是如意娘娘生日,"正月十四"则是石浦传统的元宵节,石浦人历来在正月十四闹元宵,俗称"十四夜",也是祭神的重要日子。这三个日子里,小石浦村人都要举行盛大的祭祀活动,全村的男女老少都聚在一起,就连在外地工作的村人也会回来一起参与活动,像过年一样热闹。

根据象山县政协《祖脉》摄影组介绍:台东县富岗村的祭祀活动有一套带有神秘色彩的程式,这套程式是祭祀者与神灵"沟通"的媒介,也叫"请五营",是如意信俗中独特的请神仪式。通过这种仪式,使神灵"附身",为大众指点迷津、消灾赐福。"五营"指的是"东、南、西、北、中"五位将军,分别由五面令旗表示,是神祇座下的开路先锋,只有通过这五位将军"操练兵马",才能请出各位神祇。

"请五营"先要准备好各种法器,主要有:一口红色的"东南西北斗",里面装着祛邪用的盐米,插着"东南西北中"五面将军令旗和各种法器;五块红色的"法旨",形如惊堂木,是五将在念咒过程中用来敲击的;一条长长的麻质鞭子状的"法绳";还有传统的法器"五宝",分别是"七星剑"、"鲨鱼剑"、"月斧"、"铜棍"、"刺球",那是五将的兵器。

仪式开始,五将分列两旁开始念"请神咒"和"本坛咒"。五将并非固定的五人,可以由八九个祭祀人员轮流担任。念咒是持续不断的,贯穿着请神仪式的全过程,咒语就像是曲谱,统领着仪式的进行。在浑厚粗犷的咒语声中,五将轮流出场"操练兵马",他们首先挥动法绳,手舞足蹈,口中念念有词,仿佛进入一个迷幻状态。五将轮流上场舞毕法绳,开始进入实质性的"操练"。这时,战鼓擂起,东、南、西、北、中五位将军赤裸上身,各自手执自己的兵器,轮番上场"操练兵马"。祭祀现场"刀光剑影",笼罩在一片灵异的气氛之中。

五将轮番操练完毕,现场按照东、西、南、北、中五个方位排出 5 个红色铁桶,在铁桶内焚烧金箔纸。一将舞动"法绳",结束操练,开始正式请出神祇登坛作法。如意信俗是多神信俗,请神仪式中请出的神祇不一定是如意娘娘,通常可能就是池府王爷,或者其他神祇,如意娘娘一般要在比较重大的活动中"现身"。这时,五将中的两将会请出一尊小型的池府王爷神像,两将各执一端,托举在手里,你来我往,看上去好像拉锯一样在"争

42

夺"神像。一旁的三将则不断地念着咒语,两将目光迷离,如梦如幻,仿佛进入一种催眠状态。据说,此时此刻,这两将已经"神灵附身",他们梦幻般的"拉锯战"实际上是神灵通过他们的手在"写天书",而一旁的三将则通过观察他们的"拉锯战"来解读"天书"。一般是有人碰到难事求告神灵,请神灵指点解难,神灵就是通过这样的方式来解答问题的。问题解答完毕,"请五营"仪式结束,村民们摆出鱼肉酒菜等供品,面向大海,祭海谢神。礼毕,在高大的"金炉"里焚烧金箔纸,炉膛里那熊熊的火焰,寄托着小石浦村人对美好生活的无限向往。

五、两岸共识,重归故里

台东县富岗新村的一切风俗都拷贝象山石浦。过年时,做鱼面、鱼丸、八宝饭、春卷,和大陆石浦一模一样。出门在外,再远也要赶回来吃除夕夜团圆饭,36 道菜层层叠叠摆在桌上;吃晚饭,晚辈们跪着,长辈们给晚辈发红包——压岁钱;一起搓汤圆,作为大年初一早餐用,象征团团圆圆。

富岗新村村民虽然身在台湾,但想念故乡的念头年复一年。到了 20 世纪 70 年代,小石浦村的第二代在外出求学时,尝试寄信给大陆亲戚,之后很快得到了回音,还附有照片。小石浦村的村民激动了,有的看了照片掉下了眼泪。

到了 80 年代,台湾解禁,开放大陆探亲,台湾同胞先后多次来到家乡旅游、修坟、祭祖,象山共接待台胞 10 余万人次,渔家近亲按照老规矩,摆出 36 道菜招待台湾父老乡亲。

2008 年,象山、台东两县经双方协商建立了交流合作关系,陆续举行了海洋环境保护、旅游交流合作论坛。还在石浦皇城沙滩共同举行了"同盼团圆,共叙乡情"为主题的中秋晚会,台东蓝星文艺团、东大水浒"宋江阵"等文艺团体表演了台湾民俗特色节目。

象山县还以"中国开渔节"为平台,以文化为纽带,邀请台东小石浦村参加"妈祖如意省亲迎亲"仪式、祈福巡安活动,更进一步加深了两岸同胞的了解和友谊。

在第十三届中国开渔节期间,台东小石浦村、象山石浦合计投资 300 余万元,在东门岛兴建新的如意娘娘庙,与台湾台东县小石浦村遥相呼应,定名为"海神庙"。2011 年 9 月 16日开渔节期间,举行了隆重的"开门"典礼,100 多位台湾同胞,见证了这一个庄严肃穆的时刻,噙着泪说:"回来了! 回来了! 娘娘落叶归根重回故里了!"并且虔诚地祈祷两岸同胞风调雨顺,生活安康。

六、信仰传承,生生不息

文化是人类的伟大创造,是人类价值观念与自我本质在客观世界中得以实现的象征。人类的文化在空间形态上一般是有地域性和流动性两大重要特征。所谓地域性,是指任何一种文化形式的创造与产生,是在一定的地域环境中实现的,由于各种地域环境中不同的自然与社会条件,人类的文化形式会产生很大的差异,从而形成各种不同特点的文化类型与文化风格。从现有资料查证,如意俗信始发地在象山渔山岛,并形成了一种独特的信仰习俗。所谓流动性,是指任何一种文化形式在某一特定的地域环境中产生后,都有一个向其他地区流动、发散、位移、辐射的过程,这就是传播。如意俗信在特定的历史背景下,从大陆到台湾,从象山到台东,从渔山岛到富岗村,如今到了第三轮传承期。代表性的传承人是:

浙江象山渔山岛:徐七寿,男,1926年出生,文盲,祖居渔山岛。因1955年回石浦结婚而未往台湾,一直是渔山岛渔民。1990年接收台湾富岗村捐款,负责重修渔山娘娘庙。之后一直负责渔山岛娘娘的各项活动(包括迎接台湾娘娘省亲迎亲)。

台湾台东县富岗村:柯受球,男,1947年出生,初中文化,祖居渔山岛,世代渔民,1955年去台湾,现在大陆创业,任台湾富岗村海神庙管理委员会主任委员。

浙江象山东门岛:韩素莲,女,1952年出生,渔民家庭,初中文化,年轻时在婆婆颜妙福的耳闻目染下(其婆婆生前为东门天妃宫护法),1995年始,继承主持东门岛妈祖庙庙务至今,无偿为岛上渔民群众服务(含迎接台湾娘娘省亲迎亲)。

七、结语

象山的如意娘娘信仰从渔山列岛起步,经历了信仰圈的迁徙、传播和重归,特别是衍生出全新的省亲、迎亲仪式,这是传统与现代相融合交汇而形成的地方性、区域性信仰习俗与寻根习俗,凸显了海峡两岸民间文化交流的和谐局面,宣扬了如意娘娘信仰本身所包含的孝慈仁爱精神,同时在经济上起到了引进台资、拉动象山旅游等产业的发展作用。目前如意娘娘信仰已成为横跨海峡两岸国家级的海洋民俗非物质文化遗产项目。随着时间的推移,如意信俗的历史价值和现实意义将会更加凸显,这朵海洋民俗奇葩也必将更鲜艳,更有影响力。

建设台州海洋文化的思考

林文毅　卢昌彩

（浙江省台州市海洋与渔业局）

摘要　台州海洋文化历史悠久,内涵丰富。建设台州海洋文化既是传承和发展传统文化的客观需要,也是建设浙江海洋经济发展示范区的迫切要求。本文在梳理台州海洋历史文化的基础上,就台州市如何保护海洋历史文化遗产、发展海洋文化旅游产业、创建海洋文化名城等提出对策建议。

关键词　海洋文化　发展　繁荣　对策建议

海洋是生命的摇篮、资源的宝库、交通的动脉。在漫长的发展历程中,人类与浩瀚的海洋有着千丝万缕的联系,并由此产生出一系列灿烂的海洋文化。在深入贯彻党的十七届六中全会精神之际,如何深入挖掘、弘扬台州海洋文化,为浙江海洋经济发展示范区建设提供精神动力和智力支持,已成为一个十分重要而又迫切的课题。

一、建设台州海洋文化的重要性、必要性

海洋文化是世界性的文化现象,定义多达上百种。当代海洋文化学科建设的积极倡导者、青岛海洋大学教授曲金良在其《海洋文化概论》中表述:"海洋文化,就是人类认识、把握、开发、利用海洋,调整人和海洋的关系,在开发利用海洋的社会实践中形成的精神成果和物质成果的总和。具体表现为人类对海洋的认识、观念、思想、意识、心态,以及由此而产生的生活方式,其实质是人类与海洋自然地理相互关系的集中反映。"在新的发展时期,重塑和建设海洋文化,对于传承海洋文明、科学开发利用海洋和推动人类社会进步都有着十分重要的意义。

（一）建设台州海洋文化,是传承和发展海洋先进文化的客观需要

文化的价值在于延续,延续的目的在于继承地创新,持续人类文明永远的进步。台州历史悠久,5000 年前就有先民在此生息繁衍。在数千年的历史发展和沧海桑田中,台州不仅孕育出华夏文明范围中一种具有相对独立体系的文化——天台山文化,涉及哲学、历史、地理、文学艺术、科技、体育等各个领域,对中华民族文化的发展和繁荣有着重要贡献,并且对日本、朝鲜、韩国和东南亚各国文化都产生了极大的影响;而且壮美、雄奇和神秘莫测的大海是台州人民不尽的宝藏,生活在海边的台州人民在与大海的搏击中,形成了以椒江葭芷、温

岭石塘、玉环坎门、三门健跳等为代表歌唱渔海、反映渔海的渔海文化。特别是南宋和明朝时期,随着海上贸易的发展,台州经济社会发展呈现出空前的繁盛局面,同时也形成区域特色的舟船文化。这些传统的海洋文化既是台州几千年沉淀下来的历史瑰宝,也是台州山海文化重要组成部分。建设台州海洋文化,就是要取其精华,去其糟粕,进一步传承发展传统优秀海洋文化,促进血脉的延续,使其成为人民的精神家园。

（二）建设台州海洋文化,是推动浙江海洋经济发展示范区建设的迫切要求

文化决定意识,意识决定行动。当前,浙江省海洋经济发展示范区建设已上升为国家战略,并确立了"一核两翼三圈九区多岛"为空间布局的海洋经济发展大平台,台州作为发展的重要南翼,台州湾循环产业集聚区作为九大集聚区之一,台州诸岛作为多岛组成部分,必将成为建设海洋经济发展示范区的主战场。台州市委认真贯彻国家和省委战略决策,市第四届党代会进一步确立"主攻沿海、创新转型"发展战略,提出了"推进沿海开发,打造新的增长极"。但是,建设海洋经济发展示范区不仅仅是发展海洋主导产业,还应包括海洋意识与海洋观念、海洋与人的相互作用、海洋人文社会机制等,亦即海洋文化建设。海洋文化是相对于大陆文化的一种文化现象,最大特点就是开放、开拓、包容和进取,强调征服自然和崇尚流动,建设台州海洋文化,就是要弘扬海洋文化的开放、开拓、包容和进取特点,为建设海洋经济发展示范区提供不竭的精神动力和支撑。

（三）建设台州海洋文化,是调整和优化海洋产业结构的重要内容

海洋文化产业是建设海洋文化的有机组成部分。近年来,台州在大力发展海洋经济的同时,海洋文化产业也有了长足的发展,相继举办了三门青蟹节、海鲜节、海钓节等节庆活动,既传播了台州的海洋文化,又促进了招商引资和经济发展。特别是海洋文化、海鲜饮食文化融入沿海旅游业,丰富了海洋旅游内涵,提升了海洋旅游的档次,促进了滨海旅游业的快速发展。但是,台州海洋文化产业仍处在起步阶段,发展的规模、档次还很低,缺乏持续发展的能力。因此,当前建设台州海洋文化的一个重要内容,就是要发展海洋文化产业,使文化创意融入海洋各个产业,进一步提高海洋产品的附加值,促进海洋产业结构的不断优化。

（四）建设台州海洋文化,是合理开发利用海洋资源的现实举措

海洋文化,包括海洋意识,即海洋观,指人们对海洋世界的总的看法和根本观点,它反映了人们对海洋的认识,包括海洋和人类的关系、如何开发利用海洋资源、海洋环境的保护等。可以说,人类长期以来对海洋知之甚少,只是到近代哥伦布进行环球试航,有了远洋运输和贸易后,才真正认识到海洋的重要性,才知道有取之不尽、用之不竭的海洋资源。但是,随着现代科学技术的发展、人类掠夺性的开发,使海洋资源和环境都遭到了很大的破坏。如过度的海洋捕捞,致使渔业资源趋向荒漠化;沿海工业化、城市化的快速推进,致使近海海洋环境污染加剧;大规模的填海造地,致使海湾及滩涂湿地大面积减少,海岸生物多样性迅速下降。建设台州海洋文化,就是要树立正确的海洋观,形成共同的科学开发海洋理念,增强文化自觉、自信行为,促进海洋资源永续利用和海洋环境保护落到实处。

（五）建设台州海洋文化，是融合和交流世界主流文明的战略选择

500 年前，海洋成为各国间往来的桥梁，孕育了世界上大国崛起的摇篮。当下，温带沿海地区占全球可居住面积的 8%，居住的人口占全球的 23%，但创造了占全球 53% 的 GDP，美国东北部大西洋沿岸、北美五大湖、日本太平洋沿岸、欧洲西北部、英国以伦敦为核心和中国以上海为中心的长三角等全球 6 大城市群都位于沿海，沿海成为世界政治、经济、文化中心。沿海发展与海洋文化兴起息息相关，在经济全球化、区域经济一体化、贸易自由化的大背景下，世界各国和地区经济融合度加深，贸易交往频繁，海洋文化的共性和海纳百川的气概，有利于推进与世界融合。建设台州海洋文化，就是要发挥海洋文化优势，加强交流融合，实现共存共荣、共同发展。

二、台州海洋文化的渊源、类型和特征

台州地处我国东南沿海中段，是南北海运的中枢地带，负山面海，海域辽阔，形胜险要，有"山海雄奇，孤悬而有不可难拔"之美誉。我国著名的人文地理学家王士性《广绎志》卷四《江南诸省》有这样的描述："吾浙十一郡，唯台一郡连山，另一乾坤，围在海外，最为据险。"这种三面环山、一面向海的地域特质，促使台州沿海先民在受到群山险阻之时，很早就把目光投向了广阔无边的海洋，萌发了拓展海洋空间的意识，积聚了持久开发、利用海洋资源的动机，从而在漫长的发展历程中，逐渐形成了具有区域特色的台州海洋文化。

（一）历史渊源

台州海洋文化历史悠久，从远古到春秋战国时期，台州境内已有了一定规模的造船和海洋航行活动，并孕育了利用海洋、开发海洋的文化心态。台州一带古称沤越，史载其民善于涉海作舟，如《越绝书》卷八称："越人水行山处，以舟为车、以楫为马，往则飘风，去则难从。"玉环三合潭遗址延续期长达 1800 余年，是距今 3000—4000 年前东南沿海岛屿罕见的多层文化遗址，反映了台州先民制作独木舟，捕食鱼蚌、海虾，进行原始的海上航远情况，是研究中国沿海岛屿史前文化的典型代表。

从秦汉到南北朝时期，台州海洋文化进入发展时期。台州的古章安与与秦汉初期句章、沪渎、番禺、成山、连云等并称海上六大古港，而雄踞东南，成为中央政府藉以控制瓯、闽两越的军事重镇、浙东南的重要军港，造船业、航运业相当发达。《三国志·吴志》卷二载，黄龙二年（230 年），孙权"遣将军卫温、诸葛直率甲士万余人，浮海求夷洲及澶洲。……澶洲所在绝远，卒不可得至，但得夷洲数千人还"。这是我国第一次以政府名义经营台湾，意义重大。吴天纪三年（279 年）沈莹《临海水土异物志》记载近海鱼类 92 种，当时台州与南海、台湾等地的海上贸易已经相当活跃。南北朝陈太建七年（575 年），椒江两岸已成为浙江中部沿海定置作业发达地区之一。

唐宋元时期，台州的制盐业、造船业、海外交通贸易、对外文化交流盛极一时。今天的临海汛桥和黄岩柏树巷，宋代分别称为"新罗屿"和"新罗坊"，是当年海商贸易和聚居之地。章安和松门分别设有市舶司。临海税务街，即是宋代的"通远坊"，即通向远方之意。当时

与台州贸易往来的除朝鲜半岛和日本外,还有东南亚等其他国家和地区。另外,渔业也相当发达。唐、宋、元时期,鲛鱼皮、鱼鳔已列为朝廷贡品。明时,岁贡海物进至 15 种。

台州倭患始于元末明初,英宗正统初年渐趋严重,至嘉靖年间,倭寇为患至为惨烈。战乱使得台州的海运大贾逐渐消失,造船基地也先后崩瘫。而明清时期,政府多次实行严厉的海禁政策,规定"片板不许下海",商贸遭到破坏,使台州沿海实际上成了闭塞地区,台州的海运贸易从此一蹶不振。然而,这一时期的海防文化,特别是抗倭文化为沉寂的台州添上了浓墨重彩的一笔,极大地丰富了台州海洋文化的内涵。

清康熙二十四年(1685 年),朝廷设浙江户关台州分关于葭沚,海门港才开始具备近代港埠意义。1897 年,海门正式创立轮埠,"海门轮"首航宁波,不久椒申(至上海)、椒温(至温州)诸海运航线客货轮相继开通,海门港开始逐渐兴盛,被誉为"小上海"。改革开放,特别是撤地设市以来,台州凭借灵活的民营机制和海洋精神,走出了一条富有台州特色的发展道路,迅速跻身于我国沿海发达城市行列,海洋文化进入了真正有意义的复兴阶段。

(二)主要类型

台州海洋文化就其类型来说,主要可分为海洋民俗文化、海港商贸文化、海塘水利文化、海防海疆文化、海岛旅游文化、海洋军事文化、海鲜餐饮文化等。

1. 多姿多彩的海洋民俗文化

"送大暑船"、"正月半夜扛台阁"、石塘箬山的"大奏鼓"、玉环坎门"鱼龙灯"等,是台州渔民在独特的生存环境和历史文化背景中,在长期耕海牧鱼的生产、生活中形成的别具特色的一种传统民俗活动形式。渔民祭祀活动和传统民间文艺表演等作为渔民一种精神寄托,主要有娱神、娱人两大板块,以祭祀为核心,以民间文艺表演为主轴,含有历史、宗教、生产、民俗等诸多文化内容。这些活动承载着台州渔民许多重大的历史文化信息和原始记忆,使大量的原始祭祀礼仪和民族民间文化艺术表演形式被保留下来,它不仅对活跃渔村文化生活、繁荣渔文化创作起着巨大的推动作用,而且对中国沿海地区祭祀历史有较高的学术研究价值。

2. 源远流长的海港商贸文化

台州兼有"山海之利",商贸文化历史悠久。隋唐五代,台州已出现了颇具特色的商业活动。当时临海港的"新罗屿"是来自朝鲜半岛的新罗商船专门停泊的地方,在黄岩还有"新罗坊",是因为"五代时以新罗人居此。明清以来,台州工商业更趋活跃,商贾云集。据嘉靖《太平县志》载,当地不少商人"或商于广,或商于闽,或商苏杭,或商留都(今南京市)",往返于全国各地。光绪二十四年(1898 年),海门港正式立埠通商后,这里店铺林立,商贾云集,景象繁荣,遂有"小上海"之称。

3. 千古传承的海塘水利文化

唐代时期,海平面逐步上升,慢慢形成了温黄平原,由于海水随潮涌入内河,耕地遭到破坏。到北宋时,罗适兴修水利,在内河水道网络中建造六闸,蓄淡去咸,使温黄平原成为了台州的粮仓。如今的新河闸桥群、五洞桥等就是宋元遗存的水利建筑。这些遗存反映了温黄平原 500 年海岸线变迁信息,集中体现了台州先民改造自然的艰巨历程,是台州市宝贵的

"自然人文历史遗产",对研究我国东海岸海陆环境变化和流域性地表物质大迁移有重要价值。

4. 可歌可泣的海防海疆文化

14—18世纪的400年间,台州是倭患的重灾区,《筹海图篇》云:"东南半壁,岁无宁日,东南惟浙最甚,浙受祸惟宁、台、温为最甚。"同时也成了抗倭斗争的战略要地。民族英雄戚继光率领的戚家军在台州人民支持下,九战九捷,取得抗倭斗争的胜利。在台州各地,到处都有戚继光抗倭的遗迹,已经成为一种海防文化、海疆文化,深深地影响了人们的文化观念,并渗透到了老百姓的具体生活和内心世界。

5. 独具魅力的海岛旅游文化

台州自古以"海上名山"著称。临海桃渚,集峰、洞、石、瀑、滩为一体,誉为五绝风光。宋代文天祥称"海上仙子国,邂逅寄孤蓬。万象画图里,千岩玉界中"。清代冯庚雪赞为"风景直冠东南"。有"台州海天胜境"之誉的三门仙岩洞,据《临海志》载,南宋文天祥曾"至此募兵"。明朝洪武年间洞中建起"文信国公大忠祠",仙岩洞遂闻名遐迩。位于台州湾外的大陈岛被誉为"东海明珠"。玉环的大鹿岛被誉为"东海翡翠",是中国唯一在海上的国家级森林公园,为人们所钟爱。"千洞之岛"蛇蟠岛是目前国内唯一一个以海盗文化为主题的海岛洞窟景区。有"东方巴黎圣母院之称"的石塘渔村,以石塘山为屏,三面环海,楼房道路皆用石块垒筑,形成错落有致的古堡式石屋群,建筑风格十分独特,大海的美景与奇特的渔村建筑风情融为一体。

6. 浩气长存的海洋军事文化

1955年1月18日,中国人民解放军华东军区以步兵1个师、各种类型舰艇137艘、航空兵22个大队,于1月18日发起了一江山岛登陆作战。整个一江山岛渡海登陆作战历时10个小时,共消灭国民党军519人,俘虏567人,击沉军舰3艘,击伤4艘。一江山岛被攻克后,盘踞在大陈各岛屿的国民党军队失去了外围屏障,被迫在美国武装力量掩护下逃往台湾。一江山岛渡海登陆作战,虽然规模不大,但影响深远。这是我陆、海、空三军首次对近海岛屿之敌的联合作战,取得了非常宝贵的协同登陆作战经验,被称为中国的"诺曼底"登陆战而写入了《中国军事百科全书》。

7. 富有特色的海鲜餐饮文化

台州海鲜菜肴的选料讲究,原料鲜活,口味追求清鲜、纯正,以保持和突出原料本身的鲜味。烹调以水为传热介质的红烧、煮、蒸等法为主。菜式主料突出,以保持主料的原状为主,自然大方。代表菜有温岭的"家烧黄鱼"、"清烧鱼志鱼",玉环的"清汤望潮"、"鱼皮馄饨",椒江的"鲍汁海葵"、"原汁墨鱼",路桥的"红烧水潺"、"油烹弹涂",临海的"苔菜小白虾"、"淡菜炖肉",三门的"酒煮青蟹"、"盐焗海蜇"等。

(三)基本特征

以海为伴的台州人不仅深受海洋文化的熏陶,而且又深受农耕文化影响,形成独具特色的区域海洋文化特征。

1. 敢于冒险、机智灵活的谋事风格

著名哲学家黑格尔说过，人类面对茫茫无垠的大海，会同样感受到自己的力量也是无限的。大海邀请人类从事征服，同时也鼓励人类追求利润，从事商业。台州渔民海上作业，出没于汹涌的波涛之中，世代与风浪搏击，生命安全系于千钧一发之际。正由于海上天气瞬息万变，风浪变化使得人们需具有较强的应变能力才能适应。这样世代沿袭，形成了台州人勇于闯荡、敢于冒险、机智灵活的特点。

2. 积极进取、开拓创新的商贸习性

无论是原始瓯越时期台州先民与华夏民族之间的原始物资交换，还是首航台湾，与大海彼处的朝鲜半岛、日本以及东南亚各国之间频繁的贸易往来及文化交流，或是海禁期间，台州沿海民间冒死取利的海上贸易活动，这些凝聚在台州海洋开发活动中的点点滴滴，都反映了台州人民的开拓精神。改革开放以来，台州人民按照市场经济规律，发展商品经济，出现了备受瞩目的"台州现象"。这是台州海洋文化中积极进取、开拓创新、勇于探索的商贸习性在新时代的再现。

3. 团结协作、顽强拼搏的生存能力

面对深不可测、变化无常的大海，面对台风、海浪等种种自然灾害，团结协作，共同抵御风险，成为台州人民在长期的生产活动中的一种心理自觉，同时造就和磨练了台州人不畏艰险、坚忍不拔的意志和生存能力。

三、促进台州海洋文化大发展、大繁荣的建议

5000 年来，台州人民与海为伴，与海洋结下不解之缘。面向海洋，台州则兴；闭塞保守，台州则衰。这是经历了千余年迂回曲折的艰难过程而换来的经验教训。今天，台州把战略目光重新瞄准了海洋，按照建设浙江省海洋经济发展示范区的要求，提出了"主攻沿海，打造新的增长极"，这必然要求建立与之相应的海洋文化发展战略，积极推进海洋文化的大发展、大繁荣。

（一）传承发展传统优秀海洋文化

十七届六中全会《决定》强调："坚持保护利用、普及弘扬并重，加强对优秀传统文化思想价值的挖掘和阐发，维护民族文化基本元素，使优秀传统文化成为新时代鼓舞人民前进的精神力量。"台州海洋文化，无论是海洋民俗文化、海港商贸文化、海塘水利文化，还是海疆海防文化、海洋军事文化、海岛旅游文化和海鲜饮食文化，都是宝贵的文化遗产，要深入挖掘、整理沿海地区与海洋文明息息相关的古遗址、古遗迹和古典籍，如卫温从台州远航台湾、戚继光抗倭、解放一江山岛等遗址，放大海洋文化因子，唤醒沉睡多年的海洋文化遗风。按照"植根历史、突出现实、引领未来"的原则，对台州海洋文化作一认真总结和提炼，弘扬以"硬气、灵气、大气、和气"为核心的台州人文精神，并赋予崭新的时代内涵，进一步彰显台州海洋文化特色，以推动台州经济社会事业持续发展。

（二）坚持和落实"敬海兴渔"海洋与渔业核心价值观

"敬海兴渔"海洋与渔业核心价值观既是传统海洋文化的继承和发展,同时也是台州改革开放以来实践的总结和提炼,是台州海洋文化的精髓。"敬海兴渔"核心价值观既包含着敬畏海洋、敬重大自然的思想,又赋予了科学开发利用海洋、保护海洋生态环境、推进海洋经济发展和构建沿海防灾减灾体系等时代内涵,体现了科学发展的基本精神,体现了海洋伦理的核心价值。为此,我们要牢固树立、大力弘扬和自觉践行,把"敬海兴渔"海洋与渔业核心价值观融入到台州海洋与渔业具体工作当中,真正服务于新一轮创业创新和台州沿海大开发。

（三）切实加强海洋历史文化遗产保护

在 5000 年文明史中,台州人民创造了光辉灿烂的海洋历史文化,留下了灿若群星、独具特色的文化遗产。这些珍贵的海洋文化遗产是台州悠久历史的见证,是人民智慧的结晶和精神的象征,也是生命力和创造力的重要体现。要根据不同的文化资源,分别采取分类保护、分类扶持的策略。对现有的和潜在的定级文物保护单位、不可移动文物保护单位、文物点以及临海桃渚、椒江大陈岛、温岭石塘、玉环坎门和大鹿岛等海洋文化旅游资源,要继续加大保护力度。积极推动"送大暑船"、"正月半夜扛台阁"、石塘箬山的"大奏鼓"、玉环坎门"鱼龙灯"等海洋民俗文化上升为国家或省级层面非物质遗产名录,运用影视、娱乐等多种形式创新再造海洋民俗文化,使其从民间走向社会、走向市场,并成为台州群众文化娱乐消费中最具本土特色的一道亮丽景观。同时,对台州传统"母子钓"等濒危的生产作业方式,可利用影视拍摄,实施抢救性保护,以促进海洋非物质文化遗产的传承。

（四）大力发展海洋文化旅游产业

海洋文化旅游产业既是海洋文化建设的标志产业,又是海洋经济的"半壁江山",是沿海城市现代服务业发展的一大支柱产业。要立足台州市丰富的海洋旅游资源和海洋文化底蕴,以接轨大上海、融入长三角和浙闽旅游合作为契机,大力实施品牌战略,打造台州海洋文化旅游大品牌,把台州建成旅游者体验中国海洋文化的大本营。要以海岸带和海岛为依托,重点开发"四湾",即台州湾、三门湾、乐清湾和隘顽湾;建设"四岛",即大陈岛、大鹿岛、蛇蟠岛和扩塘山岛;形成"四心",即台州、温岭、玉环和三门四个旅游接待中心;打造"七区",即台州滨海新城旅游区、台州大陈岛度假旅游区、台州黄琅滨海旅游区、临海桃渚风景旅游区、温岭东南滨海旅游区、玉环中国休闲渔都旅游区、三门海洋旅游区,积极构建海洋文化旅游目的地。要深入挖掘历史文化旅游产品,积极开拓现代文化旅游产品,努力构建完善的海洋旅游产品体系,推进滨海旅游业的壮大和发展。

（五）努力争创海洋文化名城

海洋文化中的载体和物质构成,融于城市建设的角角落落,表现于城市形象的点点滴滴。当前,要借主攻沿海、推进海洋经济发展示范区建设之机,深化台州市城市群规划编制。按照"海湾型、多组团"和"三轴三廊三片十六组团"的空间布局,进一步发掘海洋文化遗产,开拓海洋文化资源,构建海洋文化地标,从而丰富城市海洋文化内涵。同时要借鉴世界滨海城市建设经验,融入大海主题、亲商环境、城市营销、历史街区、功能区块、客厅沙龙和建筑景观七大要素,加快海洋公园、海洋题材雕塑、海洋主题场馆建设,重点塑造环台州湾两岸海洋文化景观,建设海洋文化发展轴,打造有个性、有特色、有品味的滨海城市文化名片,充分展现海洋文化名城形象。

（六）积极推进海洋文化研究和交流

积极推进海洋文化理论研究,把侧重点放在深入揭示海洋文化的内容形式、品质特征和嬗变规律上,准确阐释海洋文化的发展历程,及时把握发展趋势,精心营造发展格局,科学预测海洋文化的成长前景和未来走向。要把海洋文化研究成果建设融入国民教育和精神文明全过程,转化为文化软实力,使孩子们从小就接受海洋知识的教育,使社会各界和全体公民不断增强海洋意识和海洋法制观念。要深入挖掘海洋文化资源,加快开展海洋影视作品和海洋文艺精品创作,打造出反映时代主旋律的海洋文化。要紧密结合经济社会发展实际,注重研究海洋旅游业、海洋艺术业、海洋渔业、海洋体育活动、海洋民俗活动等海洋文化产业发展的思路和途径,充分利用海洋文化资源,在发展海洋经济的同时充实海洋文化。积极推动海洋文化的交流,开展纪念卫温从台州远航台湾的系列活动,加深海峡两岸同宗同源的认识,以文化交流推动两岸经贸合作。注重吸收引进国际和省内外先进港口文化资源、项目、技术、人才、创意等要素,加快与本地海洋文化融合,实现古今融汇、中西合璧、全面创新。

经济与文化如"鸟之双翼、车之双轮",两者辩证统一。没有文化的经济,最终经济会失去方向和灵魂;没有经济基础的支撑,繁荣文化也是无源之水。在全面推进"主攻沿海、创新转型"新一轮创业、创新中,我们要继承和弘扬海洋文化精神,促进台州由海洋大市迈向海洋强市,全面开创台州沿海发展新时代。

参考文献

[1] 中共中央关于深化文化体制改革推动社会主义文化大发展大繁荣若干重大问题的决定[EB/OL]. 2011 – 10 – 26. http://news. sohu. com/20111026/n323403147. shtml.

[2] 中宣部,国家发改委. 国家"十二五"时期文化改革发展规划纲要[N]. 经济日报,2012 – 2 – 16(A09 – A10).

[3] 曲金良. 发展海洋事业与加强海洋文化研究[J]. 青岛海洋大学学报,1997(1):1 – 2.

[4] 苏勇军. 宁波海洋文化及旅游开发研究[J]. 渔业经济研究,2007(1).

[5] 王岩夫、郑丽萍. 简论台州海域开发及海洋文化形成的特[EB/OL]. [2008 – 04 – 11]. http:// www. tzwh. gov. cn/Show. asp? Sid = 270.

[6] 陈铁雄. 坚持科学发展 实现全面小康 努力建设山海秀丽富裕和谐新台州[N]. 台州日报,2012 – 03 – 05(A01 – A02).

[7] 林瑞才. 厦门海洋文化建设的思考[J]. 厦门科技,2008(4):1 – 2.

[8] 刘伟. 弘扬海洋文化致力海西建设[EB/OL]. [2009 – 02 – 18]. http://www. fjsen. com/yhzh/2009 – 02/18/content_3220393_4. htm

[9] 叶哲明.《台州文化发展史》. 昆明:云南民族出版社,2007.

[10]　汪江浩. 弘扬海洋文化 培育新台州人文精神[EB/OL]. 2009 – 07 – 21. http://hg1988. com/ssfcn/
Culture/detail. asp？id = 2575&wordPage = 2

[11]　朱芬芳. 论台州海洋文化及其旅游开发[EB/OL]. 2011 – 06 – 14. http://www. bianjibu. net/guanlix-
ue/lvyou/4156. html.

[12]　林文毅、卢昌彩、陈强. 试论"敬海兴渔"海洋与渔业核心价值观[J]. 浙江海洋与渔业,2011(1):9
– 12.

[13]　李长春. 保护发展文化遗产 建设共有精神家园[N]. 人民日报,2010 – 06 – 12.

[14]　王诗成. 建设海洋强国(省)需要先进海洋文化支撑[EB/OL]. [2007 – 11 – 06]. http://
www. hycfw. com/haiyang/8602. aspx.

[15]　许思文. 连云港海洋文化发展战略思考[EB/OL]. 2012 – 03 – 01. http://www. jgjy. gov. cn/huiying-
bi/wenzhang/read. asp？id = 1099.

试论东海地区龙王与妈祖信仰影响力的消长

宋珍珍

（宁波大学）

摘要 东海龙王和妈祖是东海地区涉海民众信仰中最具代表力和影响力的两大神灵，虽然沿海地区对龙王信仰的历史悠远，但是随着妈祖信仰的传播与深入，其影响力出现了与龙王相抗衡的地步，甚至后来居上，成为东海地区人民普遍信仰的海洋女神。

关键词 东海 龙王 妈祖 信仰

某种意义上，神灵信仰是一定地区精神与制度文化发育的土壤，是民俗文化的核心部分，凝聚着一个民族或地区民众普遍的生活理想和价值取向，以其延续性、稳固性和强大的凝聚力成为一个民族、一个地区的文化性格和精神依托①。沿海地区的神灵信仰亦是如此。在纵横千里的东海水域，岛岛有庙，处处有神，其神灵信仰比起内陆地区更为强盛和狂热。这大概是因为海岛人民所处的海洋环境，及变化莫测的海上风云比内地具有更大的神秘性和不可知性。海岛人的神灵信仰不仅是东海岛屿文化和海洋民俗的活化石，也是我们了解我国海洋宗教文化的一个重要渠道。在东海岛屿人民的海神信仰中，龙王和妈祖是两大主要的海神，随着时间和社会的变化，这两大海神的影响力也发生了明显的变化。

一、龙王与妈祖信仰由来

海洋神灵信仰是人们认识和利用海洋的精神和感情支撑。正是因为有了这样的支撑，海洋世界才变得鲜活，具有了人文化与社会化的气息。中国具有悠久的海洋文化历史，数千年来，涉海民众所信仰的海神数量众多，丰富多彩，而龙王和妈祖是海洋神灵中最具代表性的两位海神。

1. 龙王信仰

东海龙王信仰是东海渔民三大信仰之一，在海神信仰体系中占据重要地位。中国自古就是一个崇龙的国家，中国远古时代对龙的崇拜是一种图腾崇拜，而海龙王信仰的形成是诸多因素交织的结果。首先是海神角色的衍变。东海的原始海神并非是龙，而是禺䝞。随着

---

① 姜彬：《东海岛屿文化与民俗》，上海：上海文艺出版社，2005 年，第 422 页。

远古时代中原崇龙部族的强大和兼并,东部沿海崇鸟部落逐渐衰弱和消亡,鸟的形象渐渐消失,而蛇则转化成了龙。虽然龙并不代表就是龙王,但是与龙王和海龙王关系密切,都是龙中之王,都是由龙的崇拜转化而来。远古时代龙是一种图腾崇拜,到了汉唐时期,龙的地位提高,从宫廷到民间,人们普遍祭祀龙神,龙就从图腾崇拜变成了河海之君。其次是佛、道两教的影响,西汉末年佛教传入中国,在很多佛教典籍中都有大量龙王的称呼。如《严华经》中曰:"有无量诸大龙王,所谓毗楼博义龙王,婆羯罗龙王……如是等而为上首,其数无量,莫不勤力,兴云布雨,令诸众生,热闹消灭。"此外,《大乘佛》中有藏龙之说,《法华经》中有龙女之传。由于佛教的传入与推广,龙王的信仰和事迹在我国广泛传播,在社会上产生了极大的反响。宋代的赵彦卫在《云麓漫钞》中说:"古祭水神曰河伯,自释氏书(指佛教经典)入,中土有龙王之说,而河伯无闻。"[1]其实,在佛教传入中国之前,中国本土道教经典中已有诸天龙王、五方龙王等说法,只是未成系统而已。因此,海龙王信仰的形成是综合了龙崇拜中的王权思想、原始海神信仰以及佛道两教中有关龙王的传说,是中外合璧的结果。

龙,是王权的一种象征,而海龙王信仰的崛起,与历代帝王的推崇也是离不开的。以舟山为例,南宋建都临安后,孝宗皇帝依旧制,曾于1169年下诏祭东海龙王于定海海神庙。元、明时期,定海祭典频繁,到了康熙年间,海龙王信仰在舟山地区达到鼎盛。据统计,在康熙执政期间,有关祭祀龙王的祭文就有8篇,并以"万里波澄"匾赐定海龙王宫。1725年,雍正再次诏封东海龙王,御封"显仁龙王"。1727年,又下旨祭祀东海龙王。据清康熙《定海志》中记载,定海各地有龙王宫24个,到民国初期增至48个,占舟山海神庙的1/7[2]。

海岛百姓的龙王信仰主要反映在龙宫的建造、龙王寿诞和龙王出巡习俗、渔业生产中的祭典习俗,以及渔民人生礼仪和日常生活之中。如龙宫的建造,规模宏大,布局精巧,犹如人间皇宫;龙王造像也极为讲究,如东海龙王头戴金冠,身穿龙袍,脚踏乌龙靴,手执玉龙如意,头颅很大,龙眼突出,威严无比。而龙王寿诞祭典也十分隆重,在龙王寿诞日前后三天,岛上要挂"龙王旗",渔户出船灯、龙灯和鱼灯以示庆祝。龙王出巡活动一般不常举行,除非是严重的干旱、海况恶劣、渔业庆丰才举办。至于海岛渔业生产中的祭龙王习俗,为渔民在渔汛期间出海开捕、丰收谢洋时举行,具体为"供、请、祭、谢"。而在渔民的礼仪习俗和日常生活中,体现在育儿习俗中的产子求龙王,结婚习俗中的拜龙王、抱龙灯,丧葬习俗中的供龙王神位、选"龙穴",以及用"龙"来取名等。由上可见龙王信仰对渔民的影响之广,程度之深。

2. 妈祖信仰

北宋初年,东海诸岛诞生了一位女海神,她就是声名远扬的天后妈祖。观音作为女海神是由佛教中的菩萨转化而来,而妈祖则实有其人。据《闽书》记载,妈祖姓林名默,福建莆田湄洲岛人,是宋闽都巡检林愿的第六个女儿,生于宋建隆元年(960年),卒于宋雍熙四年(987年)。据传,林默自幼失语,故名为默,当地人称"默娘"。林默自幼聪慧过人,8岁从塾师读书,10岁诵经礼佛,13岁修道练法。一次她与邻里姑娘们窥井照影,忽见一神仙捧符录从井而上,姑娘们惊散,而林默从容受符录,从此通灵变法,日显神通。湄洲岛民皆以捕鱼和

---

① 姜彬:《东海岛屿文化与民俗》,上海:上海文艺出版社,2005年,第438页。

② 姜彬:《东海岛屿文化与民俗》,上海:上海文艺出版社,2005年,第439页。

航海经商为生,海上多有风浪险阻,海难时常发生。林默谙熟水性且又有法力,常出没波涛,拯救遇险渔夫与商贾。宋雍熙四年(987 年)重阳节,林默登上湄山峰顶,羽化飞升于苍茫海天之际。此后,在海上的渔夫、船工、商贾,经常看到林默姑娘着红衣翱翔在海天,护佑着航海人,或示兆梦,或示神灯,或亲临挽救,渔舟商船获庇无数。人们感其功德,尊其为“娘妈”、“妈祖”,并在湄峰林默升天处建起祠庙,世代虔诚奉祀。从此,妈祖成了海岛渔民最崇拜的海神偶像,庙宇遍及东南沿海、港台地区和东南亚。

妈祖信仰的盛行,首先是因为在众多的海神信仰中,妈祖是作为人的神,她不像龙王那样虚幻,也不像观音那么高贵,她是海岛人自己的女儿,她的身世、业绩、神技都与海岛人息息相关。因此,在海神体系中,她是最富同情心和人情味的一尊神。其次,有关妈祖的灵异传说促进了其信仰的形成与发展。再者,历代统治者的敕封,使其神级越来越高,在渔民舟子中的影响越来越广。根据史籍记载,宋、元、明、清几个朝代都对妈祖多次褒封,封号从“夫人”、“天妃”、“天后”到“天上圣母”,神格越来越高,并列入国家祀典。随着妈祖信仰崇拜日盛,其职能也不断扩展,成为人们心目中无所不管(航海安全、渔业丰歉、男女婚配、生儿育女、祛病消灾等等)的神祇,影响远远超过其他海神。

二、龙王与妈祖影响力的此消彼长

龙王信仰和妈祖信仰是海洋社会中引人注目的两种信仰。龙王信仰约形成于唐代,在宋代已广流行;而妈祖信仰始于宋代,到元代被册封为“泉州女神”后,其神格不断上升。两者在海洋社会中的影响力确实有一个此消彼长的过程。有学者认为,龙王“在‘天后’风行之前,他很可能是渔民和船民海神崇拜的主要对象。……‘天后’起源于南方,……明清以来取代了龙王的地位而几乎独享了海神的香火”。[①] 笔者认为,虽然妈祖信仰在明清之际由于受到封建王朝的支持及民间海商、渔民的传播,其影响不断扩大,但认为其取代龙王信仰,几乎独享海神的香火,有些言过其实。

在宋代,海龙王在海洋社会中的影响力要比妈祖大得多,不过妈祖的影响力也在不断上升。当时人们称妈祖为“龙女”,如宋丁伯桂《顺济圣妃庙记》载:“神莆阳湄洲林氏女,殁,庙祀之,号通贤神女。或曰:龙女也。”[②]这则碑文是丁伯桂守钱塘时所撰,说明南宋时浙江沿海的民众称妈祖为“龙女”。不仅有人将妈祖视为“龙女”,还有人将其视为“龙”。如《灵慈宫原庙记》云:“懿哉! 天妃之为德也,托质莆田,爰示有初,或龙或人,窈不可测。”[③]

人们将妈祖视为“龙女”或者“龙”,反映出妈祖在海洋社会中的影响力的增强,并逐渐发展成为一种与海龙王相抗衡的海洋神灵。

明清时期,海神妈祖被封建统治者捧为“天后”、“天上圣母”,从而使妈祖在海洋社会的影响力跃居龙王之上。一方面,龙王在原来海洋社会中所拥有的地盘开始丢失,一些龙王庙或被拆毁,或被改建其他庙宇。如在浙江嵊泗列岛,专供龙王的庙宇仅 2 座,已不能与供奉

---

① 马咏梅:《山东沿海的海神崇拜》,《民俗研究》,1993 年第 4 期。

② [宋]潜说友:《咸淳临安志》卷七三《祠祀三·顺济圣妃庙记》。

③ 蒋维锬编校:《妈祖文献资料》,福州:福建人民出版社,1990 年,第 27 页。

观音的灵音寺、小洋岛的羊山大帝庙以及其他岛屿上的天后宫、关帝庙相比,而且设施也较差①。如黄龙岛的护龙宫,建于光绪二年(1876年),其庙为茅庐3间,奉祀东海龙王。光绪十三年(1887年)该庙原址被拆除改建为越国公庙,移地另建一座规模小的石宫,以供奉原来的龙王神像②。这种现象在其他地区也同样存在。此外,现存的龙王庙大多比妈祖庙简陋寒酸。另一方面,海龙王的神级不断下降,沦为妈祖或其他神灵的配祀神。在福建许多地方,龙王已经成为妈祖的配祀神。如泉州天后宫东廊十二司,奉祀妈祖的辅神以及其他从祀神祇依次为:顺济司,奉祀北斗星君;镇北司,奉祀玄天上帝;风雨司,奉祀雷声普化天尊;天君司,奉雷部毕元帅;天门司,奉王灵官大帝;水德司,奉水德星君;通远司,奉福建帝君;海宁司,奉四海龙王;文昌司,奉五文昌夫子;仙灵司,奉吕仙宫、清水祖师、裴仙公、九仙祖、李仙公;天英司,奉中坛元帅;忠烈司,奉文武尊王③。可见四海龙王成为了妈祖的下属神,而且位置靠后。清代的文献资料中有载:"东海多神怪,后乃命棹中流,风日澄霁,中见水族骈集,龙子鞠躬于前。后敕免朝,即退。"④这里描写的是东海龙子率水族朝拜妈祖的情形,说明妈祖神格的上升,东海龙子地位的下降。除此之外,从海洋社会的民俗祭典中也可以看出海龙王地位的下降。如福建莆田的妈祖元宵节要舞狮要龙,要龙吼的龙灯要火化,否则龙灯会变成"孽龙"。但由于龙是王权的象征,其他神祇的地位低,没有资格监督"化龙",只有妈祖可以担此重任。据此习俗,可见妈祖神格的上升与龙王神格的跌落。在浙江嵊泗列岛中,大洋岛上的妈祖宫侧室,马关岛的关圣殿后殿,是供奉龙王神像的地方。曾经神威赫赫的龙王已居侧室或后殿了。

三、龙王与妈祖影响力此消彼长的原因

龙王和妈祖作为涉海民众的两大信仰之神,在明清后出现此消彼长,由当时政治、经济、文化及民众心理等多种因素共同促成,反映了海洋民众神灵信仰的变迁。

政治上,统治者的册封,使妈祖神格不断提升,其影响日益扩大。据《莆田县志》记载,宣和五年(1122年),给事中路允迪出使高丽,"中流震风,八舟七溺,独路所乘,神降于樯,安流以济"。使还奏闻,特赐"顺济"庙额。宋高宗绍兴二十五年(1155年)至宋孝宗淳熙十一年(1184年),传说妈祖女神因显灵指掘甘泉救助莆郡大疫,又助军民战胜犯三江口之流寇刘巨兴,以及庇护福建都巡检姜特立征剿温州、台州海寇等,累得封号,至淳熙时封为"灵惠昭应崇福善利夫人"⑤。50年内,妈祖的神格由神女上升至"夫人"。到南宋景定三年(1262年),除褒词增多外,称号由"夫人"上升为"妃"。至元十五年(1278年)元世祖以妈祖庇护漕运有功,御封为"天妃",并派宣慰使等往湄洲岛挂匾册封。明朝,郑和七下西洋,宣称多次获妈祖庇护,明成祖下诏赐加妈祖为"护国庇民灵应弘仁普济天妃"。清康熙二十二年(1683年)康熙帝因攻克澎湖诏封妈祖为"仁慈天后",并差礼

---

①② 金涛:《嵊泗列岛的古庙宇及岛神信仰》,《民间文艺季刊》,1989年第4期。
③ 王荣国:《海洋神灵》,南昌:江西高校出版社,2003年,第258页。
④ 转引王荣国:《海洋神灵》,南昌:江西高校出版社,2003年,第258页。
⑤ 朱天顺:《妈祖信仰的起源及其在宋代的传播》,厦门大学学报(哲学社会科学版),1986年第2期。

部郎中褒嘉致祭。从康熙五十九年(1720 年)起,妈祖和孔子、关羽并列为清朝各地最高祭典。每次祭典由官吏亲主,春秋二祭,行三跪九叩大礼。据不完全统计,南宋册封妈祖 14 次,元代赐封 5 次,明代封号 2 次,清代达 15 次。不仅如此,统治阶级从皇帝到各级官员对修建妈祖庙也表现出极大的热情。如清康熙二十年(1681 年),福建总督姚启圣曾捐俸起盖三门及钟鼓二楼,使妈祖庙焕然壮观。光绪五年(1879 年),闽浙总督何璟为重修莆田湄洲天后宫,"倡捐白银一千两,并檄泉州、厦门、兴化各府州县踊跃输将,以期集事"。工程于次年三月落成,"费白金五千两有奇,整齐完固,逾行其旧"①。统治阶级的册封及为其广建庙宇,把妈祖抬到了无以复加的地位。

经济上,妈祖信仰在东南沿海地区的广泛传播,与"漕运"的兴起有很大关系。早在隋唐时期,我国就有漕运的传统,所谓"歉收之年,全食江南之漕"②。南宋建都临安,要征调福建和两广漕粮北上,必须开辟海路通道。这样一来,妈祖信仰就以漕船为载体,以漕运航线为主线,在沿海地区传播开来,形成了一个妈祖信仰圈。据《小洋乡志》记载:"宋高宗南渡,江、浙、闽、粤海运频繁。为漕运之方便,船商首户在本岛设库建仓,建立中转站。时闽、粤海运频繁。为求航行之平安,由周、陈两巨商发起,于南宋绍兴元年(1131 年)在本岛建天后宫,供奉天后娘娘。日后,南北船户至本岛必上岸供祭。"③除此之外,唐宋以来,政府鼓励市舶贸易,海上航运业和海洋贸易迅速发展。但面对变化莫测的海上风云,在科技相对落后的当时,渔民、海商只能将希望寄托于神灵的保佑。

文化上,涉海民众由于生活在特殊的环境中,面对变化无常、神秘莫测的海洋,他们不得不寻求神灵的庇护,通过神灵信仰来构建精神上的堡垒,获得心理的慰藉;加之海岛地区教育相对落后,文化水平不高,导致妈祖信仰盛行。随着妈祖影响力的扩大,她也由一般的神上升为万能神后,并与当地的风俗文化紧密结合在一起。先是妈祖迎合了当地的风俗文化,尔后当地的风俗文化又藉附着妈祖的种种美丽传说,形成自己独特的信仰文化。妈祖不但具有神的博大胸怀,又具有一般女性的慈悲、善良、朴实的美德,这些优秀品质又恰好与中国的传统伦理道德是相统一的,这种文化特征,更容易为民众所接受,成为他们共同追捧的神灵。

在民众的心理倾向中,海龙王是海洋本体神,代表的是变幻莫测的海洋,龙王也始终没有蜕尽半人半兽型原始宗教和图腾神灵信仰的影子。龙王面目怪异狰狞,性格暴戾无常,常常兴风作浪,渔民对其的信仰也充满着矛盾心理,一方面慑于海龙王的权势表现出崇敬;另一方面因海龙王的常常作恶,而表现出一种憎恨的情绪。妈祖则不然,她秀美崇高,和善可亲,是真善美的化身,而且妈祖形象表现出一种对自然的积极征服的愿望、智慧与力量,迎合了涉海民众渴望征服海洋的愿望,它唤起了人们一种以自身奋斗改变和掌握自身命运的积极情绪,她给人一种自尊、自强的信念,肯定了人的本质力量。这样,在"野蛮"神灵与"文明"神灵在民间信众的"较量"中,妈祖信仰的影响力逐渐超越了海龙王。另外,依照阴阳五行的观念,水属阴,水神应为女性才适合,这也是妈祖被尊为海

---

① 杨永占:《清代官方在妈祖信仰传播中的作用》,《史学月刊》,1997 年第 2 期。
② 姜彬:《东海岛屿文化与民俗》,上海:上海文艺出版社,2005 年,第 453 页。
③ 转引姜彬:《东海岛屿文化与民俗》,上海:上海文艺出版社,2005 年,第 453 页。

神的原因之一。

　　综上所述,海神信仰的消长是多种因素作用的结果,也是沿海地区社会变迁的一个缩影。深入研究这一现象,有助于我们更加全面客观地认识沿海民众的信仰问题,进而为合理评估与引导这一问题提供理论依据。

宋代两浙盐业的生产技术

岳 帅

（宁波大学）

摘要 宋代两浙盐业生产除继承煎煮海水这一原始的工艺外,刮鹻淋卤、布灰淋卤等制卤新技术也有了不同程度的发展,在浙西部分地区还出现了晒盐;在验卤上,石莲验卤技术得到推广,并发明了石莲验卤器;煮卤则多以竹制器皿替代铁制,提高了盐的质量。这些都代表了两宋海盐生产的先进水平。

关键词 宋代 浙东 浙西 海盐 生产技术

从海水中制取食盐,古称"煮海"、"熬波",是我国古老的手工业技术之一。宋代,特别是南宋以后,两浙地区成为我国经济重心之一,盐民在总结以往经验的基础上,创造出一整套颇为有效的制卤、取卤技术。浙西地区还首创晒盐技术,出现了系统总结前人经验的《熬波图》[①]。

一、制卤技术的传承与发展

盐需求弹性小,故占有者往往获利丰厚。春秋时期,煮盐业率先被管仲定为"食盐官营"而始设税种,煮盐正式成为一项政府产业。此后的历代王朝均十分重视盐业,不断强化盐业赋税和管理制度。然而,有关盐业的生产技术,历史上记载少而零散。

汉代许慎在《说文》中提到"宿沙氏煮海水为盐"[②],这是有关盐业生产技术的最早记载,说明我国沿海地区百姓在先秦时就已经掌握用海水煮盐技术。至宋,我国海盐制卤技术主要为刮鹻淋卤(包括晒沙淋卤法)、晒灰取卤、海潮积卤三种,并在个别地区还出现了晒盐技术[③]。但白光美认为,宋代两浙的诸多地区还在继续应用直接煎煮海水成盐这一古老工艺[④]。而朱金林则认为煎煮海水技术发展到宋代已退出了历史舞台。我们认为,生产技术的价值应用具有相当长的延续性,虽不是一成不变,但也不会在新技术出现之后就马上消

---

① [元]陈椿:《熬波图》卷首序言指出:"浙之西华亭东百里实为……斥卤之地,煮海作盐其来尚矣。宋建炎中,始立盐监地,有瞿氏、唐氏之祖为监盐、为提干者……,提干讳守仁,号乐山;弟守义,号鹤山。……而鹤山尤为温克端,有古人风度,辅圣朝、开海道……。深知煮海渊源,风土异同,法度终始。命工绘为长卷名曰《熬波图》将使后人知煎盐之法、工役之劳,而垂于无穷也。"根据这段记载我们可以看出:《熬波图》前身为南宋浙西华亭一位名叫瞿守义,或唐守义的盐官所作,其目的是为了"使后人知煎盐之法,工役之劳而垂于无穷也"。因此,它所记载应都是宋代江浙地区的盐法工艺。

② [宋]高承:《事物纪原》卷九,文渊阁:《四库全书》本。

③ 郭正忠:《宋代盐业经济史》,北京:人民出版社,1990年,第4页。

④ 白光美:《中国古代盐业生产考》,《盐业史研究》,1988年第1期。

失,而是随着社会的发展,以断断续续的方式淡出人们的视野。可以断定,即便煎煮海水技术继续延用,必然是夹杂在刮鹻淋卤、撒灰淋卤、海潮积卤和晒盐等先进工艺其中。大约在元末明初,煎煮海水技术才从人们的视线中彻底消失。

1. 煎煮海水为盐

明代彭韶指出:"凡盐利之成,须藉卤水。"①因此,煮海为盐需要提纯取卤。但在生产力水平极为低下的时代,人们可能会略过取卤这一重要过程,直接取海水煎煮。据现代科学技术研究发现,海水中的食盐含量其实并不算很高,平均每千克海水中仅含有27克左右,而食盐的浓度要达到每千克海水含265克时(温度在30℃时)才会结晶。从这可以看出,直接煮海水制盐,燃料消耗很大,但效率却相当低②。这种粗放而又低效率的生产技术是符合生产力水平低下的古代社会的。

北宋浙东婺州(金华)学者方勺在《泊宅编》中写道:"自岱山及二天富皆取海水炼盐,所谓熬波者也。自鸣鹤西南及汤村则刮鹻以淋卤。"③精于考证的博学之士姚宽在其著作《西溪丛语》中也有相同记述:"自岱山及二天富皆取海水炼盐,所谓熬波也。自鸣鹤西南及汤村则刮鹻以淋卤,以分计之,十得六七。"④《续资治通鉴长编》、《嘉泰会稽志》等也直接引用了方勺的记载。又如《宋史》记载:"自岱山以及二天富炼以海水,所得为最多。由鸣鹤西南及汤村,则刮鹻淋卤,十得六七。"⑤以上诸多史实证明,至少在北宋前期,两浙地区还存有煎煮海水为盐的技术。《泊宅编》中所载之事大约发生在1086—1117年。另外,唐慎微(1056—1093)的《政和证类本草》中绘有清晰的海水制盐图(图1),该图可作为北宋前期煎煮海水制盐的一个佐证。

图1　煎煮海水成盐图 ⑥

① ［明］彭韶:《彭惠安集》卷一,文渊阁《四库全书》本。
② 王青:《淋煎法海盐生产技术起源的考古学探索》,《盐业史研究》,2007年第1期。
③ ［宋］方勺撰,许沛藻、杨立扬点校:《泊宅编》卷中,北京:中华书局,2007年,第78页。
④ ［宋］姚宽撰,孔凡礼点校:《西溪丛语》卷上,北京:中华书局,2006年,第43—44页。
⑤ ［元］脱脱等:《宋史》卷一八二,《食货下四·盐中》,北京:中华书局,1977年,第4436页。
⑥ ［宋］唐慎微:《政和经史证类备用本草》,文渊阁《四库全书》本。

据图,右侧可能是浩瀚无垠的大海,旁边两位亭丁手持把勺将海水不断地舀到木桶里,两位挑夫将装满的海水运到锅灶旁,点火煎煮,待结晶成粒后,由专门人员进行分类,最后装袋封存。直接煎煮海水需要耗费很多的燃料,因此,必须保证附近有大片的草荡或者灌木林。图的右上角,可能就是茂盛的草木场。

2. 刺土(刮鹾土)淋卤技术

刺土淋卤技术是浙东盐民常用的取卤方法之一。从宋初的《太平寰宇记》,南宋的《淳熙三山志》、《嘉泰会稽志》、《海盐澉水志》到元初的《熬波图》中,均详细地介绍了该技术。

"刺土"又叫"刮土"或者"淋土",即刮取海滨富有盐分的鹾土。淋卤,就是用筛选过的海水浇灌鹾土,制取卤水。关于刺土淋卤技术,《天平寰宇记》记载:"凡取卤煮盐,以雨晴为度。亭地干爽,先用人牵牛扶犁乃取土,经宿,铺草籍地,复牵爬车聚所刺土于草上成溜,大者高二尺,方一丈以上,锹作卤井于溜侧。多以妇人小丁执芦箕,名之黄头,欲水灌浇,盖从其轻便。食顷,则卤流入井。"①此项操作,在宋应星的《天工开物》中称之为淋煎法②,书中附有详细的图文展示(图2)。通过该图可以看出:刮鹾这一工序主要由青壮年劳动者操作,而淋卤工序由于技术含量低,易于操作,则由妇女和小孩等弱劳力来完成。

图2　刺土淋卤

皇祐元年(1049年),北宋词人柳永被贬谪今舟山任晓峰盐场任监盐官,他通过实地考察,写下了著名的《煮海歌》。在描绘盐民煮盐艰辛的同时,也从侧面反映了刮鹾淋卤技术在当地的应用。"年年春夏潮盈浦,潮退刮泥成岛屿,风干日曝咸味聚,始灌潮坡溜成卤。"③当地盐民们聚泥成"卤泥岛",利用潮涨潮落令盐分积淀其中,使其风吹日晒,最后淋卤。柳

①　[宋]乐史:《太平寰宇记》卷一三〇《淮南道·海陵监》,文渊阁《四库全书》本。
②　[明]宋应星著,潘吉星译注:《天工开物》卷上《作咸三》,上海:上海古籍出版社,2009年,第50页。
③　[元]郭荐纂,冯福京修:《大德昌国州图志》卷六《名宦》,《宋元方志丛刊》,北京:中华书局,2006年,第6096－6097页。

永在词中所说"始灌潮波增成卤",实际就是指刮鹹淋卤技术。最后,通过将含盐的泥块"铺于席上,四围隆起,作一堤挡形,中以海水灌淋,渗入浅坑中"[1],制成盐卤。

梁克家曾在《淳熙三山志》中引用了《福清盐埕经》一段关于淋卤的资料。具体操作为:在海边堆砌起大片的埕地,利用海水的涨退反复浸灌埕地,使埕地蓄积大量咸卤,经数日曝晒后,卤多聚于土埕中,盐民此时便把埕地堆聚一起,运到事先挖好的漏丘中刮鹹淋卤。

《澉水志》中也简略地记述了浙西湖州、嘉兴一带盐民利用该技术制取盐卤。"刮壤聚土,暴曦钓鹹,漏窍沥卤,三日而功成"[2]。不同的是,这里并没有提到是否利用盐埕,仅是较为随便地刮聚鹹土,仅用三天即可完成取卤。这与前面的堆积土埕,再经数日暴晒后取卤,工艺上减少了许多,但是盐的产量、质量与盐埕取卤想必有较大差距。

还有一种刮鹹是浙东越州(绍兴)地区利用沙埕的特性创制的。关于沙埕的形式,《淳熙三山志》认为埕分为三类:一类为纯沙埕,一类是半沙半泥混合体,一类是纯泥埕。这三类泥埕中,以第一种最好,"喜受潮性信"且容易暴晒而干;第二种半泥半沙的次之;纯泥埕则因密度大,拒潮,并且不容易暴晒,所以为下等[3]。《嘉泰会稽志》中指出,浙西会稽亭户的煎盐之法正是利用"海潮沃沙暴日中,日将夕,刮鹹聚而苦之"。第二天,重新"沃而暴之,如是五六日,乃淋鹹取卤"[4]。

越州(绍兴)地区的取卤方法与上述几种刮鹹淋卤法有一定区别,它不是直接刮取现成的海滨鹹土来淋卤,而是与浙西嘉兴一带的筑场聚土、刮壤淋卤有异曲同工之妙,都是利用人工所取鹹土使其受信存卤,并反复在太阳下暴晒。这较《太平寰宇记》中记载的刺土淋卤有很大进步。因此,此项操作虽也叫做刮鹹淋卤,但明显具有了晒盐的技术特点。或许该技术手段为晒盐技术的前奏,郭正忠将此法称为晒沙法,而归于晒灰法之列[5]。

3. 晒灰淋卤

晒灰淋卤又称布灰淋卤或撒灰淋卤,《宋史》、《嘉泰会稽志》、《西溪丛语》中都有过描述,其中《西溪丛语》载:"(浙西)盐官、汤村用铁盘,故盐色青白。而盐官色或少黑,由晒灰故也。"[6]《熬波图》中说:"浙东削土,浙西下砂等场址晒灰取卤。"[7]所谓"晒灰",也被称作"淋灰",具体做法为:在摊场上均匀地布满草木灰或土灰,引入海水,反复淋晒,聚集灰中盐分,数日后,可将灰扫聚成堆,挑入垒筑坚实的淋坑中,用脚踩踏坚实,再往上浇淋卤水,浓度较高的盐卤便通过淋坑底下连接的管道流入一旁的卤井。这种晒灰取卤技术可缩短制卤周期,盛行于杭州、秀州(嘉兴)等各盐场。赵彦卫的《云麓漫抄》也详细记录了该技术:"浙煎

---

① [明]宋应星著,潘吉星译注:《天工开物》卷上《作咸三》,上海:上海古籍出版社,2009年,第50页。

② [宋]常棠纂,罗叔韶修:《海盐澉水志》卷七《碑记门·鲍郎场政绩记》,《宋元方志丛刊》,北京:中华书局,2006年,第4675页。

③ [宋]梁克家纂修:《淳熙三山志》卷七《地理类·海道》,《宋元方志丛刊》,北京:中华书局,2006年,第7836页。

④ [宋]施宿纂,沈作宾修:《嘉泰会稽志》卷一七《盐》,《宋元方志丛刊》,北京:中华书局,2006年,第7046页。

⑤ 郭正忠:《宋代盐业经济史》,北京:人民出版社,1990年,第7页。

⑥ [宋]姚宽撰,孔凡礼点校:《西溪丛语》卷上,北京:中华书局,2006年,第44页。

⑦ [元]陈椿:《熬波图》卷上,文渊阁《四库全书》本。

盐,布灰于地,引海水灌之,遇东南风一宿,盐上聚灰,暴干。凿地以水淋灰,谓之盐卤,投干莲实以试之。"①

由此看出,晒灰淋卤较刮鳞淋卤增加了不少技术环节,主要表现为,晒灰淋卤要把布灰、风吹日晒、气象三者紧密结合(图3)。

图3　晒灰淋卤②

赵彦卫于绍熙年间(1190—1194 年)任职乌程。乌程,两宋隶属于湖州管辖。由此可以断定,《云麓漫抄》所载的这种布灰淋卤技术至少在南宋绍熙以前就被浙西一带盐民所应用③。

关于晒灰淋卤中的"灰"到底是什么形态,众说纷纭。有的说草木灰,有的说沙灰,甚至有的人直接说是沙土。

《熬波图》中指出:"灰乃垾内淋过卤水残灰及桦内半灭,不过带性生灰。每垾日添生灰两担,每担入淋之时,一担铺底,一担盖面,灶丁每日清晨看天色晴霁,逐担挑开于摊场上,用阔木锹,一名锹蒲,逐一锹开摊遍……。"④《两浙盐法志》中说:"灰场者,言其土细如灰也。"⑤认为该灰是指土灰。《两淮盐法志》中也说:"灰,即煎盐之草灰。"⑥可确定是草灰。

对于淋灰中"灰"的涵义,学者已做了较为准确的解释,认为:"晒灰是在鳞土上布撒干燥的草灰,并曝晒,使咸质聚于灰上,淋卤则是引汲海水浸浇咸灰,从而淋贮浓卤。"⑦从化学分析角度看,使用草木灰也是符合科学原理的,因为草木灰中含有碳酸钠(Na_2CO_3)或碳酸钾(K_2CO_3)等可溶性盐,能与盐土中的钙离子或镁离子发生化学反应,在生成难溶性的碳酸

① ［宋］赵彦卫撰,傅根清点校:《云麓漫抄》卷三,北京:中华书局,2007 年,第 29 页。
② ［元］陈椿撰:《熬波图》卷下,文渊阁《四库全书》本。
③ 郭正忠:《宋代盐业经济史》,北京:人民出版社,1990 年,第 8 页。
④ ［元］陈椿:《熬波图》卷下,文渊阁《四库全书》本。
⑤ ［清］延丰等:《两浙盐法志》卷六《场灶一》,《续修四库全书》本,上海:上海古籍出版社,2002 年。
⑥ ［清］王定安:《两淮盐法志》卷四,《续修四库全书》本,上海:上海古籍出版社,2002 年。
⑦ 郭正忠:《中国盐业史》(古代篇),北京:人民出版社,1997 年,第 241 页。

钙($CaCO_3$)或碳酸镁($MgCO_3$)的同时析出氯化钠($NaCl$)[①]。从而进一步提高了麟土中的含盐量。另外,草木灰还具有去除杂质、净化盐粒的作用。若从当时情况来看,也是可行可信的。因为无论何种制卤、淋卤技术,都需要燃烧柴薪,由此会产生大量的草木灰。上文中也提到,由于草木灰具有特殊的化学性质,使其在淋卤、制卤的过程中较其他灰质更加有效。更重要的是,草木灰来源方便,可就地取材,因而能被广大盐民采用也就顺理成章了。由此看出,认定此"灰"为草木灰较为合适,当然也不排除因为时间、地域的差异,灰的称谓、概念会有所不同[②]。

以上两种制盐工艺在两浙地区多有推广。但由于各个地区的水文、滩涂、植被等环境差异,也会导致各区域、盐场在所选技术上有所侧重。浙东地区近海,滩涂遍布,麟土中含盐量比较高,刺土淋卤和刮麟淋卤技术运用较多;相反,浙西地处钱塘江腹地,大量的淡水注入近海,使得海水含量降低,因此对制卤技术要求高,撒灰淋卤可能运用更多。

4. 晒盐工艺溯源

我国古代海盐晒制技术起源于何时,国内外学术界争议颇多。一种认为是始于明代,其依据是明人编写的《兴化府志》中有"入国朝来,始有晒法"[③]的记载。《莆田县志》也载:"天下盐皆煎成,独莆盐用晒法,传明初有陈姓者,居涵江,试取海水晒,日中遂成盐。乃教其乡人,后人因效之。"[④]日本学者藤井宏也指出海盐晒制始于明代,理由是"弘治(1488—1505 年)年间,商人改收折价,其制度的变化应与晒盐出现的时间大体相同"。[⑤]但也有学者认为在元代,依据是《元典章》的两条记载:"本省照得晒盐不同柴薪,若便与煎盐一体增添,虑恐差池……晒盐工本四两,每两添支六钱,每引该添二两四钱。""大德五年,江浙省一所辖十场,除煎四场外,晒盐六场,所办课程,全凭日色晒曝成盐。"[⑥]

据众多地方史料记载,两浙地区至迟在南宋前期就已经开始晒盐,不过当时规模仅限一定区域,还未给予正式命名推广。

南宋学者程大昌在《演繁露》中保存了数量众多的科技史料。其中说道:将淋卤过的海水,选择在晴好的天气暴晒数日之后,会在咸土上形成一块块类似方形印记的盐块,开始形成结晶的时,这些小印记较小,但随着暴晒时间的增加,盐块印记逐渐变大,直至"或十数印,累累相连"[⑦]。程大昌(1123—1195 年),徽州休宁人,一生主要在两浙、福建等东南沿海地区度过。他做过浙东宪臣、转运使副使,临终前最后一任是明州(今宁波地区)的知州。所以,他说的"今盐已成卤水者,暴烈日中,数日即成方印"[⑧],显然是指在两浙地区推行的晒盐技术,这也是对晒盐技术的最早记录。

① 王青:《淋煎法海盐生产技术起源的考古学探索》,《盐业史研究》,2007 年第 1 期。
② 郭正忠:《宋代盐业经济史》,北京:人民出版社,1990 年,第 8 页。
③ [明]周瑛、黄仲昭编:《重刊兴化府志》卷一二,福州:福建人民出版社,2007 年。
④ [清]汪大经、廖必琦等:《兴化府莆田县志》卷二《舆地·盐》,乾隆二十三年刻本,第 82 页。
⑤ [日]藤井宏:《明代盐场的研究》,《北海道大学文学部纪要》,1954 年。
⑥ 援引白光美:《中国古代海盐生产考》,《盐业史研究》,1988 年第 1 期。
⑦ [宋]程大昌:《程氏演繁露》卷一一《盐如方印》,文渊阁《四库全书》本。
⑧ [宋]程大昌:《程氏演繁露》卷一一《盐如方印》,文渊阁《四库全书》本。

南宋另一学者鲁应龙,生卒不详,但其履历主要在理宗时期(1224—1264 年)。其《闲窗括异志》记述了浙西海盐县独山一带的制盐情况:"独山一带,岁岁咸潮透入,可以晒卤。"①文中的"岁岁咸潮透入,可以晒卤"指独山地处钱塘江口,易受江潮侵浸,使得周围海滩、涂地受"潮信",土壤中含盐量较其他海滩高,因此可以晒卤。鲁应龙出生在浙西嘉兴,时海盐县属嘉兴府管辖,他对本乡"晒卤"的载述当可信。

由此可见,两浙晒盐的产生,至迟可以追溯到南宋前期。只不过当时晒盐技术不成熟,受自然条件影响大,产量低,因而在史籍中较少有记载。

综上所述,两浙地区依靠优越的地理优势,大力发展海盐生产,制盐较宋以前有明显进步。但由于各地区自然环境和社会条件的差异,生产技术的发展、推广极不均衡,既有较为原始落后的直接煎煮海水技术,也有较高级的晒盐技术。

二、验卤技术的进步

制盐的关键在于卤,卤水含盐量的高低直接决定着盐的产量,因此,鉴别卤水含盐量的高低是提高煎盐效率至关重要的一环。两浙地区验卤大都以米粒置于卤水中,观察浮尘状况。如果米粒全浮,证明卤水较纯,可以煎炼。由于该方法操作简单、粗糙,因而检验的卤水极不准确,常判断失误。入宋后,随着社会生产力发展,两浙地区的验卤技术取得重大突破,其标志就是石莲验卤技术的发明与推广。

1. 石莲验卤技术的出现

对石莲验卤技术最早记述的是《太平寰宇记》:"取石莲十枚,尝其厚薄,全浮者全收,盐半浮者半收,盐三帘以下浮者,则卤未堪,却须剩开而别聚溜。"在正常情况下,莲子不可能全部上浮的,因此,在宋初验卤时,只要能满足三枚以上的莲子上浮,就可以对卤水进行煎煮,如果不足三枚,则证明卤水还"须却剩开而别聚溜"②,即还需进一步提炼卤水。可见,在社会发展之初,受制于生产力的发展水平,对卤水纯度要求还不是很高,只要满足三成即可。

由于石莲验卤的相对准确性和易于操作,该技术得到迅速推广。南宋时,石莲验卤技术已经在浙东地区被广泛应用。曾任浙东杜渎盐场的监盐官姚宽在《西溪丛语》中提到:"予监台州杜渎盐场日,以莲子试卤,择莲子重者用之,卤浮三莲四莲味重,五莲尤重。莲子取其浮而直,若二莲直,或一直一横,即味差薄,若卤更薄,即莲沉于底而煎盐不成。"③根据姚宽记述,验卤时所用莲子必须是经过精挑细选且分量足的,数量较宋初的十枚减少至五枚,以满足三莲上浮为最低标准。但是,杜渎盐场中使用的"三莲"标准,绝对不同于《太平寰宇记》中提到的"三莲"。一个是十取三,另一个则是五取三,这相对于以前,对卤水的要求提高了一倍以上,说明两浙的验卤技术较以往更加成熟。文中又提到:"闽中之法以鸡子、桃仁试之卤,味重,则正浮在上;咸淡相半,则二物俱沉,与此相类。"④这里提到的福建中部地

① 王云五主编:《浙江通志》卷三三《海塘二》,上海:商务印书馆,1934 年,第 1233 页。

② [宋]乐史:《太平寰宇记》卷一三〇《淮南道·海陵监》,文渊阁《四库全书》本。

③④ [宋]姚宽撰,孔凡礼点校:《西溪丛语》卷上,北京:中华书局,2006 年,第 61 页。

区推行用鸡蛋、桃仁验卤技术在两浙地区的相关文献中未曾发现,可能仅局限于闽中一带,或者随着石莲验卤技术的推广,鸡子、桃仁验卤技术未待传播,就被更高级的石莲验卤技术所取代。

施宿的《嘉泰会稽志》也记录了南宋时期浙东越州(绍兴)地区的验卤:取一枚长约两寸的竹筒,盛满卤水,然后将事先筛选出的五枚老而坚硬的石莲子投放到盛有卤液的竹筒中,如果都不上浮或者仅有一、二枚莲子上浮,则证明卤液浓度稀薄,被称为"退卤",不堪使用。若是有超过四枚以上的莲子上浮,则说明了卤液完全符合要求,也被称作"足莲卤"或者"头卤"。文中还说道,观察上浮的石莲中,以垂直上浮的尤为佳。如果五枚莲子都上浮,其中最后一颗垂直浮上来的莲子则被称作"足莲",也就是最具分量的一颗,通常被收集起来验卤。

台州和越州提到的验卤技术相对以前莲子验卤又有了较大进步和发展。首先,所用莲子需经过精挑细选,且分量要足、重;其次,用"足莲"和竹筒制成一个易于操作验卤器皿;最后,将所验之卤分为"退卤"、"足卤"。

2. 石莲验卤器的发明与应用

《西溪丛语》与《嘉泰会稽志》记述了浙东"十莲"和"五莲"验卤技术,虽然后者较前者在实际应用中有很大改进,但从本质上看,区别不大。

相对浙东的验卤技术,浙西要显得更加系统、成熟。浙西是利用"莲管"和石莲子制成专门的验卤器,通过验卤器将卤水分成四个等级。最咸卤一等,三分卤二等,一半水一半卤三等,一分卤四等①。在图3中,左角中间的一人可能就在用莲管验卤器划分卤水等级。

随着莲管验卤技术的推广,浙西盐民在材料的选择及其性能上又做了进一步改造,使其更加易于操作。改造后的莲管验卤器用长约六到七寸的竹管代替莲管,并选取一段细长的竿绑在竹管的另一头,将十枚足莲放入其中,管口用竹丝封定。这样,可放入较深的卤井中汲取卤水检验。如果卤水浓度高,则莲子浮起,反之,则无。这种莲管验卤技术与浙东的足莲验卤如出一辙,但在实际操作中要比浙东地区先进。

两浙地区几种验卤技术的发展并不是孤立的,而是随着技术的互相传播,各地盐民取长补短并加以改造,形成了适合当地条件的验卤技术。这不仅极大地提高了验卤的准确度,保证了煎盐效率,而且通过验卤,使得两浙政府对当地鹻土的含盐量和卤水浓度高低有了一个比较清晰的认识,据此要求盐民向官府买纳盐额,这才有了卢秉为两浙盐场定分数的制度。

卢秉(?—1092年)浙西湖州人,曾担任过两浙地区的盐官,对两浙地区的盐场分布、制盐、制卤等盐业工艺比较熟悉。他上任后,在两浙推行"定分数"收购盐课的制度,并明确指出两浙各盐场的纳盐额数:

诸场皆定分数:钱塘县杨村场,上接睦、歙等州,与越州钱清场等水势稍浅,以六分为额;杨村下接仁和之汤村,为七分;盐官场为八分;并海而东为越州余姚县石堰场、明州慈溪县鸣

---

① [元]陈椿:《熬波图》卷上:"管莲之法,采石莲先于淤泥内浸过。用四等卤分浸四处。最咸卤,浸一处;三分卤浸一分水,浸一处;一半水一半卤,浸一处;一分卤浸二分水,浸一处。后用一竹管盛此四等,所浸莲子四放于竹管内,上用竹丝隔定竹管口,不令莲子漾。"文渊阁《四库全书》本。

鹤场皆九分;至岱山昌国又东南为温州双穗南天富、北天富场,为十分。盖其分数,约得盐多寡而为之节。自岱山以及二天富炼以海水所得为最多,由鸣鹤西南及汤村则刮鹾淋卤十得六七①。

卢秉并没有指出两浙各盐场的含卤量,而是直接参照各地盐民的实际制盐能力确定盐额。一般来说,在同等技术条件下,制盐的多寡主要取决三个因素:首先是该盐场附近含卤量的高低;其次是盐民的熟练程度和技术水平;最后是柴薪等基本物资的供应量。

两浙盐场以“分数”定盐课,很大程度上是建立在各个盐场卤水含盐量的高低为基础的。以杨村、钱清为例,那么就是六成的比率;汤村盐场则是七分;盐官场附近是八分;今宁波余姚附近的石堰场、慈溪的鸣鹤场为九分;而舟山附近的盐场和温州附近的南北天富场、双穗场则可能达到十成。

当然,卢秉推行的“定分数”未必准确,但却从侧面反映了两浙地区盐民通过不断改进验卤技术,使制盐能力得到稳定提高,使得以卢秉为代表的两浙盐官利用该技术带来的便捷而把盐课派发下去。

有宋一代,随着石莲试卤技术的推广,该技术在宋后期也被用作区别官盐和私盐的有效工具,江休复在《嘉祐杂志》里就特别提到:“煮盐用莲子为候,十莲者,官盐也;五莲以下,卤水漓为,私盐也。”②这无疑反映出石莲验卤技术的成熟。

三、煮卤结晶技术的进步与推广

煮卤是制取海盐的最后一道工序,主要由盐盘(盆)的制作,卤液的装盘、入盘与煎煮组成。

宋代称煮卤器具为盘或者盆,两浙地区称之为“镬子”③。这种煮盐用的盘(盆)有铁制的,也有竹制的。“今煎盐之器谓之盘,以铁为之,广袤数丈,意盆之遗制也。今盐场所用,皆元丰间所为,制作甚精,非官不能办。然亦有编竹为之而泥其中者,烈火然其下而不焚。”④《嘉泰会稽志》中也说到:“编竹为盘,以篾悬之,涂以石灰,才足受卤,燃烈焰中卤不漏,而盘不焦灼。”⑤南宋末期,浙东明州的一些盐场因用铁盘煮盐效果不佳,而改用竹(篾)盘。通常,用铁制作的盐盘薄,导热快,在煮卤过程中,容易因火大而导致盐的透明度下降;而用涂以石灰和竹子混合而制成的竹盘,物理性质与铁盘有较大差异,传热较慢,耐火烧,便于掌控火候,故煎煮的盐成色好。对此《宋史》和《泊宅编》均有相同的描述:“盐官汤村用铁盘,故盐色青白;杨村及钱清场织竹为盘,涂以石灰,故色少黄;石堰以东近海水咸,故虽用竹盘而盐色尤白。”⑥

盐盘除了在制作材料上有差异外,各地区的大小也有很大差别。大型铁盘有的往往可

① [元]脱脱等:《宋史》卷一八二《食货下四·盐中》,北京:中华书局,1977年,第4436页。
② [宋]江休复:《嘉祐杂志》卷上,文渊阁《四库全书》本。
③ [宋]李心传:《建炎以来朝野杂记·甲集》卷一四《淮浙盐》,文渊阁《四库全书》本。
④ [宋]徐度:《却扫编》卷中,文渊阁《四库全书》本。
⑤ [宋]施宿等纂,沈作宾修:《嘉泰会稽志》卷一七《盐》,《宋元方志丛刊》本,北京:中华书局,2006年,第7046页。
⑥ [元]脱脱等:《宋史》卷一八二《食货下四·盐中》,北京:中华书局,1977年,第4436页。

达"广袤数丈"①，一次能成盐两三百斤，小的也可达100多斤。这两种不同类型的盘子在两浙使用的范围也不一样，《熬波图》中说："盘有大小，浙东以竹编，浙西以铁铸。或篾或铁，各随其宜。"②铁盘在浙西应用较为广泛，竹盘则在浙东比较普遍。

两浙盐民的装卤、入卤，主要采用管道输卤技术。"筑土为斛畎，灶旁以竹管将（盐卤）引入盐盘中。犹如畎浍之流"。③这一技术在《熬波图》中有详细记载："桦面装泥已完，卤丁轮定桦次上卤，用竹管相接于池边缸头内，将浇料舀卤自竹管内流放上桦，卤池稍远者，愈添竹管引之。桦缝设或渗漏，用牛粪和石灰掩捺即止。"④两浙地处亚热带季风气候区，温暖湿润，盛产毛竹，方便就地取材，因而煮盐用的大量器皿多用竹子制作而成。

将卤导入盐盘（盆），便开始起火煮卤。关于起火煮卤，宋代颇有讲究，《熬波图》中说："既立团，列灶自春至冬，照依三则火伏煎烧，晨夕不住。"⑤所谓"三则火伏"即火伏分为上、中、下三等。火伏又称伏火、停火。一伏火是指从起火到住火的时间。也就是说，盐民在春天就要支好炉灶起火煎煮，一直到秋天结束，这期间不能随便熄火。因此，这三个季节的时间跨度就是火伏，而这三个季节的煎煮过程被分作"三则火伏"。以夏季三个月为例，此时就是属于上则火伏，这期间"温度高，蒸发旺盛，土信尤厚，卤水浓，煎煮效果最佳"。⑥《熬波图》中说到："火伏上则盐易结，日烈风高胜他月。"⑦于此相对应则是春秋，则属于卤水淡薄、结盐稍迟的季节。这样，经过最后一道工序，盐最终结晶而出，其间艰辛，恐怕只有盐民自己知道了。难怪《熬波图》中说到："欲成未成干又湿，撩上撩床便成雪。盘中卤干时时添，要使桦中常不绝。人面如灰汗如血，终朝彻夜不得歇。"⑧这也是对盐民劳动过程的真实写照。

四、结语

北宋以来，伴随着国家统一，两浙地区的生产力迅速发展，海盐生产技术在总体上较以往有了很大改进，主要包括取卤、验卤、制卤技术的进步，以及晒盐技术的应用。生产技术的进步带来产量的大幅度上升，使浙盐产量一度取得与淮盐并驾齐驱的地位，以致当时有"东南盐利，淮浙最厚"之说。但由于社会生产技术发展、推广的不均衡，在浙东个别地区还继续存在效率低下的原始制盐技术，这无疑影响了浙盐的总产量。

---

① ［宋］徐度：《却扫编》卷中，文渊阁《四库全书》本。
② ［元］陈椿：《熬波图》卷上，文渊阁《四库全书》本。
③ ［宋］梁克家纂修：《淳熙三山志》卷六《地理类·海道》，《宋元方志丛刊》本，北京：中华书局，2006年，第7836页。
④ ［元］陈椿：《熬波图》卷上。文渊阁《四库全书》本。
⑤ ［元］陈椿：《熬波图》卷上，文渊阁《四库全书》本。
⑥ 郭正忠：《宋代盐业经济史》，北京：人民出版社，1990年，第23页。
⑦ ［元］陈椿：《熬波图》卷下，文渊阁《四库全书》本。
⑧ ［元］陈椿：《熬波图》卷下，文渊阁《四库全书》本。

海洋安全与渔业生产

——近代浙江海洋护渔制度的变迁

白　斌

（宁波大学）

摘要　国家对于海洋渔业的重视是从明代中后期开始的。为加强海上防卫力量，国家海洋护渔制度出台并逐步完善。到清代中期，为有效保证海洋渔业安全，此时的水师成为海洋护渔的主要力量。随着晚清中国海上防卫力量的衰落，民间海洋渔业组织则成为海洋护渔体系的主导者。但是民国时期浙江海洋护渔制度的实践告诉我们，民间护渔组织并不能有效保证海洋渔业区域安全，海军参与护渔成为必然选择。从历史经验来看，以民间海洋渔业护渔组织为主，在紧急情况下，租赁海军现役军舰的模式，不仅可以有效维护海上安全，还能避免中外渔业纠纷的升级。

关键词　海洋安全　海洋渔业　护渔制度

一、序言

在当代中国渔业区，我们经常能看到渔政船的身影，其最重要的功能就是维护正常的渔业生产秩序，保护海洋渔船安全。其实，渔政船最早在清代就已经出现，只不过是由水师船只充当这一角色罢了。对于传统渔政管理，学术界多认为其主要功能是对渔民的管制和征收渔税，而忽视了渔政管理的另外一个非常重要的功能——护渔[①]。本文要解决的问题就是传统中国的护渔体制是如何建立的？海洋护渔体制是如何由传统向近代转型？近代中国的海洋护渔制度及其执行对当代渔政执法及维护海洋渔业主权的经验和教训有哪些？对这三个问题的解决，不仅可以完善中国海洋渔业管理与海防史的研究，而且能够为当代渔政执

---

① 　与海洋护渔直接相关的论文目前只有韩兴勇、于洋：《张謇与近代海洋渔业》，《太平洋学报》，2008 年第 7 期。该文详细论述了维护海洋渔业权益与海洋主权之间的关系及近代时期张謇为维护海洋渔业主权所做的努力。其他诸如李志民的《近代青岛海洋渔业的变迁》（中国海洋大学硕士学位论文，2011 年）、苏雪玲的《清末民国时期山东沿海渔政研究》（中国海洋大学硕士学位论文，2011 年）、吴敏的《民国时期江苏沿海地区海洋渔业研究》（南京农业大学硕士学位论文，2008 年）、李文睿的《试论中国古代海洋管理》（厦门大学博士学位论文，2007 年）、李勇的《近代苏南渔业发展与渔民生活》（苏州大学博士学位论文，2007 年）、余汉桂的《民国时期中央和两广渔业管理法规述评》（《古今农业》，1994 年第 1 期）、余汉桂的《清代渔政与钦廉沿海的海洋渔业》（《古今农业》，1992 年第 1 期）等都是在论述海洋渔业管理问题时，涉及到护渔问题。

法及制度建设提供借鉴。

在当代学科分类体系中,护渔制度属于海洋与渔业社会安全事件应急管理的研究范畴,而后者与渔业自然灾害应急管理、渔业事故灾难应急管理、渔业公共卫生事件应急管理共同构成渔业应急管理的研究体系①。在本文中,"护渔"有两层含义,一是保护正常渔业生产秩序;二是维护国家海洋渔业主权。前者是中国海洋护渔体系建立的初衷,而后者是中国海洋主权受到侵犯后逐渐产生的功能。就当代而言,我们关注的护渔活动更多的是针对后者。另外,"护渔"的区域不仅限于海上防止外国侵渔,还包括抵制外来水产品大规模倾销,维护正常渔业流通秩序等内容。而对于护渔的手段除了派出护渔船、军舰等之外,还有其他经济、政治及法律的手段。

二、浙江传统海洋护渔制度

在传统社会,海洋渔业生产面临的最大威胁就是海盗的掠夺及渔船之间的纠纷。随着海洋渔业经济发展及沿海渔业人口增加,为维护海上渔业秩序,沿海水师除了抵御外敌入侵,另一个重要职能就是巡查沿海,防止捕鱼船只与海盗勾结,威胁沿海社会稳定。

我国对海洋渔业的管理始于"嘉靖大倭寇"事件之后,当时明朝政府开始重视在平倭战事中海洋渔船所起到的重要作用。在严格限定渔船尺寸的同时,政府加强渔船海上作业管理。嘉靖三十二年(1553年)八月壬寅,南直隶给事中王国桢上疏"御倭方略",要求朝廷将"捕鱼、樵采无碍海防者,编立字号,验放出入",获得朝廷许可②。万历二年(1574年)正月乙酉,巡抚浙江都御使方弘静在"条陈海防六事"中就向朝廷申请将浙江沿海渔民按船只编立甲首,该方案经兵部审议通过后在浙江实施③。对于这种通过国家制度强制海上渔船联合的做法,清末沈同芳认为其为"渔业干涉政界之始,亦为维系海界之始"④。至此,国家在面对海洋问题的时候就要考虑到海洋渔业的因素,而国家对于海洋领土主权的维护,恰恰是从护渔开始的。

渔船本身的作业特点及政府对出海渔船实施的"连艖互结"制度,使渔业生产呈现出集体化特点,尤其在每年渔汛期。在渔船作业过程中,为抢夺渔业资源,渔船之间的械斗时有发生⑤。为保证渔船出海作业安全,同时也为防止其"交通内外",政府会派水师在汛期监督渔船的海上活动。明后期,江浙水师的海上巡防都会考虑到沿海渔汛作业,其海上防卫效果,不仅关系到渔业作业安全,也关系到海上防卫自身。如果水师不能有效保护渔船安全,

---

① 李珠江、朱坚真:《海洋与渔业应急管理》,北京:海洋出版社,2007年。

② 《明实录·世宗实录》卷四〇一,嘉靖三十二年八月壬寅条,台北:台北"中央研究院"历史语言研究所,1961年,第7031 - 7034页。

③ 《明实录·神宗实录》卷二一,万历二年正月乙酉条,台北:台北"中央研究院"历史语言研究所,1961年,第558 -560页。[清]顾炎武撰:《天下郡国利病书》第二十二册《浙江下》,《续修四库全书》(第597册),上海:上海古籍出版社,2002年,第49页。

④ [清]沈同芳撰:《中国渔业历史》,《万物炊累室类稿:甲编二种乙编二种外编一种》(铅印本),上海:中国图书公司,1911年,第3页。

⑤ [清]顾炎武撰:《天下郡国利病书》第六册《苏松》,《续修四库全书》(第595册),上海:上海古籍出版社,2002年,第757页。

当海上入侵者控制出海渔船后,其对国家海上防卫安全的冲击是致命的①。

清初开海后,来自外界的海防压力消失,水师对渔业的海上管理恢复到维持正常海上渔业秩序,防止海上渔船劫案发生。从文献记载看,康熙年间浙江海上渔船劫案只是零星发生,但到乾隆年间,尤其是乾隆末期,浙江海上渔业劫案日渐频繁。乾隆五十九年(1794 年)正月戊午,浙江巡抚觉罗吉庆在对当时频繁发生的海盗抢劫事件仔细分析后,向朝廷指出:"浙省海洋,界连福建,每当南风顺利,闽省渔船,多赴浙江采捕。鱼汛旺盛,则获利益,偶然乏食,辄肆抢劫。本地渔船,亦有被诱入伙者。然时聚时散,并无定所,与康熙年间洋盗依据海岛情形迥异。"②

为保证渔业秩序,沿海水师将防范的重点由对外转为对内。与明朝相类似,沿海水师的出巡时间基本和渔汛重合,其目的是防止渔民在海上违法作乱。这一时期水师护渔的主要任务就是"弹压商渔等船,遇抢夺情事,严拿究解"。等到渔汛结束,"渔船进口,官兵一并彻[撤]回"③。对于巡查不力,"致有句[勾]引洋盗潜匿者,将沿海巡洋各员降三级调用,提督总兵降一级留任。如沿海巡洋各员知情贿纵者,革职提问,提督总兵降一级调用"④。不过,嘉道年间的海盗问题不是限制渔民接济就可以解决的,晚清海盗活动不仅没有消减,反而愈加猖狂。

三、制度崩溃与民间海洋渔业组织自发护渔制度的建立

咸丰五年(1855 年),丁韪良从宁波回到普陀岛时,看见有 15 艘海盗平底船从眼前经过,并向停泊在港口里的清军兵船开枪,以示藐视。后者装模作样地起锚前去追赶,但很快就回到了停泊处⑤。时浙江亦有人记载,"洋面多盗,省中行文饬水师护商船出洋。水师畏之,提军叶绍春亦赴镇海催之,仍不出口"⑥。这一时期海盗集团的组织者和资助者大多数都是沿海富户。如道光二十三年(1843 年)浙江提督在给朝廷所上奏章中就指出:"闽洋盗匪近来伎俩,愈出愈奇,竟有滨海殷实之户合伙出资整理船只,私制枪炮药铅,招集滨海穷民,结为伙党,令其出洋行劫,得赃均分。此风沿海多有,近来即浙省台州府属海滨亦然,而泉州府属各厅县之马巷厅,同安、惠安两县之滨海乡村为尤甚。"⑦其次,很多海盗就是平时靠打渔为生的沿海渔民。这些渔民在出海捕鱼的时候,如果遇到比他弱的船只就会变成海盗。当时的浙海关报告就指出,在浙江沿海"墨鱼的捕捞业状况和沿海的不安全有很大关

① [清]顾炎武撰:《天下郡国利病书》第二十一册《浙江上》,《续修四库全书》(第 597 册),上海:上海古籍出版社,2002 年,第 1 - 2 页。

② 《清实录·高宗实录》卷一四四五,乾隆五十九年甲寅正月戊午条,北京:中华书局,1986 年,第 283 页。

③ 《清实录·高宗实录》卷二四七,乾隆十年乙丑八月己巳条,北京:中华书局,1986 年,第 189 - 190 页。

④ [清]昆冈等修、刘启端等纂:《钦定大清会典事例》卷 630《兵部·绿营处分例·海禁二》,《续修四库全书》(第 807 册),上海:上海古籍出版社,2002 年,第 769 页。

⑤ [美]丁韪良著,沈弘、恽文捷、郝田虎译:《花甲记忆——一位美国传教士眼中的晚清帝国》,桂林:广西师范大学出版社,2004 年,第 82 页。

⑥ [清]段光清撰:《镜湖自撰年谱》,清代史料笔记,北京:中华书局,1960 年,第 100 页。

⑦ 中国第一历史档案馆编:《鸦片战争档案史料》(第 7 册),天津:天津古籍出版社,1992 年,第 374 页。

系,许多称之为海盗的人,平常是渔民"①。

这一时期,海盗问题的严重与鸦片战争中国沿海水师受到重创有直接关系。战争导致国家海上防卫力量极度虚弱,而海军力量的重新建设又需要一个很长的周期。因此在渔汛期,对出海作业渔船提供保护的重任由国家转向民间。作为浙江海洋渔业生产组织者的公所在这一时期自发募集资金,雇佣护洋船,保护渔船海上作业。据现有资料,浙江海洋渔业公所组织最早成立于清雍正二年(1724年),其主要是作为政府与渔民之间的一个联系渠道,并组织渔业生产与海难救助②。关于民间组织护渔,2007年奉化市档案馆从莼湖镇桐照村一个渔民家里征集的一批清代档案资料中,发现了同治三年(1864年)奉化、象山渔商自筹经费,雇佣船只防护南洋的缴费凭证。③ 可见,在沿海水师无法保证海洋渔业安全的情况下,海洋渔业公所组织填补了政府管理的空白点。反之,当国家海洋力量增强能够保证渔业区域安全时,公所自发护渔行为也会自动终止。19世纪70年代,浙江沿海渔业公所纷纷裁撤护洋船就缘于中国海上军事力量的恢复与发展④。而国家也在这一时期重新承担了对海洋渔业作业的保护职责。光绪十八年(1892年)六月初八日,宁绍台道吴福茨观察就因近日各渔民相率出洋捕鱼,恐被海盗抢劫,特意乘坐超武兵轮,"巡缉洋面,缉盗卫民"⑤。

中日甲午战争,中国海军再次受到重创。为进一步加强对沿海渔民的管理,在清政府督促下,时任浙江巡抚的廖寿丰于光绪二十二年(1896年)下令宁、台、温三府所辖厅县于同年三月一律开办渔团,其章程中就允许各帮渔船自雇护船组织护渔。⑥ 不过在实际操作中,一般是由各帮所在公所出面与渔团、地方政府协调,共同完成渔汛期护渔任务。在渔汛期,府县札委地方名望重者出面配合渔团局收取保护费,以雇佣护洋船护渔⑦。同时渔民也会"自备资斧,置办号衣,雇勇巡护"⑧。渔业公所董事(通常由地方名望重者担任)则出面协调,以免滋事,并与地方政府沟通,共同维护渔业作业秩序。从宁波渔团局的支出看,除了正常办公之外,相当部分经费用在雇佣营船护渔上了。其护渔力量包括海军兵轮一艘、渔团局自有船只一艘及另雇佣小轮船一艘⑨。这里值得注意的是,作为具有官方背景的渔团局在渔汛期可以雇佣现役海军兵轮执行海洋护渔任务。

民间海洋渔业组织的自发护渔行为,对于维护海上渔业安全、填补国家海上力量真空、稳定海洋秩序有着非常重要的意义。在海洋渔业公所组织雇佣的护渔船保护下,海洋渔业捕捞得以继续。不过也有不少人借机捞取好处。如宁关道书吏黄甲,私立护渔公所,"惯放

---

① 杭州海关译编:《近代浙江通商口岸经济社会概况——浙海关、瓯海关、杭州关贸易报告集成》,杭州:浙江人民出版社,2002年,第56页。

② 白斌:《清代浙江海洋渔业行帮组织研究》,《宁波大学学报(人文社会科学版)》,2011年第6期。

③ 傅珠秀:《从普通渔家走进档案馆——一批清朝档案史料的征集》,《浙江档案》,2007年第11期。

④ 《捕鱼防盗》,《申报》,1878年5月7日。

⑤ 《关道巡洋》,《申报》,1892年6月5日。

⑥ 李士豪、屈若搴:《中国渔业史》,上海:商务印书馆,1984年,第34-36页。

⑦ [清]黄沅:《黄沅日记》,桑兵主编:《清代稿钞本(第一辑)》(第21册),广州:广东人民出版社,2009年,第227页。

⑧ 《渔业公所举定董事》,《申报》,1907年5月18日。

⑨ [清]沈同芳撰:《中国渔业历史》,《万物炊累室类稿:甲编二种乙编二种外编一种》(铅印本),上海:中国图书公司,1911年,第39-40页。

渔户之债,其弟黄乙倚仗兄势,平日欺诈渔户,无所不至"①。时任宁绍台道观察的吴福茨就指出:"各商筹费自雇,以补舟师之不足,立意本无不是。惟办理不得其人,而章程未尽周密,以致无益有损,不能不格外慎重,以期妥善。"②

四、渔业危机与现代护渔体系的建立

进入 20 世纪,中国海疆危机进一步加深,法国、英国、日本、俄国不断入侵中国沿海,掠夺海洋渔业资源。由于海关的低税率,大量国外海产品纷纷涌入中国,占领了相当一部分市场。同时,中国频繁的内战与经济转型导致传统渔业的衰落,而大量渔民由于生活贫困加入到海盗行列,使海洋渔业生产环境进一步恶化。

20 世纪初期中国的海洋渔业危机,始于德国、日本侵犯中国主权,掠夺山东海洋渔业资源。光绪三十年(1904 年)三月壬午,江苏在籍翰林院修撰张謇上书朝廷,希望筹办新式渔业公司,"由各督抚就各省绅商集股试办"③,以新法抵制外人拖船捕鱼,"保卫海权渔界"。同时,在国外水产品还没大举入侵之时,先做全局布置,保障渔民收益④。由于当时国内政治经济改革大背景,其建议迅速被朝廷批准。光绪三十一年(1905 年)四月丙午,张謇在商部支持下在上海筹办江浙渔业公司总局,另设江苏、浙江分局各五处,订购德国轮船,用西方新式方法捕鱼⑤。作为政府支持下的渔业公司,从其组建之初,江浙渔业公司的轮船就担负巡海护渔的重任。从《江浙渔业公司简明章程》中我们就发现,其第 1—6 条皆是涉及海洋渔业安全的条款:

1. 现购胶州青岛德公司万格罗捕鱼轮船一艘,改名为"福海",以后增船,皆以"海"字排次;

2. 此船现系官款垫购,作为渔业公司保护官轮,由官发给快炮一尊、后膛枪十枝、快刀十把,管驾大副定时督同水手操练,藉以保卫江浙洋面各渔船;

3. 渔船在洋面捕鱼之时,各渔船相距在目力能到之地,设或遇盗,日间悬红白旗于桅顶;夜间悬红白灯于桅顶为号,本轮一见,即速往救;

4. 渔轮保护渔船安全,定章不许丝毫受谢,侦缉获盗船,时将船盗解交就近该管地方官惩办,一面报明本公司;

5. 渔轮三年救护被盗渔船几次随时报明公司存记,汇请南洋大臣奖励管带及水手,原有官阶者酌予保升,平民给予功牌;

6. 向来抛钉大捕张网船捕鱼之处均在海岛附近,渔轮避礁,绝不相犯;溜网船所在,渔轮亦让开地位,决不侵占,其余各船,向来网地销路,一切照常,并无侵扰⑥。

---

① 《革办书吏》,《申报》,1879 年 12 月 9 日。

② 《停撤护船》,《申报》,1894 年 5 月 14 日。

③ 《清实录·德宗实录》卷五二八,光绪三十年甲辰三月壬午条,北京:中华书局,1986 年,第 25 页。

④ 《商部头等顾问官张殿撰謇咨呈两江总督魏议创南洋鱼业公司文》,《东方杂志》第 1 卷,1904 年第 9 期,第 147 —150 页。

⑤ 《清实录·德宗实录》卷五四四,光绪三十一年乙巳夏四月丙午条,北京:中华书局,1986 年,第 225 页。

⑥ 《江浙渔业公司简明章程》,《东方杂志》第 1 卷,1904 年第 12 期,第 189 页。

从以上内容我们可以看到,为有效护渔,"福海"轮船装载了重武器,并制定了日常训练与奖励制度,以及海难求救信号。至此,在参考西方经验基础上,中国一整套完备的海上救援制度建立起来。同时,章程充分考虑到现代渔业与传统渔业作业海域的划分,尽量减少发展新式海洋渔业的阻力。光绪三十二年(1906年)出台的《江浙海洋渔业股份有限公司详细章程》除了肯定渔业公司的护渔职能外,还细化了其经济活动的规定。其中值得我们注意的是按照该章程的规定,江浙渔业公司总局可以根据"洋面安静与否,随时另调兵轮游弋,协助保卫"①。换句话说,就是渔业公司具有要求海军配合护渔的权利。由于海军重建工作的缓慢与清政府不久被推翻,我们无法得知其规定是否得到有效执行。不过进入民国后,海军介入汛期护渔已成为海军部职能的一部分。

除此之外,在张謇的建议下,清政府对于海洋渔业主权的认知得到加强。渔界海权的确立发端于海防,明代嘉靖年间,政府在商渔船只泊碇出入之地及传统的珠池设汛立墩,"因之有各自独立的海道与内外洋面的概念"②。在晚清海防及海洋渔业危机加深的形势下,政府确定渔业作业区域以作为护渔依据的做法,不仅仅关系到海洋渔业自身发展,也与国家领海主权紧密相连。因此,当时学者对此也做了详细考察与记载,成书于光绪二十五年(1899年)的《江浙闽沿海图说》对于中国江苏、浙江、福建沿海岛屿、海域及渔业区域做了详细说明。③ 其后《中国渔业历史》一书在此基础上对全国海洋渔业区域进行细致划分④。光绪三十一年(1905年)意大利政府邀请清政府参加1906年举办的农业赛会,张謇即以"渔业与国家领海主权关系至密,建议政府按英国总兵伯特利所成海图官局第三次原本中国方向书核定经纬线"⑤。就官方而言,中国海洋渔业区域的划分则要到民国时期。

晚清政府采用公司这种民间经济组织形式,一面引进先进海洋渔业生产技术,提升远洋捕捞能力;一面以此为载体,试图替代传统渔业公所及渔团在渔汛期组织护渔的角色。相比半官方的渔团组织,渔业公司的经济职能得到大大加强,在政府支持下,其拥有先进的护渔船只,并且可以得到国家海上力量的支援。就制度建设而言,已经具有了现代护渔体系的雏形,即以官方支持下的民间经济组织为海洋护渔的组织与实施者,而国家海上力量则充当后备力量。在护渔形势严峻的情况下,渔业公司可以以民间行为雇佣军舰从事海上护渔。这不仅有利于提升海洋渔业护渔力量,同时也降低了在外国侵渔情况下产生军事冲突的可能性。

五、现代护渔体系的完善及其内在缺陷

进入民国后,中国海洋安全形势不仅未加改善,反有恶化趋势。就国际形势而言,1911年日本国内规定禁渔区,不准渔轮拖网捕鱼后,日本沿海渔船不得不向远洋探索渔场。1914

---

① 《江浙渔业股分有限公司详细章程》,《东方杂志》第3卷,1906年第6期,第127页。
② 余汉桂:《清代渔政与钦廉沿海的海洋渔业》,《古今农业》,1992年第1期,第68页。
③ [清]朱正元:《江浙闽沿海图说》,上海聚珍板印,光绪己亥年(1899)版。
④ [清]沈同芳撰:《中国渔业历史》,《万物炊累室类稿:甲编二种乙编二种外编一种》(铅印本),上海:中国图书公司,1911年。
⑤ 余汉桂:《清代渔政与钦廉沿海的海洋渔业》,《古今农业》,1992年第1期,第68页。

年日本又扩大禁渔区，渔船不得在"东经130度以东朝鲜沿岸禁止区域以内"捕鱼[①]，这就将日本大量渔船的捕鱼区域推向中国沿海。其后，日本渔船在中国海域的捕捞由零星行为上升为群体侵渔。如1913年11月，渔民在浙江定海洋面就发现"外国捕鱼舰六七艘，船身蓝色，烟囱黑色，并不张挂旗帜，船上渔人皆系日本国人"[②]。19世纪30年代，日本渔轮的侵渔行为更是得到日本政府的支持。为保护日本渔轮的作业安全，日本政府往往派出军舰随行保护。日本政府的保护、中国海关的低税率及渔业资源的易腐性，成为日本渔轮渔获物在中国市场大量倾销的主要原因。据1932年7月《民国日报》初步统计："兹以日本手操网渔轮一项，至上海侵渔情形而论，则以民国十七年至二十年七月最为猖獗，计有渔轮三十八艘。……以最少数计每年每艘鱼值三万元计，则每年被侵损失八十四万元。"[③]日本在中国的侵渔与倾销，不仅导致中国大量渔民破产，鱼商也"多半耗折"，遭到沉重打击[④]。渔民破产后，为了生存，往往加入海盗，掠夺沿海村落与往来商渔船只，海洋安全形势日益恶化。在这一形势下，民国政府对于全国性海洋护渔体系的制度化建设也逐渐加快。

1914年4月，农商部公布《渔船护洋缉盗奖励条例》12条。1915年4月公布该条例的实施细则16条，内容包括渔船作业中遇盗追缉区域、护洋缉盗渔船执照的申报、武器配备[⑤]。与之配套的是国家海洋安全管理部门——水上警察厅的成立。按照1915年颁布的《水上警察厅官制》第1条规定，水上警察厅设置于"濒海、沿江、滨湖、通河各地方"，以维持水上治安[⑥]。但从实践来看，浙江海盗"均持有精利快镖，盗首精通战术，水警远不能及"[⑦]。在最初几次围剿海盗行动中，浙江水上警察都大败而归。相反，水上警察在执法过程中都有不同程度的扰民行为[⑧]。有介于此，1918年5月，渔商丁兆彭等，联合宁波、台州、温州渔民组织浙海渔业团，令各渔船备置警号及自卫武器[⑨]。1922年6月1日，宁、台、温渔商成立渔商保安联合会，推举盛炳纪为会长，统一收取护洋费，雇佣轮船护渔[⑩]。

虽然浙江水上警察厅仍旧不遗余力的围剿海盗，但海盗洗劫沿海村落的案件仍时有发生。1919年4月，浙洋东沙渔汛开始，10余万渔民与商家云集，为保证渔区安全，浙江水上警察厅增调二、三区巡船[⑪]，并向海军求助，增调"永福"兵轮"巡弋台洋"[⑫]。1921年，为了加强对浙省海盗的清剿力度，海军部在浙江定海沈家门成立清海局[⑬]。海军的进驻对海盗有一定威慑，但清海局亦借此在地方征收护洋费。在地方各渔业团体的抵制下，海清局于

① 欧阳宗书著：《海上人家：海洋渔业经济与渔民社会》，南昌：江西高校出版社，1998年，第198页。
② 《外人侵越领海渔业》，《申报》，1913年11月9日。
③ 转引自李士豪、屈若搴：《中国渔业史》，上海：商务印书馆，1937年，第201－202页。
④ 《宁台鱼商之呼吁声》，《申报》，1930年2月28日。
⑤ 余汉桂：《民国时期中央和两广渔业管理法规述评》，《古今农业》，1994年第1期，第78页。
⑥ 《水上警察厅官制》，《东方杂志》第12卷，1915年第5期，第7－8页。
⑦ 《海盗与水警之鏖战》，《申报》，1918年5月5日。
⑧ 《水警厅编钉船只牌照之严厉》，《申报》，1916年8月22日。
⑨ 《渔民请组渔业团》，《申报》，1918年5月9日。
⑩ 《江浙渔商请设渔商保安联合会》，《时事公报》，1922年8月1日。
⑪ 《保护渔汛之布置》，《申报》，1919年4月8日。
⑫ 《调派兵舰巡台洋》，《申报》，1919年7月27日。
⑬ 《海局存撤之问题》，《时事公报》，1922年6月4日。

1922 年停办①。1923 年 11 月 5 日,宁波总商会为广润木行金裕隆帆船被盗一事,恳请省政府调派军舰救援,获准"专派超武军舰,跟踪缉追,救护出险"②。此后,海军与水上警察厅共同维护海洋安全成为惯例。但是地方渔业团体与海军部的矛盾并未消除。介于清海局在地方征收捐费,浙江渔业团体对于海军部在浙江沿海成立渔业保卫处皆持反对声音③。但恶化的海上安全形势,渔业团体自雇护洋船只以及海上警察厅均无法充分保护正常渔业生产④,海军舰艇的保护就显得尤为重要。就海军部而言,在海防经费不足的情况下,护渔补贴成为改善海军官兵生活的一个重要来源。因此,在无法获得充足补贴的情况下,海军的护渔行为就成了"打酱油"。而夹在海军部与地方渔业团体之间的渔民,为了能正常出海捕鱼,多向海盗缴纳照费⑤,其普遍贫困与海盗群体的扩张可想而知。尽管实业部于 1931 年会同内政部公布《渔业警察规程》17 条,1933 年又公布《海洋渔业局办事细则》25 条和《巡舰服务规则》16 条等众多规章制度,但浙江海洋渔业安全形势的恶性循环并未改变。

在应对日本侵渔方面,尽管南京国民政府为限制日本渔轮在中国沿海侵犯渔权,于 1930 年规定中国领海宽度为 3 海里,海关缉私宽度为 12 海里⑥。并在 1933 年中日关税协定期满后大幅度提高水产品进口关税⑦。但随着日本全面侵华步伐加快,以强大军事实力为后盾,中国政府应对措施的效果甚微。

六、结语

从中国海洋护渔体系的建立过程可以看出,国家对于海洋护渔的认知是随着海洋渔业经济发展与技术进步之后,不同渔业群体由于渔业资源捕捞区域重叠而引起纠纷的情况下出现的。由于海洋渔业资源的公共性与流动性,哪怕是在海洋科学技术非常发达的今天,国家对海洋渔业管理的难度仍是相当大的。正由于海洋渔业纠纷,国家才开始正式建立护渔体系,成立海洋护渔力量。尽管最早的海洋执法队伍是由水师"客串",但国家对于海洋主权的认知与海洋资源开发的保护又前进了一步。在国家海上防卫力量强大的时候,政府能有效地完成海洋护渔职能,反之,海洋渔业的安全管理由国家转为民间为主。但近代的民间护渔体系实践让我们认识到,民间护渔体系由于其制度设计的缺陷与护渔力量的弱小,在遭遇大股海盗时,往往是力不从心。至此,海军介入海洋护渔体系成为必然的选择。但是在具体实践中,如何理清海军部与地方民间团体的利益冲突,则是该制度能否有效执行的关键。而民国时期地方团体对海军部在地方设立护渔处的反对则是一个非常糟糕的结局。就民间渔业组织与海军部共同护渔的制度建设而言,晚清江浙渔业公司的模式是非常值得我们注

---

① 《恢复海军办事处之反对声》,《时事公报》,1922 年 11 月 9 日。
② 《电请派武超舰救护商船》,《申报》,1923 年 11 月 8 日。
③ 《各团体纷起反对渔业保卫处》,《申报》,1925 年 5 月 18 日。
④ 作为保护渔业的护洋船也被海盗劫持过。见《护洋舰被劫》,《申报》,1930 年 2 月 22 日。
⑤ 《海盗征收照费骇闻》,《申报》,1926 年 7 月 19 日。
⑥ 李志民:《近代青岛海洋渔业的变迁》,中国海洋大学硕士学位论文,2011 年,第 21 页。
⑦ 《废止中日关税协定与振兴水产》,《上海市水产经济月刊》,第二卷第四期,1933 年 5 月 15 日,第 24 页,载《早期上海经济文献汇编》(第 30 册),北京:全国图书馆文献缩微复制中心,2005 年,第 130 页。

意的。按照该模式，民间渔业组织承担主要的护渔任务，而在紧急情况下可租借海军船只从事护渔。这样在中外渔业冲突的情况下，民间护渔组织出面可防止事态的升级，而海军船只可随时从现役转为预备役后，由民间护渔组织雇佣的模式将大大增强海上护渔力量，并减少日常护渔经费。民间护渔组织与海军部之间的利益冲突由此可以得到有效解决。

近代中国海洋渔业转型问题研究

李园园

（上海师范大学）

摘要 渔业在中国近代海洋经济中占有举足轻重的地位,在中国近 300 万平方千米的海洋专属经济区内,海洋渔业养活了数以百万计的沿海居民。然而随着近代国内外局势的变化,中国海洋渔业出现种种危机。针对渔业的种种困境,政府和社会各界采取了相应的措施,如提高水产关税,抵制外国渔产品倾销;设立海上护渔执法机构,缉防海盗;废除渔业公债,筹办渔业银行,发放贷款,救济渔业;设立水产试验场,兴办水产学校,培养专门人才;成立渔民自治团体,聚集分散力量,互帮互助等。这些措施虽取得了一定成效,但大部分只是暂时性的应急行为,未深入到问题的根源。随着抗日战争的全面爆发,这些措施被迫中断。

关键词 近代渔业 渔业危机 治理措施 效果

一、序言

中国是一个拥有近 300 万平方千米海洋的濒海国家,在中国海洋开发史上,渔业一直是最重要的产业之一,在海洋产业经济体系中占有非常重要的地位。伴随着近代国家政治、经济、军事的跌宕起伏,中国海洋渔业的发展也危机四伏。研究近代我国海洋渔业的转型,不仅有助于我们认识近代海洋渔业发展的自身脉络状况,了解中国近代海洋经济转型的艰难过程,而且有助于把握近代中国海洋渔业经济的发展状况。

早在 1904 年,为了应对日本等周边国家对中国海洋主权的侵犯和海洋资源的掠夺,张謇上书朝廷成立渔业公司,并以渔业公司为载体,革新中国海洋渔业生产技术,维护中国海洋主权。中国海洋渔业的革新主要表现在对国内海洋渔业资源的系统调查,设立新式水产加工厂,改进生产工艺,提高海洋水产品的附加值[①]。同时为了维护海上渔业作业安全,舟山海域从以往由渔民自发成立的渔业公所雇船护渔转为地方政府机构——渔团出面与海军相协调维护渔汛安全[②]。进入民国后,各种渔业税费日渐增多,原本维护渔民利益的地方公

---

① 沈同芳:《中国渔业历史》,上海:中国图书公司,1911 年。

② 白斌:《明清浙江海洋渔业与制度变迁》,上海师范大学博士学位论文,2012 年。

所也逐渐腐化①，而渔民的生产技能并未得到相应提高，实际收入下降。为此，中央和地方政府以统制经济为主导思想，积极干预海洋渔业的流通，希望通过整顿渔业销售环节以提高海洋渔业整体经济状况②。就地方组织而言，渔会在民国政府的支持下成立，并成为海洋渔业技术推广的基层组织③。然而，因海洋资源环境的恶化及过量捕捞，中国的海洋渔业危机仍然存在。如在舟山海域，为了争夺海洋渔业资源，江浙渔民之间、中日渔民之间的冲突此起彼伏④。中国海洋渔业在引入西方现代管理经验中，存在着将其本土化的问题。另外，中央与地方的权利分配、政府与民众之间的利益冲突贯穿整个转型的过程⑤。尽管中国海洋渔业的转型最终在日本入侵后被迫中断，使我们无法准确了解政策（特别是 20 世纪 30 年代实施的政策）实施效果，但政府对于海洋渔业问题的高度重视是毋庸置疑的。

有关近代中国海洋渔业的转型，有不少研究成果值得重视。2006 年，王颖以山东半岛为对象，着重分析山东为促进海洋渔业近代化所采取的措施，如创办渔业公司、引进先进科技及兴办水产教育，还有机构整合和科学技术对渔业近代化的突出贡献⑥。2009 年，都樾、王卫平对张謇与中国渔业的近代化做了详细研究，论述了张謇为渔业近代化所做出的种种贡献⑦。2010 年，李勇以苏南渔民生活为例，分析了苏南海洋渔业发展所面临的种种危机⑧。此外，丁留宝以上海渔业为研究对象，分析近代渔业经济的基本形态与困境，着重探讨国民政府救济渔业的基本思路以及实施效果⑨。2011 年，李志民分析了青岛传统渔业受技术、政策及日本侵略等因素影响，在近代化转型过程中的坎坷历程⑩。

除了相关的学术论文，张震东、杨金森的《中国海洋渔业简史》对渔业捐税、渔民生活、日本侵渔等也有详细的描述，便于我们了解近代渔业转型的背景⑪。

二、近代中国海洋渔业危机

自明代开始，中国海洋渔业生产秩序就面临海盗⑫的骚扰，这种情况伴随着近代中国政府对海洋秩序控制力的减弱而加剧。国外势力的海上入侵及对中国海洋渔业资源的掠夺，加剧了中国海洋渔业秩序的混乱。同时中国传统的海洋渔业捕捞与加工方式落后，效率低

---

① 张震东、杨金森：《中国海洋渔业简史》，北京：海洋出版社，1983 年。

② 丁留宝：《统制·民生·现代化：上海鱼市场研究(1927—1937)》，上海师范大学博士学位论文，2010 年。

③ 黄晓岩：《民国时期浙江沿海渔会组织研究——以玉环渔会为例》，浙江大学优秀硕士学位论文，2009 年。

④ Muscolino, Miach S. Fishing Wars and Environmental Change in Late Imperial and Modern China, Cambridge, MA: Harvard University Asia Center, 2009.

⑤ Gianluca, Ferraro. Domestic Implementation of International Regimes in Developing Countries: The Case of Marine Fisheries in China, Belgium, Catholic University of Leuven, 2010.

⑥ 王颖：《山东海洋渔业的近代化》，《齐鲁渔业》，2006 年第 9 期。

⑦ 都樾、王卫平：《张謇与中国渔业近代化》，《中国农史》，2009 年第 4 期。

⑧ 李勇：《近代苏南渔民贫困原因探究》，《安徽史学》，2010 年第 6 期。

⑨ 丁留宝：《统制·民生·现代化：上海鱼市场研究(1927－1937)》，上海师范大学博士学位论文，2010 年。

⑩ 李志民：《近代青岛海洋渔业的变迁》，中国海洋大学硕士学位论文，2011 年。

⑪ 张震东、杨金森：《中国海洋渔业简史》，北京：海洋出版社，1983 年。

⑫ 这里需要指出的是，侵扰海洋渔业安全的海盗相当一部分就是渔民，他们在出海没有或得到很少渔货物的情况下，往往铤而走险，劫掠其他渔船。

下,然而中国社会改革的巨大成本,使得中央与地方政府都有增加海洋渔业税费的内在需求,从而使渔民的经济负担较以前增加。这些内外部因素结合在一起,导致了近代中国海洋渔业危机的产生。

(一)资本-帝国主义对我国海洋渔业的侵略

中国沿海丰富的渔业资源一直为各资本-帝国主义国家所垂涎。这些国家中,以日本为首,其次是俄国和法国。早在鸦片战争以前,这些国家就有计划地调查我国各个海区的渔业资源,为其侵略做准备;鸦片战争后,则公然侵入我国渔场,同时兼以倾销方式抢占我国渔业市场,掠夺我国海洋渔业资源。其主要侵略方式有:

1. 调查海洋环境,掠夺渔业资源,侵犯中国渔业主权

日本以其有利的地理位置,长期调查我国各个海区的渔业资源,并且有计划地制定侵渔政策。如《上海市水产经济月刊》载:"电通社七月三十日东京电,农林省为确立日本之水产业,特预算四百八十三万日金,从事计划:'调查海外之渔场,充实水产实验所,以九十万元建造一千吨级之渔业调查船一艘,从事调查中国之南海及南洋太平洋方面。其九年度之预算为九十三万金。'"①

在掠夺我国渔业资源方面,日本侧重捕捞经济价值高的品种,鲷鱼是其主要捕捞对象。关于日本掠夺我国鲷鱼资源的情形,《上海市水产经济月刊》曾说道:"今夏往南洋调查渔场之台湾都府试验船昭南丸,已于七月二十九日到达新加坡,该船自高雄起航以来,即在中国海安南外海及新加坡间做十二处投网试验,结果颇佳,较之在日本所捕,增加两倍以上。渔获种类多属鲷类,且多为重要者。"②日本无限制的捕捞使中国鲷鱼资源遭到严重破坏,鲷鱼产量逐年下降。抗日战争期间,日本占领我国沿海大量渔业基地,建立侵渔机构,如华北地区的山东渔业株式会社、华中地区的华中水产公司,以及在华南地区的大西洋渔业株式会社等等。而且,日本人每侵略一个地区,就毁坏渔船渔具,据不完全统计,抗日战争期间,我国沿海共损失渔船近5万艘。

2. 利用倾销,破坏我国渔业市场

除了掠夺渔业资源外,在渔业销售方面,资本-帝国主义国家用倾销手段扰乱市场,使我国渔业不堪经济与战争的压迫,日益衰退。如1934年在上海鱼市场鱼价尚好的时候(当时的小黄鱼每担最高可以卖到40元),日本就频繁"以有组织之计划破坏我上海渔市,一面由大连、青岛用商轮载来大批装于纸箱内之冷冻鱼,一面则由日本各渔轮将在我江浙沿海捕得之渔统一交万一丸装载进口"。③

① 《日本调查我南海水产》,《上海市水产经济月刊》,第2卷第7期,1933年8月25日,第5页,载《早期上海经济文献汇编》(第30册),北京:全国图书馆文献微缩复制中心,2005年,第257页。

② 《日本渔业试验船调查我国鲷渔场》,《上海市水产经济月刊》,第2卷第8期,1933年9月25日,第3页,载《早期上海经济文献汇编》(第30册),北京:全国图书馆文献微缩复制中心,2005年,第299页。

③ 《日鱼大肆倾销》,《上海市水产经济月刊》,第3卷第1期,1934年2月25日,第2页,载《早期上海经济文献汇编》(第31册),北京:全国图书馆文献微缩复制中心,2005年,第25页。

（二）海盗猖獗,严重危及渔民人身安全,影响正常海洋渔业生产

盗匪在海上抢劫之事,自古就有。他们一般以劫掠钱财为目的,有自己特定的势力范围。近代以来,随着帝国主义的入侵,不少渔民由于破产加入到海盗的行列。海盗数量增多,劫掠范围扩大,渔民每次出海可谓九死一生。《直隶祁口渔业分局统计篇》"土风"一章中对海盗的杀人越货行径记载如下:"海贼择肥而噬,出没无常,渔户身家日危。每当行至中流,匪舟趋至,挟矛而登,饮食供用必应所索。或三日,或五日,商求别去,复易他艘,恶仍如是。藉众船为彼藏躯,勒渔人助其为虐。商旅受害者多,从则生,违则杀,毒如河伯,日久为习。夏至节后,雨季已过,皆携资往山东采虾米、虾酱,凡去之船中,必有残,往往刖足、破颅,浮沉于泽,或断帆碎楫,漂泊于岸。"[1]《上海市水产经济月刊》所载关于海匪抢劫绑票的例子更是不胜枚举,如,"江苏外海黄龙岛附近洋面,掳去渔船十艘,并绑去渔民四十余人,闻股匪首领名项宝荣,经海鸿巡舰前往追缴,已不见匪踪"[2]。

海盗轻则抢财,重则杀人,严重威胁着渔民的人身及财产安全。抢劫绑票是最常见的一种方式,除此之外,有些盗匪还强行向渔民索取规费,不交则杀之。如《上海市水产经济月刊》记载:"九日温州讯:玉环县属披山洋面,近发现海盗向渔民索取陋规,每渔船纳洋十元,不从者均遭毒打,甚至惨杀,致使各渔船不敢至该处捕鱼云。"[3]其行为令人震惊。

（三）渔行等渔业组织对渔民的剥削

渔行真正的普及是在清代,当时遍布各渔业口岸。渔行本是渔民和渔获物消费者之间的纽带,可实际上常常成为剥削渔民的重要环节。渔行剥削渔民主要是通过借贷和控制水产品专卖权两种方式。

渔民生产所获本来就不多,加之日常消费,往往所剩无几,绝大多数渔民不得不向渔行借贷。渔行藉此获得高额利息和渔货物专卖权,从中牟取暴利。高利贷给渔民带来了沉重的经济负担:"以大对渔业之渔夫而论,借款手续必先委托保人,每借百元,在渔泛完后需付利息十二元,并于渔获物售卖后,尚需以每百元四五元之红利,或视其渔获所得物价之高低而有所增损,舍此之外渔获所得物尚需由渔行介绍给所熟识之鱼商,其有侵占多有十分之三四者,渔民虽明知,亦无法避免。幸而丰获,则尚能勉强,其不幸而无所得,则困苦颠沛,穷困至于无极。"[4]

除了渔行之外,渔业公所、渔团等组织也征收各种杂费压榨渔民。渔业团体名义上是互助组织,但很多为地痞流氓所把持,其活动不过是搜刮民脂民膏而已。它所收取费用无任何

① 《直隶祁口渔业分局统计篇》,1909年,第6页,载《近代统计资料丛刊》(第23册),国家图书馆藏,北京:燕山出版社,2009年,第435页。

② 《海匪掳架渔船》,《上海市水产经济月刊》,第2卷第10期,1933年11月25日,第3页,载《早期上海经济文献汇编》(第30册),北京:全国图书馆文献微缩复制中心,2005年,第379页。

③ 《披山洋面发现海盗》,《上海市水产经济月刊》,第4卷第4期,1935年5月25日,第3页,载《早期上海经济文献汇编》(第31册),北京:全国图书馆文献微缩复制中心,2005年,第200页。

④ 《长江口附近各岛渔业调查报告(续)》,《上海市水产经济月刊》,第2卷第11期,1933年12月25日,第9页,载《早期上海经济文献汇编》(第30册),北京:全国图书馆文献微缩复制中心,2005年,第427页。

法律依据,肆意收取,如水警专护费、公益费、保险费等。表1是摘自《中国海洋渔业现状及其建设》的一份统计表,可见一斑。

表1　浙江省各渔业团体抽收税捐表

团体名称	所在地	负责人	规费名称	征收方法	每年抽收数	用途
人和公所	沈家门	朱云水	水警专护费	以护渔名义由水警队征收	5万元	宁波各邦护洋费
鱼栈公所	沈家门	刘寄亭	公川资①及栈资	由各鱼栈在售出代价内扣收百分之二	3万元	不明
永安公所	沈家门	史仁航	护费,办理护渔公费	向该帮出渔嵊山一带捕鱼之船征收	8 500元	办理护洋
靖和公所	沈家门	陈仁宝	护费,办理护渔公费	向该帮出渔嵊山一带之船征收	13 000元	办理护洋
建扫八闽会馆	沈家门	李胜纪等	护费,会馆费	每年征收一次,14~28元	18 000元	带鱼护洋费,会馆费
渔商协会	岱山东沙角	汤尔规等	公益费及护费	由会规定征收	5 000元	公益及护洋
老渔商会	岱山东沙角	陈莘庄	公益费护费	由会规定征收	8 500元	公益及护洋
维丰渔业公所	镇海瀚浦	蔡汝衡	水警专护费及报关费	由水警队征收,每年二次,8~16元	24 000元	镇海各邦护洋费
永丰公所	鄞县江东后堂街	张由之	护洋费与报关费	以冰鲜船为主,每船8~16元	24 000元	保护冰鲜船经费
北浦公所	鄞县城内后街	孙光传	公益费	随时向本邦渔船抽14元	4 000元	半数交水警,余不明
太和公所	石浦	胡常英	公益费及码头费	由各栈代扣	1 500元	不明
渔业公所	温州	李小白	护费	每年向本邦渔船抽14元	20 000余元	大都交海盗
对船渔业公所	沈家门	刘谷人	公会费	每对船一次收8元	12 000元	护洋及公会基金
台州渔业公所	临海北岸	项春生等	事业公费	每船每年交5角至1元	6 000元	不明
温岭渔业公所	温岭松门	包卓人等	事业公费	每船每年交五角至1元	3 500元	不明
渔商协济会	温州坎门	杨克逊等	护费保险费	每船抽护费80元,保险费60元	3万元	
江浙渔会	上海	邬振磐	报关及会费		12 000元	
敦和公所	上海	方淑伯	盐务费	按营业额每元抽三厘,加公川费一厘		不明
敦和公所	上海	邬振磐等	护费	进上海口之渔船,每次交十五元	45 000元	报关及护洋

资料来源:李士豪:《中国海洋渔业现状及其建设》,上海:商务印书馆,1936年,第192—194页。

---

① 公川资是指公用旅费。

这些渔业团体收取各种渔税,却很少尽其职责,根本无法与海盗和外国侵略者相抗衡,渔民生活也从未得到安宁。

(四)渔捐渔税繁重,渔民苦不堪言

渔捐、渔税早在夏朝就已经出现,当时的山东沿海地区就要向中原王朝进贡海产品。唐宋元明时期,渔捐渔税制度逐渐发展并成型。清末渔业捐税制度逐渐成熟,并分为两种:一种是按获鱼价值收取渔税;一种是按渔船大小收取船捐,即"渔业中曰捐曰税,实分两项。捐则见船,纳捐如量亩,完课税则鱼斤抽收"①。渔税的征收,一是委官征收,一是商行承包。政府的税捐本来就繁杂,承包商和税务官还有额外的浮收,渔民负担之重可想而知。官商勾结,巧立名目,共同欺压百姓,这样的例子不胜枚举:"盐山渔税,上年,经商人李光裕包办,欲在海岸立卡,乡民控告,经学宪卢批示,一县不准两税等因,在案后,光裕隐身,串通奸商施维林,出名接办,暗同蒙蔽以如前愿。城乡设立官行税、过路税等名目,伪贴盐山县告示,云渔船亦必免捐,其总局有数十人,各分局皆有二十余人,糜费多而进项少。报销开支外,复欲赚钱,民多漏,越势难俱偿,遂起垄断网罗之念。今年闰二月间,至盐属徐家堡,即本局之南分卡设局,又加三分曰落地税。巡丁数十名,登船查货,殴骂凌辱,复至各渔家,撞门入室,恐吓逼索,妇孺望而畏避,形如虎狼,势同抢夺。"②

渔业捐税名目众多,是阻碍近代海洋渔业转型的重要原因之一。

(五)渔民缺乏专业知识、技能,阻碍新式渔业生产技术的推广

沿海渔民大多未受过系统的知识教育,缺乏专业技能,不知如何改进渔具,发现新渔场。虽然渔获逐年减少,却只能墨守成规,不知变通其法。

《通化县志》记载有这一情况:"浑江流域渔区约四百余里。昔设渔业分卡经理其事,每年所产数量约九千余斤,渔户四百六十户,均系网捕钩钓。唯培养无人,保护无术,近年江鱼渐少。"③可见,如果没有专业的知识技能,纵使资源丰富,也难以转化为生产力。又如,在渔业捕捞技术方面,人才也极其缺乏。《上海市水产经济月刊》载:"查本市现有渔轮之渔捞长,多数为水手渔夫出身,经验难丰,缺乏必要之技术智能,且多有不识字者,使能肩此重任,则渔捞学之研究、试验,徒为多事矣。同时我国沿海水产学校,虽有多年历史,而所培养之渔捞人才,则属寥寥,或无冒险之精神,或因一时失业而半途改业,加以各校或无实习船之设备,致所造就之人才,寥若晨星。此种事实,亦断难达言。"④渔业领域缺乏自身的技术人员,这是一个亟待解决的问题。

① 《直隶祁口渔业分局统计篇》,1909 年,第 9 页,载《近代统计资料丛刊》(第 23 册),国家图书馆藏,北京:燕山出版社,2009 年,第 441 页。

② 《直隶祁口渔业分局统计篇》,1909 年,第 10 页,载《近代统计资料丛刊》(第 23 册),国家图书馆藏,北京:燕山出版社,2009 年,第 443 页。

③ 刘天成修、李镇华纂:《通化县志》卷三《实业志·渔业》,民国二十四年印本。转引自《中国地方志经济资料汇编》,戴鞍钢、黄苇主编,北京:汉语大词典出版社,1999 年,第 215 页。

④ 《本市渔轮业之危机及其补救办法》,《上海市水产经济月刊》,第 3 卷第 2 期,1934 年 3 月 25 日,第 10 页,载《早期上海经济文献汇编》(第 31 册),北京:全国图书馆文献微缩复制中心,2005 年,第 73 页。

综上所述,近代我国海洋渔业危机重重,如何改变这种状况,实现渔业的转型,当时的中国政府和社会各界都积极尝试,采取了多种应对措施。

三、政府采取的应对措施

为了净化中国海洋渔业的环境,政府从各个方面着手,采取了一系列积极的应对措施。

（一）外交上,提高水产品进口关税,防止日本倾销挤压我国渔业市场

针对日本大肆倾销,破坏我国渔业市场,国民政府实业部,"咨请财部提高增收日渔进口税率,以抵制其倾销:（一）提高日本各种水产及鱼类运华倾销税。（二）设法制止日渔轮自由驶入吾国海口。（三）加派巡舰赴渔捞区域加紧巡视,严厉制止日渔轮在我海洋实施捕鱼工作。（四）设立水产试验场,作各种水产之分析试验,以期合于吾国日常食品之供给,而杜日鱼之倾销"。[①]

中日关税协定期满以后,政府立即废止当时的关税,并制定了新的税率,具体情况如表2。

表2 1933年中国水产品进口关税的调整 　　　　　　　　　　单位:关金/每担

水产名称	维持期的税率	满期后应征税率	关税上升比率 （满期后应征税率 - 维持期税率/维持期税率）（%）
散装鲍鱼	720	1800	150.00
黑刺参	750	1700	126.67
黑光参	625	1400	124.00
白海参	250	640	156.00
鳖鱼干	520	1200	130.77
鱿鱼墨鱼	240	560	133.33
未列名咸鱼	315	55	-82.54
散装虾干虾米	285	690	142.11
海带丝	45	79	75.56
海带	285	50	-82.46
鲍鱼	300	6000	2000.00

资料来源:《废止中日关税协定与振兴水产》,《上海市水产经济月刊》,第2卷第4期,1933年5月15日,第24页,载《早期上海经济文献汇编》(第30册),北京:全国图书馆文献微缩复制中心,2005年,第130页。

从表2的统计数据可以看出,关税调整后,大部分水产品的进口关税上扬了1倍多。这对抑制外国水产品倾销、保护国内海洋渔业市场还是有帮助的。

---

① 《实部拟咨请财部加增日鱼进口税率》,《上海市水产经济月刊》,第3卷第4期,1934年5月25日,第2页,载《早期上海经济文献汇编》(第31册),北京:全国图书馆文献微缩复制中心,2005年,第157页。

（二）军事上，设立海上机构，缉防海盗，保护渔民渔船

针对海盗猖獗，威胁渔民人身财产安全这一状况，国民政府设立了海上机构以保护渔民渔船的安全。1931 年 5 月 31 日，实业部召集海军部、财政部进行协商，并决定："财部将江浙渔业事业事务局结束，所有护洋行政部分及巡船等均交实业部接管，改组实业部江浙区渔业管理局。"①这样，江浙区渔业管理局就成为江浙渔业经济的行政主管机构，便于江浙渔区的协调统一。江浙渔业管理局成立后，与海关部、海军部通力合作，加强对海洋的日常巡逻及对渔船的管理。除此之外，国民政府还设立了海上警察局缉防海盗。《上海市水产经济月刊》中有很多政府派水警、舰队等保护渔民的事例："实业部咨请保护渔民：实业部以今年渔民，每被海盗骚扰，迭据江浙等渔民纷请保护，兹值渔泛将届，沿海各地渔船密集，难保无匪类从事滋扰，除令饬护渔办事处转饬各巡舰力加梭认真稽缉外，并分咨海军部即沿海各省政府，转饬所属，切实保护。"②

除实业部外，海军部也积极配合，"海军部以时值渔汛，沿海渔船从集渔区取鱼，恐有匪徒从中滋扰，有害渔业，特令巡海各舰艇，随时注意，以保护渔民之安全"③。海盗问题不是一朝一夕可以解决的，但这些措施至少显示了政府的决心，对海盗有一定的震慑力。

（三）经济上，废除杂税，统一税则，发放贷款，救济渔民

各种杂税陋规，是渔民最大的负担之一。只有将税则统一，清除名目繁多的杂费，才能使渔民安心从事渔业生产。对此，知县鲍汝璠提出自己的建议："变通渔税，渔税税则亦宜明定划一，使民相安无事，历年本有包税，屡起事故，本年在局，留心于此，及阅三月二十六日，祁口沿海各堡渔民联名控施维林包税苛扰之禀，情词哀切。又闻祁口沈守备云，该局察祁口西数十里空野处，设有窝铺，逢过客行人，盘查搜索，为之苛税，则可为之劫抢，亦可当经知会渔业公司，提调转禀，督办在案等语，考之本地官民，均如此说，大概可知拟请渔税可归地方官办理，造报以专责成，抵在运销之处完税，他处概不完纳，将包税免去，以杜民口，此变通所以清流弊也。"④此办法主张渔税在运销过程中交纳后，不再重复交纳，以减轻渔民负担。

国民政府成立后，渔政归实业部管理。为了避免渔行等组织的高利贷盘剥，政府特准银行发放贷款，以救济渔民："苏浙渔民，以渔村崩溃，渔业日衰，渔迅将至，而无现金周转为本，故迭请政府拨款救济，近复由甬绅虞洽卿，刘鸿生等呈电呼吁，请予贷款而维渔业。嗣经财、实二部会商，决定酌量办理，财部刻已令农民银行，投放渔业贷款矣。"⑤这种由政府出面

① 《保护渔业计划》，《申报》，1931 年 6 月 1 日。

② 《实业部咨请保护渔民》，《上海市水产经济月刊》，第 4 卷第 2 期，1935 年 3 月 25 日，第 4 页，载《早期上海经济文献汇编》（第 31 册），北京：全国图书馆文献微缩复制中心，2005 年，第 78 页。

③ 《海部派舰保护渔民》，《上海市水产经济月刊》，第 4 卷第 2 期，1935 年 3 月 25 日，第 4 页，载《早期上海经济文献汇编》（第 31 册），北京：全国图书馆文献微缩复制中心，2005 年，第 78 页。

④ 《直隶祁口渔业分局统计篇》，1909 年，第 39 页，载《近代统计资料丛刊》（第 23 册），国家图书馆藏，北京：燕山出版社，2009 年，第 502 页。

⑤ 《财部准予贷款渔民》，《上海市水产经济月刊》，第 5 卷第 1 期，1936 年 2 月 25 日，第 10 页，载《早期上海经济文献汇编》（第 31 册），北京：全国图书馆文献微缩复制中心，2005 年，第 434 页。

贷款给渔民、挽救海洋渔业的方法得到各界的支持和肯定。

为了扭转我国海洋渔业经济窘迫的局面,实业部一度决定重征已经废止的渔税,筹措资金,以进行各项渔业建设。实业部长陈公博提出的征收渔业税原则是"取之于渔,用之于渔",即征收渔税的目的是为了渔业经济建设、改变我国沿海渔业渔具简陋、受日本侵略的局面。虽然此项决议遭到了地方渔业社会的反对,但是可以看出政府想要有所作为的决心。

(四)教育上,兴办水产学校、水产试验场,提高渔民专业技能

"实业教育,富强之大本也。教育所以开民智,顾念今日,岂唯民智不开而已。"①张謇一语道出了实业与教育密不可分的关系。我国沿海渔民,大多目不识丁,更无所谓掌握先进的专业技术,所以开办渔业教育是当务之急。

《直隶祁口渔业分局统计篇》关于振兴渔业的办法中提到:"实业家所研究不外乎农务、水利、森林、矿产、渔业之类,各有专门之学,无一不可通达。我国渔业方经创始,虽办数年,渔业学校亦必添办,水产不亚于土产,不独捕鱼虾而已,其中无穷蕴蓄,不经考究,设法搜取,难为一时之用,嗤嗤之氓,何以知之? 沿海州县,必设渔业、水产学堂,以开导渔民造成赛会河泽之精华,不至秘而不宣,沧浪之子弟,行将进于文明矣,此开设所以办水产也。"②

辛亥革命后,百废待兴,政府在实业教育方面投入了大量的人力物力。在渔民教育方面,教育部、实业部等都有所作为,"考试院副院长钮永建,注意外海及湖川水产,日前曾集约苏省水产家陈祝年、侯宗卿、王志一及松江县教育局长朱松建等搭乘汽车,徇沪杭公路,巡视杭州湾、金山嘴、柘林沿海一带,更登佘山,俯察海岸及湖川形式后,又乘汽船航巡松江、青浦、吴县间之淀山湖等处,认为水产事业关系国权及民生至巨,拟先筹设渔民教育馆一两处,以灌输渔民智识,提倡渔业合作社,救济渔村,渐次着手渔业之改进,渔场之推广。"③此外,实业部还仿照日本,设置渔业技术人员养成所,培养高级技术人员,以减少因雇佣外籍船员而引起的纠纷,维护国权海防。

除了培养专业人才,提高渔民整体素质外,实业部还积极订购、建造新式渔轮。"实业部为发展我国渔业起见,数月前业经决定建造:(1)新式拖网渔轮一艘,充海洋调查及渔业指导之用。(2)新式拖网渔轮二艘,用以试验 V、D 式渔具兼充渔业保护及取缔之用。(3)手操网渔轮二艘,兼任渔业保护及取缔之用。(4)手操网渔轮二艘,兼任渔业指导之用。以上七渔轮共计一千二百余吨,船上除普通渔船之设备外,举凡各轮应有之海上调查,冷藏,无线电,练习生训练等设备,均完全无缺。此项渔轮特向德国喜望公司订购,造价约百万元"。④ 政府在培养渔业人才上采取的这些措施,在促进渔业向近代化的转型过程中起到了一定的积极作用。

① 曹从坡、杨桐:《张謇全集》,第四卷,事业,南京:江苏古籍出版社,1994 年,第 22 页。
② 《直隶祁口渔业分局统计篇》,1909 年,第 39 页,载《近代统计资料丛刊》(第 23 册),国家图书馆藏,北京:燕山出版社,2009 年,第 502 页。
③ 《钮永建筹设渔民教育馆于金山嘴等处》,《上海市水产经济月刊》,第 2 卷第 9 期,1933 年 10 月 25 日,第 1 页,载《早期上海经济文献汇编》(第 30 册),北京:全国图书馆文献微缩复制中心,2005 年,第 329 页。
④ 《实部拟造七渔轮合同即将签字》,《上海市水产经济月刊》,第 2 卷第 11 期,1933 年 12 月 25 日,第 1 页,载《早期上海经济文献汇编》(第 30 册),北京:全国图书馆文献微缩复制中心,2005 年,第 419 页。

(五)群众自发组成联合组织

除了政府采取种种措施外,社会各界也自发联合起来,共同防御海盗,筹措资金,救济渔业。例如山东寿光等五县组成海防联合会,"以防海盗,御外敌,并在海滨造林,建设新渔村,以振兴渔业"[1]。又如浙江鄞县公民史锦纯等,"鉴于渔业衰落,欲于补救,草拟救济今后渔村治本办法,组织渔业促进会,以接洽借款,贷放渔本,使渔民能按时出海捕鱼"[2]。

四、海洋渔业救济措施实施的局限性

政府采取的救济海洋渔业的措施,在帮助沿海渔民应对渔业危机的过程中确实收到了一定的效果,但也存在着很多问题。

第一,针对日本的侵渔,政府相关措施确实起到了一定的抑制作用,使日本不敢堂而皇之的在我国领海捕鱼。"兹浙省府电电请外交部向日抗议,兹得日本大使馆节略复称,日本当局对于日本渔船在中国领海捕鱼向来取缔,今后亦用此同样方针"[3]。但由于中日之间在政治、经济、军事、技术各方面力量悬殊,国民政府难以采取强有力的行动,日本渔船仍然千方百计地驶入我国海口,抢夺渔业资源。

第二,国民政府设立渔业管理局及海上警察局,使海盗活动有趋于缓和的态势,如实业部江浙区渔业管理局局长韩有刚氏莅任以来,"锐意护渔,夏秋两季,迭获海盗,渔民称颂"[4]。但值得注意的是,国民政府在渔业现代化建设中,并没有得到大多数渔商的支持,从而财政不足陷入困境,不得不于1933年11月接受实业部的训令,撤销了江浙渔业管理局。另外,因机构组织涣散、官员腐败,对海盗行为的遏制能力十分有限。

第三,政府设置渔业传习所与水产学校,虽然开出的条件非常优厚,如定海渔业传习所:"由县布告招收渔业子弟授以捕鱼良法,教制新式渔具,一面在所传习,一面实地验试,既不收取学费,又不耽误生计,经费悉由部给。"[5]但由于渔户子弟大都目不识丁,传习全凭口授,不能很好地理解所教习的内容,而且渔民分散在沿海,来城里学习路途遥远,多有不便,所以前来就学的人不多,此项措施效果不佳。

出现上述情况,根本原因在于中国缺乏一个强有力的政府来协调各方,即中国尚不存在当时所流行的统制经济政策实施的条件。统制经济思想在20世纪30年代随着世界经济危机的爆发而流行,简单地说,就是加大政府干预的力度,统筹全局以改善经济发展落后的局

---

① 《山东寿光等县组海防联合会》,《上海市水产经济月刊》,第3卷第1期,1934年2月25日,第2页,载《早期上海经济文献汇编》(第31册),北京:全国图书馆文献微缩复制中心,2005年,第25页。

② 《鄞县请组渔业促进会》,《上海市水产经济月刊》,第4卷第8期,1935年9月25日,第1页,载《早期上海经济文献汇编》(第31册),北京:全国图书馆文献微缩复制中心,2005年,第334页。

③ 《日使馆取缔日渔船在我领海捕鱼》,《上海市水产经济月刊》,第4卷第9期,1935年10月25日,第2页,载《早期上海经济文献汇编》(第31册),北京:全国图书馆文献微缩复制中心,2005年,第363页。

④ 《江浙渔业局海鹰巡舰进剿海匪》,《申报》,1931年12月24日。

⑤ 《渔业传习所近况》,《申报》,1918年3月6日。

面。当时水产界的专家普遍认为统制经济为解决渔业发展困境的良方,在这一思想的指导下,政府采取了上述种种措施进行干预。但由于中国不具备统制经济所要求的条件,无论是晚清政府,还是国民政府,均无力将渔业产业置于有计划的统制之下,其结果往往是事与愿违。

20世纪80年代以来国内关于美洲白银问题研究综述

周莉萍

（宁波大学）

摘要 中国有着漫长的海岸线，海洋文化源远流长。古代中国随着海上丝绸之路的发展，加强了与海外国家的经济和文化交流，极大地丰富了海洋文化的内涵。明清时期，随着美洲航线的开辟，美洲白银大量流入中国，对明清时期的中国社会经济发展产生了深远影响。改革开放后，美洲白银问题作为海洋贸易史的重要组成部分，引起越来越多中国学者的关注，他们围绕美洲白银流入中国的原因、数量，以及对中国社会的影响等问题展开了深入讨论，取得了丰硕的成果。

关键词 国内 美洲白银 研究综述

中国濒临太平洋，有着漫长的海岸线，从远古时代开始，中国人就滨海而居，以海为生，开始了对海洋的认识与探究。同时，随着海上丝绸之路的发展，中国加强了与海外的经济文化交流，极大地丰富了海洋文化的内涵。中国在汉代及之前，白银只作为工艺上的用途，东汉之后偶尔也用白银作为支付工具，但直到元代，白银还算不上真正的货币。明隆庆元年（1567年）开放"海禁"、"银禁"，白银才逐渐取代纸币作为主要货币参与社会流通。但当时中国国内银矿资源相对缺乏，开采也不足，美洲白银通过太平洋航线大量流入中国，从而对明清时期的中国社会经济发展产生了深远影响。明清时期白银的大规模输入主要有三个渠道：通过马尼拉输入的美洲白银；通过中日贸易输入的日本白银；通过澳门输入的西洋白银。南美洲白银资源丰富，西班牙殖民者来到这里后，开采银矿，设厂铸币，中国巨大的白银需求直接刺激了相关国家和地区的白银生产。菲律宾被西班牙人占领后，成为中国和美洲海上丝绸之路的中转站，大量的美洲白银从墨西哥的阿卡普尔科港出发，横渡太平洋，经菲律宾马尼拉中转后运往中国福建、广东一带。与此同时，价廉物美的中国商品通过这条航线流向美洲，并转口到欧洲。

美洲白银问题作为海洋贸易史的重要组成部分，早在20世纪30、40年代，就引起了梁方仲等国内学者的注意[1]。1949年之后，张维华、傅衣凌、彭泽益、王士鹤等学者发表了一些

---

[1] 梁方仲：《明代国际贸易与银的输出入》，《中国社会经济史集刊》，1939年第2期。

重要论著,为以后进一步研究美洲白银问题奠定了较好基础①。20世纪80年代后,随着中国的改革开放,白银问题研究成为中国社会经济史研究的重要组成部分,其中美洲白银流入中国的状况引起越来越多学者的关注,他们围绕美洲白银流入中国的原因、数量、对中国社会的影响等问题展开了深入讨论。

一、关于美洲白银流入的原因和渠道

学者们首先关注的是美洲白银流入的原因和渠道。钱江利用丰富的中外文资料,对1570—1760年美洲白银流入中国的原因、渠道及其对当时中国社会经济的影响进行了比较深入的探讨。他认为,美洲白银之所以源源不断地流入中国,主要有三方面的原因:首先,明代后期国内商品经济的迅速发展和白银的广泛流通,增加了对白银的需求;其次,由于中外金银比价的悬殊,使白银贸易可以获得巨大的利润;最后,由于明代中叶以后中国私人海外贸易活动的兴盛,把中国与菲律宾之间的贸易推向了高潮②。后来,钱江对此问题进行了进一步的考察,指出16—18世纪世界白银通过以下五条渠道大规模地流向东方:①经由中日海上贸易渠道流入中国的日本白银;②经由阿卡普尔科—马尼拉—中国的海上贸易渠道输入中国的美洲白银;③经由维拉克鲁斯—西班牙—里斯布—果阿—澳门之渠道输入中国的美洲白银;④经由塞维利亚或加的斯—阿姆斯特丹—达巴维亚—中国之渠道而输入的美洲白银;⑤经由塞维利亚或加的斯—伦敦—印度—中国之渠道输入的美洲白银③。

此后,不断有学者从国际国内背景入手,对国际白银流入中国的原因和渠道进行了探讨。晁中辰认为,明朝后期欧洲发生的"价格革命",刺激了欧洲人以更多的白银来购买中国的物产;而隆庆之后海外贸易的开放,又为白银的流入创造了条件④。梅育新认为,西方与中国的贸易逆差和套汇使白银大量流入中国⑤。韩琦则强调,由于中国的白银价格要大大高于欧洲,所以商人们可在欧洲贱买到白银而贵卖到中国,从中套利⑥。张宁的《墨西哥银元在中国的流通》(《中国钱币》2003年第4期),李鹏飞的《浅析明代海外白银的流入》(《沧桑》2009年第6期)等文章也分析过白银流入中国的原因问题。

二、关于流入中国的美洲白银数量

对于流入中国的美洲白银数量,学者们意见不一,相差很大。梁方仲在1939年发表的论文中估计,自明万历元年(1573年)至崇祯十七年(1644年),流入中国的白银"应有二千

① 张维华:《明代海外贸易简论》,第四、五、六章,上海:学习生活出版社,1955年;傅衣凌:《明清时代商人及商业资本》,北京:人民出版社,1956年;彭泽益:《清代广东洋行制度的起源》,《历史研究》,1957年第1期;李永锡:《菲律宾与墨西哥之间早期的大帆船贸易》,《中山大学学报》,1964年第3期;王士鹤:《明代后期中国—马尼拉—墨西哥贸易的发展》,《地理集刊》,1964年第7期。
② 钱江:《1570—1760年西属菲律宾流入中国的美洲白银》,《南洋问题研究》,1985年第3期。
③ 钱江:《十六—十八世纪国际间白银流动及其输入中国之考察》,《南洋问题研究》,1988年第2期。
④ 晁中辰:《明后期白银的大量内流及其影响》,《史学月刊》,1993年第1期。
⑤ 梅育新:《略论明代对外贸易与银本位、货币财政制度》,《学术研究》,1999年第2期。
⑥ 韩琦:《美洲白银与早期中国经济的发展》,《历史教学问题》,2005年第2期。

一百三十万比索",约合766.8吨①。彭威信认为,"自隆庆元年(1571年)马尼拉开港以来,到明末为止那七八十年间,经由菲律宾而流入中国的美洲白银,可能在六千万比索以上,约合四千多万库平两"②。王士鹤则认为,自1571年至明朝灭亡的70多年间,经由菲律宾流入中国的美洲白银大约有5 300万比索,合3 816万两③。这些学者们估算出来的数量都不是很高,相对保守。

20世纪80年代后,随着相关资料的日益丰富,学者们估算出来的数字大大增加。严中平认为,从1571—1821年,从西属美洲运抵菲岛的4亿银元中,约有1/4或1/2流入中国④。钱江根据历年来赴菲贸易的中国商船数量,平均每艘中国商船的贸易额,以及西班牙大帆船赴中国口岸贸易记录,估算出1570—1760年间经由菲律宾流入中国的美洲白银量共约243 372 000比索,折合库平银两为175 227 840两⑤。晁中辰认为,仅隆庆开放后的近80年间,流入中国的白银就有1亿两以上⑥。王裕巽估算,明代中国从马尼拉贸易中得到的白银为11 700万比索,合8 775万两⑦。庄国土更加细致,他分时期和地区对输入中国的白银进行估算,提出1569—1636年,葡萄牙人从欧洲输入中国3 350万西班牙银元;1720—1795年间,荷兰人从欧洲运送63 442 651两白银到亚洲,其中1/4流入中国;1700—1823年,英国东印度公司共输出53 875 032两白银到中国。1805—1840年间,美商共运61 484 400两白银到广州。1719—1799年,其他欧洲大陆国家运到中国的白银达38 536 802两。以上合计约为19 676万两⑧。

进入21世纪后,关于流入中国的美洲白银数量的估算分歧依然较大,并且提出了一些新的看法。吴承明根据钱江提供的数据,推算出17世纪后期(1650—1699年)通过中菲贸易流入的白银为1 483.7万两,18世纪前期(1700—1759年)为3 120.8万两,1650—1759年为4 605万两⑨。万明提出了更高的数据,认为1570—1644年通过马尼拉一线输入中国的白银约7 620吨,折合20 320万两⑩。韩琦认为,殖民地时期西属美洲生产了大约10万~13万吨的白银,其中向美洲以外地区输出了大约80%以上,这些白银的近一半流入了中国。⑪刘军提出了不同于传统说法的新观点,认为在16世纪40年代至19世纪20年代的280年间,流入中国的白银数量约有6亿两。流入的日本白银约2亿两,其中约1/3通过中日直接贸易输入,2/3通过转口贸易输入。流入中国的美洲白银共为4亿两左右,其中一半经由马尼拉流入,另一半经由欧洲及美国流入。他强调,流入中国的白银数量实际上尚少于清末对欧洲列强和日本的战争赔款总量,加上清末通过贸易和外国直接投资流出的白银,在

① 梁方仲:《梁方仲经济史论文集》,北京:中华书局,1989年。
② 彭威信:《中国货币史》,上海:上海人民出版社,1958年。
③ 王士鹤:《明代后期中国—马尼拉—墨西哥贸易的发展》,《地理集刊》,1964年第7期。
④ 严中平:《丝绸流向菲律宾,白银流向中国》,《近代史研究》,1981年第1期。
⑤ 钱江:《1570—1760年西属菲律宾流入中国的美洲白银》,《南洋问题研究》,1985年第3期。
⑥ 晁中辰:《论明中期以后的海外贸易》,《文史哲》,1990年第2期。
⑦ 王裕巽:《明代国内白银开采与国外流入数额试考》,《中国钱币》,1998年第3期。
⑧ 庄国土:《16—18世纪白银流入中国数量估算》,《中国钱币》,1995年第3期。
⑨ 吴承明:《中国的现代化:市场与社会》,北京:三联书店,2001年。
⑩ 万明:《明代白银货币化:中国与世界连接的新视角》,《河北学刊》,2004年第3期。
⑪ 韩琦:《美洲白银与早期中国经济的发展》,《历史教学问题》,2005年第2期。

整个明清时期,中国不但没有白银的净流入,反而有净流出①。

三、关于美洲白银的影响问题

巨额白银流注入中国,对中国、欧洲乃至世界经济体系均产生了重大的影响。学者们从不同层面对这个问题展开了讨论。胡晏的《略论鸦片战争前的白银问题》,是大陆较早讨论白银流入对中国社会影响问题的文章。作者指出,乾隆朝前期,由于社会稳定,经济繁荣,更主要是对外贸易处于出超有利地位,中国不断从国外得到大量白银,政府白银库藏充裕而"银贱钱贵"。自乾隆以降至嘉庆以来,开始由"银贱钱贵"转为"银贵钱贱",白银始成为严重的社会经济问题。其原因除了田赋征银、制钱质劣等因素外,主要是由于西方资本主义势力通过对中国的"鸦片输入而引起的白银不断外流"。白银外流和"银贵钱贱"的后果是,不仅将清王朝的财政推向崩溃边缘,而且动摇了大清"天朝"的龙座②。钱江认为,美洲白银的输入,对中国社会起了正反两方面的作用:一方面在很大程度上促进了当时中国社会商品经济与货币经济的发展,缓解了银荒危机,增加了国家贵金属的储备量,从而为实物地租向货币地租的转化奠定了基础;另一方面,它也引起了物价水准在18世纪的猛烈上涨,带来了不可避免的副作用③。钱江后来进一步论述国际间白银的流动对中国、欧洲及世界所带来的深刻影响。他指出:"正是通过白银在国际间的流动并源源不断地输往东方、流入中国,这些彼此独立的经济区域才逐渐密切地联系在一起,从而越来越明显地呈现出世界经济的整体性。"④

许多西方学者认为,由于17世纪西属美洲白银输入的大幅度减少,导致欧洲经历了一场"普遍危机",造成各国政治、社会的严重不稳定;同时,全球性的经济萧条也导致了明朝末年中国对外贸易的萎缩,出现了货币危机,从而成为明王朝灭亡的决定性因素。1990年,倪来恩等人发表文章,对西方学者的这种观点提出异议,认为17世纪输入欧洲的美洲白银的减少,并不意味着当时的中国也曾发生过类似情况;事实上,明朝灭亡前的几十年,正是中国输入外国白银的顶峰时期,而且在晚明输入的白银中,有相当一部分来源于日本。因此,明朝灭亡的主要原因,不可能是由于美洲白银输入的减少,而是要从中国内部去寻找⑤。

进入20世纪90年代,关于美洲白银对中外社会影响的问题继续得到重视。如晁中辰指出,明朝后大量白银的流入,产生了许多积极的后果,同时也带来了一些消极的影响,加剧了晚明社会的动荡。不过,消极影响毕竟还是次要的⑥。梅新育认为,白银的大量流入,从供给和需求两个方面推动了银本位的确立;一条鞭法的全面推行,表明明朝中央政府正式承

---

① 刘军:《明清时期白银流入量分析》,《东北财经大学学报》,2009年第6期。
② 胡晏:《略论鸦片战争前的白银问题》,《苏州大学学报》,1984年第4期。
③ 钱江:《1570—1760年西属菲律宾流入中国的美洲白银》,《南洋问题研究》,1985年第3期。
④ 钱江:《十六—十八世纪国际间白银流动及其输入中国之考察》,《南洋问题研究》,1988年第2期。
⑤ 倪来恩、夏维:《中外国白银与明帝国的崩溃——关于明末外国白银的输入及其作用的重新检讨》,《中国社会经济史研究》,1990年第3期。
⑥ 晁中辰:《论明中期以后的海外贸易》,《文史哲》,1990年第2期;晁中辰:《明后期白银的大量内流及其影响》,《史学月刊》,1993年第1期。

认了白银的本位货币地位①。张德明将考察的范围扩大到环太平洋地区,认为白银贸易的作用与影响大大超出了西班牙殖民帝国的范围,使原来互相隔离的太平洋东西两部分开始连在一起,不仅在经济上交往密切,而且带来了人员和宗教方面的往来②。庄国土对1750—1840年期间的中西贸易结构进行考察,并且分析了这一结构的变化与鸦片战争之间的关系③。

20世纪90年代后期,德国学者贡德·弗兰克出版了一部论述前资本主义时代"中国中心论"的著作《白银资本——重视经济全球化中的东方》。他通过对白银周转的分析,认为明代中国处于当时世界的中心,中国对白银的巨大需求,不仅促进了世界白银的开采,而且主动使中国与世界联系起来,对中国固有的自给自足的小农经济也产生了强烈的冲击④。此书一出版,引起中国学者的热议。众多学者对此书提出了质疑,认为其依据不足,观点片面,缺乏对中国历史的足够了解⑤。

但不可否认的是,《白银资本——重视经济全球化中的东方》也推动了对美洲白银问题的研究。万明指出,从时间和动因上看,中国的社会需求曾直接影响了日本和美洲银矿的开发,中国积极参与了世界经济体系的初步建构,并为整体世界的出现作出了重要的历史性贡献。世界经济体系不是西方创造出来的,而是由世界各国共同创造的⑥。万明后来又从白银货币化视角对明代赋役改革进行了分析,指出,均平赋役是历史上无数次赋役改革的共同特征,统一征银则是明代赋役改革不同于历朝历代改革的主要特征。明代赋役改革呈现出三大不可逆转的进步趋向:一是实物税转为货币税;二是徭役以银代役;三是人头税向财产税转化。这三大趋向都与白银有着紧密联系。明代白银货币化,既是社会的进步,也是社会

① 梅新育:《略论明代对外贸易与银本位、货币财政制度》,《学术研究》,1999年第2期。
② 张德明:《金银与太平洋世界的演变》,《武汉大学学报》(社会科学版),1993年第1期。
③ 庄国土:《茶叶、白银和鸦片:1750—1840年中西贸易结构》,《中国经济史研究》,1995年第3期。
④ [德]贡德·弗兰克著、刘北成译:《白银资本:重视经济全球化中的东方》,北京:中央编译出版社,2001年第1版,英文版于1998年出版。
⑤ 王家范:《解读历史的沉重——评弗兰克〈白银资本〉》,《史林》,2000年第4期;琼岛:《贡德·弗兰克谈〈白银资本〉》,《史学理论研究》,2000年第4期;罗翠芳:《改变历史的固定思维——读贡德·弗兰克〈白银资本——重视经济全球化中的东方〉》,《扬州大学学报》(人文社会科学版)2000年第6期;思再:《美国学者评弗兰克的〈白银资本〉》,《国外理论动态》2001年第3期;江华:《〈白银资本——重视经济全球化中的东方〉——世界体系学派的一部新力作》,《国外社会科学》,2001年第3期;张国刚、吴莉苇:《西方理论与中国研究——从〈白银资本〉谈几点看待西方理论架构的意见》,《史学月刊》,2002年第1期;周立红:《弗兰克思想的转航与悖论——兼评〈白银资本〉及其在中国引发的争议》,《史学月刊》,2002年第1期;赵凌云:《历史视角的反转:全球化时代如何看待中国——兼评弗兰克·贡德的〈白银资本〉与"世界经济体系史观"》,《中华儿女》(海外版),2002年第10期;安然:《对现代性的否定与自我否定——读贡德·弗兰克的〈白银资本〉》,《史学理论研究》,2003年第1期;李传利:《中国在1500年至1800年处于世界经济的支配地位吗?——〈白银资本〉读后》,《柳州师专学报》2003年第2期;何维保:《周期理论与长时段——也谈〈白银资本〉》,《史学理论研究》,2003年第3期;黄一映:《"世界一体系",还是"世界体系"?——评弗兰克的〈白银资本〉》,《现代国际关系》,2003年第7期;汪洋:《关于〈白银资本〉的争论》,《社会科学论坛》,2005年第2期;叶书宗:《转换观察中国半封建、半殖民地百年史的视角——读〈白银资本〉》,《历史教学问题》,2000年第6期;陈金锋:《国内学者对〈白银资本〉的解读及其启示》,《大庆师范学院学报》,2006年第6期;胡小伟:《"银本位"的中国史——兼议对弗兰克〈白银资本〉的批评》,《晋中学院学报》,2007年第4期。
⑥ 万明:《明代白银货币化:中国与世界连接的新视角》,《河北学刊》,2004年第3期。

转型的重要标志之一①。韩琦认为,明朝的灭亡和鸦片战争后中国的衰落,与当时中国白银输入的减少甚至外流有直接的关系。可以说,美洲白银的生产与中国近代早期经济的发展密切相关②。陈春声等人指出,16—18世纪赋役制度的变革改变了朝廷与地方、官府与百姓的关系,使白银在国家的行政运作中占据了前所未有的重要地位,18世纪中国的国家机器和官僚体制,要依赖白银的大量输入才得以正常运作。由于白银作为一种货币是在贡赋经济的背景下流通的,所以大规模的白银输入并没有引发明显的通货膨胀③。韩毓海认为,通过美洲的白银贸易,中国已被深深地卷入了亚洲和世界经济体系中,白银货币经济从此确立,但是国家的货币主权,恰恰从此付诸东流④。此外,王花蕾、胡小伟也就美洲白银流入问题进行了比较深入的研究⑤。

　　总之,随着中国社会经济的改革和发展,美洲白银问题研究越来越受到国内学者的关注,研究方法多样化,研究资料有新的突破,成为海洋贸易史研究的重要组成部分。美洲白银问题的研究也有重要的现实意义,当今环太平洋地区是世界上经济最活跃、战略地位最重要的地区,进一步研究明清时期的美洲白银问题,对于中国、美洲以及整个世界的未来发展都具有重要的意义。因此,新世纪的中国学术界应当加强这方面的研究,我们期待新的成果不断涌现。

---

　　① 万明:《白银货币化视角下的明代赋役改革(上)》,《学术月刊》,2007年第5期;万明:《白银货币化视角下的明代赋役改革(下)》,《学术月刊》,2007年第6期。
　　② 韩琦:《美洲白银与早期中国经济的发展》,《历史教学问题》,2005年第2期。
　　③ 陈春声、刘志伟:《贡赋、市场与物质生活——试论十八世纪美洲白银输入与中国社会变迁之关系》,《清华大学学报》(哲学社会科学版),2010年第5期。
　　④ 韩毓海:《白银战争》,《商界》(评论),2010年第7期。
　　⑤ 王花蕾:《近代早期白银流入对中国经济的影响》,《山西财经大学学报》,2005年第5期。胡小伟:《"银本位"的中国史——兼议对弗兰克〈白银资本〉的批评》(《晋中学院学报》2007年第4期)以及发表在《中外企业文化》上的多篇文章。王芳:《略论明清时期西洋银币之流入——中国国家博物馆藏清代西洋银币初探》,《中国历史文物》,2005年第2期。成玉玲:《略论明代白银货币化的进程及其影响》,《前沿》,2006年第8期。

舟山市海洋文化产业发展的 SWOT 分析

王文洪

（浙江省舟山市委党校）

摘要 作为新的产业形态，海洋文化产业是海洋文化与海洋经济高度融合的产业，对充分发挥舟山海洋文化资源优势，推动舟山海洋产业转型升级，提升海洋文化名城的综合竞争力具有重要意义。本文在分析舟山海洋文化产业具有的优势和劣势，以及其发展面临的机遇与挑战的基础上，提出了制定战略规划、谋划空间布局、确定重点领域、建立产业基地、建设重点项目等建议。

关键词 舟山市　海洋文化产业　SWOT 分析　对策建议

海洋文化产业是指与海洋相关的旅游、体育、民俗、历史、文艺等产业领域，主要包括海洋文化旅游业、海洋节庆会展业、海洋休闲渔业、海洋休闲体育业、海洋文化演艺业、海洋文化影视业、海洋文博业、海洋文化创意产业、海洋文化产品制造业等。作为新的产业形态，海洋文化产业是海洋文化与海洋经济高度融合的产业，对充分发挥舟山海洋文化资源优势、推动舟山海洋产业转型升级、提升海洋文化名城的综合竞争力具有重要意义。本文立足于舟山海洋文化产业的发展现状，运用"SWOT"①方法对舟山海洋文化产业发展的内部条件及外部环境进行详细分析，并提出一些具有现实意义的对策建议。

一、舟山海洋文化产业发展的 SWOT 分析

舟山市位于浙江省舟山群岛，是我国唯一以群岛建制的地级市。作为海岛城市，舟山区位优势明显，自然资源丰富，历史文化悠久，产业特色鲜明。近年来，围绕海洋经济强市和海洋文化名城的总体目标，舟山市海洋文化产业取得了长足的发展，产业规模进一步扩大。按照国家统计局《文化及相关产业分类（国统字［2004］24 号）》②统计口径，2010 年末，全市文化产业总产出为 48.86 亿元，实现增加值 20.30 亿元，比 2009 年增长 23.4%（未扣除价格因

---

① SWOT 分析法由美国旧金山大学的管理学教授韦里克于 20 世纪 80 年代初提出，它对组织内部自身优势（strength）、劣势（Weakness）和外部环境的机遇（Opportunity）、威胁（Threats）等方面的内容和条件进行综合分析。

② 按照国家统计局的界定，文化产业指为社会公众提供文化、娱乐产品和服务的活动，以及与这些活动有关联的活动的集合，包括核心层（新闻服务、出版发行和版权服务、广播电视和电影服务、文化艺术服务）、外围层（网络文化服务、文化休闲娱乐服务、其他文化服务）和相关层（文化用品、设备及相关文化产品的生产与销售）等。

素),文化及相关产业增加值占全市 GDP 的比重为 3.2%①。2010 年的总产出与增加值都呈上升趋势,但占 GDP 比重仍然偏低。从对浙江省 11 个城市文化产业的相关指标进行分析所得结果来看:杭州综合评价指数位于第一名,在聚类分析中列为第一类,其文化产业的发展状况相当好,具备发展文化产业的绝对优势;宁波和温州的综合指数排名为第二、三名,在聚类分析中列为第二类,各项指标显示两市文化产业发展状况良好,具备发展文化产业的相对优势;绍兴、金华、嘉兴、台州这四个城市的文化产业发展为第三类,这些城市发展文化产业的条件比较成熟,但是文化产业的空间集聚力相对较差;舟山等属于第四类,这些城市的文化产业存在较多的缺陷和不足,但通过对舟山海洋文化产业发展的 SWOT 分析,发现其有较大的发展空间②。

(一)优势分析(Strengths)

1. 区域位置优势

舟山背靠沪杭甬,面向太平洋,是华东门户和南北海运线中心。舟山紧临人均消费能力正在迅速增长的长三角城市群,其中包括国际大都市上海、省会城市杭州和国家计划单列市宁波,同时这个区域也是我国大陆文化产业三大核心板块之一。这种不可比拟的区位优势,一方面为直接发展文化旅游业、节庆会展业等海洋文化产业奠定了良好的基础,对舟山成为长三角城乡居民中短程滨海旅游基地起到了积极的促进作用;另一方面,适宜人居的海岛环境,有利于吸引长三角的文化人才来舟山创业,为海洋文化产业的发展创造了条件。

2. 海洋文化资源优势

舟山因海而生、与海为邻、依海而兴,得天独厚的区域特征和海洋资源,赋予了舟山浓郁的海洋文化风格,形成了独特的海洋文化体系。舟山海洋文化源远流长,内涵丰富,底蕴深厚,特别是有关舟山海洋历史、岛民迁徙、徐福东渡、信仰传说、渔村习俗、节庆盛会、渔歌民谣等,构成了有别于其他地域文化的一道独特的海洋文化景观。舟山现拥有海岛远古文化、佛教文化、道教文化、沙雕文化、军事文化、武侠文化、徐福文化、休闲文化等几大文化体系,如果把这些海洋文化资源充分开发、挖掘,将为舟山海洋文化产业的发展发挥巨大的作用。

3. 海洋经济发展优势

依托优越的地理环境和人文环境,舟山国民经济持续快速增长,综合实力不断增强。据舟山市统计局初步统计,2011 年全市实现生产总值(GDP)765 亿元,同比增长 11.3%。2011 年全市海洋经济总产出 1 758 亿元,比 2010 年增长 15.6%;海洋经济增加值 525 亿元,占全市 GDP 的比重为 68.6 %,成为全国海洋经济增加值占 GDP 比重最高的城市③。全市人均生产总值 67 000 元,人均可支配收人 23 552 元,成为省内继杭州、宁波以后第三个常住

---

① 参见《2010 年我市文化产业持续健康发展》,舟山宣传之窗:http://xcb. zhoushan. cn/gzdt/201108/t20110819_502165. htm.

② 数据来源:《浙江 2011 年统计年鉴》,中国统计局网站、文化部网站及数据库、各政府官方网站,维普资讯网、中宏数据库及 2011 年各市政府工作报告、2011 年工作总结等。

③ 参见《2011 年舟山市经济运行情况分析及 2012 年走势判断》,舟山统计信息外网:http://www. zstj. netinfoShowArticle. aspx? ArticleID = 4892.

人口人均GDP突破1万美元的市①。随着生活水平的提高,人民群众必然对精神文化产品有更高的需求,这为舟山海洋文化产业的发展提供了容量极大的文化消费市场。

(二)劣势分析(Weaknesses)

1. 群岛型地理分布,海洋文化产业发展内外联动受阻

舟山是我国唯一以群岛著称的海上城市和我国唯一由群岛组成的省辖港口旅游城市,拥有岛屿1 390多个,其中住人岛95个。虽然近年来通过"大岛建、小岛迁"战略和"大陆连岛工程"的全面实施,进一步加强了陆岛和各大岛之间的联系,但相对于大陆城市来说,大海仍然制约了市域各区块海洋文化产业的联动。尽管舟山跨海大桥终结了舟山孤悬海上的历史,但距离偏远仍将继续制约舟山更深地参与长三角文化产业带的分工与联动。

2. 自然资源粗放利用,人文资源开发不足

目前舟山还普遍存在对海洋资源粗放开发和盲目利用的情况。一方面,有些地方盲目开发旅游资源,使景点、景区分布散乱且项目设置重复,资源利用效率低下;另一方面,有些项目的开发,不注意保护所处环境和舟山海岛资源的特色,使某些建筑风格与舟山海岛景观不协调。同时,对海洋文化的文章没有做足,如新石器时代遗址、定海老城,以及渔歌号子、舟山锣鼓、跳蚤舞、民间服饰等,没有得到应有的开发、利用和保护,导致舟山海洋文化的影响力不大。

3. 海洋文化产业市场化程度不高,产业综合竞争力不强

文化产业的基础是市场,近年来舟山海洋文化产业的市场化程度虽有提高,但与其他产业以及文化市场的需求相比,仍有一定的差距。舟山海洋文化产业单位的规模偏小,还缺乏有较高社会影响力和较大规模的海洋文化产业基地或产业园区,缺少有示范带动作用的海洋文化产业龙头企业。现有海洋文化企业的科技含量普遍不高,创意策划、数字设计等高智力、高科技领域还处于起步阶段,各类具有舟山海洋文化特色的文化产品和服务的开发也仍处于初级阶段。

(三)机遇分析(Opportunities)

1. 国家海洋文化产业的大发展机遇

加快发展海洋经济、实施海洋开发战略是我国在"十二五"期间的战略重点。作为海洋经济的重要组成部分,海洋文化产业已经显现出巨大的发展潜力,并成为拉动沿海地区经济增长的重要产业。目前从中央到地方各级政府都出台了文化产业发展规划和政策,特别是2009年9月国务院公布了《文化产业振兴规划》,使各地方政府更加重视文化产业发展,这为舟山以文化旅游业为主导的海洋文化产业发展提供了重要的发展机遇。

2. 长三角一体化的历史契机

自上海成功申办2010年世博会以来,长三角各城市从旅游文化、影视文化、传媒文化、

---

① 参见《舟山市常住人口人均GDP首次突破1万美元》,《舟山日报》2012年2月3日第1版。

娱乐文化、会展文化等方面的多角度合作,不仅为区域性文化产业协调发展创造了条件,也进一步推进了长三角社会经济的一体化。现在,长三角城市群的文化产业竞争已经呈雁形方阵展开,初步形成错落有致的差序化发展格局。独特的海洋文化资源使舟山能够在长三角文化产业差序化发展格局中占有一席之地。同时,长三角现代时尚文化及其表演艺术和科技设施,有望给舟山传统海洋文化注入现代生活的活力元素,加快舟山海洋文化产业的市场化步伐。

3. 海洋文化名城建设的巨大动力

海洋文化名城的建设需要借力于海洋文化产业的发展。21世纪世界范围内的城市竞争,在很大程度上归结于"文化力"的较量。浙江省正在轰轰烈烈地建设"文化大省"、"海上浙江"、"港航强省",舟山也部署了"建设海洋文化名城"的战略任务。近年来,舟山先后获得了"中国海鲜之都"、"中国优秀旅游城市"、"中国十大特色休闲城市"、"中国十大节庆城市"和"中国旅游竞争力百强城市"等盛誉,这对今后发展具有舟山特色的海洋文化产业极为有利。

(四)威胁分析(Threatens)

1. 长三角海洋文化产业的同质化竞争

一般而言,如果某地区一旦形成文化产业优势,由于"洼地效应",资源就会向此地聚集,吸引大量的文化企业到此创业和发展。目前,越来越多的城市已先后着手文化产业的研究与规划,并利用其滨海的资源特点大力发展与海洋相关的文化产业。舟山面临长三角其他城市文化产业迅速发展带来的巨大压力以及"洼地效应"的挑战,使舟山海洋文化产业的发展处于不利的状况,舟山如何在长三角文化产业发展的竞合关系中找到自己适当的位置显得非常重要。

2. 大桥通车对本土海洋文化带来的冲击

杭州湾跨海大桥、东海大桥和舟山跨海大桥的建成通车,舟山本土海洋文化保护受到严峻的挑战,舟山的物质文化遗产,如古城、古镇、古村落,会因为城市建设和旅游开发的影响而遭受一定的破坏;非物质文化遗产,如渔民号子、舟山方言等,会因为年轻人追求时尚而后继乏人。如何在变化与连续之间寻求平衡,在传统传承中获得交融创新,保存与拓展舟山海洋文化的发展空间,对于舟山形成具有特色的海洋文化产业非常关键。

3. 资源粗放式开发对舟山可持续发展的压力

随着舟山经济和社会的发展,自然资源开发力度不断加大,特别是由于资源的粗放式开发,在一定程度上侵蚀舟山可持续发展的基础。近年来舟山临港工业的快速发展,造成了对某些度假区和生态旅游区海洋环境的破坏;低水平的旅游开发,导致自然环境和传统文化的破坏;对海洋的价值认识不足,观念滞后,影响海洋文化产业的开发步伐。

二、发展舟山海洋文化产业的对策建议

通过SWOT分析,本报告认为,舟山优越的自然环境和海洋文化资源,完全符合长三角

文化休闲产业的整体布局,也构成了舟山大力发展海洋文化产业的基础条件。舟山应把握好新区时代的良好机遇,实施差异化竞争策略,积极融入长三角海洋文化休闲产业带,精心选择一批具有比较优势和发展潜力的文化产业作为主导产业,实行政策倾斜,重点突破,做大做强,以此带动海洋文化产业的全面发展。

（一）制定舟山海洋文化产业的战略规划

在对舟山海洋文化资源系统梳理的基础上,根据自身的条件和优势,重点发展对舟山产业结构转型升级有着明显带动作用的行业,强调其作为高附加值、高渗透性产业对舟山经济社会的推动作用,以此为依据制定舟山海洋文化产业的发展规划、出台对海洋文化产业的扶持政策,形成与长三角地区海洋文化错位发展的互补格局。在舟山制定经济社会发展规划中,把海洋文化产业作为舟山支柱性产业加以培育,以此带动舟山其他产业的转型升级;同时,要把重大的海洋文化设施建设和海洋文化产业项目,纳入舟山社会经济发展重大项目建设专项规划。

（二）谋划舟山海洋文化产业的空间布局

舟山境内大小岛屿星罗棋布,海域辽阔,这种城市空间属性,决定了舟山海洋文化产业的空间布局应该坚持走整体规划、中心突出、多极发展、互相呼应的"形散神聚"的布局规划思路,即"一心一核四组团"的东海海洋文化休闲产业圈。其中,"一心"即以新城为舟山海洋文化产业发展的中心区,"一核"即普陀山佛教文化产业发展的核心区,"四个组团"即以定海、普陀、岱山和嵊泗本岛及周边岛屿为舟山海洋文化产业发展的重要拓展区。定海为海岛城市休闲娱乐区,普陀包括沈家门渔家文化体验中心和朱家尖－桃花岛主题公园娱乐区,岱山为海洋文化体验区,嵊泗列岛为生态康体度假区。应强化舟山海洋文化产业的重点区域,特别是加强新城创意软件中心和普陀山佛教文化中心两大重点区块的建设,突出其品牌和带动效应;加快建设新城核心商业文化区、市民广场休闲区等重点区块,彰显中心城市的文化魅力,打造文化生态休闲区块。

（三）确定舟山海洋文化产业的重点领域

舟山大力发展海洋文化产业,就是要依据国家《文化产业振兴规划》并结合舟山实际情况,以海洋文化优势资源和海洋文化传承与发展为基础,把握国内外文化产业的发展趋势,重点推进海洋文化旅游业、海洋节庆会展业、海洋文化演艺业、海洋文化创意业和海洋文化产品制造业及其关联产业发展,并高度重视新兴海洋文化产业的培育,形成舟山海洋文化产业特色鲜明、不同产业门类互动发展的格局。鉴于舟山已经专门制定了《舟山市海洋旅游产业发展总体规划》,当前需要重点研究制定的规划主要包括《舟山市海洋节庆会展业发展专项规划》、《舟山市海洋文化休闲养生业发展专项规划》、《舟山市海洋文化创意产业发展专项规划》等,并注重各重点行业专项发展规划的协调和整合。

（四）建立舟山海洋文化的产业基地

海洋文化产业基地是舟山培育海洋文化产业的孵化区和集聚区,是促进舟山海洋文化产业规模发展的重要举措。随着浙江舟山群岛新区的全面推进,舟山应重点建设新城创意软件产业园、普陀山佛教文化产业园、以桃花影视城为龙头的影视文化产业园、舟山渔俗渔村文化产业基地、定海历史文化名城文化产业基地和舟山渔民画文化基地等;完成海洋渔俗文化保护区规划,开展国家级海洋渔俗保护区和非物质文化遗产保护示范基地申报工作。应依托舟山海洋科学城的建设,以软件、数字游戏研发及环境艺术设计等"头脑型"文化产品研发单位集聚为基础,加快建设软件业等新兴文化产业基地。

(五)建设舟山海洋文化产业若干重点项目

海洋文化产业项目,对带动舟山海洋文化产业的全面升级发展,具有重要作用。通过一系列与舟山城市定位相符合的重点文化项目建设,比如海洋文化艺术中心项目、普陀山佛教音乐团项目、《印象·普陀》项目、中国海鲜美食文化城项目,力求在完善舟山文化基础设施、培育新的文化产业增长点等方面,实现新的突破。要紧密结合重点文化产业发展,扶植一批有示范和带动效应的重点项目,近期要优先建设海洋文化节、海岛文化主题公园、群岛文化数字体验项目、舟山国际海洋摄影展等大型项目建设,以重大项目建设带动重点产业发展。

参考文献

[1] 张晓明等:《文化蓝皮书:2011年中国文化产业发展报告》,北京:社会科学文献出版社,2011年。
[2] 苏勇军:《浙江海洋文化产业发展研究》,北京:海洋出版社,2011年。
[3] 韩立民:《2010中国海洋论坛论文集》,青岛:中国海洋大学出版社,2010年。
[4] 王文洪:《舟山群岛文化地图》,北京:海洋出版社,2009年。
[5] 张开城、徐质斌:《海洋文化与海洋文化产业研究》,北京:海洋出版社,2008年。
[6] 中国国际经济交流中心:《浙江舟山群岛新区发展规划(2012—2020)》,2012年。

国内外大宗商品交易市场发展的经验分析[*]

韩　瑾　葛晓波

（宁波大学）

摘要　文章通过分析纽约大宗商品交易中心、伦敦大宗商品交易中心、新加坡商品交易所、香港商品交易中心等国（境）外大宗商品交易市场的实践，认为大宗商品交易市场的发展需要充分利用要素禀赋优势，便利发达的基础设施，完善的金融服务功能，不断创新交易技术和制度；通过分析上海石油交易所、天津港散货交易市场、大连北方粮食交易市场、秦皇岛海运煤炭交易市场、张家港保税区化工品交易市场、浙江（舟山）船舶交易市场等国内大宗商品交易市场的实践，认为大宗商品交易市场的发展需要通过整合"有形"与"无形"实现市场功能互补，通过打造交易指数增强市场话语权，通过健全服务体系提升市场发展平台。

关键词　大宗商品　交易市场　发展经验

国际成熟大宗商品交易市场的运作模式等对浙江省大宗商品交易市场建设具有重要借鉴意义。国外大宗商品交易市场主要集中在发达国家和地区，在国际大宗商品贸易中具有国际定价中心的地位。从集中地区来看，主要在纽约、伦敦、东京和鹿特丹等地，从大宗商品集中领域来看，主要是能源产品、有色金属和农产品。国内大宗商品交易市场除三大期货交易所（上海期货交易所、大连商品交易所、郑州商品交易所）外，还有大批现货交易市场。从地区分布上看，大部分分布在中西部地区，尤其是东部沿海地区。北京、上海、山东、浙江、广西等省区数量较多。从成立时间来看，多数成立于2005年及以后。

一、国（境）外典型大宗商品交易市场发展实践

（一）纽约商品交易所

纽约商品交易所（The New York Mercantile Exchange, Inc）是由原纽约商品交易所 The New York Mercantile Exchange（NYMEX）和纽约金属交易所 The Commodity Exchange, Inc（COMEX）于1994年合并组成，是全球最具规模的商品交易所。2008年，纽约商品交易所

---

　　[*]　本文系浙江省哲学社会科学重点研究基地"浙江省海洋文化与经济研究中心"自设课题"浙江省大宗商品交易平台构建研究——基于宁波与舟山错位发展视角"（11HYJDYY01）阶段性研究成果。

被芝加哥商业交易所集团(CME 集团)以股票加现金的方式实现收购。纽约商品交易所地处纽约曼哈顿金融中心,与纽约证券交易所相邻。

它的交易主要涉及能源和稀有金属两大类产品,但能源产品交易大大超过其他产品的交易,是全球最大的能源交易所,能源产品交易量占交易所总交易量的 86%。交易所的交易方式主要是期货和期权交易。根据纽约商品交易所的界定,它的期货交易分为 NYMEX 及 COMEX 两大分部。

NYMEX 负责能源、铂金及钯金交易,通过公开竞价来进行交易的期货和期权合约有原油、汽油、燃油、天然气、电力,有煤、丙烷、钯的期货合约。该交易所的欧洲布伦特原油和汽油是通过公开竞价的方式来交易的。合约通过芝加哥商业交易所的 GLOBEX 电子贸易系统进行交易,通过纽约商业期货交易所的票据交换所清算。其余的金属(包括黄金)归 COMEX 负责,有金、银、铜、铝的期货和期权合约。COMEX 的黄金期货交易市场为全球最大,它的黄金交易可以主导全球金价的走向,买卖以期货及期权为主,实际黄金实物的交收占很少的比例;黄金交收成色标准与伦敦相同。COMEX 的黄金买卖早期只有公开喊价,后来虽然引进了电子交易系统,但 COMEX 并没有取消公开喊价,而是把两种模式混合使用。市场早期是采用公开喊价,然后由电子交易系统接力,两者相加使参与买卖者差不多可以24 小时在 COMEX 交易。

(二)伦敦金属交易所

伦敦金属交易所(LME - London Metal Exchange)是世界上最大的有色金属交易所,伦敦金属交易所的价格和库存对世界范围的有色金属生产和销售有着重要的影响。在世界上全部铜生产量的 70% 按照伦敦金属交易所公布的正式牌价为基准进行贸易,世界上铜期货合约的 90% 在伦敦金属交易所交易。

伦敦金属交易所是工业革命的产物。19 世纪中期,英国曾是世界上最大的锡和铜生产国。随着时间的推移,随着工业需求的不断增长,英国迫切需要从国外进口工业原料,为避免由于穿越大洋运送矿砂的货轮抵达时间没有规律而造成的金属的价格波动带来的巨大的风险,1877 年一些金属交易商人成立了伦敦金属交易所并建立了规范化的交易方式。从 20 世纪初起,伦敦金属交易所开始公开发布其成交价格并被广泛作为世界金属贸易的基准价格。

伦敦金属交易所采取三种交易方式,分别是:公开叫价交易(Open Outcry trading)基本上是在 Ring and Kerb Trading——圈内交易中进行分为上午和下午两节——即 First session 和 Second Session。上下午两节各分为两个分商品专门小节(又称为 ring trading)和一个各商品混合交易小节(kerb trading)。办公室间电话交易(Inter - office trading)是全球性 24 小时循环不间断的交易——其主要市场有伦敦、纽约、亚洲(东京、悉尼、新加坡)。正是这种跨地区的不同市场存在给整个市场带来了流动性,吸引了大量的客户。电子盘交易(LME Select trading)的交易时间段位北京时间早上 8 点至凌晨 2 点(夏令时段)。

(三)新加坡商品交易所

由于新加坡地处亚太区域,在亚太地区大宗商品贸易及贸易融资资产二级市场交易领域享有重要地位,不论是实物还是期货交易都保持亚洲领先地位。此外,新加坡也是全球主要的大宗商品衍生品场外交易的中心,结算量占整个亚洲结算量一半以上。

新加坡商品交易所(SICOM)是新加坡交易所(SGX)的子公司,其前身为新加坡树胶总会土产交易所,是东南亚地区最大的天然胶期货交易场所。主要提供商品期货交易,新加坡虽然不是橡胶生产与消费的主要国家,但是由于其地理位置处于世界离岸经济中转枢纽,天然橡胶贸易量居然处于世界前列。新加坡政府也是抓住这个机会在1992年建立新加坡商品交易所,在新加坡商品交易所上市的橡胶期货合约对国际橡胶现货贸易有指导意义,期货结算价成为定价的重要参考。80%的全球橡胶贸易是根据新加坡商品交易所(SICOM)的橡胶价格进行交易。新加坡商品交易所年成交量200万吨,实际交割2万吨。所处理的橡胶贸易额是全球橡胶贸易额的50%以上。SICOM上市交易三号烟片胶(RSS3)与20号标准胶(TSR20)期货合约;由于很多橡胶生产厂家把产能逐渐从3号烟片橡胶转移到20号工艺分类橡胶,也使得交易所的活跃品种转向工艺分类橡胶合约。两大品种的期货合约均以美元计价和结算,从而吸引了更多的参与者,包括轮胎生产大国——中国、印度,消费大国——欧美等地区的国家。

商品交易方式分为两种:经纪人报价成交方式和直接网上报价方式。若希望在新加坡从事橡胶贸易,则必须申请成为交易所的会员。会员分为结算会员(CMB)和非结算会员。结算会员16家,其余都是非结算会员。结算会员必须在交易所有200万新元的保证金,为交易风险提供担保。非结算会员必须通过结算会员才能从事期货业务;中化国际贸易股份有限公司是中国唯一一家结算会员。世界上著名的轮胎生产商米奇林和普里斯通公司等是其董事单位和结算会员。场外交易(OTC)参与者包括会员和非会员。

(四)香港商品交易所

香港是亚洲最大的黄金交易中心,并且作为金融中心的香港证券及衍生产品交易非常活跃。

香港于1977年开始运营香港商品交易所。香港商品交易所起初经营原糖和棉花交易,1979年开始大豆交易,1986年5月恒生指数期货合约开始交易,交易量迅速超过其他合约,占1987年总交易量的87%。1984年对交易所改组和对管理条例修订后将香港"商品"交易所更名为"期货"交易所,并把恒生指数期货定为期货交易的头类合约。1998年恒生指数期货和期权合约交易量占市场总交易量的90%以上。1999年,当时的财政司司长曾荫权公布,对香港证券及期货市场进行全面改革,以提高香港的竞争力及迎接市场全球化所带来的挑战。建议把香港联合交易所(联交所)与香港期货交易所(期交所)实行股份化,并与香港中央结算有限公司(香港结算)合并,由单一控股公司香港交易及结算所有限公司(香港交易所,港交所,HKEx)拥有。2000年3月6日,三家机构完成合并,香港交易所(HKEx)于2000年6月27日在联交所上市。2008年港交所推出黄金期货。至2010年,香港交易所衍生产品(期货及期权)市场的全年合约成交量创出1.16亿张的新高,较2009年上升18%。2010年衍生产品平均每日成交合约增至467 961张(期货合约173 413张,期权合约294 548张),增幅为18%。

2008 年 6 月香港新成立香港商品交易所(HKMEx),于 2011 年 5 月 18 日正式开始交易,交易时段定于早 8:00 至晚 11:00,向市场参与者提供先进的商品交易电子平台,主要专注于黄金等资源类产品的期货交易服务。由 LCH. Clearnet 为港商交所提供结算服务。授权香港国际机场的贵金属储存库为港商交所黄金合约的指定交割库。2011 年 5 月 18 日,港商交所推出以美元计价的黄金期货合约。在推出贵金属合约之后,港商交所亦计划推出其他产品包括白银及其他贵金属、工业金属、能源等。截至 2012 年 2 月 13 日下午 5 时,黄金和白银期货合约累计总成交量已突破 100 万张合约,达到 1 003 210 张合约,总成交额超过 500 亿美元(折合约 3 900 亿港元)。

二、国内大宗商品交易市场发展实践

(一)上海石油交易所

上海石油交易所是由中国石油国际事业有限公司、中国石化销售有限公司、中海石油化工进出口有限公司、中化国际石油公司和上海久联集团有限公司共同出资组建并注册在上海浦东新区的有限公司。上海市政府高度重视与中国四大石油合作创建上海石油交易所的工作,将之列入《上海市发展服务业行动纲要》之中,上海市浦东新区政府将上海石油交易所的创建工作纳入国务院批准的浦东新区综合配套改革试点的重点支持单位之中,并给予特别财税优惠政策扶持。其经营定位是以现代交易技术为基础,为石油石化产品现货交易(含中远期订货)提供交易中介服务的大宗商品市场。上海石油交易所具有鲜明的现代石油现货市场的特征,表现在:采用电子商务等先进的交易模式,交易便利,成本低廉;坚持"公开、公平、公正"和"诚实信用"的经营理念,形成市场化的石油石化产品价格;采用公司制管理模式,形成多品种、多层次、多模式的现货交易市场体系。上海石油交易所拥有连续现货交易系统,即期现货交易系统、中远期现货交易系统、商品信息发布系统等交易服务系统,其赢利模式有四类,包括:把握商品价格变化趋势,买进或卖出交易所电子合约获利;通过套期保值操作,锁定预期利润;通过套利操作,在低风险的情况下获取稳定利润;通过实物交割申报获利。上海石油交易所的发展目标和定位是:立足能源现货市场,依托国内大型能源企业,服务能源产业发展;以天然气和液化石油气现货竞买交易为突破口,由易到难,由单一品种到多品种,由现货竞买交易到多种现货交易方式,打造国家级能源要素市场和定价中心。

(二)天津港散货交易市场

天津港散货交易市场成立于 2007 年,目前市场交易品种主要涉及煤炭、焦炭、矿石、油品四个主要散货板块,分为即期现货和中远期现货交易模式。市场集信息服务、交易服务、金融服务、质押监管、委托监管、物流服务、品质和数量中介服务、综合服务"八大功能"于一体,推行电子商务信息交易方式,为进出天津港的客商提供完备的交易服务、信息咨询以及货权质押授信业务、金融服务等高端领域的服务,使散货交易市场成为港口各企业的信用中介,降低进出口交易双方的风险。该市场利用指定交割库沟通各方交易商,为客户进行购货交割提供现货交易,促进了商品期货的发展。散货交易市场利用先进的信息网络技术,采用会员制的交易管理方式,建立"公平、公正、公开"的交易体系和风险控制机制,聚集人流、物流、资金流、信息流,形成规模化、专业化、电子化的国际性大宗散货交易市场。天津港散货交易市场目前已成为天津港商品交易和物流金融产业最专业、最具影响力的大宗商品交易市场,2010年,荣获由中国燃料流通协会评选的"企业信用评价AAA级信用企业"。2011年6月,天津港散货交易市场有限责任公司与奥地利奥合国际银行股份有限公司签署战略合作协议,双方将在包括综合金融服务、动产及货权质押授信、资源共享及市场开发等业务领域进行合作,共同整合"资金流、信息流、物流",打造"物流金融链"。2011年,天津港散货交易市场还研发了新的金融服务产品,成功运作了焦炭期现对接交易这一全新模式,开辟了天津港在期现对接服务的全新领域。

（三）大连北方粮食交易市场

大连北方粮食交易市场成立于1998年,是集粮油交易、信息发布、综合服务于一体的国家级专业粮食现货交易市场,目前已发展成为全国首批八大重点联系粮食批发市场之一。自1998年6月运营以来,市场累计完成粮食交易量超过4 000万吨,交易额突破500亿元,名列全国粮食现货批发市场前茅。大连北方粮食交易市场运营业务包括政策性会员交易、电子商务交易和竞价交易,在成立初期,为了培育和发展市场,大连市政府对场内会员实行减、免、退各项税、费的优惠政策,市场拥有政策性会员单位50家。自2005年起,大连北方粮食交易市场借助国家发改委提供的农产品批发市场建设专项资金,开始筹建电子商务交易平台。2006年6月,大连北方粮食交易市场的粮食现货电子交易平台试运行。2010年9月,市场在传统现货交易模式的基础上,为水稻生产、贸易、加工等企业搭建了一个水稻网上现货交易平台——东北粳稻商务交易平台。竞价交易业务一直是大连北方粮食交易市场的主营业务,市场遵循"公开、公平、公正"原则严格管理、规范运作,截至2010年,大连北方粮食交易市场共竞价交易国家和辽宁省内粮食超过2 000万吨,成交额超过300亿元,成交品种涵盖玉米、大豆、小麦、稻谷等大宗粮食品种,其中,通过国家粮油网竞价交易系统成交的粮食中,政策性玉米和临储进口小麦均居全国各省前列。2009年10月,经辽宁省政府、国家粮食局批准,在大连北方粮食交易市场的基础上组建成立了大连国家粮食交易中心,利用大连的地理区位优势、粮食资源优势、口岸仓储优势、交通和贸易优势,为交易客户提供交易、融资、物流及综合服务,建设成为国家政策性粮食交易的重要载体。

目前,大连北方粮食交易市场拥有国内最先进的机房和网络设备,以及大、小型交易大厅,大屏幕的LED显示器。市场拥有国内知名的粮食网站——北方粮网,北方粮网集交易平台、信息服务、价格发布及互动中心四大功能为一体,并定期向国家发改委、国家粮食局等部门提供大连市场粮油价格信息、粮油行情分析报告等信息材料。

（四）秦皇岛海运煤炭交易市场

作为河北省首家大宗商品交易市场的河北港口集团秦皇岛海运煤炭交易市场,依托煤炭港口资源优势快速发展,形成了集煤炭现货交易服务、信息服务、物流服务及金融服务于一体的市场体系,已经成为我国沿海港口最具实力的煤炭交易市场。近两年,秦皇岛海运煤炭交易市场的成交量达到 2 000 万吨,交易额达 70 亿元,交割率 100%。目前,市场已有注册交易商 230 余家。依托世界最大的煤炭集散地的优势,该市场开展煤炭现货交易服务,成为国内煤炭交易市场中为数不多的具有实际交易和交割能力的市场之一。秦皇岛海运煤炭交易市场自主研发了信用中介、议货交易与挂牌交易的煤炭现货交易模式,形成了煤炭现货交易服务、第三方结算服务、港航交割服务与场地交割服务等多种业务产品。目前,"秦皇岛煤炭价格"已经成为国内煤炭市场的风向标,国内外投资机构更是把"秦皇岛煤炭价格"作为煤炭板块的"晴雨表"来密切关注。2010 年,受国家发改委价格司委托,海运煤炭交易市场编制和发布了"环渤海动力煤价格指数"。该指数是目前国内唯一由政府组织实施的煤炭价格指数,得到了国内广大煤炭现货交易商及进口煤炭交易商的认可,并广泛采用该指数作为定价依据,国外机构专程到市场考察,寻求该指数在其对华贸易和投资方面的应用与合作。

(五)张家港保税区化工品交易市场

张家港保税区化工品交易市场位于张家港保税区内,背靠长三角经济腹地,交通便捷,中转、储运功能相当发达,是全国重要的化工品交易和集散地,已成为目前国内最大的液体化工品市场。张家港保税区化工品交易市场作为张家港保税区发展物流业的重要纽带和平台,化工品交易市场自 2002 年建立以来,年成交额已经连续 6 年超过 200 亿元,2010 年完成交易额 302.46 亿元,历年的累计成交额 1 739.66 亿元;税收连续 5 年超亿元,历年累计税收 11.09 亿元,入驻客商超过 1 000 家。张家港保税区依托庞大的现货交易市场,大力发展电子商务,中国石油和化工交易网乘势而起。目前,张家港保税区集聚了宁波都普特液体化工电子交易中心、张家港保税区华东电子交易市场等 5 家专业经营石化品种的电子交易市场,已形成国内最大的大宗石化电子交易市场集群,实现了"有形市场"与"无形市场"的有效结合;通过先进的信息处理系统与管理手段,市场、仓储和金融服务实现了互通互联,初步构建了一个人流、物流、信息流、资金流"四流合一"的市场物流体系。

(六)浙江(舟山)船舶交易市场

浙江(舟山)船舶交易市场有限公司成立于 1998 年 6 月,目前服务功能已覆盖船舶交易、船舶贸易、船舶设计、船舶评估、船舶拍卖、航运电子商务、船用技术开发和服务等领域,该市场的船舶交易和船舶贸易业务已辐射国内外。浙江(舟山)船舶交易市场年船舶交易额从 1998 年的 1.26 亿元上升至 2010 年的 48.94 亿元,成为国内同行业规模最大、年船舶交易额最多、服务功能最为完善的专业市场,确立了在同行业中的领先地位。2011 年 3 月,浙江(舟山)船舶交易市场根据国内船舶交易现货市场的真实交易数据编制的"中国船舶交易指数"在北京首次发布,增强了我国在船舶交易行业中的话语权。

三、大宗商品交易市场发展的经验总结

(一)国外大宗商品交易市场发展经验

1. 充分利用要素禀赋优势

要素禀赋将决定大宗商品交易市场发展的比较优势。美国是世界上最重要的基础原材

料,如农产品、矿产资源、能源的生产、贸易和消费大国,其实物资本占了世界实物资本总量的33.6%,拥有大量的高端人才和熟练劳动力。在良好的资源禀赋下,美国在世界商品市场中占着主导优势。而欧洲则以英国和德国为代表,凭借完善的金融体系、雄厚的金融资本和众多的金融机构及优秀管理人才,在世界金融期货领域占有重要地位。

2. 便利发达的基础设施

目前世界主要商品交易所无一不同时是经济、贸易和航运中心,如新加坡是世界重要的集装箱转运港之一,处于东西方海运交汇处。2011年全年集装箱吞吐量增加至2 994万个标准箱(TEUs),涨幅达5.3%。海港停靠的船只总吨数创下212 000万吨的记录,保持全球最繁忙港口的地位,比2010年增加了10.4%。纽约一直是美国重要的商品集散地,是世界最大的海港之一。1980年吞吐量就已达1.6亿吨。纽约/新泽西港口的集装箱总吞吐量2007年达到了529万个标准箱。

3. 完善的金融服务功能

全球化时代使有形商品交易越来越紧密地与金融运作交织在一起,谁拥有足够的金融资源与金融交易游戏规则,谁就在很大程度上掌握了大宗商品定价权。在美国芝加哥和英国伦敦,活跃着一大批银行家、商品投资基金、对冲基金,金融市场决定了全球商品价格权。伦敦国际金融中心单外资银行就有500多家,纽约有380多家,多元化的市场主体带来金融人才的集聚、金融品种的创新和多元化金融服务。20世纪80年代以来,新加坡放宽了对外资持有银行股份的限制,大量外资金融机构争相进入,各类金融工具在新加坡金融市场不断创新并得到广泛使用;货币市场、证券市场、外汇市场、离岸金融市场和金融衍生产品交易市场等金融市场迅速发展,新加坡迅速成为亚太地区的国际金融中心。2009年,新加坡的外汇市场日均交易量约占全球的6.1%,金融衍生工具日交易量约占全球的3.9%,银行外汇结存余额达到全球的5%。

4. 不断创新交易技术和制度

由于电子交易相对较低的成本和高效率使得许多交易所越来越依靠计算机网络的应用。截至2010年,全球主要期货市场都采用了电子化的交易平台。此外许多交易所还通过治理结构的创新,进行公司化改造。进入20世纪90年代以来,纽约商业交易所(NYMEX)、伦敦国际金融期货期权交易所(LIFFE)、香港期货交易所(HKFE)等先后成功进行了公司化改造和大型交易所之间的合并与并购。在公司化改造后,这些交易所不仅在运作效率、创新能力、融资能力、抗风险能力以及市场服务等方面,充分发挥了公司制的优势,并且在自律与监管方面也实现了平稳过渡。合并和并购形成产品、技术、规则上的优势互补,不仅增强了市场竞争力,而且也大大增加了市场交易规模。

5. 新兴市场的移植发展模式

中国香港、新加坡发挥后发优势,通过快速移植西方成熟国家的市场模式和制度得以快速发展。新加坡采用了全套引进的方式,将美国的相关法律制度、监管模式和交易制度全面引进到新加坡。由于新加坡属于英美法系,其全面引进的美国期货交易法律和芝加哥交易所的全套规则,没有经过大的修改即可直接使用。新加坡政府于1983年开始参照美国各种期货交易制度和管理法令,制订了新加坡期货交易法(1986)。通过法律移植,新加坡在极短的时间内就拥有了世界先进的期货法律和规则,也消除了他与英美期货市场的衔接障碍。

（二）国内大宗商品交易市场发展经验

1. 通过整合"有形"与"无形"实现市场功能互补

整合"有形市场"与"无形市场",可以达到虚实、动静结合,实现大宗商品交易市场的功能互补。如:大连北方粮食交易市场利用集粮油交易、信息发布、综合服务于一体的国家级专业粮食现货交易市场的既有优势,大力发展电子商务交易平台,拥有国内最先进的机房和网络设备,建立国内知名的粮食网站——北方粮网,集交易平台、信息服务、价格发布及互动中心四大功能为一体。张家港保税区依托庞大的现货交易市场,大力发展电子商务,中国石油和化工交易网乘势而起。目前,张家港保税区集聚了宁波都普特液体化工电子交易中心、张家港保税区华东电子交易市场等5家专业经营石化品种的电子交易市场,已形成国内最大的大宗石化电子交易市场集群,实现了"有形市场"与"无形市场"的有效结合。

2. 通过打造交易指数增强市场话语权

立足自身具有先发优势的大宗商品,着力打造具有权威性的大宗商品交易指数,成为市场的风向标,可以由此极大地增强大宗商品交易市场的影响力和话语权。如:秦皇岛海运煤炭交易市场编制和发布的"环渤海动力煤价格指数"作为目前国内唯一由政府组织实施的煤炭价格指数,得到了国内广大煤炭现货交易商及进口煤炭交易商的认可,并广泛采用该指数作为定价依据,国外机构专程到市场考察,寻求该指数在其对华贸易和投资方面的应用与合作。浙江(舟山)船舶交易市场根据国内船舶交易现货市场的真实交易数据编制的"中国船舶交易指数"在北京首次发布,增强了我国在船舶交易行业中的话语权。

3. 通过健全服务体系提升市场发展平台

纵观国内先发的大宗商品交易市场,无一不具有配套成龙的发达的服务体系,健全的服务体系能够给大宗商品交易市场提供优越的发展平台。如上海石油交易所拥有连续现货交易系统、即期现货交易系统、中远期现货交易系统、商品信息发布系统等交易服务系统。天津港散货交易市场集信息服务、交易服务、金融服务、质押监管、委托监管、物流服务、品质和数量中介服务、综合服务"八大功能"于一体,推行电子商务信息交易方式,为进出天津港的客商提供完备的交易服务、信息咨询,以及货权质押授信业务、金融服务等高端领域的服务。浙江(舟山)船舶交易市场服务功能已覆盖船舶交易、船舶贸易、船舶设计、船舶评估、船舶拍卖、航运电子商务、船用技术开发和服务等领域,该市场的船舶交易和船舶贸易业务辐射国内外。

参考文献

[1] 俞振洲:《LME 交易制度浅析》,《期货日报》,2011 年 8 月 26 日。
[2] 梁焜平:《新加坡适时择机抢夺亚太定价先机》,《经济参考报》,2009 年 10 月 9 日。
[3] 香港交易所网站 http://www.hkex.com.hk/chi/index_c.htm.
[4] 沈开艳:《美国期货市场的历史、特征及对中国的启示》,《上海经济研究》,1999 年第 1 期。

［5］ LME 麦凯伊:亚洲电子交易市场方兴未艾 http://msn. finance. sina. com. cn/20110915/1723301583. html.

［6］ 王学勤:《全球期市 10 年交易量分析建议》,《期货日报》,2011 年 12 月 26 日。

［7］ 国务院批复:《浙江海洋经济发展示范区规划》,2011 年 2 月。

［8］ 舟山市发改委:《中国舟山大宗商品交易平台建设探讨》,研究报告,2010 年 7 月。

［9］ 长城战略咨询:《中国大宗商品交易市场研究》,市场发展报告,2009 年 10 月。

［10］ 张小瑜:《国际大宗商品市场发展趋势及中国的应对》,《国际贸易》,2010 第 5 期。

中国海洋经济的可持续发展研究综述

林 珏

（宁波大学）

摘要 发展海洋经济已成为当前人类解决人口急剧增长、陆地资源匮乏、空间紧张、环境不断恶化等问题的一条有效途径。我国人均海域面积远远低于世界平均水平，而发展速度却位于世界前列，如何利用较低的资源代价保证海洋经济的可持续发展，是我国当前和今后必须面临的重要问题。近年来，我国不少学者针对海洋经济做了不同的研究调查，主要体现在对海洋经济概念的发展研究、我国海洋经济现状研究、影响我国海洋经济发展的问题研究、如何保持我国海洋经济可持续发展研究等方面。本文针对中国海洋经济发展背景、海洋经济发展现状和海洋经济可持续发展中所遇到的问题等方面进行较为系统的研究，以便认清我国海洋经济发展方向和趋势，为相关部门制定我国海洋经济发展战略提供参考。

关键词 海洋经济 可持续发展 研究综述

随着我国经济的飞速发展，海洋经济对其的贡献也越来越大。海洋就像一块巨大的聚宝盆，是人类维持自身生存与发展、拓展生存空间的有效资源。海洋经济是以海洋（包括海岸带）为空间活动场所，以海洋资源、海洋能源的开发和利用为目标的所有海洋产业的经济活动和经济关系的总称[①]。我国经济快速的发展在很大程度上依靠于沿海城市，而沿海城市有效地利用海洋资源，成为发展海洋经济最为切实可行的途径。对于海洋经济而言，海洋经济可持续发展能力即是在一定技术条件下，海洋内部各要素通过自身的发展和相互间的互动反馈，支撑海洋经济可持续发展的整体能力[②]。要保持海洋经济长盛不衰，就必须使其可持续发展，保护良好的海洋资源结构。这几年，各级海洋行政主管部门深入贯彻实践科学发展观，积极落实国家"保增长、调结构"的政策方针，努力克服各种不良影响，使全国海洋经济保持在稳步增长的态势。

近10年来，研究我国海洋经济可持续发展的文献大致有400多篇，讨论海洋经济概念发展的有40篇左右，讨论我国海洋经济现状的有60篇左右，对海洋经济问题进行研究的有160篇左右，对我国海洋经济可持续发展进行研究讨论的有200篇左右。为了推进海洋经济的可持续发展，本文系统分析整个海洋经济运行状况和未来发展情况，依据分析结果进行

---

① 包洁玉. 自然资源简明词典 [C]. 北京:中国科学技术出版社,1993 年,第 356 – 357 页。

② 刘明. 区域海洋经济可持续发展的能力评价 [J]. 中国统计,2008 年,第 3 期,第 51 – 53 页。

讨论并提出建议。

一、我国海洋经济发展背景

1. 海洋经济概念演变

海洋经济这个概念最早是由著名经济学家于光远在 1978 年提出的,他在全国哲学和社会科学规划会议上提出了建立"海洋经济学"学科的建议,并建议建立一个专门研究所[①]。1980 年 7 月,中国社会科学院经济研究所所长许涤新主持召开了我国第一次海洋经济研讨会,并成立了中国海洋经济研究会。从那时起,"海洋经济"这个词语便被大家所引用,但还没有出现一个明确的定义。

20 世纪 90 年代之后,徐志斌教授指出,海洋经济是产品的投入和产出、需求和供给,是与海洋资源、海洋空间、海洋环境条件直接或间接相关的经济活动的总称。权锡鉴教授认为海洋经济应定义为人们为满足社会经济生活的需要,以海洋及其资源为劳动对象、通过一定的劳动投入而获取物质财富的劳动过程,即人与海洋自然之间所实现的物质交换的过程。但众多学者仍将海洋经济这个概念附属于陆域经济,将海洋经济理解为区域经济。21 世纪以来,海洋经济的概念逐步从陆域经济的附属转化成对立于陆域经济以及海陆一体化的理念。徐志斌教授(2004)从综合体统的角度上将海洋经济重新定义为:从一个或几个方面利用海洋的经济功能的经济,是活动场所、资源依托、销售对象、服务对象、初级产品原料与海洋有依赖关系的各种经济的总称。《中国海洋经济统计公报》(2004)提到海洋经济是指开发、利用和保护海洋的各类产业活动,以及与之相关联活动的综合。全国科学技术名词审定委员会则将海洋经济定义为人类在开发利用海洋资源过程中的生产、经营、管理等活动的总称。

综上所述,《统计公报》中给出的海洋经济的定义基本能代表人们对海洋经济概念的界定,它表述的含义综合并提升了以往学者对其的理解,而徐志斌教授等人对它的说明则可以看作是在此框架上的深入理解及具体定义。理论的发展曲线基本是从一点到一线,再到面,最后发展成空间系统化。

2. 海洋经济发展条件

近年来,我国海洋经济的快速发展,得益于丰富多样的海洋资源及得天独厚的区位优势。众多学者从海洋生物资源、海港分布密度、海洋资源发展潜力等角度分析了现今的海洋经济发展条件。王长征等人(2003)查询资料发现我国海洋水产品产量约占世界水产品总量的 1/3,海洋矿产有石油、天然气、煤、油页岩、铁、金等 650 个矿种,港口资源列居世界第三位且沿海地区海洋旅游资源种类繁多。翟波(2008)分析我国与世界多个国家的各种海洋数据对比,发现我国海洋资源绝对量在世界上位于第 10 位以内,主要有海岸线长度、大陆架面积、200 海里水域面积、海港分布密度。刘明(2009)通过海洋经济发展潜力公式得出我国海洋经济发展潜力在 214 150.1 亿元左右,其中海洋渔业资源价值在 10 773.76 亿元,港

[①] 刘曙光、姜旭朝. 中国海洋经济研究 30 年:回顾与展望[J]. 中国工业经济,2008 年第 11 期,第 153 – 160 页。

址资源价值在 35 526.25 亿元,石油资源价值在 152 364.5 亿元,海盐资源价值在 706.26 亿元,滨海旅游资源价值在 16 061.31 亿元。

从中可以看出,我国在海洋资源上的优势主要表现在海洋经济区位、海洋生物资源、海洋港口资源、海洋矿产资源这几个方面,海洋资源的开发潜力远远大于同类陆地资源。然而,我国人口众多、资源相对不足、人均国民生产总值仍居世界列,鉴于实际国情,以较低的资源代价和社会代价实现海洋资源的可持续利用,保证海洋经济的可持续发展,是我国当前和今后面临的重要问题。

二、我国海洋经济发展现状

1. 海洋产业增长速度快,前景开阔

改革开放以后,我国越来越重视海洋资源的开发与利用。许启望等人(2007)发现2001—2006 年间,海洋经济占国民经济的比重呈逐步增长趋势。刘明(2010)提到 20 世纪90 年代以来,我国海洋经济迅猛发展,到 2008 年海洋经济发展已经提前超额完成《全国海洋经济发展规划纲要》确定的 2010 年发展目标。海洋经济总体水平在世界海洋国家中已处于中上水平,一些海洋产业在国际上具有举足轻重的地位。

2009 年,我国海洋生产总值达到 32 277.6 亿元,比上年增长 9.2%,是 1979 年的 460 多倍(图 1)。其中主要海洋产业实现增加值 12 843.6 亿元,比上年增长 9.5%,占海洋生产总值的 39.8%。各个地区纷纷出台了各具特色的海洋经济发展战略,各种海洋产业相继焕发出勃勃生机,海洋能源、海洋采集、海洋制药等各种新兴产业也异军突起。

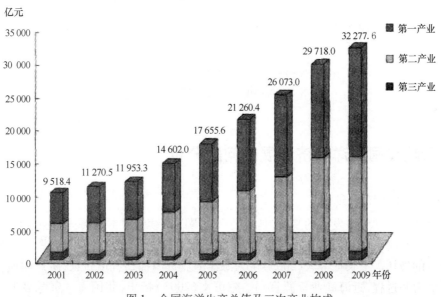

图 1　全国海洋生产总值及三次产业构成

资料来源:中国海洋统计年鉴,2010

113

2. 海洋产业结构分布情况

我国海洋产业大致可分为三类:第一产业指相关部门将海洋产品直接取自自然界,包括海洋渔业、海涂种植业等。第二产业指部门对海洋初级产品进行再加工,包括海洋石油工业、海盐业、海盐化工业、海洋化工业、海滨采矿业、海水淡化业、海水直接利用业、海洋生物制药业等。第三产业指有关部门为海洋生产和消费提供服务,包括海洋交通运输业、海洋旅游业、海洋服务业等。学者们分别从各年产业结构变化角度和不同产业各自发展状况对海洋产业进行了分析:王长征等人(2003)指出,2000年我国第一产业的比重为50.4%,在海洋经济中居主导地位。由于港口的大量兴建,海运业的不断增长,特别是滨海旅游业迅猛发展,海洋第三产业比重迅速上升。2000年我国海洋经济的第三产业的比重为32.8%,远远高于占16.2%的第二产业。王颖等人(2009)点明海洋三次产业结构在不断优化,发展结构呈现出从第一产业到第三产业,然后从第三产业到第二产业的动态演变特征。

如图2所示,2009年我国第一产业的比重约为19.3%,第二产业的比重约为23.2%,第三产业的比重约为57.5%。相对于上文提到的2000年产业结构组成,我国海洋经济结构由"一三二"的马鞍型特征发展为"三二一"的产业结构,与世界海洋经济接轨。

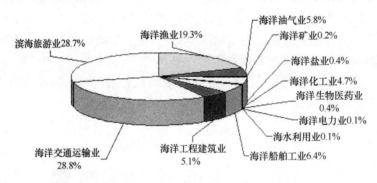

图2　2009年全国主要海洋产业增加值构成

资料来源:中国海洋统计年鉴,2010

三、影响我国海洋经济发展的问题分析

1. 海洋资源破坏严重

海洋资源是海洋经济发展的基础,是各类产业得以持续的根本,对我国经济的可持续发展有着重大的影响。我国拥有丰富多样的海洋资源,但长期不合理的开发对海洋生物资源造成了严重的破坏。王长征等人(2003)认为海洋渔业资源捕捞程度过大,阻碍和损害了资源的再生能力和过程,近海渔业资源衰竭。陈可文(2003)指出,我国海洋资源衰退主要表现在海洋生物资源、海洋矿产资源以及海洋空间资源三个方面。而在目前我国沿海地区面临的最严重的退化为海洋渔业资源,传统优质鱼类在渔获物中所占比例不足20%,已不能

形成渔汛。由于资源开发利用的不合理,使得生态问题变得严重突出。

2. 海洋环境恶化,灾害频繁

我国沿海地带人口众多,社会财富密集,经济发展快速,但时常受到各种类型的灾害威胁,危机人民生命与财产安全。在海洋环境方面,虽然环境污染情况有所缓和,但并没有得到根本性的好转。

2009 年中国全海域未达到清洁海域水质面积约 14.7 万平方千米,比上年增加 7.3%,海洋环境质量仍不容乐观。翟波(2008)指出,2001—2005 年海洋灾害的发生呈上升态势,全海域共发生赤潮 453 次,累计面积 93 260 平方千米。刘明(2010)认为海洋水体的污染不但破坏了海洋生物的生长环境,使海产品的质量大幅度下降,直接影响了海洋渔业的发展,而且阻碍人类的岸线活动,对沿海地区滨海旅游业的发展产生了重大影响。频繁的海洋灾害和恶化的海洋环境严重破坏了海洋生态环境,破坏了物种多样性,引起生物资源的衰减,甚至造成许多排污口附近海域生物绝迹。

3. 海洋产业布局缺乏系统性

海洋产业布局指海洋各产业部门在海洋空间中的有序安排和合理配置。海洋产业布局的合理性与海洋经济的发展有着密切的联系,它们相互影响,相互作用,而一个合理的海洋产业布局能帮助海洋经济快速增长。

针对这点,学者们从几个沿海城市出发,进行了自己的分析:彭伟(2009)指出,目前沿海各区域发展还不平衡,海洋产业结构还不合理,涉海企业自主创新能力还不强,核心竞争力还比较缺乏。刘明(2010)以渤黄海地区为例,青岛港、大连港和天津港争夺北方国际航运中心的地位已有多年,为此,各港口均加大了对新型集装箱码头、大型原油码头和矿石码头的建设力度,促使竞争不断升级;营口港对大连港、烟台港对青岛港等也提出了严峻挑战。综上,我国海洋经济区域布局尽管已取得了重要进展,但区域分工体系仍不完善、协调配合仍不够、仍存在无序竞争等问题,海洋产业布局缺乏系统性。

4. 海洋权益形势严峻

海峡领域是一个国家的重要国权特征,管辖海域是海洋经济可持续发展的物质载体。目前,我国海洋权益保护形势严峻。近 10 年,研究海洋权益的文献已达 160 篇左右。学者们从法律、历史等角度对中国海洋权益进行了思考:王长征(2003)强调 21 世纪作为海洋世纪,海洋争夺与反争夺、侵略与反侵略将更加激烈、复杂。例如东南亚一些国家和日本与我国在南沙、钓鱼岛等在内的岛礁主权归属问题上存在许多争端。我国岛礁被非法强占的已达 44 个之多,而我国作为主权国家仅控制了 8 个。刘明(2010)将我国受到的海洋权益威胁分为三大块:海域划界的纷争、岛屿被侵占及资源被掠夺、海上航道安全面临的挑战,而这些复杂的争议对我国海洋开发活动造成了严重的影响。

由上述来看,我国在维护海洋权益方面面临着十分复杂的形势,矛盾和斗争很尖锐,安全环境面临着潜在的威胁,而管辖权和海洋权益受到严重损害,对我国的海洋资源利用和海洋经济的持续发展会形成潜在的危害。

四、我国海洋经济可持续发展策略

1. 构建平衡的海洋经济发展战略

我国海洋经济基本上走的是高投入、高消耗、低产出的粗放型发展道路,这种发展模式的代价是浪费极大的生物资源和环境资源,是不平衡的。近几年来,许多专家学者对我国海洋资源的合理开发利用和环境保护进行了较广泛的研究,取得了一些重要成果,随着可持续发展研究的不断深入,越来越多的学者从可持续发展的思想出发,更加全面、系统地研究了如何构建海洋经济可持续发展战略问题。

陈东景等人(2006)指出要真正做到海洋经济发展与海洋环境、生态的优良相一致,沿海各级政府和海洋产业经营者、管理者在思想上要转变观念,要彻底改变过去那种只求多快不求好省、只问产出不问投入、只问增长不问消耗的工作思路。他建议从国家层面开始,引导地方政府适当降低各地区的海洋经济增长指标。彭伟(2009)认为海洋生态环境的恶化已成为海洋经济发展的制约,在海洋经济发展过程中,我国必须加大依靠科技节能减排的力度,提高资源利用率,减少经济活动对环境的不利影响,统筹好经济发展与生态环境保护之间的关系。翟波(2008)指出应当从综合的观点出发,制定并实施海洋战略、政策和海洋开发、保护规划,在实施中应建立科学的决策程序,要有利于各有关部门、单位的兼容和平衡。

综上所述,我国应构建平衡的海洋经济发展战略,将绿色海洋 GDP 增长作为衡量海洋经济发展的根本指标,严格控制能耗高、污染严重的产业,淘汰技术落后、布局不合理的企业。大力发展环保产业,将工业废弃物和污染物资源化,利用好循环经济,建立海域海洋资源与环境有偿使用制度,减缓并逐步控制近海岸污染和生态环境的破坏,减轻海洋灾害,改变海洋环境与经济发展不平衡的局面。

2. 调整产业结构,大力发展新兴产业

产业结构是海洋经济可持续发展研究的重要内容。近 10 年来,许多学者对此进行了定性的研究,分析了各年我国海洋经济产业结构的特征,并提出了如何调整产业结构和发展新兴产业的对策措施;也有一些学者从定量的角度出发,建立了一些可持续发展的评价模型,提出了海洋经济可持续发展的途径。李百齐(2007)认为建设和谐海洋需要大力调整海洋产业结构,努力发展高新技术产业和新兴海洋产业,大力发展循环经济,不断实现海洋资源的深度开发和可持续利用。他强调要以尽可能小的资源消耗和环境成本,获取尽可能大的经济效益和环境效益,尽量使海洋资源得到重复使用。王长征等人(2003)认为,应当大力发展海洋油气产业、滨海旅游业、海洋化工等新兴产业。彭伟(2009)提出我国需要依靠科技加快海洋产业结构调整、优化和升级,与发达国家相比我国海洋产业结构比例仍不合理。产业结构调整必须依靠两个主要手段:政策和科技。

从 2010 年中国海洋统计年鉴来看,目前我国海洋产业结构呈现的是"三二一"的合理结构,但比例仍需要向国际海洋大国靠拢。新兴产业属于第三产业,我国应利用科技,加快建立以创新为主体、理论实际相结合的海洋技术开发体系,加快新兴海洋产业发展。我国海

洋经济的发展必须坚持海洋产业规模扩张与优化结构相结合、改造提升传统海洋产业与发展新兴海洋产业相结合、重点培育海洋主导产业与推进海洋综合开发相结合、加快海洋经济发展与提高海洋经济效益相结合[①]。

3. 培养我国海洋经济建设型人才

未来海洋资源开发与海洋经济的竞争,实际上就是海洋科技的竞争。为了增强科技支撑海洋经济科学发展能力,就必须不断提高人才培养力度。彭伟(2009)提到人是生产力中最活跃的要素,是科学技术知识的探索者、传播者和应用者。我国必须加快制定和完善人才培养规划和战略;制定相应政策,鼓励人才和技术在区域、部门和单位之间的扩散与流动;创造良好的人才培养、成长、使用环境。李百齐(2007)认为我国一流的科技人才数量还不多,储备也不多,海洋产业一线的海洋科技人才数量尤其缺乏。加快海洋人才开发战略,各级领导需要进一步提高对海洋科技人才队伍建设重要性和紧迫性的认识,树立科学的人才观;各级机关应加大对科技人才培养的投入;健全机制,营造海洋科技人才的评价机制、激励机制,鼓励人才全力以赴干好海洋事业。

目前我国不少高校都致力于海洋方面的研究,纷纷设立了海洋科学、海洋工程等方面的专业,建立了众多研究开发中心或重点实验室,但海洋科学专业招生人数还是远远低于其他理工科专业,对于中国这样一个海洋大国,这些数量是难以与之相称的。针对这些情况,我国应当做到:深化海洋文化的宣传,营造人才战略环境;推进机制改革,制定海洋人才发展政策;发展海洋科教平台,促进各方交流。

五、小结

在经历了几十年的发展后,我国海洋经济发展有三个方面的特征:海洋经济总值不断创下新高,发展速度逐步提高;海洋产业结构逐步优化,新兴产业不断冒出;海洋经济在世界的地位不断提升,已形成比较完整的产业体系。

然而,从上述现状调研可以发现,海洋经济的可持续发展研究仍存在几个方面的问题:基础理论还不够完善,例如针对海洋经济可持续发展研究的评价指标及模型还不够多,尚无统一标准;技术方法还不够成熟,学科交叉研究尚需加强;海洋经济可持续发展战略研究有待进一步加强,需要落实到行动方案中去。

我们认为,后几十年的海洋经济可持续发展研究趋势可能表现得更为系统性、综合性、交叉性。学者们将会更加注重自然科学与社会科学的综合,定性研究与定量研究的有机结合,进一步深入研究评价指标体系和模型方法,更加关注现代科学技术在该领域的综合应用与技术支撑作用,从而促进我国海洋经济的可持续发展。

参考文献

[5] 王长征,刘毅.《论中国海洋经济的可持续发展》[J].资源科学,2003 年,第 4 期,第 73 - 78 页。

---

① 彭伟.依靠科技推动我国海洋经济科学发展策略分析[J].海洋技术,2009 年,第 3 期,第 134 - 137 页。

［6］　翟波.《海洋资源与海洋经济的可持续发展》[J]. 经营与管理,2008 年,第 6 期,第 29 – 30 页。

［7］　刘明.《我国海洋经济发展潜力分析》[J]. 中国统计,2009 年,第 12 期,第 12 – 13 页。

［8］　许启望,曾澜,殷克东,肖红叶,王晓慧,何广顺.《我国的海洋经济》[J]. 中国统计,2007 年,第 9 期, 第 15 – 16 页。

［9］　刘明.《影响我国海洋经济可持续发展的重大问题分析》[J]. 宏观经济研究,2010 年,第 5 期,第 34 – 38 页。

［10］　王颖,阳立军.《新中国 60 年浙江海洋经济发展与未来展望》[J]. 经济地理,2009 年,第 12 期,第 1957 – 1962 页。

［11］　李百齐.《建设和谐海洋,实现海洋经济又好又快地发展》[J]. 管理世界,2007 年,第 11 期,第 154 – 155 页。

［12］　王颖.《中国海洋地理》[M]. 北京:科学出版社,1996 年,第 256 – 272 页。

［13］　陈可文.《中国海洋经济学》[M]. 北京:海洋出版社,2003 年,第 11 – 12 页。

［14］　王芳.《我国海洋经济发展潜力》[J]. 国土与自然资源研究,1999 年,第 1 期,第 6 – 8 页。

［15］　陈东景,李培英,杜军.《我国海洋经济发展思辨》[J]. 经济地理,2006 年,第 2 期,第 216 – 219 页。

［16］　解力平,徐银泓.《推进海洋经济区域集聚发展——浙江海洋经济发展中的区域集聚问题》[J]. 浙 江经济,2007 年,第 9 期,第 46 – 47 页。

［17］　郑惠明.《浙江沿海港口资源整合研究》[J]. 中国水运,2007 年,第 6 期,第 10 – 11 页。

［18］　马志荣.《我国实施海洋科技创新战略面临的机遇、问题与对策》[J]. 科技管理研究,2008 年,第 6 期,第 35 – 39 页。

［19］　ZHANG Yao – guang. Sustainable development of marine economy in China[J]. Chinese Geographocal Science,2004,14(4):308 – 313.

［20］　ZHANG Yao – guang,HAN Zeng – lin,AN Xiao – peng. Study of the problem on delimitation of manageable sea area between China and other marine neighboring Countries[J]. Scientia Geographica Science, 2000,20(6):494 – 501.

［21］　苏纪兰,蒋铁民.《浙江"海洋经济大省"发展战略的探讨》[J]. 中国软科学,1999 年,第 2 期,第 30 – 33 页。

蓬莱 19 - 3 油田溢油事故给中国政府的法律教训*

蔡先凤

（宁波大学）

摘要 蓬莱 19 - 3 油田溢油事故,导致大量原油和油基泥浆入海,对渤海海洋生态环境造成严重的污染损害。虽然国务院及国家海洋局、农业部等相关政府部门及康菲公司都采取了多方面的应对部署工作,但由于中国的相关法律制度的模糊或缺失,导致中国政府在处理该事故时遇到了很大的挑战。中国政府从中吸取的法律教训主要包括油田溢油事故的环境信息公开、海洋生态损害的国家索赔、涉海法制和实施机制的完善等。

关键词 油田溢油事故 中国政府应对部署 法律教训

随着渤海湾海岸带人口的增加和区域经济的高速发展,人类活动对海岸带生境的影响也越来越大,渤海湾海岸带已成为高脆弱性生态系统[2]。2011 年 6 月 4 日和 6 月 17 日,蓬莱 19 - 3 油田相继发生两起溢油事故,导致大量原油和油基泥浆入海,对渤海海洋生态环境造成严重的污染损害。蓬莱 19 - 3 油田溢油事故属于海底溢油,溢油持续时间长,大量石油类污染物进入水体和沉积物,造成蓬莱 19 - 3 油田周边及其西北部海域的海水环境和沉积物受到污染。河北省秦皇岛、唐山和辽宁省绥中的部分岸滩发现来自蓬莱 19 - 3 油田的油污。受溢油事故影响,污染海域的浮游生物种类和多样性降低,海洋生物幼虫幼体及鱼卵仔稚鱼受到损害,底栖生物体内石油烃含量明显升高,海洋生物栖息环境遭到破坏。

溢油事故造成蓬莱 19 - 3 油田周边及其西北部海域海水受到污染,超第一类海水水质标准的海域面积约 6 200 平方千米,其中 870 平方千米海域海水受到严重污染,石油类含量劣于第四类海水水质标准。海水中石油类含量最高为 1 280 微克/升,超背景值 53 倍。事故导致 10 月底前蓬莱 19 - 3 油田周边海域中、底层海水中石油类含量始终高于表层,主要原因是海底沉积物中石油类的缓慢释放,造成海水中、底层石油类影响持续时间较长[3]。

---

* 本文系浙江省哲学社会科学重点研究基地"浙江省海洋文化与经济研究中心"重点课题"海洋生态环境安全评价体系及法律规制研究——以浙江为例"（课题编号:07JDHY001 - 2Z）阶段性研究成果。

② 雷坤、李子成、李福建:《渤海湾:经济与生态之博弈》,《环境保护》,2011 年第 15 期。

③ 此次溢油事故发生半年后,蓬莱 19 - 3 油田周边及渤海中部海域水质、沉积物质量呈现一定程度改善,但此次溢油事故造成的影响仍然存在,溢油影响海域的海洋生态环境和海洋生态服务功能尚未完全恢复。参见《2011 年中国海洋环境状况公报》。

一、中国政府的应对部署

蓬莱 19 - 3 油田溢油事故发生后,国务院及国家海洋局、农业部等相关部门采取了多方面的应对部署工作。通过开展溢油事故调查处理工作,查清了溢油事故的原因、性质、责任和造成损害的情况。国家海洋局北海分局、康菲公司、中海油共同签订了海洋生态损害赔偿补偿协议,农业部全力推进渔业索赔行政调解工作。

1. 国家海洋局的应对部署

国家海洋局北海分局于 6 月 13 日下达通知,要求康菲公司停止蓬莱 19 - 3 油田回注和钻井作业,减少地层压力,抓紧清理海面溢油。康菲公司按要求开始调集力量回收海面溢油。

2011 年 7 月 28 日,国家海洋局责成康菲公司限期彻底排查溢油风险点、彻底封堵溢油源、加快溢油污染处置(简称"两个彻底")。其中,要求其尽快确定并封堵 B 平台附近溢油源,同时抓紧时间将 C 平台泄漏的海底油污清理完毕,上述工作应在 2011 年 8 月 31 日前完成。

2011 年 8 月 18 日成立了由国家海洋局牵头,国土资源部、环境保护部、交通运输部、农业部、安监总局、能源局参加的蓬莱 19 - 3 油田溢油事故联合调查组,主要负责彻底查明溢油污染事故发生的原因、性质、责任以及污染损害等情况。

2011 年 9 月 2 日,联合调查组一致审议通过了对康菲公司总结报告的审查意见,认定康菲公司没有完成"两个彻底"的要求。国家海洋局责令康菲公司执行蓬莱 19 - 3 全油田停注、停钻、停产作业(简称"三停"或"三停止")等五项处罚措施。

2. 国务院的应对部署

2011 年 9 月 7 日,国务院总理温家宝主持召开国务院常务会议,听取蓬莱 19 - 3 油田溢油事故处理情况和渤海环境保护汇报。渤海蓬莱 19 - 3 油田溢油事故处理已上升至国家层面。会议要求有关部门要切实负起责任,抓紧做好事故调查处理工作。一要督促责任单位彻底排查溢油风险点,封堵溢油源,认真清理油污,切实减轻污染损害,并重新编报海洋环境影响报告书。二要彻底查明事故原因,查清事故造成的危害及损失,依法追究责任,维护受损各方合法权益。三要吸取事故教训,立即部署开展海洋石油勘探开发安全生产检查,全面加强海洋环境监视监测和监督管理,落实安全措施,及时消除各种隐患。四要全面、准确、及时发布事故处置相关信息,真诚回应社会关切。五要着眼长远,抓紧研究完善海洋环境保护的法律法规。

2011 年 11 月 11 日,蓬莱 19 - 3 油田溢油事故联合调查组公布了事故原因调查结论:康菲石油中国有限公司在蓬莱 19 - 3 油田生产作业过程中违反总体开发方案,制度和管理上存在缺失,明显出现事故征兆后,没有采取必要的防范措施,由此导致一起造成重大海洋溢油污染的责任事故。

3. 农业部和国家海洋局公布的最终解决方案

2012年1月25日,农业部网站发布信息称"蓬莱19-3油田溢油事故渔业索赔行政调解达成一致"。康菲公司出资10亿元人民币,用于解决河北、辽宁省部分区县养殖生物和渤海天然渔业资源损害赔偿和补偿问题;康菲公司和中国海油从其所承诺启动的海洋环境与生态保护基金中,分别列支1亿元和2.5亿元人民币,用于天然渔业资源修复和养护、渔业资源环境调查监测评估和科研等方面工作①。但是,这一简短信息发布后立即引起多方质疑。

2012年4月27日,国家海洋局宣布,依据《中华人民共和国海洋环境保护法》的规定,国家海洋局积极推进蓬莱19-3油田溢油事故海洋生态损害索赔工作,在有关部门的密切配合和大力支持下,目前已取得了重大进展。康菲石油中国有限公司和中国海洋石油总公司总计支付16.83亿元人民币,其中康菲公司出资10.9亿元人民币,赔偿本次溢油事故对海洋生态造成的损失;中国海油和康菲公司分别出资4.8亿元人民币和1.13亿元人民币,承担保护渤海环境的社会责任。国家海洋局表示,上述资金将按国家有关法律规定,用于渤海生态建设与环境保护、渤海入海石油类污染物减排、受损海洋生境修复、溢油对生态影响监测和研究等。海洋生态损害索赔终于取得成功,彰显了我国政府对海洋生态环境保护的高度重视,体现了海洋行政主管部门依法行政的决心与能力,提供了修复和改善渤海受损生态环境的资金投入,为建立健全海洋生态赔偿补偿制度提供了有益借鉴②。

据统计,康菲公司和中海油先后两次宣布的赔偿和环境恢复资金共计30.33亿元(加上2012年初农业部的13.5亿渔业资源赔偿协议),其中康菲支付23.03亿元,中海油支付7.3亿元。这意味着,发生于2011年6月的中国最大海上油气田蓬莱19-3溢油事故,其官方索赔以30.33亿的价码了结③。

纵观中国政府处理蓬莱19-3油田溢油事故的整个过程,主要还是通过行政手段和行政方式解决,而不是通过法律途径解决。相关部门改变了通过法律诉讼向康菲维权的态度,主要原因是海洋环境容量损失很难得到法院支持,溢油量、损失程度的判定非常复杂,无法提出足够令人信服的反证等。由此可见,蓬莱19-3油田溢油事故给了中国政府多方面的、深刻的法律教训,具体包括油田溢油事故的环境信息公开、海洋生态损害的国家索赔、涉海

---

① 农业部网站(来源:农业部新闻办公室):《蓬莱19-3油田溢油事故渔业索赔行政调解达成一致》,2012年1月25日发布。

② 参见国家海洋局网站"海洋要闻":《蓬莱19-3油田溢油事故海洋生态损害索赔取得重大进展》、《海洋生态损害索赔的成功实践》(中国海洋报评论员文章),2012年4月27日发布。

③ 渤海湾溢油后的赔偿方式,亦颇具中国特色。农业部的协议达成后,海洋局开始考虑康菲主动提出的建议——以协商沟通代替诉讼。在未公布溢油量、赔偿依据的情况下,国家海洋局宣布蓬莱19-3油田溢油事故海洋生态损害索赔"取得了重大进展"。康菲公司证实,三方(康菲、中海油和国家海洋局)的协议签订于2012年4月26日,并认为把同农业部和海洋局签署的两项协议放在一起考虑,能有效地解决索赔问题。随着官方赔偿尘埃落定,肇事油田复产条件逐步具备,被勒令停产近8个月的蓬莱19-3油田,复产已无悬念。关于复产审批,为避免给公众留下联想空间,当事方均急于撇清赔偿与复产的关联。参见冯洁:《渤海肇事油田复产倒计时——30亿官方索赔'皆大欢喜'》。http://www.infzm.com/content/74869,2012年5月4日浏览。

法制和实施机制的完善等。

二、蓬莱 19-3 油田溢油事故的环境信息公开

蓬莱 19-3 油田溢油事故,是中国有史以来最严重的海上油田溢油事故。2011 年 6 月 4 日和 6 月 17 日,蓬莱 19-3 油田相继发生两起溢油事故。但据称,渤海湾油田漏油的消息最早始于网络,而不是始于康菲公司、中海油或中国政府部门。2011 年 6 月 21 日,有人通过微博透露:"渤海油田有两个油井发生漏油事故已经两天了,希望能控制,不要污染。"发生漏油的油田正是中海油在渤海湾的蓬莱 19-3 油田。很显然,国务院、国家海洋局、山东省政府及康菲公司均未及时向社会公开相关环境信息。《中华人民共和国突发事件应对法》(2007 年)、国务院《国家突发环境事件应急预案》(2006 年)、《中华人民共和国政府信息公开条例》(2007 年)、国家环保总局《环境信息公开办法(试行)》(2007 年)、环保部《突发环境事件信息报告办法》(2011 年)等的有效实施遭遇尴尬①。

1. 中国政府对溢油事故的迟缓反应

2011 年 6 月 4 日 19 点左右,国家海洋局北海分局接到康菲石油中国有限公司报告,称发现海底溢油点,蓬莱 19-3 油田 B 平台东北方向海面发现不明来源少量油膜;6 月 5 日,北海分局在排查中发现气泡,遂命该公司开展自查;6 月 8 日,康菲再次报告,在 B 平台东北方向附近海底发现溢油点,国家海洋局北海分局立即派人员登检平台,提取油样进行油指纹鉴定分析;6 月 12 日,确认溢油源自蓬莱 19-3 油田。6 月 17 日 11 时,北海分局接到"中国海监 22"号船报告:蓬莱 19-3 油田 C 平台附近海域发现大量溢油。随后康菲报告,C 平台 C20 井在钻井作业中发生小型井涌事故。

直到 6 月 30 日,国家海洋局才介入调查。7 月 5 日,国家海洋局召开媒体通报会,向社会公布渤海湾蓬莱 19-3 油田溢油事故相关情况。7 月 28 日,国家海洋局责成康菲公司限期彻底排查溢油风险点、彻底封堵溢油源、加快溢油污染处置(简称"两个彻底")②。8 月 19 日,国务院七部委组成联合调查组,听取康菲和中海油关于事故情况的汇报。8 月 30 日,国家海洋局成立渤海溢油索赔小组;国家海洋局同时表示,养殖业户、渔民个人都有权利向康

---

① 参见朱谦:《理性对待海洋环境污染事件中的信息通报义务——从蓬莱 19-3 油田溢油事件说起》,《法学》,2011 年第 9 期;朱谦:《突发海洋溢油事件政府信息发布制度之检讨——以蓬莱 19-3 油田溢油事件为中心》,《中国地质大学学报(社会科学版)》,2012 年第 3 期。

② 2011 年 8 月 17 日,律师起诉国家海洋局未获立案。北京律师贾方义以个人名义向北京第一中级人民法院递交了起诉状,起诉国家海洋局在蓬莱 19-3 油田溢油事件中行政不作为。贾方义在诉状中指出,国家海洋局没有及时向社会公众通报事故信息。另一方面,国家海洋局将康菲石油定为事故责任方,而未将中海油定位为责任方。

菲提出索赔①。9月1日,国家海洋局核查康菲石油报告及封堵溢油源情况;康菲承认尚未完成油污清理工作。9月2日,联合调查组一致审议通过了对康菲公司总结报告的审查意见,认定康菲公司没有完成"两个彻底"的要求。国家海洋局责令康菲公司执行蓬莱19-3全油田停注、停钻、停产作业(简称"三停"或"三停止")等五项处罚措施。9月7日,国务院听取蓬莱溢油处理汇报,渤海蓬莱19-3油田溢油事故处理才上升至国家层面。而此时距离溢油事故的发生已整整过去了3个月。11月11日,事故联合调查组公布事故原因调查结论。2012年6月,国家海洋局公布《蓬莱19-3油田溢油事故联合调查组关于事故调查处理报告》。

农业部和国家海洋局分别于2012年1月和4月公布了蓬莱19-3油田溢油事故的最终解决方案。但公布的信息非常宏观,引起公众的强烈质疑。

2. 康菲公司对溢油事故信息公开的懈怠处理

渤海溢油事故发生后,虽然康菲公司及时向国家海洋局北海分局报告了溢油情况,但康菲公司随后的所作所为,越来越难以让公众接受。其一,康菲公司在信息披露上遮遮掩掩,损害了群众的知情权②。直到7月6日,康菲中国公司与中海油才首次召开发布会,首次回应公众关切,并公开撒谎说:"原油渗漏点已得到有效控制,油膜回收工作也已基本完成。"③一家知名的外企,连最起码的诚信都付之阙如。其二,康菲公司在事故处理上弄虚作假,环境损失难以估量。从事故发生到8月上旬,康菲公司对海底油污勘测、海底泥浆清理工作却一再延迟。直到9月初,彻底排查溢油风险点、彻底封堵溢油源的工

---

① 2011年8月31日,河北乐亭水产养殖户集体诉讼的代理人刘凤林带着几名养殖户代表,前往天津海事法院,准备对康菲提起诉讼,索赔3.3亿元。天津海事法院以"证据不足"为由将诉讼驳回。河北乐亭渔民诉康菲遭遇4大难点,即诉讼费高、取证难、损失评估难、立案难。11月17日,山东烟台30名受损养殖户集体起诉康菲与中海油,索赔2000多万元。12月7日,河北省唐山市乐亭县栾树等29名海产养殖户,向天津海事法院递交了诉状。12月13日,河北省李学志等107名养殖户向天津海事法院递交了诉状。12月30日,天津海事法院受理蓬莱19-3油田溢油事故引发的养殖户损害赔偿纠纷案。原告是29名养殖户,被告是康菲和中海油。这意味着,康菲溢油事故渔民索赔案终于首次立案。2012年1月10日,中海油总公司和康菲双双表示,已收到天津海事法院通知,29名渔民索赔超过2.3亿元,中海油总公司表示将依法应诉。2012年2月21日上午10点,齐聚的山东省烟台市长岛县砣矶岛204户养殖户代表,举行了一场"长岛油污重灾区直接向康菲索赔新闻发布会"。长岛204户养殖户委托北京华城律所律师贾方义代为索赔,索赔金额共6.06亿元人民币。2012年美国时间3月1日,美国律师事务所Faruqi & Faruqi(F&F)刊发公告称,在纽约交易所上市的中国海洋石油股份有限公司(CEO)及其高管在蓬莱漏油事件中违反了美国联邦证券法关于信息披露的条款,并在网站上公开征集投资者计划对中海油发起集团诉讼。在中美两国律师的推动下,渤海溢油事故中受损的部分中国渔民,决意踏上跨国追索路,沾染着渤海油污的双手,第一次试着敲击美国法院的大门。2012年7月10日,美国得克萨斯州当地时间中午12点,来自美国律师团的确切消息称,中国养殖户起诉康菲石油一案,将于2012年10月1日在休斯敦法院举行预备性听讯,以确定本案是否适合在美国法院审理。参见冯洁、周琼媛:《跨国追索"康菲"路》,http://www.infzm.com/content/78463,2012年7月14日浏览。

② 公众对于中海油和康菲的溢油环境信息披露行为非常不满,认为中海油和康菲未依据中国《海洋环境保护法》的规定,向可能遭受溢油事件污染危害者通报信息。但是,对于此次溢油事件中的中海油和康菲的环境信息披露义务,不能仅仅关注《中华人民共和国海洋环境保护法》的规定,而忽视《中华人民共和国突发事件应对法》中的信息发布制度。随着《中华人民共和国突发事件应对法》的实施,《中华人民共和国海洋环境保护法》规定的中海油和康菲的信息通报义务规范将不再适用。参见朱谦:《理性对待海洋环境污染事件中的信息通报义务——从蓬莱19-3油田溢油事件说起》,《法学》,2011年第9期。

③ 实际上就康菲公司向国家海洋局提交关于"两个彻底"综合报告两天后,新华社记者乘坐中国海监15船于2011年9月2日11时许终于到达溢油事故现场海面,发现现场仍然有油带漂浮,并有油花冒出,清污工作仍在继续。

123

作,仍然无法按期完成。持续三个月的渤海溢油事故,给国家海洋资源造成的损失难以估计。

《中华人民共和国海洋石油勘探开发环境保护管理条例实施办法》(1990年)规定:"为防止和控制溢油污染,减少污染损害,从事海洋石油勘探开发的作业者,应根据油田开发规模、作业海域的自然环境和资源状况,制定溢油应急计划。""发生溢油事故时,作业者应尽快采取措施,切断溢油源,防止或控制溢油扩大。""发生任何溢油事故时,作业者都必须向海区主管部门报告。报告的主要内容包括:事故发生时间、位置、原因;溢油的性质、状态、数量;责任人;当时海况;采取的措施;处理结果。"康菲公司在安全管理上缺乏诚意,必将自毁声誉。深海石油钻探是一项高技术、高风险、高回报的产业。一旦发生安全生产事故,企业追逐利益最大化的本性与最大限度降低公共利益的损失,必然存在冲突。但是,企业也是社会公民,必须承担社会责任。一个不能履行承诺、不服从监管、不对人民负责的企业,必然丧失诚信、自毁声誉,必然不会有很好的发展前途。安全生产事故,是各方都不愿看到的悲剧。作为肇事一方,事故一旦发生,就必须拿出勇气和担当,妥善处置,使公共利益的损失降到最低①。

三、海洋生态损害国家索赔的基本问题

"损害乃财产或法益所受之不利益"②,环境损害即是环境影响所造成的损害。鉴于环境侵权的复杂性,在环境利益原则下,环境损害也是多层次的:既有环境损害,也有人身、财产损害。环境损害既包括由于排放污染物造成的大气污染、水污染、土地污染、海洋污染而导致的危害,也包括发射噪声、产生振动、放射性、电磁辐射、热能、阻挡日光等对财产和人身健康造成的损害,还包括由于建设和开发活动对生态造成的破坏③。环境损害的范围,广义上可包括自然生态的损害与经环境媒介造成的环境损害。环境损害具有以下特征:它是人为灾害,并经长期酝酿所产生,因而不同于突发性灾害;它是经多重媒介体间接且继续的侵害;其主体即加害人或被害人与损害的内容常为不明确的多数④。

我国环保部在其《环境污染损害数额计算推荐办法(第Ⅰ版)》中指出,环境污染损害是指环境污染事故和事件造成的各类损害,包括环境污染行为直接造成的区域生态环境功能和自然资源破坏、人身伤亡和财产损毁及其减少的实际价值,也包括为防止污染扩大、污染修复和/或恢复受损生态环境而采取的必要的、合理的措施而发生的费用,在正常情况下可以获得利益的丧失,污染环境部分或完全恢复前生态环境服务功能的期间损害⑤。

由于生态环境具有很强的公共物品的特性,如空气、阳光、水等被视为"无主财产",这种公共物品的价值不仅具有经济价值,更重要的是具有生态价值。而生态价值由于很难进

① 参见新华时评:《"康菲"不能再玩欺骗》,据新华社北京2011年9月3日电。
② 史尚宽著:《债法总论》(上册),北京:中国政法大学出版社,2000年,第227页。
③ 王灿发:《论环境纠纷处理与环境损害赔偿专门立法》,《政法论坛(中国政法大学学报)》,2003年第5期。
④ 陈慈阳著:《环境法总论》(第2版),台湾元照出版公司,2003年,第423、427页。
⑤ 参见环境保护部文件《关于开展环境污染损害鉴定评估工作的若干意见》(环发[2011]60号)及《环境污染损害数额计算推荐办法(第Ⅰ版)》,2011年5月25日发布。

入市场,往往难以货币化。既然环境损害难以量化,则很难确定地证明加害人的行为造成的人身、财产损害之外的环境污染的经济衡量。在量化环境损害的经济价值方面,目前已经总结并开始运用一些科学有效的环境损害的评估方法。只要人类真正认识到生态损害及其赔偿的重要性,对生态环境损害进行法律界定,生态损害的经济量化完全可以得到有效解决。

海洋生态损害索赔的基本问题包括责任人(污染者)的确定、因果关系的认定、损害评估、法律适用等。责任人(污染者)的确定是指必须能够确定法律意义上的污染者。因果关系的认定就是必须证明被指控的行为与海洋生态环境损害之间的因果关系。损害评估即量化生态环境所遭受的损害,如何评估这类损害还存在若干未知的事物,因为环境因素常常被误认为是无主物,且不具有经济价值;同时,环境损害评估还具有相当的个案差异性。在适用法律方面,适用于赔偿请求的法律当然由有管辖权的法院确定。

蓬莱 19-3 油田溢油事故对渤海造成的直接经济损失,比较容易估算,漏油应急清理也并不困难,但其间接性生态危害将要持续多年,危害范围会逐渐蔓延。渤海海域即将发生的生态问题将可能会表现为以下几个方面:

其一,渤海海域内的鸟类、鱼虾类动植物大量死亡,大部分海水养殖场将会相继减产,海产品滞销,部分海水养殖场将会倒闭破产;

其二,渤海海域内的一些物种可能会加速灭绝,尤其是珍稀濒危物种,植被退化,渔业品种将会更加单一;

其三,食物链将受到污染,各类污染物进入食物链后,直接影响到周边居民的健康;

其四,渤海海洋功能明显减弱,包括海水养殖、海洋生物保护区、旅游度假、休闲娱乐、海水浴场、滨海食品加工、晒盐、海水淡化等,如生态继续恶化,鱼虾类产卵场、索饵场等区域的生态系统将会严重失去平衡,病毒变异类疫病将会随时出现[①]。

针对渤海溢油事故的生态索赔问题,国家海洋局提出了"坚持两个切实",即切实依法维护渔业渔民的合法权益,切实依法维护国家海洋生态环境利益。

1. 原告和被告主体资格的确定

民法理论认为,侵权行为赔偿权利人为行为的直接被害人,而在环境侵害中,不发生侵害行为与受害人的直接指向关系。从环境利益原则出发,前述指向关系可以理解为一种利益关系,且具高度盖然性即可成立。因此,环境侵害赔偿权利人的范围有扩大的趋势,如《1970 年密执安环境保护法》第 2 节第 1 条规定:"为了保护空气、水体和其他自然资源以及公共信托客体,使其免受污染,任何个人、合伙、公司、社团组织或其他法律实体均得在据称的违法行为发生地或可能发生地具有管辖权的巡回上诉法院对州的分支机关,任何个人、合伙、公司、社团、组织或其他法律实体提起谋求宣告或衡平救济的诉讼。"甚至也有代替后代人请求抑制环境侵权的判例出现。

环境损害赔偿的义务人为环境侵权加害人。环境侵权的实质为因一定设施或行为而造成环境影响所致的他人生命、身体、健康或财产的损害。因此,该设施的经营者应当成为环境损害赔偿的责任人。首先是设施的概念和范围。一般而言,设施具有广泛的意义,但是在

---

① 赵章元:《康菲漏油后渤海生态面临哪些灾难》,《新京报》,2011 年 9 月 20 日,第 A02 版。

环境法领域,设施是指地点固定之设置,包括机械、器具、运输工具和其他地点可以变动的技术上之设施,以及具有在一个空间或运输技术上的共同关联性且对环境影响之形成具有重要性之附属设施。需要注意的是,它不仅包括正在营运的设施,还包括尚未完成或已经停止运转的设施,如果这些设施的运作造成了环境影响,其经营者仍需承担赔偿责任。关于设施的具体类型和范围,可以由法律参照社会生活作出限定。借鉴台湾地区的立法及理论研究,设施可以分为:热力、矿业、能源类;石头及土壤、玻璃、陶瓷类、建材类;煤、铁及其他物质类;化学产品、药物、石油提炼及再加工类;木材、纤维类;食品、饲料、农产品类;废弃物及残余物质类;物质装卸类;其他类①。其次是设施经营者。设施经营者是指直接管理运作该设施从中受有利益的人,因为其直接管理便负有注意义务,其又因从设施营运中获取利益,当然就是设施造成环境影响而致损害的环境赔偿的责任人。设施经营者不同于设施所有者,因为可以发生所有与占有分离的情形。在损害环境设施确定而经营者与所有者无法区分的时候,应由该设施的经营者和所有者承担连带赔偿责任。

虽然中国尚未建立起完善的海洋生态损害索赔诉讼机制,但国家海洋局能够依法提起海洋生态损害索赔诉讼。其依据是《中华人民共和国海洋环境保护法》第九十条第二款规定,即"对破坏海洋生态、海洋水产资源、海洋保护区,给国家造成重大损失的,由依照本法规定行使海洋环境监督管理权的部门代表国家对责任者提出损害赔偿要求"。根据这一条款,国家海洋局在海洋环境遭受破坏、国家遭受重大损失的情况下,肩负着代表国家提起损害赔偿诉讼的重任。国家海洋局之所以能够依法提起海洋生态损害索赔诉讼,原因在于其代表国家行使海洋资源所有权,油污泄漏导致海洋生态环境损害,实际上是侵害了国家的海洋资源所有权。当然,国家海洋局提起诉讼能够救济的也仅限于国家的海洋资源和海洋生态损失,其中并不包含公民、法人和其他组织因海洋生态环境损害而导致的财产和人身损害②。

2011年8月30日,国家海洋局方面称,蓬莱19-3油田溢油事故对中国渤海海域造成了严重污染,根据《中华人民共和国海洋环境保护法》等相关法律、法规,各有关方都有权利向责任方提出损害索赔。沿海16个省市政府和当地的养殖业户、渔民个人都有权利索赔。国家海洋局局长刘赐贵曾指出:"任何企业损害我国海洋环境都必将付出代价。国家海洋局将代表国家依法依规向事故责任方提起海洋生态损害索赔诉讼。"此外,由国家海洋局牵头组成的七部委联合调查组正在抓紧取证,为鉴定事故级别做准备。

为向渤海湾蓬莱19-3溢油事故的责任方提起海洋生态损害索赔诉讼,经国内法律和海洋专家组评审,国家海洋局北海分局的法律服务机构团队开始公开选拔工作,中国的官方律师团队已于2011年8月底正式披挂上阵。当然,可以肯定的是,康菲公司也开始在华寻找颇具代理经验的律师。中国的律师团队正加紧研读国家海洋局提供的"海量材料",进入诉讼准备阶段。

---

① 陈慈阳著:《环境法总论》(2003年修订版),北京:中国政法大学出版社,2003年,第334页。
② 薄晓波:《康菲漏油生态和人身财产赔偿都不能少》,《中国环境报》,2011年9月19日。关于海洋生态损害赔偿的法律问题,可参见徐祥民、高振会等著:《海上溢油生态损害赔偿的法律与技术研究》,北京:海洋出版社,2009年,第8页。

确定被告的主体资格，是律师团队面临的首个难题。尽管当时国家海洋局在通报批评和责令清污堵漏时仅提及康菲公司一家，但从法理上讲，持有溢油平台51%权益的中海油，以及在合同条款中可能存在理赔责任的商业保险公司，都有可能被列为共同被告。

康菲石油作为作业方应该是事件的直接责任者和主要责任者，但并不是说中海油就完全没有责任。在事件发生后，双方作为上市公司都有义务对外披露情况。溢油事件已对生态环境影响较大，事态也进一步扩大，即使是非作业方也要承担连带责任。

首先，关键问题是如何确定污染者。

依据一般法理，每个民事主体都要为自己的行为负责。根据《中华人民共和国民法通则》第一百一十七条规定："损坏国家的、集体的财产或者他人财产的，应当恢复原状或者折价赔偿。受害人因此遭受其他重大损失的，侵害人并应当赔偿损失。"《中华人民共和国侵权责任法》第六十五条明确规定："因污染环境造成损害的，污染者应当承担侵权责任。"依据一般民法规则，污染者须为其污染行为承担责任。《中华人民共和国海洋环境保护法》第九十条规定："造成海洋环境污染损害的责任者，应当排除危害，并赔偿损失。"《中华人民共和国海洋石油勘探开发环境保护管理条例》（1983年）规定，承担责任的为违反《海洋环境保护法》以及本管理条例的"企业、事业单位以及作业者"，而对作业者的定义则为"是指实施海洋石油勘探开发作业的实体"。

在本案中，康菲公司是进行海上钻井平台作业的实体，它既是"作业者"又是引起海洋污染的企业，理应由其为此次严重的海洋污染承担法律责任。而且，康菲公司作为具有独立民事行为能力的法人，应该就其财产独立承担民事和行政责任。2012年6月21日，国家海洋局公布的《蓬莱19-3油田溢油事故联合调查组关于事故调查处理报告》指出，蓬莱19-3油田溢油事故是造成重大海洋溢油污染的责任事故。按照签订的对外合作合同，康菲公司作为该油田的作业者承担溢油事故的全部责任。

其次，中海油至少应承担社会责任。

一般而言，企业社会责任（Corporate social responsibility）是指企业在谋求股东利润最大化之外所负有的维护和增进社会利益的责任。在中国，所谓公司社会责任，是指公司不能仅仅以最大限度地为股东们营利或赚钱作为自己的唯一存在目的，而应当最大限度地增进股东利益之外的其他所有社会利益。这种社会利益包括雇员（职工）利益、消费者利益、债权人利益、中小竞争者利益、当地社区利益、环境利益、社会弱者利益及整个社会公共利益等内容，既包括自然人的人权，尤其是《经济、社会和文化权利国际公约》中规定的社会、经济、文化权利（可以简称为社会权），也包括自然人之外的法人和非法人组织的权利和利益。其中，与公司存在和运营密切相关的股东之外的利害关系人（尤其是自然人）是公司承担社会责任的主要对象。可见，公司社会责任并不仅仅意味着公司的利他主义行为或慈善行为①。

企业社会责任具有以下显著特征：其一，企业社会责任是一种关系责任或积极责任；其

---

① 到底什么是公司社会责任，为什么要强调公司社会责任，公司社会责任与传统公司法确认的公司作为营利法人的本质之间是什么关系，如果公司社会责任具有其相当的合理性，那么应当如何去设计富有实效的制度安排等等问题，都急需从理论上得到回答。参见刘俊海：《强化公司社会责任的法理思考与立法建议（系列论文）》，http://www.civillaw.com.cn/article/default.asp?id=31755,2007年5月30日浏览。另外，还可参见刘俊海的相关专著，恕不在此一一列出。

二,企业社会责任以企业的非股东利益相关者为企业义务的相对方;其三,企业社会责任是企业的法律义务和道德义务的统一;其四,企业社会责任是对传统的股东利润最大化原则的修正和补充。一般而言,企业社会责任包括但不限于以下几项内容:一是对雇员的责任;二是对消费者的责任;三是对债权人的责任;四是对环境、资源的保护与合理利用的责任;五是对所在社区经济社会发展的责任;六是对社会福利和社会公益事业的责任[①]。其中,企业对环境、资源的保护与合理利用的责任是企业对全人类和后代人高度负责的体现,因为环境、资源的保护与合理利用是实现人类经济社会可持续发展的前提和基础。可以认为,环境、资源的保护与合理利用既是一种典型的企业社会责任,也是企业尤其是大型企业最大、最重要的社会责任。

中海油作为项目的合作方,一般情况下不承担责任。但从环境污染侵权责任的角度,中海油有可能因存在过错而遭到索赔承担责任。根据《中华人民共和国侵权责任法》第六十八条的规定,"因第三人的过错污染环境造成损害的,被侵权人可以向污染者请求赔偿,也可以向第三人请求赔偿。污染者赔偿后,有权向第三人追偿。"《中华人民共和国环境保护法》、《中华人民共和国海洋环境保护法》都有类似规定。

由于双方的合作开发合同具体内容尚未披露,因此不能确定中海油是否承担责任,以及如果承担责任,应承担怎样的责任。如果存在风险共担的条款,或者此次漏油事件中中海油存在疏于监督、检修、对出故障设备有质量责任、应急处理失误等可能违反合同项下义务的情况,则中海油可能需要在康菲公司向受害方和政府承担相应民事责任和行政责任后,向康菲公司承担违反合同义务的责任。

《中华人民共和国公司法》(2005年修订)第五条规定:"公司从事经营活动,必须遵守法律、行政法规,遵守社会公德、商业道德,诚实守信,接受政府和社会公众的监督,承担社会责任。"这是中国企业立法首次对企业社会责任作出确认,是中国企业承担社会责任立法的重大突破。环境保护部在其《关于开展环境污染损害鉴定评估工作的若干意见》(环发〔2011〕60号)中指出:"目前,在我国环境管理实践中对私益环境损害的赔偿远不能足额到位,对公益环境损害的赔偿更是很少涉及。开展环境污染损害鉴定评估工作,对环境污染损害进行定量化评估,将污染修复与生态恢复费用纳入环境损害赔偿范围,科学、合理确定损害赔偿数额与行政罚款数额,有助于真实体现企业生产的环境成本,强化企业环境责任,增强企业的环境风险意识,从而在根本上有利于解决'违法成本低,守法成本高'的突出问题,改变以牺牲环境为代价的经济增长方式。"

虽然漏油事故的作业方和直接责任者是康菲公司,但中海油作为股份有限公司,也应当受到《中华人民共和国公司法》第五条社会责任原则的约束。该条款中的"承担社会责任"理应包括承担保护环境的社会责任,并"接受政府和社会公众的监督"。企业的社会责任也理应包括对环境与资源的保护与合理利用的责任,而且此项责任是一种典型的企业社会责任。因为环境与资源的保护与合理利用不仅关系到当代人类的切身利益,而且事关人类子孙后代的生存和发展,是实现人类社会可持续发展的前提和关键,是企业对全人类和后代人

---

① 李昌麒主编:《经济法学》(第2版),北京:法律出版社,2008年,第210－213页。

负责的体现①。

最后，确定原告的主体资格，也是中国律师团队面临的一个难题。除了有"直接利害关系"的当事人——受损渔民，公益组织和社会团体无法通过普通的民事诉讼程序进入诉讼渠道。根据《中华人民共和国环境保护法》第十六条、第三十八条规定，只有地方政府和主管部门拥有起诉康菲的权利，只有当地政府和相关部门结成诉讼同盟，共同维权才具有可行性。通过公益组织和社会团体的诉讼来索赔，胜诉的希望非常渺茫。2011年9月2日，国家海洋局宣布，针对蓬莱19-3油田溢油事故造成的海洋生态环境损害，根据《中华人民共和国海洋环境保护法》第九十条第二款的规定，国家海洋局将代表国家对康菲中国提出生态索赔②。

2. 因果关系的认定

因果关系是指客观事物、现象之间的原因与后果之间的关联性。在环境诉讼中，由于适用无过错责任原则，免责事由由法律规定，因而因果关系的认定具有非常重要的意义。首先，由于环境侵权一般具有间接性，通过环境介质传播，且往往要经过一段很长的时间才会显现出损害结果，因此，环境侵权的因果关系具有复杂性、长期潜伏性，证据也容易灭失。其次，由于人力、物力和科学技术的局限，要查明排污行为与危害后果之间的因果关系并非易事。由于环境污染侵权的双方当事人一般处于实力不对等的状态，加害人是拥有高科技的工业企业，技术和财力都非常雄厚，受害人是普通的民众，要想准确证明加害人的加害行为与损害事实之间的客观联系，实属不易。在受害人众多且加害人的行为与损害结果之间表面上看不出直接的因果关系，损害结果的发生又是多种因素长期综合作用的结果等情况下，如果处理此类环境案件仍要求有严密科学的因果关系的证明，要求受害人提供明确无误的证据，并按通常的诉讼程序去查证因果关系，就会拖延诉讼时间，使受害人无法得到及时、充分、有效的赔偿，甚至可能承担败诉的风险。最后，在确定因果关系时，多因一果的现象经常出现。受害人很难或根本无法证明谁是致害人。为了平衡双方当事人实质上的不平等，法律应该发挥其利益协调器的作用，通过权利义务的设置使二者的法律地位趋于实质平等。为此，在排污行为与损害结果的因果关系认定上，可采用因果关系推定的方法，即在确定排污行为与损害结果之间的因果关系时，如果无因果关系的直接证据，则通过间接证据推定其因果关系。

由于因果关系复杂多样，在理论上如何确定因果关系，便产生了多种学说，如优势证据说、疫学因果关系说、盖然性因果关系说、间接反证说等。因果观念是人类一切自觉活动必不可少的逻辑条件，人类在研究任何社会现象普遍联系的过程中，都离不开哲学上原因和结果以及因果关系作为基本指导原则。当人们运用哲学上因果关系原理来指导法律上的原因和结果及其相互关系时，就形成了法律上（如侵权法或民法）的因果关系概念。

如前所述，蓬莱19-3油田溢油事故联合调查组在勘察溢油事故现场、质询相关责任

---

① 李昌麒主编：《经济法学》（第2版），北京：法律出版社，2008年，第213页。

② 另可参见曹明德、王婉璐：《渤海油田漏油事故法律问题分析》，《法学杂志》，2012年第3期；曹明德、王婉璐：《"康菲"渤海漏油案索赔十问》，《新京报》2011年9月3日，第B04/B05版。

方、调阅大量原始数据资料、原因分析等工作基础上认定,由于康菲公司没有尽到合理审慎作业者的责任,蓬莱19-3油田溢油事故属于责任事故。

3. 海洋生态损害的评估

随着中国对外开放和海洋经济的迅速发展,海洋溢油造成环境污染损害的风险日益加剧,近年来频繁发生的海洋溢油事故对海洋生态环境带来了重大损失,迫切需要加强监管,以保护海洋生态环境,保障人民财产及健康安全。在海洋溢油事故处理中,除了对事故现场造成的直接损失进行调查外,还需要对生态环境方面的损害进行科学评估。

环境损害事件发生后,受害人除可依据民法正当防卫的规定行使自力救济权利以外,还可提起民事诉讼,向加害人主张损害赔偿。然而,求偿者虽得到巨额赔偿,但却致使企业不愿投资防治污染,环境污染和损害依然存在。解决环境损害问题的最大困难在于,经济开发、科技发展和资源利用形态,对于人类生命、身体、财产以及自然生态破坏的现象,已大大超过传统民法体制所规范的民事责任基础架构的负担程度。环境损害具有其特殊性,已成为当今社会的严重问题。发达国家十分重视环境损害问题的处理,这关系到改善和提高国民的生存环境和生活质量、强化国民的法律信仰以及社会稳定等一系列方面。对国民因环境损害所受权利侵害之请求权,发达国家已通过特别法律加以规范,如德国的环境损害赔偿法(Umwelthaftungsgesetz)。因此,为了使受害人的权利获得比较周全的保障,必须建立一套行之有效的赔偿和补偿救济制度①。

在环境领域恢复原状比其他领域更加困难,而评估环境损害还存在着若干未知事物,因为人们往往认为环境因素不具有经济价值。以"阿莫科-卡迪兹"号(Amoco Cadiz)油轮污染事件为例,该油轮沉没造成大面积海上污染,致使法国布列塔尼(Brittany)地区海域遭遇"黑潮"。油污受害者向美国伊利诺州北区法院起诉,该法院详细审查了法国政府、市镇、个人、牡蛎养殖者、渔民以及环境保护协会等提出的请求,于1988年1月11日对赔偿请求做出判决②。判决下列不同类型的损害应获得赔偿:

1. 政府工作人员的清污行动和相关差旅费、自愿参加清污行动者的相关支出费用(不含报酬);

2. 为实施清污行动而购买物质和设备的相关合理支出;

3. 使用公共建筑的相关费用;

4. 市镇为恢复海滨和港口而支出的费用;

5. 部分个人在油污事故当年本应获得的盈利。

---

① 陈慈阳著:《环境法总论》(第2版),台湾元照出版公司,2003年,第423页。

② 1978年3月,超级油轮"阿莫科·卡迪兹"号在离法国布列塔尼海岸不远处触礁,从而酿成了世界上最严重的石油污染事件之一。该致害油轮的登记船东是利比里亚的阿莫科运输公司,其真实的所有人是阿莫科运输公司的母公司——总部设在美国伊利诺州的STANDARD跨国石油公司。该油轮泄漏造成污染损害事故后,考虑到其实际造成的损失额远远超出《1969年国际油污损害民事责任公约》(CLC1969)中规定的责任限额,包括法国国家和地方政府、自然保护者协会、专业团体等在内的赔偿请求人为寻求更切合实际的保护,回避适用CLC1969,向该船舶真实所有人STANDARD跨国石油公司的住所地法院——美国法院提起诉讼,因为美国不是CLC1969的成员国,其国内的《1990年油污法》规定的赔偿范围比CLC1969更为具体而且范围广,责任限额也更高。

但最令人失望的是,判决未认定环境损害应获得赔偿。法院驳回了赔偿污染区生物损失的请求,理由是评估这类损失非常复杂,此类损害是"无主物"所遭受的,任何个人和组织都无权对此提出请求;市镇作为海洋公共区域的保护者对其正当利益遭受的损害要求赔偿的权利没有得到承认;判决宣称支付给渔民和渔民协会的赔偿中已经包括了生态系统损害的赔偿,其依据是因生态系统损害而导致渔民捕鱼量减少及其遭受的损失;对于法国政府预计实施的恢复生态系统的计划,法院只接受为重新引进受到污染及其后果影响的物种而实际支出的费用,其理由是,如果初期的研究活动是有益的,后续的计划则勿需被告投入资金。法院甚至认为此项计划的执行是不可靠的。

生态学界对法官如此不重视生态的恶化而感到非常遗憾。可以认为,在解决如何评估生态损害及其赔偿这个复杂的问题方面,我们丧失了一次前进的良机[①]。

事实上,中国海洋生态环境索赔第一案"塔斯曼"海轮溢油案具有借鉴意义。2002 年 11 月 23 日马耳他籍"塔斯曼"海轮与中国大连"顺凯一号"轮在天津渤海海域发生碰撞,导致"塔斯曼"海轮所载的 205.924 吨文莱轻质原油入海,溢油扩散面积从 18 平方千米至 205 平方千米波动变化。2004 年 12 月经国家海洋局授权,天津市海洋局向天津海事法院提交诉状,要求"塔斯曼"海轮的船主英费尼特航运公司和伦敦汽船船东互保协会为海洋生态环境污染损害进行赔偿,索赔金额为 1.7 亿元。2004 年 12 月 30 日天津海事法院作出一审判决,判令被告赔偿损失共计 4 209 万元:其中包括海洋环境容量损失 750.58 万元,调查、监测、评估费及生物修复研究经费 245.23 万元;赔偿天津市渔政渔港监督管理处渔业资源损失 1 500 余万元;赔偿遭受损失的 1 490 名渔民及养殖户 1700 余万元。被告不服一审判决结果,上诉至天津市高级人民法院。2009 年,该案终审判决,判令被告赔偿 1 513.42 万元人民币。由于该案包含 10 个案件,其中由天津市海洋局最终就海洋生态损害获赔的金额,并未为外界所知。该案成为首例由中国海洋主管部门依法代表国家向破坏海洋生态的责任人提出海洋生态损害赔偿要求的案件,亦成为迄今国内就海洋生态破坏事件作出的首次判决。

2007 年,国家海洋局以该案为基础,发布了《海洋溢油生态损害评估技术导则》(以下简称《技术导则》),对海洋生态损害的评估程序、评估内容、评估方法和评估要求作出了初步规定[②]。该《技术导则》行业标准的起草过程和技术内容符合法律、法规的规定,将当前国际和发达国家通行的技术方法和评估工作程序与中国的实践相结合,具有科学性、先进性、可操作性和适用性,对于开展海洋溢油造成的生态损害进行科学评估,促进海洋资源和环境的可持续发展,具有重要指导作用。2011 年 5 月,环境保护部颁布了《关于开展环境污染损害鉴定评估工作的若干意见》和《环境污染损害数额计算推荐方法(第 I 版)》。其规定,全面完整的环境污染损害评估范围包括:人身损害、财产损害、生态环境

---

① [法]亚历山大·基斯著,张若思编译:《国际环境法》,北京:法律出版社,2000 年,第 365 - 367 页。

② 国家海洋局于 2007 年 4 月 9 日批准发布《海洋溢油生态损害评估技术导则》行业标准(编号:HY/T 095 - 2007)。该标准为推荐性海洋行业标准,自 2007 年 5 月 1 日起实施。该标准的制定参考了国际海事组织(IMO)制定的《1992 年国际油污损害民事责任公约》,借鉴了美国海洋与大气管理局(NOAA)发布的《自然资源损害评估指导手册》等。该标准规定了海洋溢油对海洋生态损害的评估程序、评估内容、评估方法和要求,适用于在中华人民共和国管辖的海域内发生的海洋溢油事件的生态损害评估。

资源损害、应急处置费用、调查评估费用、污染修复费用、事故影响损害和其他应当纳入评估范围内的损害①。

从 2011 年 6 月开始,国家海洋局北海分局已着手生态环境损害评估调查。6 月 14 日向渤海沿岸各省、市通报情况,要求沿海各地搜集相关索赔证据。截至 8 月底,北海分局已经基本完成此次事故污染海域的生态调查评估工作,取得了大量监测和调查资料,为下一步受害方损失的索赔,如养殖业、渔业损失以及海洋生态环境的损害索赔提供了具有法律依据的第一手资料。北海分局根据这些资料编制蓬莱 19 - 3 油田溢油损害评估报告,为各受害方和国家索赔提供依据。②同时,北海分局已完成 4 次大规模的生态调查工作,并辅以补充调查工作。共监测覆盖溢油影响区域及周边海域面积达 2.43 万平方千米,基本掌握了本次溢油对水质、沉积物和生物生态的影响③。

根据国家海洋局 2012 年 6 月 21 日公布的《蓬莱 19 - 3 油田溢油事故联合调查组关于事故调查处理报告》,溢油事故发生后,农业部、国家海洋局依据职责分别开展养殖渔业损失、天然渔业资源损害和海洋生态损害索赔工作。海洋生态损害的评估结果表明,溢油事故造成的海洋生态损害价值总计 16.83 亿元人民币,主要包括海洋环境容量损失、海洋生态服务功能损失、海洋生境修复、海洋生物种群恢复费用等。在养殖渔业、天然渔业资源损害索赔方面,康菲公司出资 10 亿元人民币,用于解决河北、辽宁省部分区县养殖生物和渤海天然渔业资源损害赔偿补偿问题;康菲公司、中海油分别从海洋环境与生态保护基金中列支 1 亿元和 2.5 亿元人民币,用于天然渔业资源修复和养护等方面工作。

4. 法律适用问题

2010 年 4 月墨西哥湾漏油事故发生后,就在英国石油公司承诺用 200 亿美元建立赔偿基金后,美国司法部门仍于当年底以《清洁水法》、《石油污染法》以及《濒危物种法》等数部法律为根据,追究英国石油集团公司(BP)的责任,并要求索赔和惩罚。若英国石油公司最终被判定负有完全责任,还将面临超过 210 亿美元的罚金。2012 年 3 月 2 日,英国石油公司宣布,已与一个由墨西哥湾漏油事件原告组成的委员会达成庭外和解协议,将赔偿原告 78 亿美元。

相较之下,中国的相关法律体系则明显薄弱。根据《中华人民共和国海洋环境保护法》和《中华人民共和国侵权责任法》的明确规定,康菲公司应为海洋生态损害行为承担赔偿义务。另外,《中华人民共和国海洋石油勘探开发环境保护管理条例实施办法》(1990 年)规定了较具体的海洋环境污染损害赔偿责任,包括:"1. 由于作业者的行为造成海洋环境污染损害而引起海水水质、生物资源等损害,致使受害方为清除、治理污染所支付的费用;2. 由于作业者的行为造成海洋环境污染损害而引起受害方经济收入的损失金额,被破坏的生产工具修复更新费用,受害方因防止污染损害所采取的相应的预防措施所支出的费用;3. 为

① 参见环境保护部文件《关于开展环境污染损害鉴定评估工作的若干意见》(环发[2011]60 号),2011 年 5 月 25 日发布。另外,2010 年 6 月 12 日,山东省财政厅、海洋与渔业厅联合制定印发了《山东省海洋生态损害赔偿费和损失补偿费管理暂行办法》,这是中国首个海洋生态方面的补偿赔偿办法。

② 有关海洋溢油生态损害评估,可参见高振会、杨建强、王培刚等编著:《海洋溢油生态损害评估的理论、方法及案例研究》,北京:海洋出版社,2007 年。

③ 张艳:《海洋局成立渤海溢油索赔小组 正编制损害评估》,《京华时报》2011 年 8 月 31 日。

处理海洋石油勘探开发引起的污染损害事件所进行的调查费用。"但海上钻井平台溢油事故的赔偿标准的确定,目前在中国还缺乏明晰的法律条款。在法律法规缺失时,国家海洋局颁布的《海洋溢油生态损害评估技术导则》(简称《技术导则》)就对确定索赔额度至关重要。但康菲公司肯定会抗辩,认为《技术导则》属于行业规范,并质疑其法律效力。有学者指出,根据中国民商法领域不成文的约定,在法律法规的盲区,行业标准可以作为判决依据①。

另有人认为,此次康菲公司油污索赔案还可通过另一个途径处理。1999年,中国加入由国际海事组织(IMO)制定的《1992年国际油污损害民事责任公约议定书》。2000年,该公约在中国生效。该公约2000年修正案中还提到:"提高了船舶所有人的油污损害责任限额和基金的赔偿限额",合计金额在任何情况下不应超过89 770 000特别提款权(特别提款权是国际货币基金组织创设的一种储备资产和记账单位,亦称"纸黄金")。该公约在"塔斯曼"海轮溢油案中就曾起到了良好的法律保障作用,成为索赔程序中的重要佐证,在此次康菲公司油污索赔案中亦可发挥重要作用。但该公约主要针对船舶污染损害,是否适用于钻井平台溢油损害就要看中方律师团对公约条文的解读能力以及法庭判罚的开放程度②。

还有专家提出,不认同"中国法律体系管不住康菲公司"的说法。中国海洋石油对外合作最大的特点是法律先行,最成功之处也是法律先行,最受外商赞扬的还是法律先行。其中,《中华人民共和国对外合作开采海洋石油资源条例》早在中国海洋石油总公司成立之前就已颁布③。该条例规定,中华人民共和国的内海、领海、大陆架以及其他属于中华人民共和国海洋资源管辖海域的石油资源,都属于中华人民共和国国家所有。为开采石油而设置的建筑物、构筑物、作业船舶,以及相应的陆岸油(气)集输终端和基地,都受中华人民共和国管辖。对于国内法律体系没有涉及的,该条例列明了"国际惯例"条款,即"作业者和承包者在实施石油作业中,应当遵守中华人民共和国有关环境保护和安全方面的法律规定,并参照国际惯例进行作业,保护渔业资源和其他自然资源,防止对大气、海洋、河流、湖泊和陆地等环境的污染和损害"。这是因为大约30年前立法时,我们对国际立法不大了解,又要防止法律出现漏洞被钻空子。令人遗憾的是,后来由于种种原因,我们对法律完善、法律制定和法律监管等工作有些放松。但是,该条例已明确规定:"中华人民共和国对外合作开采海洋石油资源的业务,由中国海洋石油总公司全面负责。""合作开采海洋石油资源的一切活动,都应当遵守中华人民共和国的法律、法令和国家的有关规定;参与实施石油作业的企业

---

① 参见梁嘉琳:《渤海漏油事件官方律师团披挂上阵》,《经济参考报》2011年9月2日,第3版。另可参见王小刚:《中美海洋污染损害赔偿制度及渤海湾溢油损害赔偿》,《环境保护》,2011年第15期。

② 李妍:"渤海溢油索赔律师团详析案情,告康菲有法可依",载《中国经济周刊》,2011年9月20日。

③ 《中华人民共和国对外合作开采海洋石油资源条例》1982年1月30日国务院发布。根据2001年9月23日《国务院关于修改〈中华人民共和国对外合作开采海洋石油资源条例〉的决定》第一次修订;根据2011年1月8日《国务院关于废止和修改部分行政法规的决定》第二次修订;根据2011年9月30日《国务院关于修改〈中华人民共和国对外合作开采海洋石油资源条例〉的决定》第三次修订。国务院在同一年对同一条例进行两次修订,实属罕见。

和个人,都应当受中国法律的约束,接受中国政府有关主管部门的检查、监督。"①

中国现行的环境法律基本上都只规定了污染者赔偿直接经济损失的责任,没有明确对生态环境进行整治与恢复的主体,即没有明确规定是由污染破坏者还是由国家或政府来进行整治与恢复。这导致污染者在承担环境民事责任时,仅仅承担因污染环境而造成的财产损失,而不承担恢复生态环境原状的责任。但污染对生态的损害和影响却具有长期性,治理和恢复的任务具有艰巨性。中国应尽快制定专门的《环境损害赔偿法》,对环境损害的适用对象和条件、赔偿范围、赔偿责任认定,以及环境损害赔偿纠纷的行政处理及诉讼等方面作出明确规定②。

据悉,国家海洋局已经完成了《海洋生态损害国家索赔条例(草案建议稿)》的起草工作。该《条例》可能会对海洋生态损害赔偿基金的设立责任方、保管方、受益方以及运作模式等作出明确规定。

四、我国涉海法制和实施机制的完善

1. 海洋生态安全风险有效防范制度的完善

为了有效防范海洋生态安全风险,应提高油气勘探开发技术水平。在油气勘探开发从陆地走向海洋、从浅海走向深海的情势下,对安全生产和环境保护的要求应更为严格,周密的法律制度安排与充分的技术保障均必不可少。海洋油气尤其是深海油气开发是大势所趋,海洋生态环境安全风险和挑战也随之加大。墨西哥湾漏油事件发生在经济、科技高度发达的美国本土,肇事方英国石油公司(BP)拥有世界上最为先进的石油开发技术,但面对"深水地平线"原油泄漏,仍然束手无策。墨西哥湾漏油事件表明,即便是全球科技和经济最发达的国家以及油气开发技术最先进的公司,也不能保证可以规避海洋生态环境安全风险。而中国海洋油气开发的技术装备水平,与国际上先进的技术装备水平相比还存在很大的差距。加大海洋油气开发、保障国家能源安全固然非常重要,但这一切都应在技术实现突破、装备水平提高和环境风险可控的前提下进行③。

2011 年 10 月 18 日,环境保护部新闻发言人向媒体通报,为深刻汲取蓬莱 19-3 油田溢油事故教训,切实防范海上溢油事故再次发生,按照国务院要求,相关主管部门于 2011 年 9—11 月联合开展了海洋石油勘探开发及沿海地区陆源溢油污染风险防范大检查,督促相关石油化工企业对发现的溢油风险点和隐患进行了及时整改,提出了防范溢油风险的措施

---

① 2011 年 10 月 13 日,由新华社《经济参考报》举办的"海上环境事故与生态安全"研讨会在北京举行,与会专家认为,海洋生态安全应同国防安全、经济安全、社会安全一道,被视为国家的核心利益。应以渤海湾蓬莱 19-3 项目溢油事故的经验教训为契机,强化环境事故监测和监管,畅通民事和刑事诉讼机制,理顺海上油气开发战略。今后的"治海良方"应是联合监管、战略调整、公益诉讼、技术检测等。参见梁嘉琳、金辉、高伟等:《海洋生态安全需要强大的法律保障》,《经济参考报》2011 年 10 月 14 日,第 1、8 版。

② 参见李艳芳:《关于制定〈环境损害赔偿法〉的思考》,《法学杂志》,2005 年第 2 期;王灿发:《论环境纠纷处理与环境损害赔偿专门立法》,《政法论坛(中国政法大学学报)》,2003 年第 5 期;王灿发:《环境损害赔偿立法框架和内容的思考》,《法学论坛》,2005 年第 5 期。

③ 程真:《致"谢"康菲》(时评),《中国能源报》,2011 年 9 月 12 日,第 13 版。

建议。2012年7月3日,环保部发布《关于进一步加强环境影响评价管理防范环境风险的通知》(环发[2012]77号),目的是进一步加强环境影响评价管理,明确企业环境风险防范主体责任,强化各级环保部门的环境监管,切实有效防范环境风险。

海洋生态安全风险的有效防范首先要制定和完善相关法律制度,其次是强化这些法律制度的有效落实。在法律制度的制定和完善方面,有必要将相关技术规范上升到法律规范;在法律制度的有效落实方面,严格法律责任至关重要。

2. 海洋环境保护法律法规的研究和完善

《中华人民共和国海洋环境保护法》第八十五条规定:"违反本法规定进行海洋石油勘探开发活动,造成海洋环境污染的,由国家海洋行政主管部门予以警告,并处二万元以上二十万元以下的罚款。"第九十一条规定,造成海洋环境污染事故的单位,由行使海洋环境监督管理权的部门根据所造成的危害和损失处以罚款。罚款数额按照直接损失的30%计算,但最高不得超过30万元。这样的经济处罚力度已经远远无法适应目前及未来海洋环境保护的需要。康菲公司最高只能受到20万元的罚款,这对于几百亿美元资产的康菲而言,只是个非常微小的数目。而且类似溢油事故的管控,不能仅限于事后处罚,而应考虑通过油企出资,建立专项的风险基金。例如美国就设立了10亿美元的油污责任信托基金,当责任方尚未确定,或者责任方不配合的时候,这个基金就可发挥很大的作用。中国有必要设立与规范完善大规模侵权赔偿基金。所谓大规模侵权赔偿基金是指专项用于救济和赔偿大规模侵权事件的被侵权人人身、财产损失的基金,具有传统民法上"财团法人"的一般属性。在中国现行法律制度下,赔偿基金则属于公益目的的"社会团体法人",具有中立性,这一基金兼有救济与赔偿的双重功能。结合中国的具体国情,赔偿基金的技术性解决方式是应对大规模侵权最有效、最可行的选择。通过建立大规模侵权赔偿基金的方式来解决相关纠纷,是实现侵权责任法"促进社会和谐稳定"这一立法目的的最佳途径之一。建立此类基金制度不是一个价值取向方面的事项,也不涉及不同行业、地方利益的调整或再分配。作为一个法治社会治理层面的技术性方案,大规模侵权赔偿基金应当得到决策层和社会公众的普遍支持①。

对于康菲公司这类多次欺骗、严重失信的企业,还需要一套失信的严格惩罚机制,在第一时间就作出停产处罚,最严重的惩罚是可取消其开采资格,使之付出沉重的失信代价。另外,针对海上溢油这类严重环境事故,可考虑实行举证责任倒置,引入惩罚性赔偿的制度。"应急资源制度化,应急技术体系完善化,赔偿制度规范化"。这是环保部副部长吴晓青参观墨西哥湾漏油事故处理相关机构后的评价。墨西哥湾溢油事故之后,中国已错失了一次法律变革的机会。现在面对康菲公司的劣行,相关的应急机制和法律制度必须及时作出变革。

事实上,《经济参考报》记者历时1个月调查后独家获悉,康菲公司最近10年仅在美国本土就至少涉及5起环境诉讼或纠纷,偿付近7亿美金,折合超过40亿元人民币,可谓"案底累累"。《经济参考报》记者查阅美国政府和学术机构的公开信息发现,最近10年间,作

---

① 参见张新宝:《大规模侵权赔偿基金:社会管理创新的一个思路》,《光明日报》,2011年9月29日,第15版。

为全美最大的炼油公司,康菲公司分别在路易斯安那州、华盛顿州、佛罗里达州、德克萨斯州牵扯多起环境诉讼或纠纷,最终或被各州地区法院判决赔偿,或被州政府部门责令罚款,或与联邦及州政府达成和解协议,共计偿付 67 862 万美金,按照最新汇率 6. 389 0,折合成人民币约 43. 357 0 亿元。在中国对其溢油事故的舆论高压之下,康菲公司一改过去 3 个月避谈环境影响评估、生态损害赔偿的被动局面,于 2011 年 9 月高调宣布设立"渤海湾基金",包括生态环境基金和赔偿基金。但赔偿基金在中国于法无据,①亦不能豁免康菲的生态赔偿义务,而由于国内相关法律法规的不完善,康菲在美国的天价赔偿在中国恐怕难以重现。中国应比照墨西哥湾漏油事件的处理,建立比现有国内法律和已加入的国际公约更高标准的海上油污损害赔偿机制。如果国务院在 2000 年《中华人民共和国海洋环境保护法》施行之后,能够及时制定并颁布《海洋生态损害国家索赔条例》,或者国家海洋局针对钻井平台溢油事故制定部门规章,也不至于现在面临渤海湾漏油事故而如此被动和尴尬。中国政府应在危急时刻快速立法,以解燃眉之急②。

中国应尽快在《中华人民共和国海洋石油勘探开发环境保护管理条例》(1983 年)及《中华人民共和国海洋石油勘探开发环境保护管理条例实施办法》(1990 年)的基础上,制定《中华人民共和国海洋石油勘探开发环境保护管理法》,为有效防止海洋石油勘探开发对海洋环境的污染损害奠定坚实的法律基础。

中国应尽快出台《中华人民共和国海洋生态损害国家索赔条例》,对海洋生态损害国家索赔的范围、海洋生态损害评估鉴定、损失金额和索赔金额的确定、海洋生态损害赔偿基金设立的责任方、保管方、受益方以及运作模式等内容作出明确规定。其中,海洋生态损害国家索赔范围的确定应当考虑但不限于下列因素:①治理污染和受损海洋生态的恢复、修复等费用;②清除污染和减轻损害等而采取预防措施的费用,以及由此而造成的海洋生态进一步损害及其恢复所需费用;③海洋环境容量损失;④修复受损海洋生态以及由此产生的调查研究、制订修复技术方案等合理费用;⑤如受损海洋生态无法修复,则重建替代有关生态功能所产生的合理费用;⑥为确定海洋生态损害的性质、程度而支出的监测、评估,以及专业咨询、法律服务等方面的合理费用。

3. 环境应急机制、环境执法合作机制和部门联动执法机制的建立和完善

康菲公司竟敢再三欺骗中国政府监管部门和中国公众,很有必要追问其中深层次的体制性原因。首先是因为信息的不对称。纵观此前蓬莱 19 - 3 油田溢油事故的过程,好几次居然只是依据作业方的自觉处理和上报情况。中国对于海上溢油,尚未建立一套完

---

① 在 2011 年 9 月 2 日国家海洋局责令康菲中国在渤海湾的蓬莱 19 - 3 全油田停钻、停注、停产(简称"三停")之后,康菲中国在其官方网站公告称,康菲公司将就溢油事件设立基金,声称"该基金的设立旨在根据中国相关法律承担公司应尽的责任并有益于渤海湾的整体环境"。有关该基金的设立与运作,将与中国相关政府部门及油田合作方中海油配合。事实上,设立海上溢油事故赔偿基金的法律依据,肇始于 1992 年颁布的《国际油污损害民事责任公约》。但该公约针对的是船舶漏油事故,对近年来新兴的钻井平台溢油事故并无规定。因此,康菲公司渤海湾基金在中国司法体系中无法找到法律依据。

② 梁嘉琳:《康菲污染环境被指"案底累累"》,《经济参考报》,2011 年 9 月 13 日,第 A02 版。

整有效的应急机制①,保证事故处理的透明,被康菲公司钻了空子,对事故信息的发布和诠释再三欺骗。重大安全生产或环境污染事件一旦发生,相关政府部门和企业就有义务及时准确地向社会和公众发布信息,迟报、谎报、瞒报者均应被追究明确和严厉的法律责任。

对安全生产事故的报告制度,中国相关的法律制度主要有《中华人民共和国安全生产法》、《中华人民共和国突发事件应对法》、《国家突发公共事件总体应急预案》、《国家突发环境事件应急预案》、《生产安全事故报告和调查处理条例》及《〈生产安全事故报告和调查处理条例〉罚款处罚暂行规定》、《突发环境事件信息报告办法》等②。对事故报告的具体时限、程序以及迟报、漏报、谎报、瞒报应当承担的刑事责任和行政责任,均有明确的规定。海上油气生产虽然在技术上有其专业特性,但也应纳入这一条例的适用范围。渤海溢油事件后,相关政府部门应在这一条例的参照下,出台对海上油气安全生产更具针对性和可操作性的事故报告制度,特别是应明确迟报、谎报、瞒报者所应承担的、具有足够威慑力的法律责任。

其次是监管体制存在缺陷。在中国,海洋污染属环境事件③,环保部没有承担调查任务,气象局、农业部等关键部门也未被纳入溢油应急体系。中国各个部门、行业、企业在海上应急事务上联系松散,作业程序自成体系,各海洋行政部门关系尚未理顺,无法实施有效监管。仅仅依靠国家海洋局来处理溢油事故有很大的局限性,需要建立一种基于国家层面、由多部门参与的快速反应机制。

国务院 2011 年 10 月 17 日发布的《国务院关于加强环境保护重点工作的意见》(国发〔2011〕35 号)指出:"有效防范环境风险和妥善处置突发环境事件。完善以预防为主的环境风险管理制度,实行环境应急分级、动态和全过程管理,依法科学妥善处置突发环境事件。建设更加高效的环境风险管理和应急救援体系,提高环境应急监测处置能力。制定切实可行的环境应急预案,配备必要的应急救援物资和装备,加强环境应急管理、技

---

① 根据国务院 2006 年发布的《国家突发环境事件应急预案》,环境应急是指针对可能或已发生的突发环境事件需要立即采取某些超出正常工作程序的行动,以避免事件发生或减轻事件后果的状态,也称为紧急状态;同时也泛指立即采取超出正常工作程序的行动。

② 《中华人民共和国安全生产法》经 2002 年 6 月 29 日第九届全国人民代表大会常务委员会第二十八次会议通过,2002 年 6 月 29 日中华人民共和国主席令第七十号公布,自 2002 年 11 月 1 日起施行;《中华人民共和国突发事件应对法》由中华人民共和国第十届全国人民代表大会常务委员会第二十九次会议于 2007 年 8 月 30 日通过,2007 年 8 月 30 日中华人民共和国主席令第六十九号公布,自 2007 年 11 月 1 日起施行;《生产安全事故报告和调查处理条例》经 2007 年 3 月 28 日国务院第 172 次常务会议通过,2007 年 4 月 9 日中华人民共和国国务院令第 493 号公布,自 2007 年 6 月 1 日起施行;《〈生产安全事故报告和调查处理条例〉罚款处罚暂行规定》经 2007 年 7 月 3 日国家安全生产监督管理总局局长办公会议审议通过,2007 年 7 月 20 日国家安全生产监督管理总局令第 13 号公布,自公布之日起施行;国家安全监管总局"关于修改《〈生产安全事故报告和调查处理条例〉罚款处罚暂行规定》部分条款的决定",2011 年 9 月 1 日国家安全生产监督管理总局令第 42 号发布,自公布之日起施行;《突发环境事件信息报告办法》由环境保护部 2011 年第 1 次部务会议于 2011 年 3 月 24 日审议通过。2011 年 4 月 18 日环境保护部令第 17 号公布,自 2011 年 5 月 1 日起施行。

③ 根据国务院 2006 年发布的《国家突发环境事件应急预案》,环境事件是指由于违反环境保护法律法规的经济、社会活动与行为,以及意外因素的影响或不可抗拒的自然灾害等原因致使环境受到污染,人体健康受到危害,社会经济与人民群众财产受到损失,造成不良社会影响的突发性事件。突发环境事件是指突然发生,造成或者可能造成重大人员伤亡、重大财产损失和对全国或者某一地区的经济社会稳定、政治安定构成重大威胁和损害,有重大社会影响的涉及公共安全的环境事件。

术支撑和处置救援队伍建设,定期组织培训和演练。开展重点流域、区域环境与健康调查研究。全力做好污染事件应急处置工作,及时准确发布信息,减少人民群众生命财产损失和生态环境损害。健全责任追究制度,严格落实企业环境安全主体责任,强化地方政府环境安全监管责任。"

中国区域海洋经济发展的"理性"与"异化"

——国家级海洋经济区、"十二五"省（市）海洋经济的规划透视*

马仁锋　马　波　汪玉君　梁贤军

（宁波大学）

摘要　回顾与检视 2003 年以来中国海洋经济战略上升为国家级区域发展规划与政策后的区域海洋经济实践,发现①中国海洋经济战略呈现出更加明晰细化的区域海洋经济空间格局、多样性的区域海洋经济发展模式,同时三大示范区规划都更加注重海洋资源环境—海洋经济—海洋与陆域多维一体的协调发展、可持续发展和环境友好发展理念;②海洋经济区规划的理论求索与实践探索,虽日益注重人－海、海－陆的规律性,但仍未能厘清海洋经济规划的海陆一体化、岛陆联动、海洋型城市(群)等核心理论问题;③囿于尚未形成国家、省、县三层级海洋规划的各自准确定位和对规划服务对象的属性规律把握不到位,使得当前我国海洋规划存在战略定位与发展目标的落地产业政策同构、空间竞争、理念与行动悖论等问题日益严重,海洋规划的编制与实施管理体系仍处分割状态。这些问题如在区域海洋经济发展机制创新上得到解决,将有助于决策层理性地把握发展机会。

关键词　人－海关系　海陆一体化　岛陆联动发展　国家级海洋经济示范区规划理性发展

一、引言

　　"十一五"时期是中国海洋经济的高速增长时期,年均增长 13.5%,2010 年全国海洋经济占国民经济生产总值比重超过 9.6%[②]。2010 年以来,中国国家战略从重视陆域,转向统筹陆海一体化,突出强调发展海洋经济,成为"十二五"期间中国一个新的战略选择[③]。核心标志是 2011 年国务院先后批复了《山东半岛蓝色经济区发展规划》、《浙江海洋经济发展示范区规划》、《广东海洋经济综合试验区发展规划》和批准设立了浙江舟山群岛新区。为加

　＊　基金项目:浙江省哲学社会科学重点研究基地－浙江省海洋文化与经济研究中心项目(12HYJDYY05)研究成果。
　②　国家海洋局.《中国海洋统计年鉴 2010》[C]. 北京:海洋出版社,2011 年。
　③　陈秀山、董继红、张帆.《我国近年来密集推出的区域规划:特征、问题与取向》[J].《经济与管理评论》,2012 年,第 2 期,第 5－12 页。

速沿海地区海洋产业的发展,未上升国家战略的辽宁、天津、河北、江苏、上海、福建、广西、海南等省(区市)在积极汲取"十一五"海洋经济规划编制经验教训和检视"十一五"海洋经济规划目标实现度的基础上,完成了各省"十二五"海洋经济规划编制工作。然自 1990 年代初期中国海洋首次规划启动以来,国内各省市海洋经济规划编制仍处于探索阶段。同时,因海洋经济与陆域经济发展规律、产业门类均不同,其规划对时空属性要求和产业特性要求远高于陆域经济规划。做好海洋经济规划,既是一个理论探索过程,又是一个重大的实践问题。文章检视了沿海各省"十一五"、"十二五"海洋经济规划和国家级海洋经济区规划,重点思考了区域海洋经济的规划背景、规划对象、产业选择、产业布局、目标定位、重点领域与任务等方面,以期指导中国区域海洋经济规划实践探索,推动海洋经济与陆域经济一体化发展和可持续发展。

二、中国国家海洋经济战略的生成背景

(一)全球海洋的发展前沿

1. 新兴技术在海洋经济及社会战略作用显著上升

全球海洋强国日益关注深海技术。全球海洋经济市场激烈竞争促进了海洋科技开发和技术创新;海洋新兴技术应用,将为区域或城市及其集合体的区域或国家带来巨大的效益。因此,构建环境友好型、资源节约型的海洋经济发展,是提升国家海洋综合竞争优势所在。世界海洋新兴技术研究中,深海勘测与开发技术成为全球海洋研究的焦点和热点,尤其是关注深海资源开发的高效、精细化、深加工技术[1]。

2. 海陆一体化型城市群成为全球海洋经济发展的高地

全球化的产业集聚与扩散已突破了行政边界,尤其是在欧美海洋经济强国中,城市群区域在推动海洋经济增长中,地位日益突出。然北欧诸海洋经济强国的显著特征是海陆经济一体化发展和海洋经济前瞻性发展,塑造海陆一体型城市群区域,成为 21 世纪国家参与国际海洋分工与全球经济竞争的主体。

(二)全球海洋经济发展走势

1. 全球海洋开发聚焦于河口、海岸和岛屿

地处海陆接合部的河口海岸、岛屿,其独特区位优势成为国家对外贸易的前沿阵地与交通要塞、海防的战略基地、全球特大城市的发祥地,因此成为国家海洋经济发展的热点、重点区域。

2. 海洋产业结构趋向高级化与技术密集型

全球海洋产业结构正转向"三、二、一"结构,海洋产业发展过程日益注重资源节约及综

---

① 殷为华、常丽霞.《国内外海洋产业发展趋势与上海面临的挑战及应对》[J].《世界地理研究》,2011 年,第 4 期,第 104 - 112 页。

合利用,充分考虑海洋生态和经济的协调。港口与海事服务、海洋工程装备和滨海旅游催化海洋第一、二、三产业的融合、跨界发展。新兴海洋产业,尤其是海洋牧业、海洋能源、海洋勘测与深海化工等产业对于海洋技术依赖度日益提升,正成长为北欧 4 国和美国海洋高科技产业支柱。

3. 全球海洋产业重心移向亚太

随着亚太国家对海洋经济的日益关注,欧美海洋国家的海洋经济增长优势相对降低,而亚太沿岸国家海洋产业所占全球海洋产业比,呈现逐年增加趋势。尤其是世界海洋产业的核心产业——航运收入和海军支出,其快速成长的亚洲市场带动了亚太国家海洋经济的全球比重攀升。

4. 海洋经济受生态安全威胁日益严峻

从近年全球海洋污染,如纽约湾、东京湾、墨西哥湾、杭州湾、地中海、波罗的海、渤海等海域溢油事故,可知深受环境污染损害的海域几乎丧失了生产力和海洋环境自我修复能力。当前,欧洲和美国构建了基于生态承载的海洋管理理念,试图解决海洋经济发展的生态困境。

(三)中国海洋权益维护、海洋地缘安全形式严峻和海洋经济增长空间广阔

随着中国的和平崛起,全球主要大国和周边国家都将战略重点移向与中国的关系,如对中国的遏制战略、中国周边国家的地缘关系及周边地区面临的地缘挑战等[①],尤其是中国与日本在东海的争端[②]、中国与东盟国家在南海争端[③],促使中国对海洋权益维护和海洋地缘安全评估需要上升到国家战略高度。此外,受“十五”计划以来的中国经济潜力受限和增长区域格局日益协调,中国经济需要新的增长点,海洋无疑成为首先增长空间。“十一五”海洋经济规划实施成效表明,海洋是 21 世纪中国经济发展的大舞台(表 1)。

表 1　沿海省份海洋经济贡献的规划目标与实施结果对比　　　　　　单位:亿元

省(区市)	“十一五”期末规划目标 GDP	“十一五”期间实施结果——GDP				
		2006 年	2007 年	2008 年	2009 年	2010 年
辽宁	3 000	1 478.9	1 759.8	2 074.4	2 281.2	3 000
天津	1 200	1 369.0	1 601.0	1 888.7	2 158.1	2 380
河北	620	1 092.1	1 232.9	1 396.6	922.9	1 411
山东	6 000	3 679.3	4 477.8	5 346.0	5 820.0	7 000
江苏	1 500	1 287.0	1 873.5	2 114.5	2 717.4	3 241
上海	5 500	3 988.2	4 321.4	4 792.5	4 204.5	5 500
浙江	5 400	1 846.6	2 244.4	2 677.0	3 392.6	3 500

①　杜德斌、冯春萍.《中国的世界地理研究进展与展望》[J].《地理科学进展》,2011 年,第 12 期,第 1519－1526 页。
②　刘绍峰、袁家冬.《琉球群岛相关称谓的地理意义与政治属性》[J].《地理科学》,2012 年,第 4 期,第 393－400 页。
③　王圣云、张耀光.《南海地缘政治特征及中国南海地缘战略》[J].《东南亚纵横》,2012 年,第 1 期,第 67－69 页。

省(区市)	"十一五"期末规划目标 GDP	"十一五"期间实施结果——GDP				
		2006 年	2007 年	2008 年	2009 年	2010 年
福建	4 551	1 743.1	2 290.3	3 381.0	3 202.9	4 247
广东	6 000	4 113.9	4 532.7	5 825.5	6 661.0	8 000
广西	650	300.7	343.5	398.4	443.8	570
海南	650	311.6	371.1	429.6	473.3	523

资料来源:国家海洋局.《中国海洋统计年鉴 2010》.北京:海洋出版社,2011;国家海洋局海洋发展战略研究所课题组.《中国海洋发展报告2011》.北京:海洋出版社,2011

三、区域海洋经济战略编制与实施的理论反思

(一)区域协调发展:地方政府博弈海洋经济战略的辨思

区域协调发展的本质内涵是协调好区域间发展中的"公平"与"效率",实现区域间利益的"分享式改进",最终实现各区域的共同富裕①。中国沿海省市目前都面临着陆域空间开发受国家耕地、环境保护等政策红线制约,转向海岸带、海域、深海等海洋空间无疑是区域经济持续增长和地方政绩创造的新空间,然海洋空间的开发和利用成本,远高于陆域空间开发,而且受国家政策不明晰、海洋经济风险高等因素制约,省级政府需要中央政府的支持或首肯,才会探索辖区海洋经济战略和实施海洋产业政策创新。因此,各省级政府依托地方海洋经济规划向中央政府博弈政策优势和资本支撑,是当前中国沿海省(市)海洋经济战略制定和实施过程的重要现象。这种比拼规划和依托规划向中央政府博弈海洋经济发展政策利益,必然造成省市间不求实际的攀比和不遵循海洋经济发展规律的盲目跟风,造成沿海地区海洋经济战略制定与实施过程的严重同构,损害了海洋经济发展的自然规律和海洋经济区际协调发展的效率。

(二)海陆一体化:海洋经济规划实践的经济地理学反思

区域一体化是在开放的空间系统中建立生产要素充分自由流动的机制,实现生产要素的优化配置,提高区域整体的经济效率。海陆一体化是海洋与陆域通过要素自由流动实现产业关联与互动发展,从而促进沿海地区区域经济发展。海陆一体化是我国海洋经济规划的重要指导思想,然而如何实现海陆一体化,学界与规划实践界至今尚未给出清晰的界定和实践范例,因此探索区域海洋经济规划的海陆一体化,必须从经济地理学的区域差异性理论和空间相互作用理论解决地球表层陆域与海域经济活动的地理过程,尤其是产业关联与互动过程、格局与机制,并且需要从时空尺度转换和人文—自然要素综合作用视角突破现有海洋经济规划实践的海陆一体化的空洞化与理论基础缺失现象。

---

① 王琴梅.《区域协调发展的内涵新解》[J].《甘肃社会科学》,2007 年,第 6 期。

（三）岛陆联动：海洋经济规划实践的空间约束与创新

海域与岛屿是海洋经济规划的重要空间载体和规划对象的核心区域，未与大陆腹地天然连接的岛屿，其发展过程受交通条件制约，难以与沿海城市进行要素自由流动，发展成效一般。因此，海洋经济规划实践的核心内容是突破就岛屿论岛屿的孤立怪圈，实现岛陆联动发展，当然以交通条件改善为前提和基础。那么，一旦岛屿与陆地的交通等基础设施实现了互联互通，就能实现岛屿的快速和可持续发展吗？显然，答案不确定，首因在于岛屿即使获得国家优厚政策，能否集聚资源成长为增长极存在较大不确定性，如交通条件改善后是否能加速岛屿资源流向陆地等等现象？其次岛屿受生态环境和产业基础等的制约，其经济成长模式，尤其是跳跃式发展现象在岛屿经济增长过程比较常见，这种较为单一的产业结构的成长脆弱性较大，如海洋旅游/海洋装备制造/海洋渔业等一旦国际市场有所变幻，整个岛屿经济陷入停滞。由此可见，岛陆联动发展，是岛屿获得制度优惠时必须选择的发展模式。一旦选择岛陆联动发展，岛屿要选择适当的产业门类和空间组织模式，以快速成长为陆域经济的新增长极，并采用轴式或网式要素流动形成与陆域经济的一体化，才是海洋经济规划实践中岛陆联动发展的空间创新必由之路。

（四）海洋型城市群建设：陆、海洋经济统筹发展的主阵地及关键问题

在我国，一场前所未有的向海发展浪潮正逐步展开：首先是国家层面首次将海洋发展与陆海统筹纳入国家战略；其次是国家级区域规划 70% 以上聚焦海洋经济和海陆联动；再次是 53 个沿海城市 90% 以上提出向海发展或滨海发展等战略[①]。可见，陆域经济与海洋经济统筹发展的前缘阵地是沿海区域的大、中城市及其集合体——海洋型城市群。2011 年环渤海湾、长三角、珠三角三大滨海城市群的产值占全国总产值比重达 70% 以上，而且常住人口更是高达 65%。这既是海洋型城市群建设的物质基础与智力资本，更是中国滨海地区承载海洋经济战略实施和面临海洋经济风险、环境问题的主体，因此，基于科学理论规划以破除当前城市群建设的陆域本位、环境污染与治理的陆海分割和产业发展的海洋与城市单维视角三大问题成为海洋型城市（群）建设的关键。

四、国家"十一五"区域海洋经济规划实施的空间发展效率检视

（一）"十一五"国家与省级海洋经济规划目标要点

2003—2007 年，中国沿海 11 个省市为落实《全国海洋经济发展规划纲要》，在国家发改委《关于编制省级海洋经济发展规划的意见》的统一部署下分别编制了《河北省海洋经济发展规划》(2004 年)、《海南省海洋经济发展规划》(2005 年)、《浙江省海洋经济强省建设规划纲要》(2005 年)、《山东省海洋经济"十一五"发展规划》(2006 年)、《福建省"十五"和

---

① 虞阳.《21 世纪科学的重大方向：城市时代与海洋世纪》[J].《中国城市研究》(EB/OL),2012 年,第 2 期,第 97 -99 页。

2010 年海洋经济发展规划纲要》(2006 年)、《广东省海洋经济发展"十一五"规划》(2006 年)、《江苏省"十一五"海洋经济发展专项规划》(2006 年)、《上海市海洋经济发展"十一五"规划》(2006 年)、《天津市海洋经济发展"十一五"规划》(2006 年)、《辽宁省海洋经济发展"十一五"规划》(2007 年)、《广西海洋经济发展规划》(2007 年)。对比《全国海洋经济发展规划纲要》与沿海 11 省(市)海洋经济"十一五"规划,发现:①对于海洋经济发展目标定位于"海洋经济发展向又好又快方向转变,对国民经济和社会发展的贡献率进一步提高",这表明国家战略对于海洋经济发展的质量与速度均有较高的要求。②相关省市海洋经济"十一五"规划对规划目标重点落在:海洋经济增长方式与海洋强省愿景、海洋经济内部产业结构及对国民经济与社会贡献、海洋经济的总体布局与重点建设区域、海洋经济中科技贡献与科技创新等,然这与现代海洋经济规划不相适应①,主要表现在:一是各层级海洋经济规划对于自身功能定位、主要任务与约束机制未能形成有机的框架和上下衔接体系;二是"十一五"期间全国沿海 11 省市海洋经济规划均未重视《全国海洋功能区划》(2002 年)与《国家海洋事业发展规划纲要》(2008 年)中对海岸、海域、海岛等的资源环境保护与开发强度,及海洋经济核算与海洋环境监测评估;三是未关注规划目标的空间性,尤其是新兴海洋产业的布局和当前该地开发程度未能有序联系。

　　(二)"十一五"国家与省级海洋经济规划实施结果

　　经过五年的实施,沿海各省都不同程度地提前并超规完成了"十一五"规划目标的数量类指标,如规划海洋经济总产值(表 1)、海洋经济增加值、海洋对地区国民生产总值贡献、海洋第三产业比重、年均新增涉海就业岗位等②。然而,重点海洋产业和海洋产业布局等定性约束指标在多数省市均未完成,海洋经济新增长部分往往集聚于各省优势明显的少数城市,如山东省集中在青岛、烟台和东营,江苏省集中于徐州、连云港和南通,浙江省集聚于宁波—舟山,福建集聚于泉州、厦门,由此可知海洋经济发展在遵循其规律的同时如何引导省域内部地市间的协调发展,成为我国区域海洋经济规划实施的难点和编制的要害,诸如对中国三个滨海城市群的船舶制造业监测显示,造船企业受市场利好影响不切实际地盲目地发展大型和超大型船坞,加大投资力度和投资规模,造成区域重复建设和造船业同构现象严重③。

　　(三)"十一五"国家与省级海洋经济规划编制与实施过程反思

　　"十一五"期间,国家和省级海洋经济规划编制与实施,初步实现了组织工作的有序、规划编制的省、市、县三级体系以及规划工作的低层次的公众参与等。但是规划编制与实施过程中由于未能充分掌握"为什么制定、谁来制定、为谁制定、目标设定、产业选择与产业空间组织、如何实施(主要任务、保障措施)"等事关海洋经济规划理论问题、实践问题的本质,造成了海洋经济规划实施成效存在一定偏差,尤其是沿海省市海洋经济格局与全国纲要无法

　　① 栾维新.《海洋规划的区域类型与特征研究》[J].《人文地理》,2005 年,第 1 期,第 37 - 41 页。
　　② 国家海洋局海洋发展战略研究所课题组.《中国海洋发展报告》,2011[C]. 北京:海洋出版社,2011 年。
　　③ 王树欣.《长三角船舶工业布局特征与发展对策研究》[D]. 辽宁师范大学硕士学位论文,2010 年。

无缝对接。这就需要深入探究海洋经济规划的理论体系。

"十一五"期间《国家层面海洋经济发展规划纲要》对于宏观背景分析和规划指导思想、原则做的相关表述分量不够,而过于关心海洋产业的具体指标问题,尤其是对于海洋资源环境科学合理利用未能明确政策底线,导致沿海省市仍然唯海洋经济 GDP,造成海洋环境污染事件频发和海洋环境污染日益严重,如陆源污染已占中国海洋环境污染90%,2010 年重污染海域较 2009 年增加 60% 以上,18 个海洋生态监控区处于亚健康和不健康的高达 14 个①。此外,国家海洋经济规划对于重点产业和海洋高科技产业的选择和空间布局缺乏明确空间指向性,致使沿海 11 省市都追求海洋高科技和新兴海洋产业,造成对海洋渔业等传统海洋产业的投入不足,未能发挥中国沿海海洋牧场的资源禀赋竞争优势。当然在省级海洋经济规划层面,缺乏本地区竞争优势的准确定位和对市场主体调查不充分,造成海洋经济政策创新要么过头,要么不足,更缺乏省内县市海洋经济统筹与全面核算,造成海洋经济发展的省内不协调与省际不协调现象非常显著。在县级海洋经济规划层面,过于依赖招商引资,不重视地方竞争优势产业培育,以至于在江苏沿海滩涂被大量风力发电机占用,致使海洋渔业生产空间受限。因此,构建国家、省、县三级有序衔接、各有侧重的海洋经济规划理论与实践规范,是当前我国海洋经济战略制定与落地所面临的最迫切问题(表 2)。

表 2　海洋经济规划的理想图式

规划编制逻辑流程	规划文本构成	规划层级体系各自重点与衔接		
		国家	省	县
为什么制定	规划背景	○○○○○	○○○○	
	规划指导思想	○○○○○		
	规划遵循原则	○○○○○	○○○○○	○○○○○
谁来制定	海洋管理部门?			
	规划编制领导小组?	○	○○	
	规划编制办公室?	○	○	○○
	招投标聘请专家?	○	○○	○○○○○
为谁制定	企业是海洋经济发展的法律主体	○○○○○	○○○○○	○○○○○
	涉海就业居民是发展的自然主体	○	○○	○○○○○
目标设定	规划期限内的总体目标、产业目标、布局目标等	○○	○○○	○○○○○
产业选择 产业空间组织	重点发展的海洋产业	○○	○○○	○○○○○
	区域竞争优势与区域海洋产业匹配	○○	○○○	○○○○○

---

① 国家海洋局.《2010 年中国海洋环境状况公报.》[EB/OL]. http://www. soa. gov. cn/soa/hygb/hjgb/webinfo/2010/06/1305507673142596. htm.

规划编制逻辑流程	规划文本构成	规划层级体系各自重点与衔接		
		国家	省	县
如何实施-主要任务	产业目标分解为市场主体经济行为	☆		
	布局目标分解为政府海域、环境等供给门槛与监管标准	☆☆☆☆☆		☆☆☆☆
	重点领域分解为政府与企业投融资政策支撑	☆	☆ ☆☆	☆ ☆☆☆
	重点地区分解为海洋经济园、高新技术区等功能区		☆☆☆	☆☆☆
如何实施-保障措施	行为主体培育		☆	☆☆
	产业政策优化	☆☆☆	☆☆☆☆	
	实施过程管治	☆☆☆	☆☆☆☆	☆☆☆☆☆
	规划效果考评	☆☆☆	☆☆☆	
如何监测与评估	"编制—实施—调整与修编"的监测评估	☆☆☆	☆☆☆	

注:用"☆"表述每层级规划应对该领域重视程度与做的详细程度,"☆"个数越多表示其应受到关注越高且文本应越详细。

五、"十二五"期间国家区域海洋经济规划的空间发展政策

中央政府自 2009 年 1 月相继批复《珠江三角洲地区改革发展规划纲要》(2009 年 1 月 7 日)、《关于推进上海加快发展现代服务业和先进制造业,建设国际金融中心和国际航运中心的意见》(2009 年 4 月 14 日)、《支持福建加快海峡西岸经济区的若干意见》(2009 年 5 月 14 日)、《江苏沿海地区发展规划》(2009 年 6 月 10 日)、《横琴总体发展规划》(2009 年 6 月 24 日)、《辽宁沿海经济带发展规划》(2009 年 7 月 1 日)、《中国图们江区域合作开发规划纲要》(2009 年 11 月 16 日)、《黄河三角洲高效生态经济区发展规划》(2009 年 11 月 23 日)、《鄱阳湖生态经济区规划》(2009 年 12 月 12 日)、《国务院关于推进海南国际旅游岛建设发展的若干意见》(2009 年 12 月 31 日)、《皖江城市带承接产业转移示范区规划》(2010 年 1 月 12 日)后,在"十二五"开局之年为落实"国家十二五规划纲要"的海洋经济战略,批复了《山东半岛蓝色经济区发展规划》(2011 年 1 月 4 日)、《浙江海洋经济发展示范区规划》(2011 年 2 月)、《广东海洋经济综合试验区发展规划》(2011 年 8 月 23 日)、《河北沿海地区发展规划》(2011 年 11 月 27 日)、《国务院关于同意设立浙江舟山群岛新区的批复》(2011 年 6 月 30 日)等海洋经济发展规划与重要意见。

(一)国家级海洋经济区的规划内容对比

如表 3 所示,《山东半岛蓝色经济区发展规划》、《浙江海洋经济发展示范区规划》、《广东海洋经济综合试验区发展规划》的发展现状、战略定位、发展目标、空间布局和重点领域可知:①都强调示范作用,山东重点在海洋产业结构、科技进步贡献率等;浙江侧重海洋海岛开发、大宗商品国际物流、海陆协调发展;广东侧重海洋科技和成果高效转化;②都强调现代

海洋产业体系建立,而山东、浙江、广东分别侧重海洋渔业与国际物流、国际物流与滨海旅游、海洋运输与海洋渔业等;③都强调快速推进海洋经济发展形成"核—带—圈"新格局,而山东与广东强调海岸 – 近海 – 远/深海、浙江强调海岛综合开发;④都强调海洋综合开发的体制创新等,山东强调集约节约用海机制创新、浙江强调海洋综合开发体制创新、广东强调创新海洋综合管理机制。

表 3　三大国家级海洋经济区的规划内容比较

项目	山东半岛蓝色经济区发展规划	广东海洋经济综合试验区发展规划	浙江海洋经济发展示范区规划
发展现状	2009 年,海洋生产总值达到 6 040 亿元,占全国海洋生产总值的 18.9%,居第二位;海洋渔业、海洋盐业、海洋工程建筑业、海洋电力业增加值均居全国首位,海洋生物医药、海洋新能源等新兴产业和滨海旅游等服务业发展迅速。海洋科研实力居全国首位,科技进步对海洋经济的贡献率超过 60%。2009 年总吞吐量 7.3 亿吨,占全国沿海港口的 15%,是我国北方唯一拥有三个亿吨大港的省份	广东省海洋经济呈现出总量大、增长快、活力足的良好态势,2010 年实现海洋生产总值 8 291 亿元,占全省生产总值的 18%,占全国海洋生产总值的 21.6%,连续 16 年居全国首位,优势显著。海洋产业门类齐全,形成了以海洋交通运输业、海洋渔业、滨海旅游和海洋油气业为主体,海洋船舶制造、海洋电力、海洋生物制药等全面发展。初步形成了珠江三角洲、粤东、粤西三大海洋经济区	2009 年,示范区实现海洋生产总值 3 002 亿元,三次产业结构为 7.9:41.4:50.7,海洋产业体系比较完备。海运业发达,货物吞吐量 7.15 亿吨、集装箱吞吐量 1118 万标箱,宁波 – 舟山港跻身全球第二大综合港、第八大集装箱港。浙江省船舶工业产值 738 亿元,居全国第三位;海水淡化运行规模 9.35 万吨/日,居全国首位
战略定位	将山东半岛蓝色经济区建设成为具有国际先进水平的海洋经济改革发展示范区和我国东部沿海地区重要的经济增长极,即建成具有较强国际竞争力的现代海洋产业集聚区、具有世界先进水平的海洋科技教育核心区、国家海洋经济改革开放先行区、全国重要的海洋生态文明示范区	国务院批复的《广东海洋经济综合试验区发展规划》明确提出,广东海洋经济综合试验区要建设成为我国提升海洋经济国际竞争力的核心区、促进海洋科技和成果高效转化的集聚区、加强海洋生态文明建设的示范区和推进海洋综合管理的先行区	提升对我国海洋经济发展的引领示范作用,具体为一个大宗商品国际物流中心 + 五大示范区(海洋海岛开发开放改革、现代海洋产业发展、海陆协调发展、海洋生态文明和清洁能源)
发展目标	到 2015 年基本建立现代海洋产业体系;发展方式转变和经济结构调整迈出实质性步伐,海洋经济综合效益显著提高;海洋科技创新体系基本形成;作为东北亚国际航运综合枢纽和国际物流中心的地位显著提升;海洋生产总值年均增长 15% 以上,海洋科技进步贡献率提高到 65% 左右。到 2020 年,建成海洋经济发达、产业结构优化、人与自然和谐的蓝色经济区,率先基本实现现代化	到 2015 年,海洋经济质量和效益明显提高,现代海洋产业体系基本建立,海洋经济在国民经济中的支柱地位进一步提升,初步建成布局科学、结构合理、人海和谐,具有较强综合实力和竞争力的海洋经济强省。海洋生产总值占全省生产总值的比达 20% 以上,海洋三次产业结构调整为 3:44:53,基本形成"一核二极三带"的新格局,海洋科技贡献率提高至 60%,海洋综合管理技术支撑体系形成	到 2015 海洋经济综合实力明显增强、港航服务水平大幅提高、海洋经济转型升级成效显著、海洋科教文化全国领先、海洋生态环境明显改善,到 2020 年,全面建成海洋经济强省。大宗商品储运与贸易、海洋油气开采与加工、海洋装备制造、海洋生物医药、海洋清洁能源等产业在全国地位巩固提升,建成现代海洋产业体系

项目	山东半岛蓝色经济区发展规划	广东海洋经济综合试验区发展规划	浙江海洋经济发展示范区规划
空间布局	形成"一核、两极、三带、三组团"架构;提升胶东半岛高端海洋产业集聚区核心地位,壮大黄河三角洲高效生态海洋产业集聚区和鲁南临港产业集聚区两个增长极;构筑海岸、近海、远海三条开发保护带	建设"珠江三角洲海洋经济优化发展区和粤东、粤西海洋经济重点发展区,积极构建"粤港澳、粤闽、粤桂琼"海洋经济合作圈,科学统筹"海岸带、近海海域、深海海域",推进形成"三区、三圈、三带"新格局	推进构建"一核两翼三圈九区多岛"的海洋经济总体发展格局
重点领域	构建现代海洋产业体系、深入实施科教兴海战略、统筹海陆基础设施建设、加强海洋生态文明建设、深化改革开放等五方面	广东省海洋经济综合试验区重点在海洋产业发展和海洋科教、区域合作方面加大力度	打造现代海洋产业体系、构建"三位一体"港航物流服务体系、完善沿海基础设施网络、健全海洋科教文化创新体系、建设舟山海洋综合开发试验区、创新海洋综合开发体制

资料来源:根据国务院批复的《山东半岛蓝色经济区发展规划》、《浙江海洋经济发展示范区规划》、《广东海洋经济综合试验区发展规划》整理。

(二)国家级海洋经济区的空间发展政策分析

1. 示范区海洋产业政策同构

三个国家级海洋经济区的海洋产业发展政策都强调财政税收、海域使用政策、对外开放政策以及海洋综合管理政策(表4),差异度较小,国家政策创新空间狭窄,这会造成国家海洋经济示范区产业政策的趋同。

表4 三大国家级海洋经济区规划的政策比较

项目	山东半岛蓝色经济区发展规划	广东海洋经济综合试验区发展规划	浙江海洋经济发展示范区规划
财政税收政策	国家引导和扶持海洋战略性新兴产业发展的优惠政策;远洋捕捞等税收优惠政策、海洋资源勘探专项向山东倾斜、国家风力发电增值税优惠政策、中国服务外包示范城市条件的城市给予税收优惠政策、启动资源税改革	加大对海洋事业发展、公共基础设施、重大科技专项投入力度,国家在安排中央预算内投资时对广东涉海项目给予必要支持。中央财政在安排海域使用金、无居民海岛使用金支出项目时,对广东给予倾斜支持;研究完善相关税收政策,进一步促进海洋新兴产业发展	中央财政通过中央集中的海域使用金,加大支持浙江省海岸带与无居民海岛整治与修复、海洋管理和海洋生态保护的力度

项目	山东半岛蓝色经济区发展规划	广东海洋经济综合试验区发展规划	浙江海洋经济发展示范区规划
金融政策	国家在安排重大技术改造项目和资金方面给予支持;设立蓝色经济区产业投资基金;开展船舶、海域使用权等抵押贷款	引导金融资源和社会资金投向海洋经济发展领域。鼓励和支持金融机构积极开展船舶、海域使用权抵(质)押贷款业务。支持涉海企业发行债务融资工具,推动涉海企业在境内发行股票融资。推进粤港澳海洋开发金融合作,探索在境内外发行海洋开发债券。鼓励产业(股权)投资基金投资海洋综合开发企业和项目,推动海洋产业的保险产品创新	持符合条件的金融机构、船舶制造企业设立金融租赁公司,从事船舶租赁融资业务;大力发展航运保险,积极开展国际航运保险业务
海域海岛使用政策	在围填海指标上给予倾斜,优先用于发展海洋优势产业、耕地占补平衡和生态保护与建设,支持山东开展用海管理与用地管理衔接的试点,积极推动填海海域使用权证与土地使用权证的换发试点工作,及凭人工岛海域使用权证书按程序办理项目建设手续试点	适度增加建设用围填海年度计划指标,优先用于发展海洋优势产业和生态保护与建设,国家重点项目用海,由国家安排专项用海指标。大力推进集中集约用海,规划区域内的单宗用海项目的论证评审程序可以适当简化。探索开展用海项目凭海域使用权证书按程序办理项目建设手续试点。推进建立海域使用并联审核机制;建立健全无居民海岛资源市场化配置机制	积极探索重大建设项目补充耕地统筹办法和耕地占补平衡市场化方式,开展渔耕平衡研究优化用地结构;进海域资源市场化配置进程,完善海域使用权招拍挂制度,探索建立海域使用二级市场
对外开发政策	适当加大对区内出口退税负担较重地区的财政支持;允许青岛前湾、烟台保税港区在海关监管、外汇金融、检验检疫等方面先行先试;支持外国籍干线船舶在青岛前湾、烟台保税港区发展中转业务;支持青岛口岸发展国际过境集装箱运输;支持设立国家级出口农产品质量安全示范区	强调区域海洋经济合作政策,区域合作政策。探索建立游艇出入境管理新模式,会同香港、澳门特别行政区政府研究粤港澳地区游艇出入境便捷管理措施,为游艇出入境提供通关便利。加强口岸基础设施建设,优化监管和服务,提高口岸通行效率	加强海洋科技创新、教育培训、金融保险、新兴产业等领域的国内外合作,支持有条件的企业并购境内外相关企业、研发机构和营销网络;发挥宁波保税区作用,加快梅山保税港区建设。鼓励民营经济积极参与海洋开发

资料来源:根据国务院批复的《山东半岛蓝色经济区发展规划》、《浙江海洋经济发展示范区规划》、《广东海洋经济综合试验区发展规划》整理。

2. 示范区海洋产业空间同位竞争

三个国家级海洋经济区规划,虽然明确限定海岸、近海、远海/深海,重点滨海城镇、岛屿等空间使用规则,然而对于新兴海洋产业选择未能明确落地,由此产业政策与空间政策脱节造成地方发展海洋经济的攀比与短视行为,必然造成示范区内不同县市海洋产业空间同位竞争。

3. 示范区海洋经济空间结构理念与行动的悖论

三个国家级海洋经济区规划,试图都在强调未来海洋经济空间结构的科学性与高效性,即构建"结构清晰、层次分明"的海洋经济示范区。然而受产业政策与空间政策的脱节和衔接不顺畅,使得海洋经济空间结构愿景的"核 – 带 – 圈"有序理念面临前所未有的挑战。可以演绎,如果将省级海洋经济示范区空间结构向地市、县级分解时,必然出现县域海洋经济"核 – 带 – 圈"空间结构,由此可见国家级海洋经济示范区在省级层面宏观空间结构一旦落地,将"异化"为地市、县域的海洋经济微观空间拓展行为,因此不可避免地造成省级海洋经济示范区空间结构落地的无序与快速蔓延。

六、结论

2003 年以来,海洋经济战略在国家级区域发展规划与政策中出现,随着"十二五"规划的强化与更加重视,尤其是山东、浙江、广东三省海洋经济规划上升为国家战略,这表明中国海洋经济战略呈现出更加明晰细化的区域海洋经济空间格局、多样性的区域海洋经济发展模式,同时三大示范区规划都更加注重海洋资源环境—海洋经济—海洋与陆域的多维一体的协调发展、可持续发展和环境友好发展理念。在国家战略层面,虽已从陆域开发延伸到海洋,尤其是关注海洋和陆地的一体化。海洋经济区规划的理论求索与实践探索,无疑是当前国家经济政治生活中的重要事件。通过回顾"十一五"至今的区域海洋经济规划文本及实施过程,发现中国区域海洋经济发展虽日益注重人 – 海、海 – 陆的规律性,仍未能厘清海洋经济规划的海陆一体化、岛陆联动、海洋型城市(群)等核心理论问题;此外囿于尚未形成国家、省、县三层级海洋规划的各自准确定位和对规划服务对象的属性规律把握不到位,使得①当前我国海洋规划存在战略定位与发展目标的落地产业政策同构、空间竞争、理念与行动悖论等问题日益严重;②海洋规划的编制与实施管理体系仍处分割状态。这些问题有望在区域海洋经济制度创新上得到解决,也正如三大国家级海洋经济示范区规划中都赋予山东、浙江、广东对于海洋、海岛的综合开发机制创新之权利。基于本文的思路与发现,以期进一步推动对国内海洋规划理论与实践探索的深入研究,从而有助于决策层理性地把握发展机会。

海洋经济区域差异的泰尔指数及形成因素分析

——基于1996—2011年沿海各省面板数据

张冰丹　熊德平

（宁波大学）

摘要　协调发展海洋经济,必须了解海洋经济区域差异现状,厘清差异化形成因素及相应改善措施。根据1996—2011年沿海11个省(市、自治区)的相关数据,采用泰尔指数及面板模型发现,海洋经济发展的区域差异符合威廉姆逊的倒"U"形理论,且区域差异更主要的是体现在行政区间的差异上;全社会固定资产投资、保险发展水平和科技水平是海洋经济区域差异化的主要因素。在此基础上,就协调发展海洋经济提出政策建议。

关键词　海洋经济　泰尔指数　因素分析　面板数据

一、引言

海洋经济是国民经济中的重要组成部分。改革开放以来,我国海洋经济得到迅速发展。至2011年,全国海洋生产总值达45570亿元,占同期国内生产总值的9.7%。但是,由于自然、经济基础等因素的差别,我国沿海各区域及区域间的海洋经济发展并不均衡[①],并制约着海洋经济的健康发展。同时,随着国家对海洋开发的日益重视并提出实施区域均衡发展战略,以及沿海各省纷纷制定了各自的海洋经济发展规划,发展海洋经济正式上升为国家战略。因此,协调发展海洋经济,必须了解海洋经济区域差异现状,厘清海洋经济差异化形成因素及相应改善措施。

从某种程度上说,海洋经济区域差异化的研究是区域经济发展理论的拓展和应用。影响海洋经济区域差异发展的原因多种多样。张向前、欧阳钦芬(2001)从理论上提出了海洋经济区域差异的主要因素有自然资源、劳动力资源、资本、技术、结构变化及制度安排等,除上述因素外,马雯月(2008)认为金融要素与管理要素也是影响海洋经济发展的重要因素。狄乾斌、韩增林(2009)则运用复合生态系统场力分析框架,提出海

---

① 本文将沿海11个省(市、自治区)分成三大海洋经济区域,即环渤海区域、长江三角洲区域和泛珠三角区域。其中,环渤海区域包括辽宁省、河北省、天津市和山东省;长江三角洲区域包括江苏省、上海市和浙江省;泛珠三角区域包括福建省、广东省、广西壮族自治区和海南省。

洋资源环境系统是影响海洋经济可持续发展的重要因素。在其基础上,常玉苗(2010)通过面板数据实证得出海洋产业规模、港口及政策因素对海洋经济发展影响显著。纵观既有文献不难发现:目前关于海洋经济发展差异化的文献并不多;已有的研究不仅分析依据和重点各有侧重,而且基本是采用统计和定性描述分析,基于面板数据的区域差异分析鲜有涉及。因此,本文在借鉴前人的研究思路与方法的基础上,针对沿海三大区域,首先进行海洋经济发展的泰尔指数计算,分析我国海洋经济的区域差异现状;为了使实证结果更有说服力,结合11省(市、自治区)的动态面板数据,探索海洋经济区域差异化的形成因素,进而提出协调发展海洋经济的政策建议,试图对目前关于海洋经济发展的研究做一点补充。

二、海洋经济地区差异的泰尔指数及其分解

(一)泰尔指数

泰尔指标(Theil Index)由泰尔(Theil,1967)根据信息理论中的总熵概念发展而来,主要分析个体之间的差异性。通常,泰尔指标值越大,则个体之间差异越明显,反之亦然。由于可分解特性,泰尔指标可以把整体差异分成组间差异和组内差异,因此被广泛应用于区域内差异以及区域间差异的实证研究。

根据研究内容,本文选取人均海洋经济产值作为海洋经济发展的分析对象。海洋经济泰尔指标的计算方法如下:

设 H_i 是第 i 个省(市、自治区)的海洋经济生产总值,H_j 是第 j 个区域(即环渤海、长江三角洲和泛珠三角区域)的海洋经济生产总值,H 是三大区域海洋经济生产总值之和;P_i 是第 i 个省(市、自治区)的人口,P_j 是第 j 个区域的人口,P 是沿海地区总人口,则泰尔系数可以定义为:

$$T = \sum_i \left[\frac{H_i}{H} \cdot LN\left(\frac{H_i/H}{P_i/P}\right) \right] \tag{1}$$

根据泰尔指数的可分解特性,(1)式可以写成:

$$T = T_b + \sum_j \frac{H_j}{H} \cdot T_w \tag{2}$$

$$T_b = \sum_j \left[\frac{H_j}{H} \cdot LN\left(\frac{H_j/H}{P_j/P}\right) \right] \tag{3}$$

$$T_w = \sum_i \left[\frac{H_i}{H_j} \cdot LN\left(\frac{H_i/H_j}{P_i/P_j}\right) \right] \tag{4}$$

其中,T_b 表示区域间差异,T_w 表示区域内差异。泰尔指数的大小表明所考查范围内各地区海洋经济发展差异性的大小,并且利用泰尔指数的时间序列可以清楚地看到各年份差异变化的动态过程。具体结果如表1所示。

表1 1996—2011 年基于泰尔指标分解的三大区域海洋经济发展差异

年份	环渤海差异	长江三角洲差异	泛珠三角差异	区域内差异	区域间差异	总体差异	区域间差异占比(%)
1996	0.268	0.482	0.183	0.289	0.019	0.308	6.17
1997	0.257	0.405	0.187	0.268	0.019	0.287	6.62
1998	0.265	0.416	0.156	0.264	0.014 9	0.279	5.34
1999	0.282	0.583	0.163	0.320	0.008 9	0.329	2.71
2000	0.254	0.595	0.163	0.311	0.013	0.324	4.01
2001	0.261	0.511	0.188	0.293	0.019	0.312	6.09
2002	0.319	0.457	0.200	0.308	0.032	0.340	9.41
2003	0.318	0.309	0.293	0.306	0.028	0.334	8.38
2004	0.366	0.475	0.251	0.359	0.013	0.372	3.49
2005	0.410	0.438	0.213	0.346	0.017	0.363	4.68
2006	0.165	0.563	0.159	0.297	0.016	0.313	5.11
2007	0.164	0.449	0.168	0.261	0.013	0.274	4.74
2008	0.164	0.427	0.170	0.251	0.013	0.264	4.92
2009	0.235	0.268	0.176	0.226	0.008	0.234	3.42
2010	0.215	0.208	0.147	0.191	0.009	0.200	4.50
2011	0.201	0.186	0.143	0.177	0.004	0.181	2.21
1996—2011 均值	0.259	0.423	0.185	0.279	0.015	0.295	5.24

（二）泰尔指数的分析

基于表1的泰尔指数结果,可得沿海地区泰尔指数的历年动态变化情况(图1)。总体上,1996—2011 年,沿海地区泰尔指数由 2004 年之前的逐渐扩大转变为自 2005 年开始逐步缩小,说明这一阶段内我国海洋发展区域差异呈现出近似于倒"U"形的形态,这一现象符合威廉姆逊的倒"U"形理论。从对沿海地区总体差异的贡献率看,区域内的差异一直大于区域间的差异:1996—2011 年区间差异的平均贡献率为 5.24%,而区内差异的平均贡献率为94.76%,这点和李彬等(2010)的结论相同。

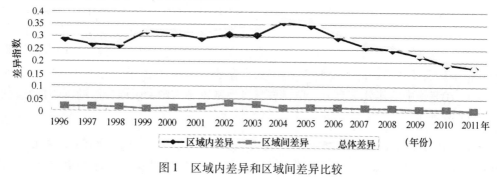

图1 区域内差异和区域间差异比较

根据泰尔指数的可分解性,得出三大沿海经济区域的泰尔指数,如图2所示。具体来看,长江三角洲区域海洋经济发展的差异最大,环渤海区域次之,泛珠三角区域的差异最小。动态地看,1996—2009年间三大区域泰尔指数总体均表现为振荡式下降趋势,且环渤海和长三角洲区域变化趋势非常明显,2009年之后三大区域泰尔指数均趋于相对稳定状态。

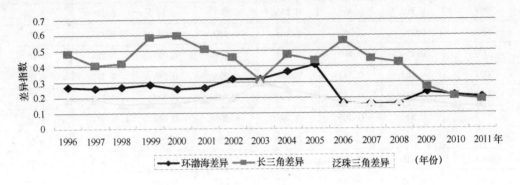

图2　三大海洋经济区域的泰尔指数

根据以上分析可知:沿海地区海洋经济发展的区域差异,更主要的表现在省级行政区间的差异上。鉴于此,本文认为研究沿海地区的海洋经济区域差异以及形成因素分析,基于省级行政区间的研究,更能体现沿海地区海洋经济差异的实质。

那么,海洋经济发展区域差异的影响因素是否存在及存在的形式是什么呢?

三、海洋经济区域差异化影响因素的理论分析

随着我国海洋经济整体发展水平提高的同时,沿海各省海洋经济发展不均衡趋势日趋明显。造成沿海各省海洋经济差异化的因素多种多样,作用方式和作用机制也纷繁复杂,本文将影响因素归纳如下:

(一)内部因素

1. 自然基础

自然基础是影响海洋经济增长差异性最重要的因素之一,不仅影响各个省海洋经济的投入结构,而且还会影响其产出结构。海洋经济是开发利用海洋资源形成的各类海洋产业及相关经济活动的总称,因此从某种程度上来说,海洋经济就是资源经济。我国海洋资源的空间分布不均衡使各地的海洋经济各具特色,根据要素禀赋理论,利用相对丰富的生产要素进行生产,在竞争中就能处于有力地位,反之,自然基础恶劣则会阻碍海洋经济的良好发展。

2. 经济基础

经济基础是影响海洋经济增长差异化的基本因素之一。经济基础的差异性不仅体现在经济发展总量上,而且以银行业、保险业和证券业为代表的金融发展水平差别也

很大。随着海洋产业的不断发展,海洋经济活动的日趋复杂,设备仪器的融资压力,海上自然环境和竞争环境等的不确定性,均使海洋经济面临巨大的风险。而良好的经济基础可以提供多样化的支持,为海洋经济的发展奠定基础,以满足海洋经济活动中不同层面的经济需求。同时,在其他条件相同时,经济越发达,对发展海洋经济的促进作用就越大。但我国沿海各省经济基础不尽相同,因此可能会出现"马太效应",导致海洋经济发展不均衡现象加剧。

3. 科技水平

科技是第一生产力,对于发展海洋经济具有决定性意义。由于海洋经济的特殊性,海洋开发对技术的要求更高,科技进步不仅能降低海洋开发成本,优化海洋产业结构,而且能放大生产力各要素功能的乘数作用。同时,科技水平的提高离不开政府的支持,由于沿海各省政府对科技投入及吸引人才战略不同,根据罗默的内生增长理论,科技进步对沿海地域海洋经济增长的促进作用也会有所差异。

(二)外部因素

1. 政府政策

政策因素也是影响海洋经济差异化增长的一个重要因素。一定时期内制定的区域海洋经济发展政策,其本质目的就是为了促进区域经济健康发展。如果区域经济发展政策效果显著,则可以有效地解决海洋经济发展中存在的一些问题,并促使海洋经济的发展。自改革开放以来,一些东部沿海省市享有比其他省市更加优惠的政策,具有相对完善的制度环境、信用环境和法制环境等,进而促使这些省市的海洋经济发展不断加速,导致海洋经济差异性扩大。

2. 投资水平

资本投入是直接影响经济产出的一大因素,一个地区的资本数量除了当地自身的资本积累外,投资(包括外商投资)所带来的资本在经济中发挥的作用也越来越大。投资反映的是当年的资金投入情况,它是经济发展的直接推动力。通过投资的乘数作用,投资会对该地区的技术、资本、劳动力等产生积极的影响,推动海洋经济向前快速发展。中国地区资本投入差异是地区差距形成的重要贡献因素,因此随着各省投资情况的不同,将会越来越显著地影响海洋经济差异的扩大化。

四、海洋经济地区差异化形成因素实证分析与结果描述

(一)实证设计

1. 计量模型

本文参考和借鉴温涛等(2005)的思路,引入了总生产函数的传统分析框架,根据本文研究内容,得出包括金融发展和科技投入的海洋经济生产函数:

$$Y = f(K, L, F, T) \tag{5}$$

其中,Y 代表总的经济产出,K 是总的资本投入,L 代表劳动力投入,F 代表金融发展,T 代表科技水平。参考温涛等(2005)的研究,对劳动投入加一个变量限制 $\bar{L}$,从而有:

$$Y = f(K,F,T)\,min(L,\bar{L})^{\theta}, \theta > 0 \qquad (6)$$

令 $n = (\bar{L})^{\theta}$,表示海洋经济的最大生产能力,此时一旦达到最大劳动容量,海洋经济就面临恒定的规模收益,海洋经济总产出取决于投资、金融发展水平和科技水平,即

$$Y = nf(K,F,T) \qquad (7)$$

对(7)式取全微分,即 $dY = n\dfrac{\partial f}{\partial K}dK + n\dfrac{\partial f}{\partial F}dF + n\dfrac{\partial f}{\partial T}dT \qquad (8)$

在(8)式中,对于金融发展程度的衡量,本文选取涵盖银行业、保险业和证券业的三个变量,即信贷存量、股票筹资额以及保费收入作为衡量各省金融发展水平的指标(分别用 HB、ZQ 和 BX 表示),即金融发展水平是这三个变量的函数:

$$F = h(HB,ZQ,BX) \qquad (9)$$

同样对(9)式取全微分,可以得到:

$$dF = \frac{\partial F}{\partial HB}dHB + \frac{\partial F}{\partial ZQ}dZQ + \frac{\partial F}{\partial BX}dBX \qquad (10)$$

将(10)式代入(8)式可得:

$$dY = n\frac{\partial f}{\partial K}dK + n\frac{\partial f}{\partial HB}dHB + n\frac{\partial f}{\partial ZQ}dZQ + n\frac{\partial f}{\partial BX}dBX + n\frac{\partial f}{\partial T}dT \qquad (11)$$

在(11)式中,分别用 β_1 表示资本的边际产出,β_2 表示信贷水平提高的边际产出,β_3 表示证券市场发展的边际产出,β_4 表示保险市场发展的边际产出,β_5 表示科技投入的边际产出,再对两边同时除以 n 则得到人均海洋产出增长模型:

$$dY\big/_{n} = \beta_1 dK + \beta_2 dHB + \beta_3 dZQ + \beta_4 dBX + \beta_5 dT \qquad (12)$$

如果不考虑其他因素的影响,利用模型(12)可以考察海洋经济发展差异化的因素分析,于是得到本研究的基本计量模型:

$$dHY = \beta_0 + \beta_1 dK + \beta_2 dHB + \beta_3 dZQ + \beta_4 dBX + \beta_5 dT + \mu \qquad (13)$$

其中,HY 代表人均海洋生产产值,β_0 代表常数项,μ 代表随机误差项。

2. 数据说明

对于人均海洋生产产值,本文选择各省(市、自治区)1996—2011 年海洋生产总值/实际人口的数据进行分析研究。对于投资水平的资料,我们选择全社会固定投资的数据,用历年贷款余额表示信贷水平,股票筹资额表示证券发展水平,保费收入表示保险发展水平,R&D 投入及教育经费投入总和表示科技水平。其中,人均海洋生产总值以元为单位,其余均以万元为单位。本文所涉及的数据来源于历年《海洋统计年鉴》、各省统计年鉴、《新中国六十年统计资料汇编》、各省历年国民经济和社会发展报告等。

3. 实证方法

本文根据沿海 11 省(市、自治区)的面板数据,根据面板协整理论和变系数模型,考察海洋经济发展区域差异化的原因分析。为避免出现伪回归,首先对各变量进行单位根检验,检验变量的平稳性,对于非平稳的变量进行处理之后使之成为平稳的时间序列。如果变量

单整,将采用面板数据协整方法,根据回归残差检验,确定海洋经济区域差异化的原因分析。为了更好地分析海洋经济区域差异化因素,如果自变量显著影响海洋经济,本文将采用变系数模型估计该变量对各个省的影响情况。

(二)实证过程与结果描述

1. 单位根检验

利用 EVIEWS6.0 软件对面板数据各变量进行单位根检验,以确定其平稳性。首先对所有变量取对数,由表 2 的检验结果可知,在包含常数项、趋势项时,各变量的水平值检验表明,不能拒绝存在单位根的原假设;而一阶差分值的三种检验均表明,至少在 10% 显著性水平上拒绝单位根的存在,即相关变量均一阶单整。

表 2 单位根检验结果

变量	LLC 检验		FPP 检验		FADF 检验	
	含常数和趋势项		含常数和趋势项		含常数和趋势项	
	水平值	一阶差分	水平值	一阶差分	水平值	一阶差分
HY	- 1. 529 73 (0. 063 0)	- 6. 099 88 (0. 000 0)	11. 288 8 (0. 970 4)	50. 540 5 (0. 000 5)	25. 733 4 (0. 263 3)	43. 460 5 (0. 004 1)
K	- 1. 011 53 (0. 155 9)	- 3. 674 05 (0. 000 1)	11. 343 4 (0. 969 5)	33. 739 7 (0. 052 2)	17. 125 9 (0. 756 4)	33. 439 9 (0. 055 9)
HB	- 1. 155 71 (0. 123 9)	- 7. 193 95 (0. 000 0)	8. 711 20 (0. 994 7)	97. 044 5 (0. 000 0)	17. 015 6 (0. 762 5)	68. 867 6 (0. 000 0)
BX	- 0. 098 88 (0. 460 6)	- 3. 136 76 (0. 000 9)	13. 289 6 (0. 924 8)	65. 176 5 (0. 000 0)	32. 020 0 (0. 077 1)	56. 320 0 (0. 000 1)
ZQ	- 3. 169 66 (0. 000 8)	- 11. 743 0 (0. 000 0)	25. 987 2 (0. 252 2)	161. 760 (0. 000 0)	24. 532 9 (0. 319 9)	92. 538 3 (0. 000 0)
T	- 1. 635 68 (0. 051 0)	- 6. 803 59 (0. 000 0)	21. 187 3 (0. 509 2)	110. 160 (0. 000 0)	24. 217 9 (0. 335 9)	61. 173 7 (0. 000 0)

2. 面板协整检验

首先对面板数据进行最小二乘估计,然后对得到的残差进行平稳性检验(由于残差序列即不包含时间序列,也不包含截距,故采用 LLC、FADF 和 FPP 检验方法来代替),若残差为平稳序列,则方程中各变量存在长期稳定关系,反之则不是。得到的结果如表 3 所示,即在面板数据 1996—2011 年的样本区间内,HY 与 K 、HB、ZQ、BX、T 之间存在协整关系。

157

表 3 面板协整检验结果

协整变量	LLC 检验	FPP 检验	FADF 检验
HY K HB ZQ BX T	− 6.439 73 (0.000 0)	64.50 76 (0.000 0)	71.025 2 (0.000 0)

3. 模型确立

考虑到模型的地区和时期效应,采用固定效应估计模型,得到的模型回归结果如公式(14)所示。其中,信贷和证券发展水平与海洋经济在关系上不甚一致,但估计系数在统计上不显著,说明信贷和证券发展水平不是影响海洋经济发展地区差异化的主要因素;这是因为全国范围现行的融资模式①在各省之间差异不显著,通常出于自身风险控制的考虑,银行在审批贷款时往往会出现"惜贷"现象,而目前我国各地证券市场发展尚不完善,发展海洋经济可选的融资模式和品种有限,因此削弱了信贷和证券发展水平对海洋经济发展差异化的贡献度。而全社会固定资产投资、保险发展水平和科技水平在5%的显著性水平下均显著影响人均海洋生产产值,且为正向关系。在此基础上,为进一步确定全社会固定资产投资、保险发展水平和科技水平对人均海洋经济生产产值的区域差异性作用,在假设其他变量不变的条件下,分别建立全社会固定资产投资、保险发展水平和科技水平的变系数模型(依次设为模型一、模型二和模型三)。结果如表4所示。

表 4 变系数结果

项目	模型一 *K* 变系数	模型二 *BX* 变系数	模型三 *T* 变系数
HB	− 0.395 832 (− 2.939 534)	− 0.333 286 (− 2.454 818)	− 0.384 203 (− 2.739 579)
ZQ	− 0.002 550 (− 0.404 062)	0.005 456 (− 0.873 004)	− 0.004 643 (− 0.713 232)
TZ		0.678 720 (7.039 463)	0.606 321 (7.669 687)
BX	0.034 562 (0.528 533)		0.003 019 (0.047 459)
T	0.815 627 (6.753 478)	0.698 825 (5.946 662)	
常数项	− 10.954 46 (− 14.710 15)	− 10.157 37 (− 14.315 54)	− 10.587 58 (− 14.602 62)

---

① 即我国主要是以银行为主体的间接融资方式占主导地位,而以股市为主体的直接融资所占比例较小。

项目	模型一 K 变系数	模型二 BX 变系数	模型三 T 变系数
辽宁省	0. 535 035 (7. 538 773)	− 0. 120 733 (− 1. 042 385)	0. 576 900 (4. 578 458)
河北省	1. 044 888 (6. 925 817)	0. 348 004 (3. 425 720)	1. 280 250 (6. 795 669)
天津市	0. 809 210 (5. 233 787)	0. 348 444 (2. 288 312)	1. 010 927 (5. 438 643)
山东省	0. 469 615 (4. 739 509)	− 0. 143 968 (− 1. 478 387)	0. 567 543 (4. 593 582)
江苏省	1. 030 474 (7. 223 785)	0. 345 593 (2. 962 667)	1. 151 316 (7. 137 025)
上海市	1. 522 672 (6. 746 142)	0. 506 175 (4. 731 542)	1. 398 497 (5. 702 492)
浙江省	0. 738 758 (4. 645 062)	0. 105 764 (1. 253 932)	0. 870 503 (2. 677 438)
福建省	0. 686 406 (5. 434 275)	0. 153 507 (1. 478 387)	0. 890 902 (6. 042 116)
广东省	0. 514 957 (3. 650 904)	− 0. 008 874 (− 0. 140 957)	0. 697 308 (5. 569 746)
广西自治区	0. 450 186 (3. 486 432)	− 0. 231 580 (− 1. 709 276)	0. 504 778 (3. 031 104)
海南省	0. 495 644 (4. 095 874)	− 0. 020 495 (− 0. 166 549)	0. 682 585 (6. 488 581)

注:括号内为 t 统计值。

$$HY = - 10.037\ 34 + 0.374\ 835K - 0.023\ 013HB - 0.004\ 397ZQ$$
$$(- 14.494\ 29)\quad(6.104\ 619)\quad(- 0.232\ 199)\quad(- 0.709\ 834)$$
$$+ 0.198\ 613BX + 0.374\ 835T$$
$$(2.179\ 860)\quad(6.104\ 619) \tag{14}$$

其中,括号内数字为对应的 t 值。

由表 4 可知,除了模型二中,保险水平对辽宁、山东、浙江、福建、广东、广西、海南这 7 省影响不显著外,全社会固定资产投资、保险水平和科技水平对其他沿海各省均在 5% 的显著性水平下影响显著,且均为正向关系。总体来看,长江三角洲区域全社会固定资产投资、保险发展水平和科技水平的人均海洋生产总值边际产出最大,环渤海次之,泛珠三角最小。具体来看,全社会固定资产投资、保险水平和科技水平对上海市人均海洋生产产值的促进作用均为最大,而全社会固定资产投资及科技水平对广西壮族自治区人均海洋生产总值的促进作用最小,保险发展水平对江苏省人均海洋生产总值的促进作用最小。这可能是因为长江三角洲地区经济改革领先于环渤海和泛珠三角地区,其市场化程度和经济发展水平相对较高,故上述变量对长江三角洲地区海洋经济的促进作用显著于其他地区。

五、结论及政策建议

本文根据沿海 11 个省(市、自治区)1996—2011 年的海洋经济数据,采用泰尔指数及面板数据的处理方法,对沿海地区海洋经济发展的区域差异及差异化形成因素进行了考察。得到以下结论:第一,整体上,我国沿海地区海洋经济发展的区域差异符合威廉姆逊的倒"U"形理论,且海洋经济发展的区域差异更主要的表现在行政区间的差异上,因此,基于省际行政区的研究,研究中国的区域海洋经济增长差异更能体现中国区域海洋经济差异的实质;第二,从差异化形成因素来看,全社会固定资产投资、保险发展水平和科技水平是海洋经济区域差异化的主要因素,且对长江三角洲的影响最大,具体来看,这些因素对上海市、江苏省和浙江省的海洋经济发展促进作用大于其他沿海省份。

应该指出,海洋经济发展区域差异的存在具有客观性和必然性,在中国这样一个发展中大国,不同省(市、自治区)在政治、经济、文化和科技等方面都存在一定的差异,由此决定了海洋经济区域发展必定存在差异。因此,协调发展海洋经济不在于消灭差距,而是在一个合理的差距范围内,优化海洋经济资源配置效率。

基于以上研究结论,本文认为,海洋经济正日益成为国民经济新的经济增长点,将协调发展海洋经济作为我国经济发展的重要目标应该毫不动摇。但促进海洋经济增长的经济和政治政策,不能全国"一刀切",应实现差别化的行政区间政策安排。我国环渤海地区、长江三角洲地区和泛珠三角地区,尤其是环渤海地区和泛珠三角地区海洋经济发展较为薄弱的省份,应在继续完善海洋经济发展的市场机制同时,坚持和深化既有促进海洋经济增长的积极政策,如发挥保险市场的风险分散功能、加大科研及教育经费投入等。而全国沿海各省(市、自治区)均要更加重视金融深化的推进过程,积极贯彻银行系统和证券市场对发展海洋经济的支持作用,改善目前单一的融资结构,并按比较优势准则,积极推动我国海洋经济的结构调整,协调促进海洋经济的发展。

参考文献

[1] 国家海洋局网站. http://www.cme.gov.cn/hyjj/gb/2011/index.html.

[2] 张向前、欧阳钦芬.《试析海洋经济与区域经济发展》[J].《海洋开发与管理》,2002 年,第 2 期,第 44 - 48 页。

[3] 马雯月.《支撑我国海洋经济发展的要素分析》[J].《中国水运》,2008 年,第 1 期,第 206 - 208 页。

[4] 狄乾斌、韩增林.《辽宁省海洋经济可持续发展的演进特征及其系统耦合模式》[J].《经济地理》,2009 年,第 5 期,第 799 - 805 页。

[5] 常玉苗.《我国海洋经济发展的影响因素——基于沿海省市面板数据的实证研究》[J].《资源与产业》,2011 年,第 10 期,第 95 - 99 页。

［6］ 郑长德.《中国金融发展地区差异的泰尔指数分解及其形成因素分析》[J].《财经理论与实践》,2008年,第7期,第7－13页。

［7］ 李彬、高艳、王倩、张士洋.《我国海洋区域经济发展水平差距分析》[J].《中国渔业经济》,2011年,第2期,第167－172页。

［8］ 贾宁.《海洋经济区域差异性检验及影响因素分析》[D]. 青岛:中国海洋大学硕士论文,2011年。

［9］ 王小鲁、樊纲.《中国地区差距的变动趋势和影响因素》[J].《经济研究》,2004年,第1期,第33－44页。

［10］ 温涛、冉光和、熊德平.《中国金融发展与农民收入增长》[J].《经济研究》,2005年,第9期,第30－43页。

我国金融与海洋经济互动关系的实证研究

——基于面板向量自回归模型的估计[*]

俞立平　燕小青　赵丙奇

（宁波大学）

摘要　本文在分析金融与海洋经济互动机制的基础上构建研究框架,采用格兰杰因果检验、面板数据、面板向量自回归模型分析了金融与海洋经济的互动关系。研究结果表明,金融对海洋经济发展的支持不够,两者的互动效应不够明显,我国海洋经济发展中存在着"金融抑制"现象。

关键词　金融　海洋经济　互动关系　面板向量自回归模型

一、引言

越来越多的沿海国家把发展海洋经济提高到战略高度,发展海洋经济的重要性和迫切性越来越引起人们的关注。据国家海洋局《2010 年中国海洋经济统计公报》,2010 年我国海洋生产总值 38 439 亿元,占 GDP 的 9.66%。金融发展是海洋经济建设和稳定发展的基本经济要素,作为推动海洋产业发展和海洋产业结构升级的主导力量,金融资本多年来在各国海洋经济发展中发挥着重要作用。研究两者的互动关系,对中国金融发展与海洋经济的关系及其协调性进行全面系统评价,可以发现存在的问题,有利于国家调整宏观金融政策,为海洋经济的健康发展提供更加有力的金融支持。

国外学者关于金融促进经济增长研究相对成熟。McKinnon(1973)[1]、Shaw(1973)[2]在各自的著作中独立地提出了"金融抑制"和"金融深化"理论,他们从制度框架和金融效率的角度,强调了金融市场化的积极作用,由此现代意义上的金融发展理论正式形成。Levine(2000)[3]认为一个好的金融体系可以减少信息与交易成本,进而影响储蓄率、投资决策、技术投资、技术创新和长期经济增长。Romer(1990)[4]、Aghion(1992)等[5]认为金融发展影响经济增长的内在传导渠道主要有两条:一是促进要素积累;二是提高资源配置效率,促进技术进步和 TFP 的增长。Greenwood、Jovanovic(1990)[6]认为金融发展实现信息收集和风险分散,从而加大资本的边际生产率,进而促进经济增长。Sirri、Tufano(1995)[7]认为金融发展

---

　* 本文系宁波市人民政府与中国社会科学院战略合作项目:现代高端服务业发展研究中心 2011 年课题"宁波海洋经济发展的金融创新与政策设计"阶段性研究成果。

拓宽了储蓄转化为投资的渠道,从而提高储蓄转化为投资的比例,进而促进经济增长。

国内学者的研究,更多集中在我国及地区金融与海洋经济发展现状及存在的问题上。李靖宇、任燕(2011)[8]在分析我国海洋经济开发中金融支持现状的基础上,探讨了国外发达国家海洋经济开发中金融支持的成功经验,提出了我国海洋经济开发中加大金融支持力度的对策。刘明(2011)[9]分析我国海洋高技术产业面临的融资困境,总结美日等国海洋高技术产业融资机制和模式较为成功的经验,提出构建我国海洋高技术产业多元融资体制的构想。宋瑞敏、杨化青(2011)[10]分析了广西金融体系中存在银行机构占据绝对主导地位、直接融资比重小、资本市场不发达、海洋产业发展层次低等问题,认为广西海洋产业金融支持应选择银行主导型模式。林漫、孙健(2001)[11]认为融资障碍是我国海洋高新技术产业化迟滞的主因,构建专门面向海洋开发的风险投资基金并完善基金运作的外部环境可以有效化解这一矛盾。吴明理(2009)[12]从海洋经济理论研究的一般状况出发,分析了烟台市海洋经济发展现状和金融支持情况,并对其可持续发展提出具体对策和建议。胡曼菲(2010)[13]以辽宁省1999—2006年的数据建立格兰杰因果分析模型进行实证研究,得出金融支持对海洋产业结构优化升级具有单向因果关系的结论。

总体上,国外关于金融与经济增长的理论研究与实证研究均比较成熟,而国内关于金融与海洋经济的研究尚处于起步阶段,研究成果不多。研究视角主要集中在金融与海洋经济、海洋产业的关系及存在的问题分析,而且主要是理论研究,实证研究极为缺乏。对我国金融与海洋经济的关系缺乏系统评估。

本文基于中国11个主要沿海省市数据,在对金融与海洋经济互动机制进行分析的基础上,采用面板数据,格兰杰因果检验、面板向量自回归模型、脉冲响应函数和方差分解,全面系统研究金融与海洋经济的互动关系。

二、理论依据与研究框架

(一)金融与海洋经济的互动机制研究

1. 金融促进海洋经济发展的机制

(1)金融发展可以有效地促进海洋经济增长。运行良好的金融体系能够降低交易成本,积极调节投资,使其投向高效率的生产部门,通过促进资本积累,强化技术创新的途径,实现对海洋经济增长的推动作用。

(2)金融工具可以优化海洋资源配置,促进海洋产业结构调整。由于资源禀赋、科技水平、人力资源等多方面因素,沿海各省市都有自己的比较优势产业,通过金融工具的资源配置功能,能够将资源从劣势产业向优势产业转化,调整产业结构,合理引导生产要素流动,并以资金为纽带,对现有的海洋产业、部门进行重组,形成符合比较优势的海洋产业发展格局。

(3)金融能够为海洋经济发展提供全方位支持。现代金融的发展已经突破了原有的金融中介功能,成为经济发展的重要动力。借助现代信息技术,金融能够突破时空限制,将服务触角延伸到经济社会生活的各个领域,加速资金周转,促进海洋经济区域生产要素的流动。从而为政府部门进行决策提供参考,推动海洋经济发展层次不断提高。

2. 海洋经济发展对金融的促进机制

海洋经济的发展,必然带来总量的扩张和质量的提高,会引领追求利润为主的商业银行、风险投资公司、保险公司等优先向海洋产业提供服务,从而促进金融的发展与进一步繁荣。海洋经济的发展,为金融发展提供了新的市场和机遇,也是金融发展的新的增长点。

(二)研究框架

本文的研究框架如图1所示,研究金融与海洋经济的关系包括静态研究与动态研究两个方面,静态研究采用面板数据进行估计,重点分析金融发展对海洋经济贡献的弹性系数大小;动态研究采用格兰杰因果检验分析金融与海洋经济之间的因果关系,采用面板协整、面板向量自回归模型、脉冲响应函数、方差分解分析金融与海洋经济的互动关系,最后对静态与动态研究结果进行总结。

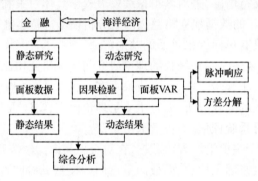

图1 研究框架

考虑到海洋经济可能受地区金融水平、经济发展水平、教育水平、科技水平等因素的影响,建立如下模型:

$$\log(Y) = c + \alpha\log(FIR) + \beta\log(GDP) + \gamma\log(EDU) + \eta\log(ST) \qquad (1)$$

公式(1)中,Y 表示海洋经济水平,FIR 表示金融水平,GDP 为地区经济发展水平,EDU 为地区教育水平,ST 为地区科技水平,c 为常数项,α、β、γ、η 表示回归系数,为了减少异方差,同时增强结果的解释性,所有变量都取对数进行处理。

三、数据

本文选取的地区为辽宁、河北、天津、山东、江苏、上海、浙江、福建、广东、广西、海南11个沿海省市。海洋经济水平采用海洋 GDP 表示,教育水平采用地区教育经费投入,科技水平采用地区 R&D 研发投入经费表示。关于金融发展水平的度量,典型的是金融相关比率(Financial Interrelations Ratio,FIR),它是全部金融资产价值与全部实物资产价值之比,由于中国缺乏金融资产的统计数据,主要金融资产集中在银行,因此本文用贷款余额与 GDP 的比率作为衡量金融发展的指标。一些学者采用存贷款总额占 GDP 的比率来衡量,考虑到存款是贷款的来源,故本文没有采取这种做法。

本文所有数据来自于 1998—2010 年《中国海洋统计年鉴》、《中国科技统计年鉴》、《中国统计年鉴》，实际数据为 1997—2008 年的数据。数据描述统计量如表 1 所示。

表 1　摘要描述统计量

统计量	海洋 GDPY （亿元）	金融相关比率 FIR	地区生产总值 GDP （亿元）	教育经费投入 EDU （亿元）	R&D 研发经费投入 ST （亿元）
均值	213.17	0.085	12 040.74	292.30	94.85
极大值	1 286.45	0.295	97 818.90	1 166.16	580.90
极小值	3.50	0.010	411.16	16.39	0.70
标准差	234.57	0.067	14 766.39	233.65	115.11
n			$12 \times 11 = 132$		

四、实证结果

（一）面板数据的平稳性检验

无论是格兰杰因果检验，还是面板数据回归，数据平稳是前提条件。面板数据既包含时间序列数据，也包含截面数据，本文数据跨度 12 年，必须进行平稳性检验，否则可能存在伪回归问题。单位根检验是一种检测时间序列是否平稳的方法，常用的面板数据单位跟检验方法有 Levin 检验、ADF 检验、PP 检验等，本文采用这三种方法同时进行检验，结果如表 2 所示。由于检验原理不同，不同检验方法的结果不尽相同，本文以 3 种方法结果一致为准，这样更有说服力。经过一阶差分，只有 GDP 是不平稳的，经过两阶差分，所有变量都是平稳的时间序列。

表 2　面板数据单位根检验

变量	Levin 检验值	ADF 检验值	PP 检验值	结果
$LOG(Y)$	1.409	3.271	1.488	不平稳
$LOG(FIR)$	−2.039**	15.072	22.048	不平稳
$LOG(GDP)$	12.904	0.253	0.003	不平稳
$LOG(EDU)$	1.105	8.345	17.539	不平稳
$LOG(ST)$	−2.602***	9.493	29.075***	不平稳
$\Delta LOG(Y)$	−7.498***	59.046***	66.456***	平稳
$\Delta LOG(FIR)$	−7.225***	53.052***	71.583***	平稳
$\Delta LOG(GDP)$	−1.974**	13.604	14.573	不平稳
$\Delta LOG(EDU)$	−6.771***	57.892***	79.006***	平稳
$\Delta LOG(ST)$	−8.192***	76.066***	90.729***	平稳

变量	Levin 检验值	ADF 检验值	PP 检验值	结果
$\Delta^2 LOG(Y)$	-13.917***	102.348***	141.789***	平稳
$\Delta^2 LOG(FIR)$	-13.937***	96.441***	133.398***	平稳
$\Delta^2 LOG(GDP)$	-10.553***	77.558***	107.956***	平稳
$\Delta^2 LOG(EDU)$	-10.789***	102.865***	159.831***	平稳
$\Delta^2 LOG(ST)$	-18.303***	125.088***	154.710***	平稳

注：*表示在 10%的水平下统计检验显著，**表示在 10%的水平下统计检验显著，***表示在 1%的水平下统计检验显著。

(二)格兰杰因果检验

考虑到影响海洋经济的各变量滞后期一般不超过 3 年,因此本文以此为准进行格兰杰因果检验,结果如表 3 所示。

表 3 格兰杰因果检验结果

原假设	滞后 1 年			滞后 2 年			滞后 3 年		
	F 值	概率	结果	F 值	概率	结果	F 值	概率	结果
FIR 不是 Y 的格兰杰原因	0.018	0.895	接受	0.107	0.898	接受	0.055	0.983	接受
Y 不是 FIR 的格兰杰原因	2.754	0.099	拒绝*	1.415	0.248	接受	1.810	0.151	接受
GDP 不是 FIR 的格兰杰原因	2.729	0.101	接受	1.795	0.171	接受	1.180	0.322	接受
FIR 不是 GDP 的格兰杰原因	12.888	0.001	拒绝***	2.841	0.063	拒绝*	2.529	0.062	拒绝*
ST 不是 FIR 的格兰杰原因	1.392	0.241	接受	0.650	0.524	接受	0.561	0.642	接受
FIR 不是 ST 的格兰杰原因	1.179	0.280	接受	3.711	0.028	拒绝**	4.059	0.009	拒绝***
EDU 不是 FIR 的格兰杰原因	2.994	0.086	拒绝*	1.807	0.169	接受	2.111	0.104	接受
FIR 不是 EDU 的格兰杰原因	0.896	0.346	接受	0.961	0.386	接受	1.419	0.242	接受

注：*表示在 10%的水平下统计检验显著,***表示在 1%的水平下统计检验显著。

从金融与海洋经济的关系看,在滞后期 1～3 年的情况下,金融都不是海洋经济的格兰杰原因;但海洋经济在滞后 1 年的情况下,是金融的格兰杰原因,说明两者从数据上总体不存在互为因果关系,海洋经济虽然对金融有所需求,但没有得到有效的满足。

在滞后 1～3 年的情况下,经济发展水平不是金融的格兰杰原因,但金融都是经济发展水平的格兰杰原因,说明金融对经济发展具有促进作用,因果关系明显。

在滞后 1～3 年的情况下,科技都不是金融的格兰杰原因,但在滞后 2～3 年的情况下,金融是科技的格兰杰原因,说明金融对科技发展具有促进作用,但有一定滞后效应。

教育只在滞后 1 年的情况下才是金融的格兰杰原因,但金融不是教育的格兰杰原因,总体上两者不存在因果关系,这与实际情况是相符的。

（三）面板数据估计结果

采用面板数据回归分析海洋经济各影响因素的关系,首先采用 F 检验分析是采用混合回归还是面板数据,结果发现应该采用面板数据模型,然后进行 Hauseman 检验,发现相伴概率为 0.000,拒绝随机效应模型的原假设,应该采用固定效应进行回归分析。为了减少截面数据的异方差,采用截面加权,结果如表 4 中的固定效应所示,为了比较,表 4 中同时还给出了混合回归的结果,不过混合回归中地区经济发展水平变量没有通过统计检验。

表 4　面板数据回归结果

变量	含义	混合回归	固定效应
C	常数	2.131*** (3.056)	-9.159*** (-9.433)
Log(FIR)	金融	0.243** (2.129)	0.129* (1.643)
Log(GDP)	地区经济水平	—	1.615*** (8.239)
Log(EDU)	教育水平	0.563*** (2.827)	0.331* (0.063)
Log(ST)	科技水平	0.335*** (3.048)	-0.147** (-2.187)
Hauseman		—	27.838
p		—	0.000
R^2		0.658	0.975

注:*表示在10%的水平下统计检验显著,**表示在10%的水平下统计检验显著,***表示在1%的水平下统计检验显著。

从固定效应结果看,所有变量都通过了统计检验,R^2 很高,为 0.975,经济发展水平对海洋经济的贡献最大,每增加 1%,会导致海洋经济增长 1.615%;其次是教育水平,每增加 1%,会导致海洋经济增加 0.331%;金融对海洋经济的贡献较低,每增加 1%,会导致海洋经济增加 0.129%;科技水平对海洋经济的贡献为负值,可能与中国海洋经济技术含量不高、海洋经济不够发达有关。

（四）面板向量自回归模型结果

由于面板数据是平稳的时间序列,因此可以继续进行协整检验。协整检验方法采用 Kao 面板协整检验,结果以 0.002 的概率拒绝没有协整关系的原假设,说明存在协整关系。接着建立面板 VAR 模型,模型的整体拟合度 R^2 为 0.965,拟合效果较好,且 VAR 模型所有特征根都位于单位圆内,模型结构稳定。

由于 VAR 模型是一种系数没有经济学意义的非理论性的模型,因此在分析 VAR 模型时,往往不解释回归系数,而采用脉冲响应函数和方差分解进行进一步分析,金融与海洋经济的脉冲响应函数如图2所示。

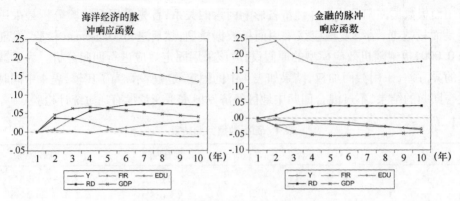

图2　金融与海洋经济的脉冲响应函数

先看海洋经济的脉冲响应函数。来自海洋经济自身的一个标准差的正向冲击,对其自身的影响最大,虽然不断衰减,但仍然占据主导地位。来自金融一个标准差的正向冲击,当期对海洋经济的影响为0,第2期虽然有轻微影响,但随后在第3期达到极大值,之后有慢慢衰减,到第6期开始为负,说明金融能够促进海洋经济的发展,但这种效应是滞后的。来自地区经济发展水平的冲击对海洋经济当期没有影响,但随后开始升高,在第4期达到最大值,然后在缓慢衰减,说明地区经济发展水平给海洋经济的发展提供了良好的基础。来自科技水平一个标准差的正向冲击,当期对海洋经济没有影响,但随后持续升高,到第7年达到最大值,说明科技发展水平对海洋经济的促进作用是持久性的,是海洋经济发展的根本动力。来自教育水平的冲击对海洋经济在5年内几乎没有影响,5年后才缓慢升高,说明教育水平对海洋经济的影响滞后时间较长,但作用持久,这和实际情况是相符的。

再看金融的脉冲响应函数。来自科技水平一个标准差的正向冲击,当期对金融没有影响,随后开始缓慢升高,第5期达到最大值,随后缓慢衰减,说明科技水平的提高能够促进金融的发展。但海洋经济、地区经济发展水平、教育水平的冲击对金融影响均为负值,深层次反映了我国金融与经济发展协调性不够问题。从另外一个角度看,海洋经济发展还处于起步阶段,各地区海洋经济占GDP的比重还比较小,实力还不强大,因此其自身对金融的带动作用还不强。

海洋经济的方差分解如表5所示,在末期,海洋经济自身占其预测方差误差的82.52%,科技水平占9.51%,地区经济发展水平占6.69%,而金融仅占0.69%,几乎没有影响,深层次反映了金融对海洋经济支持不够问题。

表5　海洋经济的方差分解

时期	Y	FIR	EDU	ST	GDP
1	100.00	0.00	0.00	0.00	0.00
2	96.49	0.06	0.02	1.36	2.07

时期	Y	FIR	EDU	ST	GDP
3	93.24	0.93	0.01	1.73	4.08
4	90.57	1.05	0.01	2.97	5.40
5	88.68	0.93	0.02	4.22	6.14
6	87.05	0.80	0.06	5.57	6.51
7	85.67	0.73	0.15	6.78	6.67
8	84.46	0.70	0.27	7.85	6.72
9	83.42	0.69	0.42	8.75	6.72
10	82.52	0.69	0.59	9.51	6.69

金融的方差分解如表6所示,在末期金融自身占其预测方差误差比重的89.41%,经济发展水平占5.29%,科技水平占2.87%,教育水平占1.22%,海洋经济所占比重最小,仅为1.21%,几乎没有影响。

表6 金融的方差分解

时期	Y	FIR	EDU	ST	GDP
1	0.19	99.81	0.00	0.00	0.00
2	0.11	98.85	0.46	0.07	0.51
3	0.18	96.97	0.58	0.72	1.55
4	0.28	95.17	0.54	1.29	2.72
5	0.40	93.60	0.52	1.79	3.70
6	0.53	92.40	0.53	2.14	4.40
7	0.68	91.45	0.61	2.40	4.86
8	0.85	90.68	0.75	2.59	5.12
9	1.03	90.01	0.96	2.75	5.26
10	1.21	89.41	1.22	2.87	5.29

五、结论

(一)金融对海洋经济发展的支持不够

从实证研究结果看,金融对海洋经济的贡献总体还比较弱小。金融不是海洋经济发展的格兰杰原因,而海洋经济只在滞后1年的情况下才是金融发展的格兰杰原因。金融对海洋经济的贡献要远小于地区经济发展水平和教育水平。金融的正向冲击对海洋经济的发展有较小的正向影响。海洋经济的正向冲击对金融的影响是负面的。海洋经济的方差分解中金融仅占微小的份额,金融的方差分解中海洋经济同样占微小的份额。

我国海洋经济发展尚处于起步阶段,海洋经济实力总体较弱,海洋经济发展中的投融资存在"金融抑制"现象。由于海洋产业风险高、专业性强,因此商业银行对其惜贷现象比较严重,资本市场发展的不充分又大大限制了其直接融资的能力。在银行为主导的金融体系下,必然导致金融对海洋经济发展支持不够,这是一个值得重视的问题。

(二)金融与海洋经济的互动效应不明显

实证研究表明,金融对海洋经济的贡献总体较小,而海洋经济对金融的促进作用则更弱小,两者尚处于磨合阶段,根本无法有效进行协调。国家在实施海洋战略的前提下,要制定和出台金融对海洋经济支持的相关政策措施,加大金融对海洋经济支持的力度,引导金融与海洋经济互相促进,形成良好互动。

参考文献

[1] McKinnon, Ronald I. Money and Capital in Economic Development[M]. The Brookings Institution, Washington, D. C,1973.

[2] Shaw , Edward. Financial Deepening in Economic Development [M]. New York:Oxford University Press 1973.

[3] Levine, Ross, Loayza, Norman and Beck, Thorsten. Financial Intermediation and Growth: Causality and Causes[J]. Journal of Monetary Economics,2000(58):261 - 300.

[4] P. M. Romer. Endogenous Technological Change [J]. Journal of Political Economy,1990,98(5)

[5] P. Aghion, P. Howitt. A Model of Growth through Creative Destructions [J]. Econometrica,1992, 60(2).

[6] J. Greenwood, B. Jovanovic. Financial development, growth and the distribution of income[J]. Journal of political economy, 1990(98).

[7] Sirri Erik R. Tufano Peter. "The Economics of Pooling, "in B. Dwight Crane et al. des. ,The Global Financial System:A Functional Perspective ,Boston:Harvard Business School Press,1995,pp. 81 - 128.

[8] 李靖宇、任燕.《论中国海洋经济开发中的金融支持》[J].《广东社会科学》,2011 年,第 5 期,第 48 - 54 页。

[9] 刘明.《我国海洋高技术产业的金融支持研究》[J].《当代经济管理》,2011 年,第 2 期,第 56 - 59 页。

[10] 宋瑞敏、杨化青.《广西海洋产业发展中的金融支持研究》[J].《广西社会科学》,2011 年,第 9 期,第 28 - 32 页。

[11] 林漫、孙健.《海洋高新技术产业化的金融支持》[J].《风险投资基金》,2011 年,第 2 期,第 60 - 62 页。

[12] 吴明理.《海洋经济可持续发展及金融支持问题研究》[J].《金融发展研究》,2009 年,第 7 期,第 35 - 38 页。

[13] 胡曼菲.《金融支持与海洋产业结构优化升级的关联机制分析》[J].《海洋开发与管理》,2010 年,第 7 期,第 87 - 90 页。

我国滨海地区入境旅游市场结构特征分析

李 瑞 马子笑 郭 娟

（宁波大学）

摘要 本文分析了我国滨海区域入境旅游的发展现状,通过大量统计数据探讨了滨海区域入境旅游的空间差异以及入境旅游客源市场的结构特征,在此基础上分析了滨海地区入境旅游的各种影响因素,并据以上分析结论提出促进我国滨海入境旅游发展值得思考的几个问题。

关键词 滨海区域 入境旅游 市场结构 距离衰减规律

一、问题的提出

滨海是对地理空间的定性划分,一般泛指一切陆地上靠近海洋的区域和海洋中靠近陆地的区域。根据我国统计部门的定义,我国滨海省级行政区域包括广东、海南、广西、福建、浙江、上海、江苏、山东、河北、辽宁、天津 11 省市,北京市虽不临海,但环渤海地区旅游业的发展受其辐射和影响巨大,北京市是该地区的实际发展核心,因此在进行滨海旅游研究时,把北京市列入环渤海地区并和其他地区进行对比研究更为切合实际;同时结合学者们对滨海旅游区划的研究成果,考虑到本文研究的需要,这里把滨海地区划分为环渤海、长三角、珠三角和海南岛四个区域。中国滨海地区经济发达,城市化水平高,旅游经济总量在全国三大区域中名列前茅。自 2005—2011 年连续 7 年来,滨海省份的广东、上海、福建、江苏、浙江、辽宁、山东、天津、北京旅游外汇收入一直位列全国前 10 名,滨海旅游外汇收入总量占全国旅游外汇收入总量的 80% 以上,2011年接待外国人、港澳游客、台湾游客的比例分别占全国接待量的 75%、88.5%、74.5%、78.6%。因此,滨海地区一直是我国入境旅游的重要接待地区。滨海旅游的快速发展,使滨海区域成为旅游研究关注的热点领域,对中国学术期刊网进行搜索,结果显示,近年有 600 余篇关于滨海旅游的研究文献,进一步分析发现其研究内容主要集中在滨海资源评价开发、滨海旅游产品策划、环境保护和规划管理、旅游产业可持续发展等方面,研究对象以宏观研究和个案研究为主,以滨海入境旅游为研究对象的成果不多,这与滨海入境旅游产业的重要地位极不相称。在现有的研究成果中,周玉翠、李伟山等从宏观上对我国入境旅游空间分布的规律和影响因素进行了很好的研究[①]，只有张广海等以我国滨海地区入境旅游为研究对象，对入境旅游流的空间结构进行了分析，指出我国滨海区域旅游呈现持续增长的态势，滨海省市入境客源市场地理集中度呈减少趋势，入境游客密度指数呈非均衡态势的结论[②]。对我国滨海地区入境旅游市场结构详细刻画的分析研究几乎没有。相关资料显示近年我国滨海地区入境旅游规模总量一直呈上升趋势，但旅游外汇收入和接待入境旅游增长率却呈稳中略降的趋势，同时，滨海各区域入境旅游的规模和发展水平也存在显著差异，在入境客源市场结构上表现出不同的特征，滨海入境旅游发展实践迫切需要理论研究的指导和支持。因此本文对滨海地区入境旅游市场进行研究，以期明晰滨海入境旅游市场结构特征，在此基础上提出滨海入境旅游市场营销、产品升级的对策措施，对促进滨海区域入境旅游整体水平的提升有所补益。

二、滨海区域入境旅游客源市场结构

入境旅游客源市场结构主要指客源地的空间分布特征、入境游客的数量比例及相关旅游行为特征。按照游客所属国家和地区的不同，我国入境游客细分为外国人、香澳游客、台湾游客等。

1. 不同客源地入境游客的数量比例

中国滨海区域接待不同客源地的入境游客比例差异显著，2010 年，滨海区域共接待入境旅游 264 123 063 人天，其中接待外国人 162 670 859 人天，香港同胞 59 444 468 人天，澳门同胞 8 463 597 人天，台湾同胞 33 544 139 人天，所占比例分别是外国人 61.6%，香港同胞 22.5%，澳门同胞 3.2%，台湾同胞 12.7%。2011 年共接待入境游客 23 514 万人天，其中接待外国人 13 827 万人天，香港同胞 5 907 万人天，澳门同胞 743 万人天，台湾同胞 3 036 万人天，所占比例分别是外国人 58.8%，香港同胞 25%，澳门同胞 3.3%，台湾同胞 12.9%。中国滨海地区接待外国人所占比例较高，这一结构特征一直保持了近 10 年，但近年来这一比例呈稳中略降趋势（见图 1）。

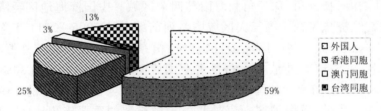

图 1　2011 年滨海区域不同类型入境游客比例结构

---

① 周玉翠、韩艳红.《我国入境旅游空间结构研究》[J].《地理与地理信息科学》,2008 年,第 2 期,第 99 - 103 页;李伟山.《中国入境旅游客源的文化分析》[J].《广西民族大学学报》,2007 年,第 1 期,第 140 - 144 页。

② 张广海、朱徽徽,《我国滨海地区入境旅游流空间结构分析》[J].《资源开发与市场》,2012 年,第 11 期,第 1050 - 1053 页。

2. 洲际客源市场数量及结构特征

考虑到各省市旅游统计指标不尽一致,难以获得完整的旅游资料信息,同时滨海区域接待入境旅游的外国游客总量占全国到访量总量的比例高,如 2010 年和 2011 年分别接待 3 796 万人次、3 986 万人次外国人,所占比例分别是全国总接待量的 70.16% 和 67.32%;如果按人天数计算,滨海区域 2011 年到访外国人天数占全国接待量的 75.35%。因此,在研究外国客源整体市场结构时可以用全国接待入境旅游的基本情况代表滨海区域的情况(见图 2)。

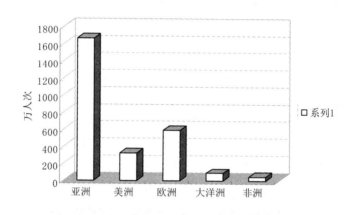

图 2　2011 年滨海区域不同洲际入境游客比例结构

从洲际入境客源市场看,2011 年亚洲市场份额最高占 61.4%,其次是欧洲市场占 21.8%,美洲和大洋洲市场分别占 11.8% 和 3.2%,客源市场与旅游目的地之间距离衰减规律表现突出。对游客到访目的调查发现,到访的外国游客总量中,观光休闲所占比例最高达 45.07%,其次是会议商务占 23.33%,探亲访友所占比例最低只有 0.004%,现代大众旅游特征表现突出。与其他洲相比,亚洲探亲访友型游客所占比例为 0.57%,是五大洲中比例最高的(占我国境内接待探亲访友总量的 85.08%,其他洲的比例均较低)。游览观光占亚洲市场总量的 41.1%,会议商务占总量的 21.3%,服务和其他目的比例也较高,表明近距离的亚洲市场与我国的关系更加多元化。欧洲游览观光型 48.6%,会议/商务 28.8%;美洲游览观光型占市场总量的 55.6%,会议商务游 22.04%;大洋洲游览观光型 63.28%,会议商务 17.05%。由此可以看出,各洲游客出游目的结构特征差异显著,有距离越远的客源地、以游览观光休闲为目的游客比例越高,距离越近,商务会议、探亲访友目的性越强的趋势,这为我国内地针对外国人市场产品促销和接待服务提供了参考指向:入境旅游市场营销各洲侧重点应有所不同,亚洲全方位出击观光休闲、会议商务和探亲访友三种目的的市场,欧洲以游览观光和商务会议市场为主,美洲、大洋洲则以观光休闲市场为主,我国滨海区域外国市场拓展目标主要在美洲、欧洲和大洋洲(见表 1)。

表1 2011 年以旅游目的划分的外国人市场结构

项目	合计(万人次)	会议/商务	观光休闲	探亲访友	服务员工	其他
亚洲	1 665.02	355.96	684.30	9.35	186.05	429.36
美洲	320.10	70.56	177.95	0.75	16.61	54.24
欧洲	591.08	170.29	287.18	0.58	59.07	73.96
大洋洲	85.93	14.65	52.48	0.26	3.69	14.85
非洲	48.88	21.15	19.85	0.05	3.98	3.86
合计	2711.20	632.64	1221.82	10.99	269.39	576.35

(三)主要客源国游客数量及结构特征

关于我国入境旅游主要客源国市场情况,张广海、朱徽徽(2012)选取中国入境旅游的 23 个主要客源国为研究对象进行了统计分析,得出滨海地区入境传统客源市场在得到加强的同时开拓了许多新的客源市场,增强了我国入境客源市场的稳定性的结论。在我国入境客源国市场中,日、韩为滨海地区两大客源国,两者占了主要客源国份额的 35% ~ 40%;美国为第三大客源国,市场份额稳定在 8% ~ 10% 之间。三个客源国接近到访总共量的 1/2(见表2)。

表2 2011 年到访我国内地主要客源国的游客数量(万人次)

亚　洲				朝鲜	15.23	俄罗斯	253.63	瑞典	17.01
韩国	418.54	菲律宾	89.43	美　洲		德国	63.70	荷兰	19.75
日本	365.82	越南	60.80			英国	59.57	大洋洲	
马来西亚	124.51	印度尼西亚	60.87	美国	211.6	法国	49.31		
新加坡	106.30	印度	60.65	加拿大	74.80	意大利	23.50	澳大利亚	72.62
蒙古	99.42	哈萨克	50.62	欧　洲		西班牙	13.99	新西兰	12.09

通过对 23 个主要客源国入境市场的出游目的进行分析发现,日本、韩国、蒙古、朝鲜会议商务与观光休闲入境者比例相当,亚洲的其他主要客源国以观光休闲为主。日本、新加坡探亲访友入境者比例最高,占 2011 年探亲访友入境市场总量的 72.34%。由此,我国在亚洲进行市场营销时一方面要进一步开拓商务旅游和休闲观光市场;另一方面要针对日本、新加坡进行探亲访友主题营销。意大利、英国、德国、俄罗斯以商务会议和观光游览为目的游客比例相当,探亲访友者寥寥;美国、加拿大、澳大利亚和新西兰入境者以观光休闲为主,其次是商务会议,探亲访友者较少。近距离的客源国入境游客旅游目的多元化,远距离的客源国以观光休闲为主。

三、入境旅游目的地市场结构

前文分析了滨海地区入境游客客源市场结构,这里把滨海地区作为入境旅游目的地,分析滨海各区域接待入境旅游市场构成特征以及入境游客在本区域的流动规律。

1. 滨海地区入境旅游经济规模的空间差异

在滨海各省市中,江苏和广东两省旅游经济总量连续10年名列前茅,2011年江苏省更是超过5000亿元人民币创了新高。从滨海四个区域看,旅游外汇收入总量排在第1位的是珠三角地区,广东省从2001年开始到2010年,在全国一直处于领先地位,但珠三角地区三个省份发展差别较大,2011年广东省旅游外汇收入近140亿美元,广西省外汇收入只有10亿美元,相差14倍;长三角地区在旅游经济总量上与珠三角差别不大,但上海、江苏、浙江三省市发展比较均衡;环渤海区域如果不把北京算在内的话,旅游外汇收入水平整体较低,次于珠三角和长三角地区,即使考虑到北京对环渤海地区的带动和辐射作用,环渤海地区在整体水平上也低于上述两个区域。海南岛旅游经济整体水平偏低,这是因为海南社会经济水平落后造成的(见表3)。

表3 2011年我国大陆滨海各区域旅游外汇收入(亿美元)

沿海区域	珠三角			长三角			环渤海					海南岛
	广东	福建	广西	上海	浙江	江苏	北京	山东	辽宁	天津	河北	海南
收入	139.1	36.3	10.5	57.5	45.4	65.5	54.1	25.5	27.1	17.6	4.5	3.7
合计	185.9			168.4			128.8					3.7

2. 滨海各区域旅游中心地空间组织结构差异

城市在区域旅游发展中始终发挥着重要的支点和牵引作用,因此城市是各区域旅游发展的中心地。沿海区域各主要城市旅游业发展水平均较高,近10年来我国入境旅游收入排名在前28位的城市中,沿海省份占了17位(见表4),其中北京、上海、广州、深圳处于遥遥领先地位,这几个城市在滨海各区域旅游发展中发挥着重要的核心作用。

表4 2005—2011年入境旅游收入排在前28名的沿海城市的入境旅游(万人天)

滨海旅游中心		2005年	2006年	2007年	2008年	2009年	2010年	2011年
环渤海	北京	1 499	1 633	1 818	1 744	1 730	2 051	2 186
	大连	218.7	250	279	312	357	388	395
	青岛	223.4	281	331	234	278	303	326
	天津	275.9	326	390	472	571	681	855
	济南	/	/	/	/	/	53	67
长三角	上海	1 555	1 674	1 918	1 959	1 908	2 578	2 285
	南京	373	422	501	524	517	586	676
	无锡	149	182	200	186	199	271	322
	苏州	356	433	494	529	541	668	749
	杭州	397	468	557	603	662	810	907
	宁波	131	173	213	222	240	278	309

滨海旅游中心		2005 年	2006 年	2007 年	2008 年	2009 年	2010 年	2011 年
	厦门	301.7	312	360	371	463	565	661
	广州	1090	1396	1372	1342	1548	1858	1775
珠三角	深圳	1251	1424	1670	1634	1800	2108	2253
	珠海	410	499	695	565	621	811	684
	中山	112	150	146	142	121	188	176
海南	海口	26.5	26.6	27.0	23.2	18.8	22.6	24.1
	三亚	51.3	115	152	151	110	125	171

资料来源: 国家旅游局网站旅游统计资料。(http://www.cnta.gov.cn/html/2012 - 2/2012 - 2 - 28 - 15 - 46 - 07642.html)

从滨海四个区域的代表性城市的入境旅游规模看,广州、深圳两个城市在旅游收入和接待入境游客数量方面旗鼓相当,如广州、深圳 2011 年接待入境旅游分别是 1 775 万人天数和 2 253 万人天数;珠海从 2005 年的 410 万人天数,到 2010 年增加到 811 万人天数。厦门市在珠三角城市中发挥了副中心的作用,其他城市处于快速成长阶段。珠三角地区表现为"旅游双核心"结构,由于旅游中心城市首位度高,二级中心城市数量较少,发育不良,数量比例结构欠均衡。长三角地区上海的地位和优势是其他核心城市难以企及的,上海市 2010 年接待入境旅游 2 578 万人天数,2011 年 2 285 万人天数,2010 年入境旅游规模出现峰值是由于世博会的带动效应,其他城市如南京、苏州、杭州都表现不俗。长三角地区表现为单核型空间结构,一级旅游中心首位度不高,二级旅游中心发育良好,旅游中心地体系结构合理,共同奠定了长三角入境旅游的重要地位。北京市在环渤海地区的支撑和辐射作用是环渤海旅游区其他城市难以匹敌的,北京市 2011 年接待入境旅游 2 186 万人天数,由于天津市滨海新区的建设发展,近年入境旅游规模快速增长,逐渐发挥了副中心的作用,大连、青岛入境旅游规模偏低。环渤海地区表现为单核心结构,与珠三角一样具有较高的旅游中心首位度,但环渤海区域二级中心地数量少,发育不良,数量结构不尽合理。海南地区三亚市逐渐成长为区域核心,相反省会海口市接待入境旅游规模一直徘徊不前。

3. 滨海各区域接待入境游客构成

统计数据显示,滨海各区域接待的入境游客构成特征各不相同(见表5)。长三角、环渤海和海南接待外国人比例高,从区域内部比例构成计,环渤海占 83.67%、长三角占 74.36%、海南占 81.04%。从绝对数量上看,长三角接待外国人绝对数量高达 5 595 万人天,占整个滨海区域的 40.46%;其次是环渤海区域达 4 940 万人天,占整个滨海区域的 35.73%;珠三角所占比例占整个滨海区域的 22.57%。在四个区域中,珠三角接待港澳游客比例最高,占珠三角总接待量的 53.65%,占整个滨海区域接待量的 79.79%,其他三个区域的比例分别是长三角 11.5%、环渤海 8.10%、海南 0.61%。台湾游客主要在珠三角和长三角活动,占入境台湾游客总量的比例分别是 47.83%、38.47%,环渤海地区占 13.2%,海南岛只占了入境台湾游客总量的 0.5%。由此可以看出,滨海不同区域接待不同客源地的

176

入境游客构成,长三角、珠三角、海南岛三区域外国游客所占市场份额比例高,珠三角接待港澳游客份额比例高,长三角和珠三角接待的台湾游客比例几乎平分秋色。

表5　2011年我国大陆滨海各区域入境旅游构成(%)

区域	长三角			珠三角			环渤海			海南		
总计	7 524(万人天)			9 876(万人天)			5 903(万人天)			211(万人天)		
构成	A	B/C	D	A	B/C	D	A	B/C	D	A	B/C	D
	74.36	10.1	15.52	31.6	79.79	14.7	83.67	11.18	6.8	81	11.8	0.5
小计	5 595	761	1 168	3 121	5 303	1 452	4 940	561	402	171	11.6	15

注:A、外国人;B、香港同胞;C、澳门同胞;D、台湾同胞;资料来源,国家旅游局网站旅游统计资料。

4. 不同类型入境游客在滨海区域流动空间规律

游客在滨海区域流动空间规律是指入境游客在滨海区域的移动线路和空间分布,港、澳游客入境后活动的主要地域是广东省,然后沿海向北部流动,但分布比例迅速减少。如2011年珠三角接待港澳游客5 303万人天;长三角和环渤海地区分别是761万人天、560万人天。台湾游客在大陆滨海的分布以江苏省为界,江苏以南活动较为集中,广东、福建、江苏、浙江是主要活动区域,2011年长三角和珠三角分别接待台湾游客1 168万人天、1 452万人天,而环渤海只有401万人天。统计数据显示外国游客在上述几个区域的分布,2011年规模超过1 000万人天的省市有广东省、上海市、北京市、江苏省、浙江、辽宁六省市,虽然广东省接待外国人的比例不高,但外国游客的绝对数量并不少。外国游客中韩国、俄罗斯及日本游客主要流动地域是环渤海区域,然后向长三角区域流动;欧美游客主要流动地域是长三角,然后向南北流动,东南亚游客流动路线和香港澳门游客规律一致。

四、滨海区域入境旅游市场结构影响因素分析

1. 地区经济发展水平是滨海入境旅游发展的根本动因

地区经济发展和旅游经济发展的相互关系规律表现为:在大的地域范围内,旅游经济发展水平与区域经济发展水平保持高度一致,区域经济发展对旅游经济发展产生强大的推动作用,而旅游经济发展又会对区域经济产生强大的回馈作用;但在微观地域上,一些特别的区域可以依托优越的旅游要素资源使旅游经济发展在一定程度上超越区域经济发展水平,成为一个区域的优势产业。我国滨海地区是出境旅游的主要客源地和入境旅游的主要接待地,旅游经济规模大,发展水平高。如环渤海、长三角、珠三角入境旅游所表现出的规律印证了前一个结论,而三亚旅游业的发展是微观地域所表现特征的典型。

2. 地缘文化因素与距离衰减规律共同作用

滨海入境旅游市场,受距离衰减规律的影响特征明显。从入境客源在滨海地区分布

结构看,又受到社会习俗、地缘文化关系、商业合作经营等因素影响。如珠三角与港澳地区,地理上的零距离和与珠三角社会经济多层面千丝万缕的联系,尤其是文化上的同根同源,每年广东省接待的港澳同胞规模在到大陆旅游的所有港澳旅游者中占绝对份额;福建省与台湾省一衣带水、血缘相亲,多年来到福建旅游的台湾同胞在我国所有省级区域中名列前茅,成为台湾来大陆旅游的首要目的地。日、韩、新加坡、马来西亚四国是我国在亚洲的主要客源国,2011 年亚洲入境游客中探亲访友游客在五大洲中所占比例最高。东南亚国家游客来我国旅游的主要口岸目的地在广东、福建两省;日本、韩国与环渤海地域相近,入境后主要在此区域活动,然后向南流动。从文化学的角度看,以上的种种特征,文化认同性影响明显。

3. 城市化发展水平与商贸活动对入境旅游的影响不断增强

我国滨海区域入境旅游所表现的空间差异充分体现了城市化水平与商贸活动对入境旅游发展的影响。长三角地区上海市是国际化大都市,城市的商贸吸引力很强,南京、苏州、杭州、宁波等著名的商贸文化城市,城市经济发展和商贸活动发展水平也比较高,从而使该区域具有强劲的旅游吸引力,也奠定了该区域入境旅游的整体实力;珠三角区域广州市、深圳市,双核心结构突出,商贸吸引力强,除此之外只有珠海和厦门表现不俗,广西省旅游经济发展薄弱,对区域发展的拖拽作用削弱了整体实力;环渤海区域中北京市作为政治文化中心和古都城市,文化公务吸引力最强,区域中大连、青岛、天津等城市吸引力难以与长三角匹敌,因此入境旅游发展的整体实力打了折扣。

参考文献

[1] 李悦铮.《发展滨海旅游业建设海上大连》[J].《经济地理》,2006 年,第 4 期,第 105 – 108 页。

[2] 陈菁.《福建省滨海旅游业可持续发展》[J].《国土与自然资源研究》,2009 年,第 1 期,第 61 – 63 页。

[3] 杜丽娟等.《河北省滨海旅游资源特征与旅游业发展思路》[J].《地理学与国土研究》,2010 年,第 2 期,第 65 – 67 页。

[4] 程岩、赵凡.《辽宁省滨海区域旅游资源特色与开发》[J].《国土与自然资源研究》,2009 年,第 1 期,第 63 – 64 页。

[5] 张莉.《湛江市滨海旅游业现状与发展措施》[J].《资源开发与市场》,2010 年,第 3 期,第 182 – 184 页。

[6] 张经旭.《广西滨海旅游资源可持续开发研究》[J].《国土与自然资源研究》,2010 年,第 3 期,第 44 – 46 页。

[7] 尹泽生、陈田、牛亚菲等.《旅游资源调查需要注意的若干问题》[J].《旅游学刊》,2008 年,第 1 期,第 14 – 18 页。

[8] 张广海、邢萍、刘洋印.《我国滨海旅游发展战略初探》[J].《海洋开发与管理》,2007 年,第 5 期,第 101 – 105 页。

[9] 范业正、郭来喜.《中国海滨旅游地气候适宜性评价》[J].《自然资源学报》,2008 年,第 4 期,第 304 – 311 页。

[10] 马勇、何彪.《我国滨海旅游开发的战略思考》[J].《世界地理研究》,2009 年,第 1 期,第 102 – 107 页。

［11］ 张广海、刘佳.《环渤海地区旅游产业集群构建与区域整合研究》[J].《改革与战略》,2007 年,第 2 期,第 80 - 83 页。

［12］ 曲丽梅.《辽宁省滨海旅游资源区划与开发对策研究》[D]. 辽宁:辽宁师范大学,2007 年。

［13］ 李志强.《广东省海滨旅游现状与发展初探》[J].《海洋开发与管理》,2004 年,第 4 期,第 61 - 64 页。

［14］ 高亚峰.《河北省滨海旅游综合发展概况及方向》[J].《海洋信息》,2009 年,第 1 期,第 16 - 18 页。

金融发展对海洋产业结构优化的影响

——基于浙江省的实证

何 晶[1] 胡求光[2]

(1. 宁波大学 2. 浙江省海洋文化与经济研究中心)

摘要 本文利用 1998—2010 年的相关数据,从金融规模、金融中介、金融效率三个方面就金融发展对浙江省海洋产业结构的影响予以实证检验。结果显示:金融规模扩大将直接促进浙江海洋第一、二、三次产业发展及其产业结构优化,金融中介产生反向作用,金融效率则从两个层面表现出完全相反的效应,其中固定资产投资增大会促进海洋产业发展及结构优化,而贷款增加则产生抑制作用。表明更多的资金投入是促进海洋产业发展和结构优化的必要条件,而目前金融资源流向问题依旧是阻碍其发展的关键,金融中介表现出抑制效应的实证结果更是说明了海洋产业金融服务的缺位。最后,根据实证研究结论提出促进海洋产业结构优化的金融助推对策。

关键词 金融发展 海洋产业 结构优化

一、引言

浙江是一个海洋大省,随着其海洋经济发展示范区建设上升到国家战略层面,海洋经济发展迎来了前所未有的战略机遇期。从国际经验来看,一些海洋经济大国均十分重视金融对海洋产业发展的支持,美国、澳大利亚、日本及西欧各国每年都投入巨资将海洋产业发展列为国家发展的主要目标,使海洋产业迅速发展。借鉴发达国家的经验,金融体系的支持将对浙江海洋经济发展起到至关重要的作用。由于海洋产业自身资本和技术密集的禀赋特点,以及生态环境社会公益性和效益外溢性的脱节,海洋经济发展面临产业发展前景和潜在收益不确定性的问题,导致现行较为成熟的陆地金融制度体系和产品创新手段无法与海洋经济融合,金融对海洋产业的资金支持和平台支撑作用得不到充分发展。浙江省海洋经济发展战略,必须立足海洋经济现状以及金融发展的实际,深入研究探讨金融发展对海洋产业结构的影响,实现海洋经济与陆地金融的对接,以促进陆地金融发展理念和金融手段的创新与转变,充分发挥金融对海洋经济发展的促进作用。

二、金融对海洋产业结构的影响机制分析

诸多学者的研究表明,金融发展是促进产业结构调整的重要因素(King、Levine,1993;Fisman、Love,2003;张立军,2006),尤其是资本技术密集型产业的发展与一国金融发展水平密切相关(Manova,2008)。因此,产业结构调整升级过程中应注重金融政策的制定与协调(伍海华,2001;顾海峰,2009)。与陆地经济活动相比,海洋产业仍属于新兴领域,有关金融发展影响海洋产业结构演变方面的研究,主要在各国的海洋产业发展战略中体现出来。美国和日本是最早开展金融支持海洋经济相关理论和方法研究的国家之一,且取得了明显成效。海洋信托基金以及给海洋新技术开发及其产业化提供充裕的财政拨款等手段,为美国海洋经济发展提供了强有力的经费保障和风险控制。日本完善的税费政策和强大的银行信贷支持也是其海洋经济发展的有力保障。发达国家在这方面的积极探索和实践,为我们提供了十分有益的借鉴。同时也应看到,资金匮乏和融资困难仍是目前我国海洋经济发展面临的最大问题(林漫,2001;吴明理,2009;杨子强,2010)。海洋产业开发难度大、技术要求高、风险系数高、回收周期长等特点,使政府部门、金融机构、民间投资各方对开发海洋的积极性始终不高。

金融市场的核心职能是实现资源优化配置,而产业结构转换的过程就是经济资源由低效率领域流向高效率领域。金融市场通过储蓄和投资这一金融手段,影响资金的流量结构,通过影响生产要素的分配结构来影响资金存量结构,进一步影响到产业结构(伍海华、张旭,2001),可以说金融市场的这一职能是实现资源合理高效流转和产业结构顺利转换升级的关键。具体到海洋经济,海洋产业结构优化升级首先要解决的就是融资难问题,金融中介是专业的募资机构,在筹集资金的成本方面比起单个企业或个人具有绝对的优势,而金融市场多元化的融资渠道可以为海洋产业提供充裕且具有针对性的资金来源。其次,海洋产业结构优化需要重点扶植技术含量高、经济前景广的项目或企业,金融机构可以按照收益性、安全性、流动性原则对各涉海行业的投资项目进行评估,挑选出最具发展潜力的企业和项目给予重点资金支持,促使资金从低效部门向高效部门转移,从而促进海洋产业结构调整。再者,海洋产业目前仍是处于起步阶段的高风险性新兴产业,金融部门可以有针对性的提供相关保险以降低投资风险,在鼓励风险资金对各种涉海创新活动进行投资的同时,设立资本退出机制以减少投资失败的成本。

三、浙江省金融发展与海洋产业结构演变的相关性分析

浙江作为我国经济最为发达的沿海省份之一,其金融市场活跃度一直走在全国前列,同时浙江又是一个海洋大省,海洋资源丰富,随着海洋经济发展示范区建设被纳入国家战略,使得对浙江省海洋经济发展的研究更具典型性。

从现有数据来看(图1),浙江省海洋经济与金融市场基本保持着同步发展态势。截至2010年末,全省银行业金融机构资产规模达64 365.8亿元,同比增长19.5%,信贷结构持续优化,年末存贷款总额同比增长21.4%,占GDP比重逐年上升,金融业对

经济发展的贡献不断提高。非银行业金融机构保持良好发展势头,2010年全省实现保险费收入834.4亿元,较上年增长29.3%,现有法人证券公司3家,营业部358个,证券投资咨询机构4家,位居全国第三。越来越多的企业通过证券市场直接融资来解决资金短缺问题,全省境内上市企业增至221家,其中海洋产业上市企业11家。与此同时,海洋经济总量规模持续增长,产业结构不断调整,海洋综合经济实力明显增强。2010年全省实现海洋生产总值3 744.7亿元,占当年全省国民生产总值的16.3%,海洋经济已经形成一定规模。另一方面,产业结构也发生了明显变化,海洋三次产业构成由1998年的80.7:2.8:16.5调整为2010年的7.6:42.4:50,海洋第一产业比重急速下降,第二产业和第三产业比重上升很快,产业结构模式由一、三、二转变为三、二、一。

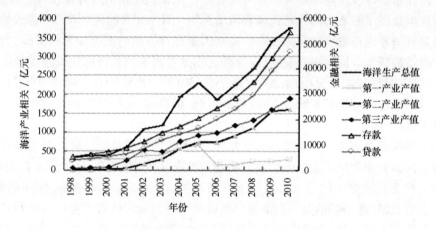

图1　浙江省金融及海洋产业发展相关数据示意图
数据来源:《浙江金融年鉴》、《中国海洋统计年鉴》

直观数据从一定程度上反映了金融发展对浙江省海洋产业结构优化的影响,但值得注意的是,上文提到的11家海洋产业上市企业都是以大型企业为主,说明当前的证券市场上市门槛较高,融资向大型企业倾斜,使得很多中小型海洋企业难以通过金融市场直接融资。另外11家企业中海洋第三产业的有3家,主营业务为港口物流,余下7家都属于海洋第二产业,以制造加工为主。表明随着海洋第二、三产业的迅速发展,证券市场融资开始成为其解决发展资金来源的重要渠道,而以渔业为主的海洋第一产业在金融市场受到冷遇,可能是海洋第一产业发展缓慢的原因之一。相关海洋上市企业的状况从另一个层面反映了目前浙江海洋产业发展所面临的融资困境,对绝大多数中小型海洋企业来说,资金短缺和无有效融资渠道仍是最突出的问题,也是制约海洋产业进一步发展的瓶颈。

四、金融发展影响浙江省海洋产业结构的实证检验

通过对浙江省金融与海洋产业相关数据的简单梳理,可以看出两者之间多年来同步增长趋势明显,但也存在资金总体投入偏少、融资结构不合理等问题。为了进一步验证它们之间的关系,本文以下部分将用实证方法来检验浙江省金融发展对海洋产业结构优化的影响,

所选取的实证数据均来自《浙江金融年鉴》和《中国海洋统计年鉴》。

（一）实证指标的选取

借鉴以往学者相关研究所选取的指标（温涛、冉光和，2005），结合目前浙江海洋产业和金融发展的实际情况，构建被解释变量 R：分别为海洋产业结构优化指标 $INDH$（模型 I）和海洋第一、二、三次产业产值指标 $INDO$（模型 II）、$INDS$（模型 III）、$INDT$（模型 IV），用以衡量海洋产业发展现状及产业结构优化程度。其中 $INDO(S,T)$ 分别用海洋第一、二、三次产业产值与海洋产业总产值之比来表示。根据韩立民教授对海洋产业结构演变规律的研究，随着海洋经济的发展，海洋二、三产业比重将逐渐增加，第一产业比重逐渐下降，因此，作为衡量海洋产业结构优化的指标 $INDH$，本文选取海洋第二、三产业产值之和与海洋产业总产值之比来表示。

在前文所述金融发展促进海洋产业结构优化调整的三个传递机制分析基础上，分别从金融规模、金融中介、金融效率三个方面构建解释变量指标。

用 FM 指标来表示浙江省金融规模的相对大小，它从一定程度反映出金融市场的资本筹集能力，也是对金融的资本形成机制的量化，FM = 金融机构存贷总额/GDP。

金融中介指标包括 SEC 和 INS，其中 SEC = 有价证券及投资总额/GDP，INS = 保险费总额/GDP，二者各自从不同层面反映金融中介发展现状，SEC 能很好地说明金融市场化率程度，INS 则反映出金融中介在提供风险防范服务方面的程度，用作衡量金融市场的风险管理能力。

金融效率指标用 NVE 和 $LOAN$ 表示，用以衡量金融市场储蓄投资转化效率以及存贷款转化的效率，是对金融的资本导向机制的量化。NVE = 固定资产投资/储蓄总额，$LOAN$ = 金融机构贷款总额/金融机构存款总额。

（二）模型构建及其实证过程

为了深入研究浙江省金融支持与海洋产业结构优化相关性程度，在分析及指标选取的基础上，本文运用浙江省 1998—2010 年的相关数据为分析对象，建立计量模型，具体回归方程形式如下：

$$LNR = a_1 C + a_2 LNFM + a_3 LNSEC + a_4 LNINS + a_5 LNNVE + a_6 LNLOAN$$

在现实经济社会中，对产业结构变动产生影响的因素很多，为了更好地检验它们之间的关系，很多文献都是根据文章本身研究的需要或数据的可得性选择相关控制变量进行实证分析，对控制变量的选择并没有标准，带有一定的随意性。为了避免这种情况的发生而影响研究结构的准确性，本文回避了控制变量的选用，借鉴 Frank（2005）的研究方法，直接利用被解释变量与解释变量的交互项进行控制。从而计量模型为：

$$LNR = n_1 C + n_2 LNFM + n_3 LNSEC + n_4 LNINS + n_5 LNNVE + n_6 LNLOAN + n_7(LNR*LNFM)$$
$$+ n_8(LNR*LNSEC) + n_9(LNR*LNINS) + n_{10}(LNR*LNNVE) + n_{11}(LNR*LNLOAN)$$

式中 LNR 分别表示 LNH、LNO、LNS 和 LNT，模型 I ~ 模型 IV 的各项系数 a、b、c 和 d 由 n 统一表示。

用 Eviews 软件根据上述模型对前文给出的数据进行检验，计量检验结果如表 1 所示。

表1 模型Ⅰ～模型Ⅳ回归结果

项目	模型Ⅰ		模型Ⅱ		模型Ⅲ		模型Ⅳ	
	系数	t 统计量	系数	t 统计量	系数	t 统计量	系数	t 统计量
C	-0.309	-5.327***	-1.312	-6.02***	-1.246	-9.569***	-0.879	-7.444***
$LNFM$	0.101	3.76***	0.435	4.715***	0.418	10.963***	0.341	3.198***
$LNSEC$	-0.02	-2.46**	-0.031	-2.1**	-0.061	-5.166***	-0.041	-1.166
$LNINS$	-0.033	-2.26**	-0.184	-5.023***	-0.147	-4.412***	-0.079	-1.709*
$LNNVE$	0.044	1.404	0.174	1.757*	0.169	2.122**	0.213	1.449
$LNLOAN$	-0.218	-2.767**	-0.78	-2.131**	-0.783	-6.528***	-0.962	-1.822*
$LNINDH(O,S,T)*LNFM$	0.348	11.627***	0.328	7.624***	0.345	10.115***	0.398	4.483***
$LNINDH(O,S,T)*LNSEC$	-0.028	-3.908***	-0.055	-3.881***	-0.03	-6.107***	-0.039	-1.377
$LNINDH(O,S,T)*LNINS$	-0.127	-9.639***	-0.118	-5.954***	-0.128	-16.98***	-0.091	-1.494
$LNINDH(O,S,T)*LNNVE$	0.152	3.507***	0.14	2.296**	0.136	2.669***	0.255	1.55
$LNINDH(O,S,T)*LNLOAN$	-0.739	-5.082***	-0.578	-3.36***	-0.673	-11.415***	-1.144	-1.938*
Observations	130		130		130		130	
R - squared	0.999		0.999		0.999		0.999	
Adjusted R - squared	0.999		0.999		0.999		0.999	
F - statistic	183 261.2		40 933.91		312 399.8		50 879.99	
Prob(F - statistic)	0.000 005		0.000 024		0.000 003		0.000 02	

注：***、**、*分别表示在1%、5%和10%的显著性水平上显著。

1. 金融发展与海洋产业结构优化(模型Ⅰ)实证结果分析

由表1可见，金融规模对海洋产业结构优化影响十分显著，LNFM 在 1% 显著性水平下影响系数为0.101。海洋产业发展需要大规模资金投入，金融市场整体规模的扩大，必然对其产生积极影响，但是偏小的影响系数也说明目前海洋产业在金融市场的融资处境仍然被边缘化，与其广阔的发展前景相比，受资金关注度较低。另外，LNFM 与 LNINDH 的交互项弹性系数也显著为正，进一步 a_2/a_7 值为 0.29，比值较小，表明 LNFM 对海洋产业结构优化的影响存在时期差异，当金融整体规模较小时，不会明显促进海洋产业结构调整，海洋产业只会根据自身的发展阶段进行自我调整，但金融规模与影响海洋产业的其他因素的相互影响却会对此产生显著的促进作用，因此，在海洋产业发展过程中，金融资本参与规模增大将使产业结构调整更具效率。

LNSEC 和 LNINS 都是反映金融中介发展状况的指标，结果显示二者都对海洋产业结构优化表现出负面的影响，在 5% 的显著性水平下影响系数分别为 -0.02 和 -0.033。究其原因，考虑到银行业长期在我国金融市场中占据绝对领先地位，国内企业融资方式也都是以通过银行间接融资为主，且非银行金融机构在我国起步较晚等因素的影响，这种检验结果也就不难理解。金融中介的发展不仅未能惠及海洋产业结构优化，还在一定程度上对其产生抑制作用，只能说明海洋产业发展被长期排挤在市场融资渠道之外，且作为高风险的新兴经济领域,在海洋产业的金融保险服务领域目前也是一片空白,这种情况将极其不利于海洋产业的进一步发展。此外,LNSEC 和 LNINS 与 LNINDH 交互项的影响系数也均显著为负,且各影响系数值之比均小于1,说明除非金融中介服务方面的短缺得到及时改善,否则将会导致海洋产业结构优化状况的进一步恶化。

LNNVE 和 LNLOAN 代表金融转化效率检验对海洋产业结构优化的影响,LNNVE 未能通过显著性水平检验,LNLOAN 在 5% 的显著性水平下影响系数为 -0.218。金融效率的提高同样未能显著改善海洋产业发展现状,甚至对其产生抑制作用,说明在目前环境下,海洋产业仍处于发展的起步阶段,投入高而见效慢,不符合金融资源的逐利特性,因此,海洋产业发展急需引导金融资源有更多倾斜。a_{10} 显著为正,且 $a_5/a_{10} < 1$,表明固定资产投资规模较小时不会对海洋产业结构调整产生明显的负面影响,也就是说,海洋产业结构调整初期并不完全依赖固定资产投资的增加。同时,a_{11} 显著为负,且 $a_6/a_{11} < 1$,这意味着海洋产业结构调整过程中需要获得足够而及时的贷款,否则会导致产业结构整体状况恶化。

2. 金融发展与海洋第一、二、三产业(模型Ⅱ~Ⅳ)实证结果分析

由实证结果可以得出,金融规模对海洋第一、二、三次产业均有显著的正向影响,在 1% 显著性水平下,LNFM 弹性系数分别为 0.435、0.418、0.341。另外,LNFM 与 LNINDO(S,T) 的交互项弹性系数也均显著为正,进一步 $|b_2/b_7|$ 为 1.326,$|c_2/c_7|$ 为 1.211,$|d_2/d_7|$ 为 0.856。说明金融规模会直接促进海洋三次产业发展,且与其他影响海洋三次产业因素的相互作用会进一步扩大这种效应。

LNSEC 在 5% 的显著性水平下对海洋第一产业影响系数为 -0.031,在 1% 的显著性水平下对海洋第二产业的影响系数为 -0.061,但是对海洋第三产业的影响效应不显著。LNINS 在 1% 的显著性水平下通过了对海洋第一、二产业的 t 检验,LNINS 对海洋第三产业的影响效应以 10% 的显著性水平勉强通过检验,且影响系数全为负。表明金融中介对海洋第一、二产业有明显的抑制作用,对海洋第三产业影响效应不显著,但也呈现负向影响趋势。分析原因,与我国海洋三次产业发展各自的不同特点有关,海洋第三产业目前仍以传统的交通运输业、旅游服务业为主,其发展更多依赖地理环境的先天优势及陆域产业的发展带动,对金融中介服务的需求没有海洋第一、二产业迫切。随着渔业资源的枯竭,海洋第一产业急需转型发展,而海洋第二产业是高科技、资本密集型产业,二者都离不开成熟的金融中介服务,从实证结果表现出来就是金融中介对海洋第一、二产业影响十分显著。此外对应的交换项影响系数也都为负,并且 LNSEC 和 LNINS 的各项影响系数与对应交互项影响系数之比值均偏小。表明金融中介服务的缺位,加速了海洋三次产业发展状况的恶化。

LNNVE 对海洋三次产业表现出不同程度的正向影响趋势,其中对海洋第一产业以 10% 的显著性水平勉强通过检验,在 5% 的显著性水平下对海洋第二产业影响系数为 0.169,对海洋第三产业影响不显著。LNLOAN 却对海洋三次产业产生相反的作用,并分别以 5%、1% 和 10% 的显著性水平通过对海洋第一、二、三次产业的 t 检验。此外,LNNVE 和 LNLOAN 的各项影响系数与对应交互项影响系数之比值也均偏小。表明贷款增加会抑制海洋三次产业发展,这在很大程度上说明了金融资源流向问题依旧是阻碍海洋产业发展的关键。尽管 LNNVE 对海洋三次产业表现出正向影响,但影响系数均偏小,说明海洋产业并非直接受益对象,可能是面向其他产业的固定投资增加所带来的溢出效应作用到海洋产业。值得注意

的是,*LNNVE* 和 *LNLOAN* 二者都是对海洋第二产业影响最为显著,对海洋第一产业的影响次之,对海洋第三产业影响最小。由于海洋第二产业是以高科技、高投入为特征的产业,包括各种海洋资源加工业、海洋油汽业、船舶制造等行业,进入门槛高,对技术、资金投入要求高,因此在发展过程中会更多依赖外源融资来解决发展中的资金缺口,因而表现出金融效率对其有着显著的实证影响效应。

五、结论与对策建议

本文通过从金融发展的角度对浙江省海洋三次产业发展及其结构升级进行考察,结果发现:金融规模扩大会直接促进浙江海洋第一、二、三次产业发展,金融中介对此产生反向作用,金融效率则从两个层面表现出完全相反的效应。表明资金投入是海洋产业发展的必要条件,尤其是海洋第二产业,技术含量高、资金密集型的特征令其尤为依赖金融服务,在实证结果中不管是正向还是负向效应,都表现出受金融发展各项指标影响最为显著。金融发展对浙江海洋产业结构优化的影响表现出与海洋三次产业高度的一致性,金融规模和金融中介都对其有着显著影响,其中金融规模对其产生正向的促进作用,而非银行金融中介却从负面对其产生影响,金融效率对海洋产业结构优化的影响分两个层面,其中固定资产投资增大会促进海洋产业结构优化,而贷款增加则对此产生抑制作用。这是由于我国非银行金融中介起步较晚,资源相对稀缺,服务于收益快的产业更符合资本的逐利本性,导致对海洋产业的金融中介服务缺位,阻碍了海洋产业结构优化,说明金融资源流向问题依旧是阻碍海洋产业发展的关键。

根据上述研究结果,结合浙江省金融发展支持海洋产业结构升级方面存在的不足,我们提出以下对策建议:

首先针对海洋产业融资困难的现状,应该加大信贷渠道的支持力度,创造一个良好的投融资环境。对经营涉海业务的企业、各类海洋开发项目、涉海基础设施建设等提供资金支持,政策性银行应引导商业银行及其他金融机构的资金流向海洋产业,甚至可以直接投入资金支持特定的海洋经济项目。

其次,前述的研究还表明,资金流向仍是海洋产业发展初期的瓶颈,政府应该通过设立专业的融资机构,为海洋经济发展提供专项服务,设立专门针对海洋产业的银行或非银行金融机构,同时增加已有金融机构专项业务(包括海洋产业专项业务)发展部门的建设,提高金融支持的效率。

再者,融资渠道单一也是存在的主要问题之一,针对这一现实,应扩大投融资渠道,创新金融产品及其运作方式。金融机构可以通过融资融券、企业债券、信托、海域使用权抵押、创业风险投资基金和私募基金等方式,为从事海洋业务的企业提供金融服务。

参考文献

[1]　Shankha Chakraborty, Tridip Ray. The development and structure of financial systems[J]. Journal of economic dynamics & control, 2007(31):2920 – 2956.

[2]　Paola Giuliano, Marta Ruiz‒Arranz. Remittances, financial development and growth[J]. Journal of development economics, 2009(90):144‒152.

[3]　范方志、张立军.《中国地区金融结构转变与产业结构升级研究》[J].《金融研究》,2003 年,第 11 期,第 19‒24 页。

[4]　蔡红艳、阎庆民.《产业结构调整与金融发展——来自中国的跨行业调查研究》[J].《管理世界》,2004 年,第 10 期,第 79‒84 页。

[5]　鲁晓东.《金融资源错配阻碍了中国的经济增长吗》[J].《金融研究》,2008 年,第 4 期,第 56‒67 页。

[6]　陈立泰、黄仕川、李正彪.《金融深化对第三产业结构的影响分析》[J].《经济问题探索》,2010 年,第 3 期,第 73‒79 页。

[7]　顾海峰.《区域性产业结构演进中的金融支持政策——以苏州市为例》[J].《经济地理》,2010 年,第 5 期,第 790‒794 页。

浙江省港航基础设施建设投融资创新研究*

崔斐斐　孙伍琴

（宁波大学）

摘要　浙江省海洋经济发展示范区建设已上升为国家战略,是"十二五"计划中的第一个重要战略规划。本文从发展规划中的"三位一体"港航物流服务体系出发,分析浙江省港航基础设施建设投融资的现状及存在的问题,探讨港航基础设施投融资方式创新思路,包括推广实施"地主港"融资模式、发展港航基础设施产业基金、利用资本市场发行港航基础设施债券、推进融资租赁方式。

关键词　港航基础设施投融资　"地主港"融资　产业基金　港航基础设施企业债券

一、引言

浙江省海洋经济示范区的建设加快了海洋基础设施建设的步伐。浙江省是一个民营经济大省,多数企业从事对外贸易。进出口贸易量的增长提高了对港口服务能力的要求,促使浙江省必须加快港航基础设施建设,同时,港航基础设施的建设也可以促进海洋经济的进一步发展。因此,我们有必要对浙江省港航基础设施建设作一番深入的研究。

国内外关于基础设施建设投融资的相关文献相对较少。在基础设施建设投融资主体方面,较早做了研究的是凯恩斯。他在其著作《通向繁荣之路》中指出,政府的投资主要用于公共设施和工程的建设。此后大多数的西方经济学家都主张基础设施的投资和建设应当由国家和政府来负责执行,如发展经济学家罗森斯坦·罗丹在《拉丁美洲的经济发展》中也曾强调必须由政府来干预基础设施的投资建设。直到 20 世纪 80 年代,西方经济学家开始强调市场化在基础设施建设中的作用。国内学者的研究基本上都认为应当由政府作为主导力量来建设,如朱会冲(2003)指出,城市公共基础设施的建设应以政府为主导,通过制度改革来调动社会资源投入到公共基础设施项目;张照、王德(2009)通过统计资料与实地调研,分析了地级市、县、乡镇的城镇资金运作模式特征,着重提出了政府部门主导型模式。有些学者从基础产业的赢利性来界定投资主体,如王辰(1998)指出,竞争性、赢利性基础设施由民

　*　本文为浙江省海洋文化与经济研究中心课题"浙江省海洋经济示范区投融资体制改革与创新研究"(11HYJDYY02)阶段性研究成果。

间作为投资主体,非赢利性的应当由政府来提供。

在基础设施建设的融资方式上,西方国家在20世纪80年代对城市基础设施开始了市场化改革,在这一阶段出现了新的投融资方式,如合同出租、公私合作和用者付费制等。英美等国纷纷开始使用这些新的举措,并取得了一定的成绩。项目融资(Project Financing)和PPP(Private Public Partnership)融资是此间发展较快、且具有代表性的两种融资方式。国内学者的研究较多集中在对策研究,即通过分析基础设施投融资现状,结合实际情况提出可借鉴的融资创新模式。如沈丽(2001)等讨论了资产证券化(asset-backed securitization,ABS)融资方式在城市基础设施建设中的运用,指出ABS融资方式可以大大降低项目融资成本;吕康银、杨秋艳(2002)等分析了我国基础设施建设资金的巨大缺口,建议多渠道筹资,并探讨了证券化、国有资产市场化和BOT等方式;杨娅婕(2008)分析我国推进资产证券化的难点,并提出相关政策建议。

在基础设施建设投融资体制改革方面,国内学者普遍认为我国基础设施建设方面的投融资体制存在问题,进行改革是大势所趋。如何国梅(2001)提出基础设施建设投融资体制改革的思路是正确定位基础设施项目的类型,开创多渠道多资金来源,允许民间资本、国外资本及其他资本进入基础设施建设领域,引入竞争机制;曾子祥(2000)指出民航基建的投资主体责、权、利不统一,投资风险的约束机制尚未真正建立起来;吴存荣(2007)分析指出地方政府投融资体制改革的主要内容,包括建立政府投融资审批制度、建立统一的政府投融资管理平台以及整合城市建设资源等。周丽丽(2009)分别介绍了上海、杭州的城市建设投融资的实践过程,对我国地方政府融资中BOT项目融资模式、准市政债券融资、信托模式、打捆贷款等四种平台模式进行了分析总结,提出了我国地方政府投融资模式创新思路。

总体而言,针对港航基础设施投融资的研究文献相对较少,尚没有形成系统且可行的方案。如何借鉴国内外关于港航基础设施建设的成功做法,针对浙江省港航基础设施建设投融资面临的实际困境,创新投融资模式,对浙江省发展海洋经济示范区具有现实意义。

二、浙江省港航基础设施建设投融资现状及存在的问题

浙江港口航道的发展拥有得天独厚的条件,全省拥有海岸线6 646千米,占我国海岸线总长的21%,水深大于10米的港口深水岸线达471千米,居全国第1位。浙江省水网密布,内河通航里程达9 667千米,居全国第5位,四级及以上高等级航道1 112千米。丰富的深水港口、疏港的内河航道资源和地处长江经济带与东部沿海经济带的"T"型交汇点,是浙江省最突出的资源优势和区位优势。

浙江省海洋经济示范区建设以及"港航强省"战略的提出,将实现生产要素的快速积聚,从而带动港航基础设施的巨大投资需求。金小平、许云飞(2011)通过构建"港航强省"评价指标体系,对浙江省2008年和2009年港航相关方面发展的实现程度进行了评定,其评定结果见表1,其中基础设施实现程度是指港口码头的建设以及运力,港航产出能力指的是水运业的吞吐量,促强省建设是指港航产业发展对省和区域社会经济发展的支持力度,总实现度是对上述各方面的加权计算结果,并且评价体系的目标值来自相关规划及政府工作报告[7]。虽然浙江省的港航运输能力已排在全国前列,但表1数据显示,浙江省港航基础设施的实现程度远低于

港航产出能力和促强省建设的实现程度,更是低于浙江省港航发展的总实现度,可见港航基础设施建设仍然无法满足海洋经济示范区建设的需求。最主要的原因是港航基础设施建设投融资方面存在投资总量不足、资金来源少、民间资本进入困难等问题。

表1 浙江省2008年和2009年港航发展的实现程度(%)

年份	基础设施	港航产出能力	可持续发展能力	促强省建设	总实现度
2008	63.55	92.21	58.23	76.21	66.49
2009	68.43	91.46	58.85	76.10	68.50

数据来源:金小平、许云飞、韩霄.《浙江"港航强省"评价指标体系构建及应用研究》[J].《海洋经济》.2011年,第12期,第17-23页。

1. 投资比例过低,投资总量不足

海洋经济示范区的建设,在一定程度上加快了港航基础设施的建设和投资。表2反映了浙江省港航基础设施建设投资基本情况,2010年投资总额为186.4亿元,年均增长14.04%,略高于全省固定资产投资总额年均增长速度,但大大低于全国固定资产投资总额25.71%的年均增长水平。图1数据表明,水运建设投资总额占全省固定资产投资总额以及GDP的比重有所上升,但比较缓慢,2010年反而有所下降。这与港航基础设施建设资金缺乏相关。

表2 浙江省港航基础设施建设投资基本情况

年份	GDP(亿元)	全省固定资产投资(亿元)	水上运输业建设(亿元)	占全省固定资产投资比重(%)	占GDP比重(%)
2004	11 648.7	5 384.38	84.76	1.40	0.73
2005	13 417.7	6 138.39	98.37	1.47	0.73
2006	15 718.47	6 964.28	140.72	1.85	0.90
2007	18 753.73	7 704.90	136.47	1.62	0.73
2008	21 462.69	8 550.71	165.41	1.77	0.77
2009	22 990.35	9 906.46	221.70	2.06	0.96
2010	27 722.31	11 451.98	186.40	1.51	0.67

数据来源:《浙江统计年鉴》(2011),经整理。

2. 港航基础设施建设的投融资主体单一

我国《港口法》中规定:"县级以上有关政府应当保证必要资金投入,用于港口公用的航道、防波堤、锚地等基础设施的建设和维护。"这也就规定了港口基础设施的投融资主体为县级以上人民政府。就浙江省情况来看,港航基础设施建设大致可归为三类:一是内河航道建设,实施主体基本以当地政府为主,由当地交通或港航管理部门为具体实施机构,资金来源则以省补助和地方自筹资金为主,其中,省补助的资金主要来自交通部补助、从公路客货运输附加费中调剂、水运规费节余等;而地方自筹包括地方政府配套、航养规费节余及由政

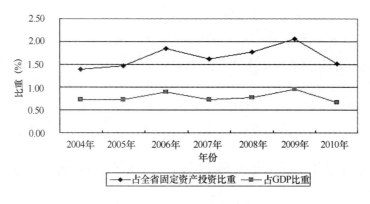

图1 浙江省水运建设投资比例

府担保的少量贷款。二是公用性港口建设,以港务局为建设投资主体,资金来源仍以省补助和地方自筹为主,地方自筹包括地方政府配套、港务规费节余及银行贷款。三是货主码头,完全由货主负责筹集资金、开发建设与运行。

由此可见,浙江省的港航基础设施建设投融资的主体基本上是政府部门,投融资主体较单一。一般而言,公益性和公共基础设施建设应由政府来承担,但对于经营性基础设施来说,投融资主体应随着港口投资和经营活动主体的多元化而走向市场化。一方面新的码头泊位应该吸引更多的经营主体来投资建设与经营,通过港口内部竞争,提高港口整体的竞争能力;另一方面应当更多地吸收民营资本参与港口的建设和经营。

3. 资金来源少,资金缺口大

由于浙江省港航基础设施建设投融资主体主要是政府,而政府主要依靠税收和出让土地等方式获取资金,以政府财政资金、政府专项资金形式投资于港航基础设施建设。表3数据表明,2007—2009年,浙江省港航基础建设方面资金来源主要是地方自筹资金、中央及省级交通厅的财政资金,且地方自筹比重达到82%以上,银行贷款和其他资金来源均为0。2010年后,尽管资金来源呈现出多样化,但地方自筹资金绝对额不断下降,银行贷款开始介入,但银行贷款比例很低。由于我国资本市场还不够完善,利用股权融资的限制多,再加上港航基础设施的建设周期长、收益率较低,其他资金的投资意愿不强。因此,仍不能解决资金不足问题,并且资金结构存在不合理现象。

表3 2007—2011年浙江省港航基础设施建设(水运建设)资金来源 单位:万元

年份 资金来源	中央投资	省交通运输厅投资	地方自筹	银行贷款(项目贷款)	其他	总计
2007	36 130	100 246	623 870	0	0	760 246
2008	42 680	129 163	833 558	0	0	1 005 401
2009	27 950	64 485	958 513	0	0	1 050 948
2010	36 175	76 608	100 752	205 544	494 702	913 781
2011	12 100	63 843	95 366	289 352	488 884	949 545

数据来源:浙江省交通运输厅政务公开平台,2012年8月。

4. 民间资本进入存在壁垒且投资回报率较低

投融资制度环境建设的缓慢,在一定程度上阻碍了浙江省港航基础设施建设投融资体制的改革。港航基础设施建设主要是船舶、港口码头和航道等基础设施的建设,属于垄断性行业。由于既有的体制和政策约束,以及既得利益集团的存在,导致行业垄断、地方保护主义盛行,阻碍了民间资本对港航基础设施的投资。另一方面,由于港航基础设施建设普遍具有周期长、资金需求量大、收益率低、回收期长等特点,对民资以及商业资金的吸引力较低。

三、浙江省港航基础设施建设投融资方式的创新

基于当前浙江省港航基础设施建设投融资存在的问题,要建立完善的港航基础设施投融资体制,就要进行改革和创新。本文就推进港航基础设施建设投融资方式创新提出以下建议。

1. 推广实施"地主港"融资模式

"地主港"是指政府委托特许经营机构代表国家拥有港区及后方一定范围的土地、岸线及基础设施的产权,对该范围内的土地、岸线、航道等进行统一开发,并以租赁方式把港口码头租给国内外港口经营企业或船舶公司经营,实行产权和经营权分离,特许经营机构收取一定租金,用于港口建设的滚动发展。浙江省目前拥有宁波—舟山、温州、台州和嘉兴等4个沿海港口,以及杭州港、湖州港、嘉兴内河港、绍兴港、宁波内河港、金华兰溪港、丽水青田港等7个内河重点港口。在港口建设方面,政府首先可以考虑将港口建筑的开发任务交给私营企业,政府只提供部分基础设施建设资金,保留土地所有权和管理权,然后将符合建设码头、库场等条件的岸线、土地、库场出租给港口企业经营使用,政府则收取岸线或土地库场的出租费用。这样,不仅可以解决政府资金不足问题,而且兼顾了私人的经营利益,能够有效吸引民间资本的进入。

2. 发展港航基础设施产业基金

产业基金主要包括产业投资基金和产业发展基金,可以起到扶持产业发展、扶持企业成长的作用。浙江省是一个民营经济大省,闲置的民间资本充裕,政府可以通过设立港航基础设施产业发展基金来募集资金,体现政府发展"港航强省"的产业政策取向。同时,可以通过设立港航基础设施建设产业投资基金,并且采用契约式和开放式的产业投资基金,由省级政府或者地方政府提供牵引和指导作用,再加上港航基础设施的建设关系到外向型企业的发展,这样可以将国内外机构投资者和零散民间资本引入到港航基础设施的建设上来。

3. 利用债券市场发行港航基础设施债券

虽然资本市场发展还不够完善,但是仍可以利用资本市场来筹集资金。为满足发展港航经济的需要,一方面,地方政府可出台政策来尝试新的融资方式,借鉴美国发行港口建设债券[4]来吸引闲散资金和各种外资投资港航基础设施建设。另一方面,可寻找债券商进行策划、包装和推介,经与省发改委联系,向国家发改委申报特批港航基础设施建设企业债券,由符合发行条件的企业通过债券市场发行,同时为这些港航基础设施企业债券提供政策保障,这样有利于吸纳各方资金,提高资金的使用效率。

4. 推进融资租赁方式

目前浙江省内的融资租赁规模不大,通过融资租赁投入的设备金额占全部设备投资金额不足1%,且浙江省内专门从事港口设备租赁融资的机构较少。因此,应当大力发展融资租赁业务,重点支持港口码头建设、船舶工业的设备投资,支持符合条件的金融机构、船舶制造企业设立金融租赁公司从事船舶、港口基础设备等租赁融资业务。政府部门首先应出台相关规定,允许符合条件的船舶制造企业等开展金融租赁业务;然后当政府或者港口经营单位需要筹集资金时,可以与上述制造企业签订融资租赁合同,合同期满,港口经营企业可以较低的价格取得设备的所有权,这样不仅可以达到融资目的,还可以完成投资建设的目标。

5. 扩大 ABS 融资方式的使用范围

ABS(资产证券化)是以特定资产组合或特定现金流为支持,发行可交易证券的一种融资形式。省级和地方政府可以适当开发使用港航基础设施投融资的金融产品,比如将港口土地使用权或者港域使用权进行证券化,转售给符合政策规定且有能力的企业,创新抵押担保方式;也可以将一些存量资产进行整合后,以证券化形式出售,达到盘活资金的目的,集中进行运作。

参考文献

[1]　曾子祥.《民航基础设施建设投融资体制改革与创新》[J].《民航经济与技术》.2000 年,第 7 期,第 21 – 24 页。

[2]　吕康银、杨秋艳、蒋英珊.《基础设施建设投融资的创新方案研究》[J].《商业研究》.2002 年,第 1 期,第 99 页。

[3]　周丽丽.《我国地方政府的融资实践及未来发展趋势》[J].《经济研究参考》.2009 年,第 3 期,第 39 – 51 页。

[4]　周盟农.《国内外港口基础设施建设投资比较分析》[J].《珠江水运》.2005 年,第 10 期,第 16 – 17 页。

[5]　唐志坚.《港航基础设施建设融资模式之管见》[J].《中国水运》.2006 年,第 7 期,第 214 – 215 页。

[6]　陈伦伦.《论我国公用港口基础设施投融资体制的构建》[J].《改革与战略》.2008 年,第 11 期,第 38 – 40 页。

[7]　金小平、许云飞、韩霄.《浙江"港航强省"评价指标体系构建及应用研究》[J].《海洋经济》.2011 年,第 12 期,第 17 – 23 页。

浙江海洋经济发展与海洋生态安全保护[*]

浙江海洋经济发展与海洋生态安全保护[*]

蔡先凤

（宁波大学）

摘要 海洋经济是浙江未来经济发展的新增长点,是解决浙江陆地人口增长、资源短缺、环境恶化三大难题的新领域。在海洋经济发展的时代背景下,浙江的海洋生态环境问题既具有全国共性的特点,又带有明显的地域性特征,主要表现为近岸海域水质较差、海平面上升、海洋环境和渔业生态环境安全形势严峻、海岛生态环境告急等。浙江海洋经济发展对海洋生态环境保护将构成重大挑战,浙江海洋经济发展与海洋生态环境保护必须实现政策与法律的有机对接,并迫切需要地方立法的强力支撑。浙江海洋经济发展的地方立法框架包括海洋资源开发利用的地方立法和海洋生态环境保护的地方立法,应适应海洋经济发展的重大战略需求,修订和完善现行涉海法规,制定和出台涉海新法规。

关键词 海洋经济发展 海洋生态安全保护 环境挑战 政策和制度对接

21 世纪将是海洋的世纪,人类正在将生产和生活空间向辽阔的海洋推进和扩张。海洋经济是未来经济发展的新增长点,是解决陆地人口增长、资源短缺、环境恶化三大难题的新领域。大力发展海洋经济,是 21 世纪拓展国家和区域经济发展空间的迫切需要,是后金融危机时代提升国家和区域竞争力的制胜之道,是加快转变经济发展方式的战略性举措。海洋是沿海地区经济发展的优势所在、潜力所在和希望所在。

蓝色国土是浙江的最大资源。面临土地、电力、淡水等生产要素与经济总量持续扩张的矛盾,浙江转身向海,迈开了浙江发展战略空间重大拓展的第一步。浙江省正在充分梳理新一轮发展优势,把发展海洋经济作为缓解资源环境要素制约、拓展发展空间、推动产业转型升级的重要战略。在海洋经济发展的时代背景下,浙江的海洋生态安全问题既具有全国共性的特点,又带有明显的地域性特征。浙江的海洋经济发展与海洋生态安全保护必须实现政策与法律的有机对接,并迫切需要制度创新。

———————————

* 本文系浙江省哲学社会科学重点研究基地"浙江省海洋文化与经济研究中心"重点课题"海洋生态环境安全评价体系及法律规制研究——以浙江为例"(课题编号:07JDHY001 - 2Z)阶段性研究成果。

一、浙江海洋经济发展的国家战略提升及系列涉海举措的出台

20 世纪 90 年代,浙江省委、省政府多次召开海洋经济工作会议,于 2003 年提出要建设海洋经济强省,2007 年明确提出大力发展海洋经济的战略部署,2009 年正式将海洋经济发展列为重点战略任务。2010 年 7 月,浙江与山东、广东一并列入全国海洋经济发展试点,站到了海洋的最前沿。2011 年,浙江海洋经济发展示范区和舟山群岛新区陆续获批,使浙江的海洋经济发展上升至国家战略。随后,浙江陆续出台了一系列旨在促进和推动海洋经济发展的涉海举措。

(一)浙江省得天独厚的海洋资源优势

浙江是海洋资源大省,海洋资源具有组合优势。背倚中国最具经济活力的长三角,面向浩瀚的太平洋,浙江将与上海国际航运中心一起,打造亚太地区重要的国际门户。浙江拥有 26 万平方千米海域,相当于陆地面积的 2.6 倍。6 696 千米海岸线,位居全国第一,其中规划可建万吨以上泊位的深水岸线 506 千米,占全国的 30.7%;浙江有 500 平方米以上的海岛 2 878 个,占全国岛屿总数的 44%。浙江有全国最大的渔场,可捕捞量全国第一;潮汐能、波浪能、洋流能、温差能,其中,可开发的潮汐能装机容量占全国的 40%,有条件成为海洋清洁新能源大省;浙江还拥有类型最为齐全的沿海旅游资源;东海石油资源的主体也分布在浙江海域,发展海洋经济潜力巨大。浙江还有近 30 万公顷(400 万亩)的滩涂资源,占全国滩涂资源的 13%。这些滩涂资源与浙江沿海城市及产业园区紧密相连,形成较好的组合条件,可以成为建设沿海经济带的新空间。浙江的区位优势也得天独厚:北承长三角洲,南接海峡西岸经济区,东濒太平洋,西连长江流域和内陆地区,不仅区域内外交通便利,且紧邻国际航运战略通道,具有深化国内外区域合作的有利条件。

(二)浙江海洋经济发展示范区和舟山群岛新区的设立

2011 年 2 月,国务院正式批复《浙江海洋经济发展示范区规划》[①](以下简称《规划》),标志着浙江海洋经济发展示范区建设正式上升为国家战略,成为国家海洋发展战略和区域协调发展战略的重要组成部分。这是 1949 年新中国成立以来浙江省第一个上升为国家战略的规划,也是中国第一个海洋经济示范区规划。批复认为,建设好浙江海洋经济发展示范区关系到中国实施海洋发展战略和完善区域发展总体战略的全局。批复要求,《规划》实施要突出科学发展主题和加快转变经济发展方式主线,以深化改革为动力,着力优化海洋经济结构,加强海洋生态文明建设,提高海洋科教支撑能力,创新体制机制,统筹海陆联动发展,推进海洋综合管理,建设综合实力较强、核心竞争力突出、空间配置合理、生态环境良好、体制机制灵活的海洋经济发展示范区,形成中国东部沿海地区重要的经济增长极。根据《规划》,"一核两翼三圈九区多岛"格局是主要的手笔。浙江将打造"一核两翼三圈九区多岛"为空间布局的海洋经济大平台,宁波—舟山港海域、海岛及其依托城市是核心区;在产业布

---

① 参见《国务院关于浙江海洋经济发展示范区规划的批复》(国函〔2011〕19 号)。

局上以环杭州湾产业带为北翼,成为引领长三角海洋经济发展的重要平台,以温州台州沿海产业带为南翼,与福建海西经济区接轨;杭州、宁波、温州三大沿海都市圈通过增强现代都市服务功能和科技支撑功能,为产业升级服务。在此基础上形成九个沿海产业集聚区,并推进舟山、温州、台州等地诸多岛屿的开发和保护。浙江省将以《浙江海洋经济发展示范区规划》获国务院批准上升为国家战略为契机,积极参与环太平洋西岸国家和地区间的竞争,成为实施"海洋强国战略"和"东部地区率先发展战略"的先行先试者。

2011 年 3 月,《浙江海洋经济发展试点工作方案》获国家发改委正式批复①。该方案的实施以加快转变经济发展方式为主线,以科学开发海洋资源为关键环节,以培育海洋优势产业为突破口,在海洋经济发展的重点领域先行先试,努力探索有利于海洋经济发展的体制机制,为我国海洋经济科学发展提供有益借鉴。

2011 年 7 月,国务院正式批准设立浙江舟山群岛新区,这是继上海浦东、天津滨海和重庆两江后,党中央、国务院决定设立的又一个国家级新区,也是中国首个以海洋经济为主题的国家战略层面新区。根据国务院批复精神,浙江舟山群岛新区范围为舟山市现有行政区域范围,包括舟山 1 390 个岛屿,陆域面积 1 440 平方千米,内海海域面积 2.08 万平方千米,人口 100 万。功能定位为浙江海洋经济发展的先导区、海洋综合开发试验区、长江三角洲地区经济发展的重要增长极。舟山群岛新区将利用区位条件优势、海洋资源优势和现有海洋产业基础已具相当规模的优势,逐步建成中国大宗商品储运中转加工交易中心、东部地区重要的海上开放门户、中国海洋海岛科学保护开发示范区、中国重要的现代海洋产业基地、中国陆海统筹发展先行区。

舟山拥有渔业、港口、旅游三大优势,是中国最大的海水产品生产、加工、销售基地,素有"中国渔都"之美称。舟山是中国唯一的外海深水岛群,也是中国唯一以群岛建制的地级市。地处中国东部黄金海岸线与长江黄金水道的交汇处,是东部沿海和长江流域走向世界的主要海上门户。许多专家认为,舟山群岛真正体现全球一流水准,最具国家战略意义、最具稀缺价值的,还是舟山优越的港口资源、水水中转、水陆中转优势和以岛屿为基地的战略资源储备条件。

(三)浙江一系列涉海举措的出台

2010 年 6 月,《中共浙江省委关于推进生态文明建设的决定》颁布实施,浙江省海洋生态文明建设加快发展,初步建立以海洋资源环境承载力为基础、以自然规律为准则、以可持续发展为目标的海洋开发、利用、保护等理念和活动方式,实现人与海洋和谐相处。

为深入推进生态文明建设、保障群众健康和生态环境安全、促进全省经济社会持续健康发展,浙江省人民政府办公厅于 2011 年 1 月发布《关于加快构建环境安全保障体系的意见》。浙江省将着力构建环境监测监控保障、环保基础设施工程、生态保护和修复工程、环境执法与应急保障、环境信息保障、环境科技支撑等六大体系。省政府要求各级政府、有关部门高度重视环境安全保障体系建设,并将环境安全保障工作纳入目标责任考核内容。

2011 年 12 月,浙江省发改委、浙江省海洋与渔业局发布《浙江省海洋事业发展"十二

---

① 参见国家发改委《关于浙江海洋经济发展试点工作方案的批复》(发改地区〔2011〕567 号)。

五"规划》。该文件中的海洋事业"是指为保障海洋资源可持续利用、维护海洋生态系统平衡和促进海洋经济稳定发展而进行的海洋综合管理与公共服务活动,涵盖海洋资源、环境、生态、文化和安全等方面"。全省海洋事业发展将遵循可持续发展的基本原则,按照国家生态文明建设要求,深入实施海洋功能区划、海洋环境等各类涉海区划和规划,强化以生态系统为基础的海洋区域管理,规范海洋资源利用秩序,创新资源节约和环境友好发展模式,加大海洋生态文明建设和环境保护力度,确保海洋资源开发利用与资源环境承载力相适应,实现海洋可持续发展。建立基本覆盖浙江海域典型生态系统、海洋功能区、污染源及生态灾害多发区的生态环境监控与预警体系,海洋环境保护与生态修复技术得到广泛应用,典型海域生态系统的生态健康指数逐步提高。

2011 年 5 月,最新的《宁波海洋经济发展规划》公布,这意味着宁波"蓝色引擎"的启动。宁波的目标定位升格为国家级核心示范区,战略定位为浙江海洋经济发展引领区,上海国际航运中心的主要组成部分,我国重要的新型临港产业基地、海洋科教研发基地及我国海洋生态文明建设先行区。嘉兴也出台了《浙江海洋经济发展示范区规划嘉兴市沿海县(市)实施方案》等旨在加快推动海洋经济新发展的文件。

浙江地方政府与高校在推动海洋经济发展方面的合作互动机制已经开始运作。《浙江省海洋事业发展"十二五"规划》明确指出,以在浙科研机构和海洋相关院校为依托,以海洋教育强省为目标,加快发展相关涉海院校,繁荣浙江海洋教育事业。其中一项重要举措就是加快发展涉海院校。鼓励浙江海洋院校特色化发展,支持浙江海洋学院创建大学,支持浙江大学、浙江工业大学、浙江财经学院、宁波大学等在浙高校海洋教育队伍的发展壮大。加强涉海专业建设,建立完善的海洋专业教育体系。积极推进合作办学,根据院校和专业的自身特色,加强与全国优秀海洋院校、科研院所及政府机关、企事业单位合作办学,提高涉海专业教育实力。2009 年 5 月 6 日,浙江大学和舟山市签署了合作共建摘箬山科技示范岛的协议。创办科技示范岛的模式是全国首创,它完整实现了科研项目就地研发、试验和应用的一体化,对中国海洋关键技术的研发,对海洋经济发展具有强有力的推动作用和深远的示范意义。同时,双方还签署了"舟山市与浙江大学合作共建'海上浙江'示范基地协议"、"舟山市人民政府 – 浙江大学科技合作协议"等一系列协议,"海洋科学与工程学系"、"浙江大学 – 舟山海洋研究中心"同时揭牌。2010 年 2 月成立浙江大学舟山海洋研究中心。该中心是浙江大学与舟山市合作的重要平台,致力于双方海洋经济社会发展战略决策、海洋产业人才培育、海洋主导产业关键共性技术开发及成果转化、海洋科技文化培育与提升等方面的深入合作。2011 年 1 月 24 日,浙江大学舟山海洋研究中心"浙江省博士后科研工作站"在舟山揭牌。2011 年 3 月 30 日,舟山摘箬山科技示范岛建设工程开工典礼暨浙江大学外海实试基地科研大楼奠基仪式在摘箬山岛举行。浙江大学集聚了一大批海洋科技的研发人才,能够在船舶工程、关键技术研发、生态保护等八大领域进行深入研究,为浙江海洋经济的进一步发展作出贡献[①]。

为加强宁波大学涉海学科建设和科技创新平台建设,进一步提高高校海洋人才培养能力,促进区域海洋经济发展,2011 年 11 月 11 日,国家海洋局、宁波市政府签署了《国家海洋

---

① 参见浙江大学"求是新闻网"。

局、宁波市人民政府共建宁波大学的框架协议》）。同时，宁波大学海洋学院揭牌。此次协议的签署对于国家海洋局、宁波市政府共同推进宁波大学涉海学科建设及科技创新平台建设，促使其进一步提高海洋人才培养能力，为实施国家海洋战略、促进区域海洋经济发展作出更大贡献具有重要意义[①]。

二、浙江海洋经济发展对海洋生态安全的重大挑战

在全国环境总体恶化趋势尚未改变的情况下，浙江省的环境污染和生态破坏趋势已基本得到控制，环境质量呈现稳中向好态势。浙江省的环境形势可以用"四高"来加以概括：一是全社会环境诉求处在"高涨期"。其主要原因是，经济发展到了一定程度、公民社会的到来及人性的必然。二是环境风险隐患处在"高危期"。各种新老污染并存，叠加复合。同时，环境问题的显现具有滞后性，长期积累的污染物对环境造成的损害，可能在今后某个时期集中暴发。由此带来的健康风险和社会稳定风险很大。三是环境违法行为、环境污染事故处在"高发期"。主要原因是，在政府层面，现行环境法制不够健全，环保监管力量不足；在企业层面，企业的社会责任感和环境责任意识不强，守法成本高、执法成本高、违法成本低的现象仍客观存在；在当前经济形势层面，一方面是经济增速下滑，企业为转嫁环境成本铤而走险的几率增大；另一方面，一些地方政府换届后追求即期政绩，盲目引资上项目，加大了环保压力。四是资源环境承载力处在"高压期"。这是由环境资源的先天不足和今后相当长时期依然处于工业化、城市化快速推进过程的特定情况决定的。一方面，浙江人多地少，单位国土面积的污染负荷特别高，环境容量制约特别突出；另一方面，经济社会发展需要增加更多的环境容量，这就导致有限的环境承载力与无限的环境容量需求之间的突出矛盾[②]。

我国1.8万千米海岸线从北向南，都能看到"开发海洋资源、发展海洋经济"的"繁荣"景象。大力发展海洋经济已经成为沿海省区转变经济发展方式的新引擎，也是各沿海经济圈培育经济增长点的重要举措。但开发海洋资源和发展海洋经济产生了一系列的环境问题，需加强宏观规划引导，在充分考虑经济效益的同时，兼顾生态环境保护。在海洋经济快速发展的背后，不平衡、不协调、不可持续问题依然突出，加快转变海洋经济发展方式面临更大的挑战。从全国层面上看，主要问题有三个方面：一是中国海洋产业同构现象严重。不同资源禀赋的各沿海地区，无论海洋生产总值高低，支柱产业大体相同，这是调整海洋产业结构所面临的挑战。二是沿海临港产业园区布局雷同，沿海各地临港产业仍趋向重化工业。多数园区重点部署的产业主要集中在钢铁、重化工、能源以及装备制造等，构成优化沿海产业布局的挑战。三是海洋资源开发与生态保护矛盾并存，海洋科技创新能力与发展需求不相匹配，构成转变中国海洋经济发展方式的挑战[③]。重化工工业规模迅速扩张，布局分散无序，沿海全线扩散的局面即将形成，与近海海域环保的矛盾日益突出。围海造地导致海岸线

① 参见国家海洋局网站"海洋要闻"：《国家海洋局、宁波市政府在甬签署共建宁波大学框架协议》，2011年11月11日发布；宁波大学新闻网"宁大要闻"：《国家海洋局、宁波市人民政府共建宁波大学》，2011年11月12日发布；《宁大海洋学院揭牌、国家海洋局与市政府昨签订共建协议》，《宁波日报》，2011年11月12日，第1版。

② 《浙江环保工作迈入四个新阶段》，《中国环境报》，2012年6月26日，第2版。

③ 李攻：《破解"多足鼎立"》，《第一财经日报》，2011年1月19日，第A6版。

缩短,环境负荷超载形势严峻。沿海发展重化工业,在拉动经济发展的同时,也容易造成环境承载压力陡增,土地制约、用水紧张、用电短缺、环境污染等问题也会随之而来。目前,我国海洋经济存在的问题是,重近岸开发轻远海利用,重资源开发轻海洋生态效益,重眼前利益轻长远发展谋划;区域布局和产业结构雷同,传统产业多新兴产业少,高耗能产业多低碳产业少。只有在开发中保护,在保护中开发,才是科学可持续的发展。要有效解决上述问题,实现海洋经济的可持续发展,统筹、科学、合理、保护是关键词,尤其要坚持生态优先,立足环境承载能力谋发展,通过科学开发实施更加有效的保护,集约高效利用海洋资源,才能增强海洋经济可持续发展能力[1]。

浙江海洋生态环境问题既具有全国共性的特点,又带有明显的地域性特征。具体表现如下:

(一)近岸海域水质较差

根据《2011 年中国环境状况公报》,四大海区中,靠近浙江的东海近岸海域水质差,主要污染指标为无机氮和活性磷酸盐;沿海 9 个重要海湾中,浙江的杭州湾水质极差,劣四类海水点位比例超过 40%。

根据《2011 年中国海洋环境状况公报》,我国近岸海域海水污染依然严重。主要污染区域分布包括杭州湾、浙江北部近岸等海域。近岸海域主要污染物质是无机氮、活性磷酸盐和石油类。另外,海水中无机氮和活性磷酸盐含量超标导致了近岸局部海域的富营养化。重度富营养化海域也主要集中在杭州湾等区域。

根据《2011 年浙江省环境状况公报》,2011 年,浙江省近岸四类和劣四类海水比例比上年下降 7.7 个百分点,一、二类海水比例上升 26.9 个百分点。但近岸海域环境功能区水质达标面积总体仍然偏少。从区域看,嘉兴及杭州湾海域属严重富营养化,象山港海域属重富营养化,舟山、三门湾与乐清湾海域属中度富营养,宁波、温州与台州海域属轻度富营养。海水污染不容忽视,直接影响到海洋的生态环境以及渔业、旅游业和未来的可持续发展。

根据《2011 年宁波市环境状况公报》,2011 年宁波近岸海域除大目洋二类海域为四类水质外,其余 7 个功能区海水均为劣四类水质,不能满足近岸海域水环境功能要求。主要超标指标为无机氮和无机磷,其中无机氮指标除大目洋外都超过四类海水标准。宁波近岸海域水质均属营养型,富营养化程度总体呈加重趋势。其中杭州湾南岸二类区营养程度最高,主要污染因子为无机氮和化学需氧量;象山港由于港湾内外海水交换缓慢与港湾西半部与西沪港的海产网箱养殖与陆源排污的叠加影响,无机磷浓度与"十一五"相比有较大幅度升高。

(二)气候变化与海平面上升

近 30 年,浙江沿海的年代际海平面呈明显上升趋势[2]。根据《2011 年中国海平面公

———————————

① 郑晓奕、韩洁、吕福明:《采访札记:发展海洋经济莫让"蓝色"变"黑色"》,http://news. xinhuanet. com/politics/2010 – 12/19/c_12895392. htm? prolongation = 1,2011 年 5 月 20 日浏览。

② 参见国家海洋局《2010 年中国海平面公报》。

报》,2011年,浙江沿海海平面比常年高50毫米,比2010年低17毫米。根据2011年调查统计结果,2010年浙江沿海地面沉降幅度大于10毫米和大于30毫米的面积分别为617平方千米和37平方千米,其中宁波等重点发展城市为主要沉降区,地面沉降增加低地易淹面积,海平面上升风险进一步加大。2011年8月为浙江沿海的季节性高海平面期,超强台风"梅花"5—7日袭击浙江沿海,季节性高海平面严重影响了城市排涝,舟山、宁波两地超过35万人受灾,经济损失严重。2011年8月为浙江沿海的季节性高海平面期,超强台风"梅花"5—7日袭击浙江沿海,季节性高海平面严重影响了城市排涝,舟山、宁波两地超过35万人受灾,经济损失严重。预计2050年,浙江沿海海平面将比常年升高130~170毫米。

气候变化已经对浙江海岸带环境和生态系统产生了一定的影响,主要表现为海岸侵蚀和海水入侵,使珊瑚礁生态系统发生退化;发生台风和风暴潮等自然灾害的几率增大,造成海岸侵蚀及致灾程度加重;滨海湿地、红树林和珊瑚礁等典型生态系统损害程度也将加大。气候变化的同时也对浙江沿海地区应对气候变化的能力提出了现实的挑战。沿海是人口稠密、经济活动最为活跃的地区,沿海地区大多地势低平,极易遭受因海平面上升带来的各种海洋灾害威胁。目前整个中国海洋环境监视监测能力明显不足,应对海洋灾害的预警能力和应急响应能力已不能满足应对气候变化的需求,沿岸防潮工程建设标准较低,抵抗海洋灾害的能力较弱。未来中国沿海包括浙江沿海由于海平面上升引起的海岸侵蚀、海水入侵、土壤盐渍化、河口海水倒灌等问题,对中国沿海地区应对气候变化提出了现实的挑战①。

(三)海洋灾害频发

根据《2011年中国海洋灾害公报》,我国2011年共发生114次风暴潮、海浪和赤潮过程,其中44次造成灾害。各类海洋灾害(含海冰、涌潮等)造成直接经济损失62.07亿元,死亡(含失踪)76人。其中,2011年海洋灾害死亡(含失踪)人数最多的省份是浙江省,为22人。2011年,日本"3·11"特大地震并引发海啸,浙江沈家门验潮站监测到的海啸波幅为55厘米,为我国沿海监测到的最高海啸波幅;浙江石浦海洋站监测到52厘米的海啸波。受其影响,国家海洋预报台针对浙江沿岸发布海啸蓝色警报,这是我国开展海啸预警业务以来首次发布海啸警报。

2011年8月上旬,超强台风"梅花"沿我国近海北上时,受风暴潮和近岸浪的共同影响,浙江省防波堤损毁13.75千米,护岸损坏54个,码头损坏43个,船只损毁148艘,道路损毁0.37千米,因灾直接经济损失1.92亿元。

2011年我国近海海域共发生灾害性海浪过程37次。海浪灾害直接经济损失主要发生在浙江省,为3.99亿元,占全部直接经济损失的90.3%;人员死亡(含失踪)主要发生在浙江省、福建省和广东省,分别为14人、14人和13人。

另外,2011年5—6月,浙江省温州苍南石坪附近海域发生赤潮,持续时间23天,最大面积为200平方千米,赤潮优势种为东海原甲藻,赤潮水体呈绛红色并伴有异味,对炎亭、海口、渔寮海水浴场水质有一定影响;杭州湾钱塘江全年共监测到咸潮入侵过程3次,钱塘江一带水厂取水点盐度累计超标时间超过90个小时,影响天数达8天。

---

① 参见中国国家发展和改革委员会组织编制:《中国应对气候变化国家方案》,2007年6月印。

（四）海洋环境和渔业生态环境安全形势严峻

2012年4月,宁波市海洋与渔业局发布的《2011年宁波市海洋环境公报》显示,宁波市海洋环境和渔业生态环境不容乐观,甬江入海口、排污口等污染物入海量仍高居不下。而从监测的陆源入海排污口情况看,废水存在超标排放现象。海域面积水质一半以上属于劣四类,海洋环境安全令人堪忧。象山港属于比较典型的港湾型海洋生态系统。2011年,宁波市海洋与渔业局对象山港海洋环境质量和生态环境进行了监测和评估,发现象山港海洋生态系统处在亚健康状态。评估报告显示,象山港内水体交换能力相对较差,水体自净能力弱,自身环境容量不大。港内水体中的主要污染物为有机氮、磷酸盐和石油类等,水体富营养化严重,赤潮发生频繁,海洋生态脆弱。

（五）海岛生态环境告急

目前,我国海岛开发利用正处于无序无度的状态,粗放的开发方式对海岛资源破坏十分严重。海岛正以惊人的速度消失。其中,炸岛炸礁、填海连岛、采石挖砂、乱围乱垦等活动大规模改变了海岛地形、地貌,甚至造成部分海岛灭失。在海岛上倾倒垃圾和有害废物,采挖珊瑚礁,砍伐红树林,滥捕、滥采海岛珍稀生物资源等活动,致使海岛及其周边海域生物多样性降低,生态环境恶化。全国海岛彻底完成整治修复的资金缺口大概在数百亿元到近千亿元。国家海洋局2011年披露,我国海岛正以惊人的速度消失,且资源破坏严重。其中,炸岛炸礁、填海连岛、采石挖砂、乱围乱垦等活动大规模改变了海岛地形、地貌,甚至造成部分海岛灭失。

近年来,浙江沿海也出现了不同程度的非法炸岛采石事件。某些海岛因采砂船在滨海区抽砂作业频繁,导致防护林倾倒,树根裸露,沙质海岸蚀退严重。大多数有居民海岛由于公共设施落后,没有污水处理设备,仍采取原始的垃圾填埋方式,生活污水甚至工业废水都直接排入海中,造成海岛及其周边海域环境不断恶化,重金属污染现象严重,鱼虾大量死亡,海水恶臭,大气能见度低。随着浙江海洋经济的发展,浙江各地未来几年提交海洋主管部门的用岛项目申请将出现新的集中期,海洋行政主管部门在审批用岛项目申请时,一定要确保海岛保护和利用规划及海岛使用项目的环保高标准,确保海岛保护和利用规划的有效实施和严格执行海岛使用项目的环保标准。

三、浙江海洋经济发展与海洋生态安全保护政策与制度对接

《浙江海洋经济发展示范区规划》规定的基本原则之一是"生态优先,持续发展。注重保护和开发并举,坚持海洋经济发展与海洋生态环境保护相统一,海洋资源开发利用与资源环境承载力相适应,把海洋生态文明建设放到突出位置,促进人与自然和谐,实现海洋经济可持续发展"。到2015年的主要发展目标之一是"海洋生态环境明显改善",海洋生态环境、灾害监测监视与预警预报体系健全,陆源污染物入海排放得到有效控制,典型海洋和海岛生态系统获得有效保护和修复,基本建成陆海联动、跨区共保的生态环保管理体系,形成良性循环的海洋生态系统。同时规定"科学利用海洋资源,加强陆海污染综合防治和海洋

环境保护,推进海洋生态文明建设,切实提高海洋经济可持续发展能力"。"创新海洋综合管理体制,健全法规体系,完善执法体制,加强审批管理"。

浙江省在海洋经济强省建设工作中,将逐步理顺海洋管理体制,加强海洋综合管理,严格依法管理海洋。全面实施海洋功能区划、海域使用权属和海域有偿使用制度,完善海洋经济统计制度,强化海上联合执法管理,确保海洋法律法规的贯彻实施。加强海洋生态环境保护,全面实施海洋生态环境建设与保护规划,建立和完善海洋自然保护区和海洋特别保护区,以促进海洋经济的可持续发展。浙江省将尝试海域使用权及流转改革,探索完善岸线有偿使用制度,开展农业用海转为建设用海等改革试点,提高海洋资源集约节约利用。随着浙江对海洋环境资源开发利用的进一步加速,从而可能导致海洋环境尤其是海岸带环境持续恶化。浙江海洋经济发展与海洋生态环境保护政策与法律的有机对接将具有重大现实意义。

(一)浙江省涉海立法和实施现状

浙江省海洋资源开发利用和海洋环境保护的法规主要包括《浙江省海域使用管理办法》、《浙江省海洋环境保护条例》、《浙江省滩涂围垦管理条例》、《浙江省渔业管理条例》、《浙江省南麂列岛国家级海洋自然保护区管理条例》等。

浙江省现行涉海法规大多没有充分体现海洋经济发展这个时代主题,对海洋环境资源开发利用及管理方面的规定还不能很好地适应当前和未来经济社会的发展需要。

分级管理体制不利于海洋环境行政执法合力的形成和发挥效用,不利于海洋环境保护跨区域行政执法。海洋生物资源和海岛资源的保护、开发、利用及管理亟待浙江地方立法的支持。

(二)浙江省现行涉海法规修订和完善的具体建议

浙江省现行涉海法规修订和完善的具体建议主要包括以下内容:完整的涉海法规体系的构建、现行涉海法规的修订、涉海新法规的制定等。只有通过制度创新,才能充分有效地协调海洋经济发展与海洋生态安全保护。

1. 完整的涉海法规体系的构建

根据《全国海洋功能区划(2011—2020)》及浙江海洋经济示范区和舟山群岛新区两大国家战略,构建完整衔接的海洋经济法规体系框架,以实现涉海法规修订和完善与海洋经济发展的政策对接。完整的涉海法规体系主要包括海洋资源开发利用的法规和海洋生态环境保护的法规等两大体系。

首先,海洋资源开发利用的法规具体包括《浙江省海域使用管理条例》、《浙江省海岛/无居民海岛开发利用保护管理条例》、《浙江省海岸带综合管理条例》、《浙江省滩涂围垦管理条例》、《浙江省海洋野生动物保护条例》、《浙江省渔业捕捞管理条例》、《浙江省渔业资源保护条例》、《浙江省海洋生物多样性保护条例》、《浙江省海上油气开发/海底矿产资源开发管理条例》等。

其次,海洋生态环境保护的法规具体包括《浙江省海洋环境保护条例》、《浙江省海洋自然保护区管理条例》或《浙江省海洋自然保护区和海洋特别保护区建设和管理条例》、《浙江省南麂列岛国家级海洋自然保护区管理条例》、《浙江省海洋河口与排污口管理条例》、《浙江省防治海岸工程建设项目污染损害海洋环境管理条例》等。

再次,其他法规,如《浙江省沿海地区防灾减灾条例》、《浙江省海洋生态损害赔偿条例》、《浙江省国家级海洋生态文明示范区建设和管理条例》、《浙江省海洋行政处罚条例》等。

2. 现行涉海法规的修订

现行涉海法规的修订需充分体现海洋经济发展的时代理念,尤其是要真正体现"生态优先,持续发展"的基本原则。

首先,在海洋资源开发利用领域,修订《浙江省海域使用管理办法》,并使之升格为《浙江省海域使用管理条例》,确立为浙江省海域资源开发利用和管理领域的基本法。该法规将有利于加强海域使用管理,维护国家海域所有权和海域使用权人合法权益,促进海域的合理开发和可持续利用,促进浙江省国家海洋经济战略的实施。修订《浙江省滩涂围垦管理条例》,增加围垦滩涂环境污染防治方面的内容。修订《浙江省渔业捕捞许可办法》,强化渔业资源的保护及可持续利用①。

其次,在海洋生态环境保护领域,修订《浙江省海洋环境保护条例》,规定海洋环境监督管理与保护责任机制、海水养殖、海洋排污、海洋倾废实时监控管理、排污总量控制与排污权交易、海洋综合信息系统、海岸和海洋工程污染防治、船舶污染防治;确立终止海域使用权处罚制度,弱化限期治理处罚,以及海洋环境治理等。修订《浙江省渔山列岛海洋生态特别保护区管理条例》、《浙江省南麂列岛国家级海洋自然保护区管理条例》等,以加强海洋生态环境保护②。

3. 涉海新法规的制定

应尽快梳理浙江省现行的涉海法规,发掘立法空白,提出立法规划建议,启动地方立法程序。

制定《浙江省沿海地区防灾减灾条例》,规定海啸、风暴潮、海浪等灾害信息管理、发布、海洋灾害预防和应急预案、事故处理职能机构、处理程序等。

制定《浙江省海洋生态损害赔偿条例》,可规定,在浙江省管辖海域内,发生海洋污染事故、违法开发利用海洋资源等行为导致海洋生态损害的,以及实施海洋工程、海岸工程建设和海洋倾废等导致海洋生态环境改变的,应当由污染损害者对海洋生态损害进行赔偿。规定生态损害评估和认定机构、损害评估和认定标准、生态损害索赔机构与程序、损害赔偿标

---

① 根据《2011年宁波市环境状况公报》,宁波市启动了海洋牧场建设工程。2011年象山港海洋牧场一期工程投入建设资金1 390万元,在白石山北侧海域投放台面框架型鱼礁和圆角六边形鱼礁1 015个,鱼礁单体13 550立方米,完成400个人工鱼礁单体投放,建成围栏式牧场设施2个,移植大型海藻10公顷、增殖放流岱衢族大黄鱼等各类鱼苗190万尾,底播增殖经济贝类2 000万粒。继续开展增殖放流工作,象山港、韭山列岛等海域共放流日本对虾苗种16 900万尾、大黄鱼200万尾,姚江放流白鲢1 200万尾,草鱼和花鲢800万尾。

② 2011年10月26日宁波市人民政府第112次常务会议审议通过《宁波市渔山列岛国家级海洋生态特别保护区管理办法》,于2012年1月1日起施行。推进韭山列岛海洋生态自然保护区规范化建设工程,2011年4月韭山列岛省级自然保护区成功晋升为国家级自然保护区。加强渔山列岛国家级海洋特别保护区的基础设施建设和资源管护工作,完成保护区管理房、管理船建造,基本完成渔山列岛视频监视系统扩建项目。

准和范围等。

制定《浙江省海洋自然保护区管理条例》或《浙江省海洋自然保护区和海洋特别保护区建设和管理条例》,规定保护区设置、保护区内禁止活动与管理、保护措施与科研、法律责任;通过尽量设置重要水产种质资源、河口、海岸湿地保护区、生态海岛保护区、渔场保护区等,使近海海域海洋保护区达到一定比例。环境保护区由于限制开发,可能造成财政薄弱产生承担公共服务和改善民生方面问题,通过生态保护补偿机制实现生态补偿转移支付,规定重点生态功能区补偿制度。探索补偿资金来源,初期由财政支持,逐渐建立一个政府、社会、企业等各方面参与的生态补偿机制。

制定《浙江省海岛/无居民海岛开发利用保护管理条例》,规定海岛开发主体资格、开发方案审核与使用监管制度、海岛信息系统、海岛环境容量审核、能源开发利用、海岛排污等。

制定《浙江省海上油气/海底矿产资源开发管理条例》,规定海上油气/海底矿产开发主体、申请审核主体、开采条件、申请文件、矿产开采方法、环境保护要求等。

制定《浙江省国家级海洋生态文明示范区建设和管理条例》,推进海洋生态文明建设对于促进海洋经济发展方式转变,提高海洋资源开发、综合管理的管控能力和应对气候变化的适应能力,强化海洋生态保护及维护海洋生态安全等,具有非常重要的意义。该制度应明确规定,国家级海洋生态文明示范区的评价标准、申请和批准程序、建设周期、考核标准和程序等。

另外,还可制定《浙江省国家级清洁能源示范区建设和管理条例》,加快发展清洁能源,优化能源结构,创建清洁能源示范区;制定《浙江省海洋河口与排污口管理条例》、《浙江省防治海岸工程建设项目污染损害海洋环境管理条例》;制定《浙江省海洋行政处罚条例》,规定管辖、程序、送达、执行、公告、处罚与用海资格终止(海域使用权收回)等。

宁波大宗商品交易市场建设的金融服务创新*

孙伍琴

（浙江大学）

摘要 文章在阐述大宗商品交易市场金融服务需求的基础上，重点剖析宁波金融服务大宗商品交易市场建设的优势与不足，探讨了宁波金融支持大宗商品交易市场发展的创新思路，包括发展 B2B 与 B2C 网上支付方式，创新仓单质押和订单质押贷款、供应链金融、担保贷款等贸易融资方式，尝试集贸易融资、商业资信调查、应收账款管理及信用风险担保于一体的保理业务，创新流程化货物监管服务，创新专属金融服务应对履约风险等，最后提出金融促进大宗商品交易市场发展的对策建议。

关键词 大宗商品交易市场 金融服务需求 金融服务创新

大宗商品是指可进入流通领域，但非零售环节，具备商品属性用于工农业生产与消费使用的大批量买卖的物质商品。从市场特征来看，大宗商品交易市场大致分为现货交易和期货交易两大类。随着期货市场发现价格、转移风险和提高市场流动性等功能的提高，相应的商品市场成为金融市场的一部分，从而使得原油、钢材、铁矿石等大宗商品具有了"金融属性"。大宗商品一旦成为投资品种，其价格走势常常脱离商品市场供需的基本面，主要与资本市场预期、资金供给、利率、汇率乃至国家政策、国际关系、战争动乱等因素相关联。比较而言，大宗商品的金融属性比商品属性更为明显。

大宗商品交易市场有着强烈的金融服务需求，宁波金融服务大宗商品交易市场建设优劣势共存，为此，需要探索宁波金融支持大宗商品交易市场发展的创新思路，探索金融促进大宗商品交易市场发展的相关政策。

一、大宗商品交易市场金融服务需求

由于大宗商品价格波动大、交易规模大、交易活跃，且参与者为全球、全国主要的生产商、贸易商，与国际商品市场、资本市场紧密结合，这不但对交易商的商品融资、资金周转、风险规避等提出了较高要求，而且对服务于交易的资金结算、支付、保险、监管等一系

---

* 本文系浙江省海洋文化与经济研究中心课题"浙江省海洋经济示范区投融资体制改革与创新研究"（11HYJDYY02）阶段性研究成果。

列金融服务提出了需求。因此,大宗商品交易市场建设的金融服务需求主要包括三个层次:一是大宗商品交易综合金融服务;二是大宗商品交易监管服务;三是大宗商品交易风险管理服务。

（一）综合金融服务

大宗商品电子交易市场资金存量规模大,会员对资金结算的便利性及安全性要求不断加强,传统的手工及半手工结算模式很难做到全天候、跨地区的支付结算服务,而且在支付安全上也存在较多问题。因此,快捷、简单的线上支付成为大宗商品交易的迫切需求,如银商转账平台,在为交易市场及会员提供即期、中远期现货交易资金结算便利的基础上,也可以实现对会员交易资金进行托管,确保客户交易结算资金安全高效的管理和运作;网上银行服务模式,实现交易所电子交易系统与结算银行业务系统的对接,买方通过结算银行转账平台的 B2B/B2C 接口将货款支付到交易平台的结算账户,然后根据交易规则,平台通过银企互联向卖方清算货款或退还资金。同时,由于大宗商品交易规模巨大,且交易活跃,大宗商品交易商或生产企业希望银行能为其提供融资,包括线下融资和在线融资。其中,线下融资服务是采用传统交易方式进行的现货交易;在线融资服务是以电子仓单为交易标的物的交易形式。此外,大宗商品交易商以及相关的金融机构、物流和仓储公司都有强烈的金融保险服务需求。

（二）监管服务

大宗商品电子市场本身拥有较大的权力,如提前收市、暂停交易、提高保证金比例、取消交易者资格等,需要实施第三方有效监管,以避免因市场主体既当运动员又当裁判员而致的诸多不公平交易事件的发生。监管服务主要包括两方面:一是资金监管服务,即"第三方存管"制度。大宗商品交易市场要与各大商业银行合作,建立全新的交易保证金托管和划转系统,保证交易保证金安全存放和实时进出。二是货物监管服务。大宗商品交易中心除了为交易商提供及时、便利的仓储服务、代理运输服务外,还需要指定交货仓库,并保证交货仓库的业务过程可控;与交货仓库共同保证交易货物的真实性,并有相应的措施保证。

（三）风险管理服务

大宗商品交易风险包括履约风险、价格波动风险、汇率波动风险等。履约风险又称商业信用风险,指交易对方因资金困难、信用较差、故意诈骗等原因而造成的风险。价格波动风险是指因大宗商品价格波动引起的损失。比较说来,大宗商品价格波动要比一般制成品剧烈,加上大宗商品成交量大,单价的小幅波动就可能带来巨大损失。大宗商品大多以外汇计价,汇率波动也会给交易双方带来风险,包括交易风险、经济风险和会计风险。因此,大宗商品交易需要金融为其提供各种风险管理服务。

二、宁波金融服务大宗商品交易市场建设的优势与不足

（一）宁波金融服务大宗商品交易市场的优势

1. 金融规模大

宁波已在长三角南翼和全省基本确立了"金融高地"的地位。2011年内存贷款双双突破万亿元大关,年末全市金融机构本外币存款余额10 659.3亿元,贷款余额10 676.8亿元,分别比上年增长9.1%和13.4%;全年全市实现保费收入148.6亿元,比上年增长16.4%。规模巨大的金融服务,为大宗商品交易市场发展提供了保障。

2. 金融服务能力强

宁波金融机构驻点丰富。2011年末,全市各类金融机构达到195家,其中,银行业金融机构55家;证券期货经营机构90家;保险机构47家;非银行金融机构3家。此外,国有商业银行都是总行直属分行,在资源倾斜、业务权限、专业人员配备等方面均具有优势,银行内部服务能力齐全,能较好地为大宗商品交易市场提供综合金融服务。

3. 金融生态环境好

据中国社会科学院金融所《中国城市金融生态环境评价》报告,在全国50个大中城市中,宁波金融生态环境排名第二,是全国信贷资产质量为AAA的8个城市之一,其中企业诚信排名第一。2011年末,宁波银行业的不良贷款率为0.89%,比年初下降0.03个百分点,继续保持全国领先。优良的金融生态形成了资金集聚的"洼地",为支持大宗商品交易市场发展提供了融资保障。

4. 金融创新能力强

宁波是跨境贸易人民币结算第二批试点城市、国家金融体制改革试点城市、金融电子化试点城市、金融对外开放城市、私募股权投资等试点城市,还在全国首创了无抵押,无担保城乡小额贷款保证保险业务,在全国率先推出"两权一房"抵押贷款,现在已经推延到"多权一房"抵押贷款,成立了全国首家农村保险互助社。众多的金融创新试点有利于金融更好地支持大宗商品交易市场发展。

5. 金融服务投向开始转型

随着实体经济转型升级,金融服务也从大型项目金融转向贸易服务金融。宁波大宗商品交易市场建设正好契合了宁波金融业服务投向转型,必将推动宁波金融围绕"六个加快",大力发展航运金融、物流金融和贸易金融。据报道,工商、农业、中国、建设等国内主要商业银行已与宁波大宗商品交易中心建立长期合作协议,为其提供全方位、高质量的金融服务。

（二）宁波金融服务大宗商品交易市场存在的不足

1. 与大宗商品交易相匹配的针对性和专门化金融服务不足

总体说来,宁波金融机构对大宗商品质押融资服务积极性不高,认为存在较大的市场价

格风险,融资额度有限、办理手续繁琐。同时,宁波现有的大宗商品交易金融服务,包括结算与支付、融资、保险等大都是批发式的,尚无法提供与不同商品属性、不同交易主体、不同交易目的等各自的金融需求特征相匹配的,具有针对性和专门化的金融服务。

2. 与大宗商品交易相关的风险管理服务明显不足

大宗商品交易风险大,相关的金融机构需要全方位调查交易商的信用状况,根据大宗商品价格波动情况、主要储备货币以及人民币的汇率变动趋势采取相应的风险管理策略。而今宁波金融机构几乎没有提供大宗商品交易风险管理服务的经历和能力。

3. 第三方监管服务规范性不够

比较而言,资金监管相对规范,而宁波现有的仓储物流公司与国际化大型大宗商品物流基地相比,具有公信力的标准仓储设施不多,规模作业有限,小而散的现状突出,产业链的整合力度不强,尚没有形成标准化监管流程。因此,第三方货物监管服务能力与国际化交易中心和物流中心要求有明显差距,不能完全胜任监管任务。

4. 服务于大宗商品交易的金融机构、金融人才聚集不够

大宗商品交易是一整合仓储、物流、金融、航运服务等而成的新型现代服务业态,需要整合国内外上中下游的供应商、生产商、贸易商、物流商、营运商、做市商以及航运、金融、信息、报关等高端中介服务机构。比较说来,宁波尚缺乏一批专门服务于大宗商品交易的金融机构。同时,大宗商品交易需要培养具备金融投资、电子商务、商品学、物流管理等方面知识的专业团队进行操作。目前,宁波尚缺乏这类复合型金融人才。

三、金融支持大宗商品交易市场发展的创新思路

金融支持大宗商品交易市场发展的创新思路需要围绕着大宗商品交易市场建设的金融服务需求展开,具体包括三个层次:一是大宗商品交易综合金融服务创新;二是大宗商品交易监管服务创新;三是大宗商品交易风险管理服务创新。

(一)大宗商品交易综合金融服务创新思路

大宗商品交易融交易、金融、航运、口岸、信息等公共服务功能于一体,旨在增强宁波港口综合物流功能。为此,宁波一方面要通过引进、培育一批具有国际视野、服务于大宗商品交易的金融机构、物流与仓储管理公司;另一方面要加大金融机构改革创新,鼓励金融机构发展企业 B2B 网上支付方式,大胆创新包括仓单质押和订单质押贷款、供应链金融、担保贷款等贸易融资方式,尝试为大宗商品交易商开展集贸易融资、商业资信调查、应收账款管理及信用风险担保于一体的保理业务。此外,积极创新对大宗商品交易商以及相关金融机构、物流与仓储公司的各类保险服务。

(二)大宗商品交易监管服务创新

大宗商品交易监管服务创新主要包括两方面。

1. 资金存托监管服务创新

这方面已有经验积累,宁波银监局按照"不改变交易规则,不限制存管银行,客户自主管理账户,系统自动审核,市场不掌控资金出入"的原则,拟定了《宁波市大宗商品中远期交易结算资金第三方存管暂行办法》。多家银行按照《办法》要求成功开发了资金第三方存管系统,并与市场交易核心系统实现了实时对接。需要进一步创新的重点在于为客户创新现金管理,即银行融合结算与融资服务,利用现有金融服务平台帮助客户做好账户归集,包括信息查询、短期透支、理财等金融服务。

2. 货物监管服务创新

这方面相对薄弱。为此,宁波首先要尝试与国外知名商品交易所建立战略联盟,争取国内各大商品(期货)交易所在宁波设立当地优势品种的商品期货交割仓库,引进、培育能为大宗商品交易提供第三方监管的物流仓储管理公司,强化流程化管理。其次要组织物流公司实行名单制管理,即制定行业内物流客户分类标准,逐一确定行业内物流客户分类的类别,并对不同类别客户实行差异化管理。

(三)大宗商品交易风险管理创新思路

银行作为电子商务的结算服务方已有较长历史,但在大宗商品交易最急需的信用支付领域却没有太多经验。为此,需要针对不同业务范围创新金融产品、提供专属金融服务以应对履约风险。如针对普通现货交易,银行可提供以信用支付为核心的第三方资金监管功能,帮助交易所实现信息流、资金流的监管分离。对于采用委托市场结算货款的买卖交易,由于存在交易中心利用集中管理的保证金主动发起强行平仓的业务需求,可采用标准化的银商通系统。对于因买入资金不足引发的基于卖方货物的质押融资需求,银行可在传统货物质押基础上增加适合线上发起并具有进行质押状态下所有权转换机制的新型供应链融资产品。围绕交货仓库的商品验收、货物保管和物流配送等业务内容,银行还可通过结合 B2B、B2C 等网上结算手段,实现物流服务电子化受理,使大宗商品交易的外围服务随核心业务一起适应电子商务发展趋势。面对大宗商品交易中的价格风险和汇率风险,需要利用期货、期权等金融衍生工具等避险策略,旨在转移风险和追求稳定。

四、金融促进大宗商品交易市场发展的对策建议

大宗商品交易市场的繁荣和发展,需要现代金融服务功能的支撑。基于宁波大宗商品金融服务起点较低的现状,建议采取以下举措:

(一)引进与大宗商品交易市场发展相关的金融服务机构

尝试通过紧密型、松散型等形式引进与大宗商品交易市场发展相关的金融服务机构,包括银行、保险以及物流公司等;引进航运、金融、信息、报关等高端中介服务机构;与国外知名外资银行、大宗商品基金建立战略合作联盟,借助他们在国际大宗商品市场的运营经验和信息通道,帮助宁波企业更快融入全球大宗商品国际贸易,争取国内各大商品(期货)交易所

在宁波设立当地优势品种的商品期货交割仓库,打造具有国际视野的大宗商品现货仓单交易中心、价格形成中心和物流分拨中心。

（二）鼓励创新金融服务

一是鼓励商业银行为大宗商品交易市场建设开发一体化、专属化金融服务,包括银商转账资金结算服务;开辟电子仓单质押、订单质押等在线融资产品和信息交互渠道;强化第三方资金、货物监管服务,建议政府支持宁波大宗商品交易所设立物流中心、分拨中心和仓储基地。二是鼓励政策性银行依托地方商业银行和担保机构,为大宗商品交易商提供政策性融资服务,如转贷款、担保贷款。三是鼓励保险机构创新发展陆海联运货物保险、仓储保险,做大交易资金贷款保证保险业务,发挥保单管理和赔偿管理两个基本功能。四是强化金融监管创新,如创新保税区、出口加工区等特殊区域的外汇管理制度等。

（三）建立大宗商品交易金融服务战略合作机制

大宗商品交易金融服务战略合作机制主要包括两方面:一是加强大宗商品交易各环节协调与合作。大宗商品交易市场集物资流、资金流和信息流于一体,需加强港口、海关、商检、仓储、海运、陆运等相关企业与金融机构的沟通协调。二是加强区域金融合作,包括境内和境外区域合作。境内区域合作旨在加强区域之间不同金融机构的合作,建立跨区域授信网络体系;境外合作旨在了解不同国家的综合金融服务模式、金融监管要求和风险管理策略,增进区域之间金融产品与服务模式互通。

参考文献

[1] 周莉、彭永:《提升金融支持海洋经济发展的实效性》,《浙江经济》,2011 年第 20 期。
[2] 李靖宇、任洨燕:《论中国海洋经济开发的金融战略投放导向》,《海洋经济》,2011 第 5 期。
[3] 上海市发展和改革委员会、上海市发展改革研究院:《2010/2011 年上海国际经济、金融、贸易、航运中心发展报告》,上海:上海人民出版社,格致出版社,2011 年。
[4] 宁波市发改委、宁波市发展规划研究院:《宁波市"十二五"海洋经济发展规划》,2011 年 3 月。

宁波市大宗商品交易市场发展的 SWOT 分析[*]

骆　嬓　杨丹萍

（宁波大学）

摘要　宁波市大宗商品交易市场具有专业市场体系发育比较健全、大宗商品需求规模效应十分显著、现代物流体系产业链条基本形成、港口现有功能体系比较健全等优势；具有政策制度软环境建设相对滞后、专业市场功能体系尚不够完善、仓储物流不能满足发展需要、配套服务体系仍存在较多欠缺等劣势；面临长三角一体化快速推进、上海国际航运中心建设、浙江省海洋经济战略实施、宁波—舟山港一体化进程不断加速等机遇；面对长三角港口群内部竞争不断加剧、上海"两个中心"建设产生集聚效应、舟山群岛新区获批带来的冲击等挑战。

关键词　大宗商品　交易市场　SWOT 分析

大宗商品交易市场的形成与发展需要大量关键要素的支撑,这些关键要素的发展态势决定了该地区大宗商品交易的市场发展现状。产业、贸易和物流集聚是大宗商品交易市场形成的基础条件;充分竞争的市场结构是大宗商品交易市场发展的必要条件;港口物流、金融和信息等配套服务是大宗商品交易市场形成和发展的支撑要素。宁波在大宗商品交易市场发展过程中,在制度创新、区位条件、基础设施、需求条件等方面具有一定的优势、劣势、机遇与挑战。

一、宁波市大宗商品交易市场发展的优势

(一)专业市场体系发育比较健全

近些年来,宁波大宗商品交易专业市场发展迅猛,宁波口岸的液体化工、原油、铁矿石、塑料等交易量均居全国前列。利用该优势,目前已建和在建的镇海煤炭交易市场、大榭能源化工交易中心、余姚中国塑料城等 14 个大宗商品交易平台,拥有大宗商品交易专业市场 77 个,其中,百亿元以上规模的大宗商品交易市场共 5 家,2010 年实现大宗商品交易总额近 2 000 亿元,位居全省首位。同时,宁波浙江塑料城网上交易市场发布的中国塑料价格指数

---

　*　本文系浙江省海洋文化与经济研究中心课题"浙江省大宗商品交易平台构建研究——基于宁波与舟山错位发展视角"(11HYJDYY01)阶段性研究成果。

和塑料市场库存报告已经成为国际塑料行情风向标,成为业界了解塑料供求情况、分析塑料价格走势的重要依据。宁波贵重金属镍交易额占据全国的40%,全世界的10%,初步掌握了亚洲镍金属的价格话语权。另外,宁波不但拥有众多的现货即期交易市场,还拥有浙江塑料城网上交易市场等4家大宗商品中远期电子交易中心,此类机构浙江全省目前仅有7家。

（二）大宗商品需求规模效应十分显著

从国内外大宗商品交易平台形成规律来看,商品生产地、消费地、贸易中转地往往是大宗商品交易平台的集聚地。宁波是全国石化产品的重要生产基地,也是化纤原料、塑料、煤炭、铁矿石、镍、铜、粮食、木材的重要消费地,本地对大宗商品的物流需求巨大。同时,宁波作为我国主要的贸易口岸,2010年全市进出口总额达到849亿元,位居全国第9位,国际大宗商品进出宁波已成相当规模。另外,宁波港的港口经济腹地辐射长江流域的七省二市（上海、江苏、浙江、安徽、江西、湖南、湖北、四川、重庆）,长江经济带是我国经济总量规模最大、最具发展活力的经济区。2009年,七省两市GDP达13.6万亿元,占全国的40.5%,外贸进出口额为8 919亿美元,占全国的40.4%。长江经济带各省市蓬勃发展的经济,使得通过宁波港口进出口的货物量持续增长,为大宗商品交易平台持续发展提供强大的客户和货源基础。

（三）现代物流体系产业链条基本形成

宁波港口集疏运网络十分发达,陆、海、空、铁、水、管道立体化集疏运网络已经成形。初步形成了以水路运输为主,公路、铁路和航空运输为重要补充的集疏运体系,江海、海铁和公铁等多式联运取得了突破性进展。同时,宁波是全国物流节点城市和长三角区域物流中心,物流业得到飞速发展,涌现了如宁波中远物流、浙江中外运、富邦物流等一大批国内著名的物流企业,吸引了以马士基、安博、普洛斯为代表的一批国际物流巨头纷纷在宁波设立分支机构,2010年,全市拥有物流企业近5 000家,世界排名前20位的船公司以及国际知名物流企业均在宁波落户。现代物流业2010年实现增加值507亿元,约占全市GDP的10%,推动全市海洋经济全年总产值超过3 000亿元。宁波第四方物流平台正在不断完善,市场以交易撮合、支付结算、物流全程跟踪等全程服务为模式,目前已吸引5 000余家企业集聚登陆,实现网上交易6亿多元,并且已建立起交易、金融、政务服务"三合一"的物流平台,目前其业务已覆盖海陆空多种运输方式,并逐渐拓展到长三角地区乃至全国。初步形成了以港口物流为主体,干线物流、配送物流、仓储物流以及保税物流并举的物流产业体系。可以为大宗商品交易提供全方位、多层次的一体化物流服务,有利于大宗商品快速、便捷的转运和分拨。

（四）港口现有功能体系比较健全

宁波港包括甬江港区、镇海港区、北仑港区、大榭港区和穿山港区,共拥有88个生产性泊位,泊位总长为19 174米,其中,万吨级以上大型泊位61个,5万吨级以上特大型深水泊位37个。此外,在浙江慈溪、萧山、绍兴、义乌、金华、衢州和江西上饶、鹰潭等地建立了"无水港"。宁波港作为全球最大的综合港,巨大的货物储运、中转量为大宗商品交易奠定了货源基础。宁波港已成为我国大陆主要的矿石、原油、液体化工中转储存基地以及华东地区主要的煤炭、粮食等散杂货中转储存基地。2010 年,宁波港口吞吐量达到 4.1 亿吨,集装箱吞吐量达到 1 300 万标准箱,跃升至国内第三,并跻身世界前六位。宁波港原油、煤炭、铁矿石、PTA、废铜、铜、镍吞吐量分别达到 5 575 万吨(全国第二)、5 553 万吨(全国第三)、1 144 万吨(全国第五)、106 万吨(全国第三)、54.9 万吨(全国第二)、8.9 万吨(全国第四)、4.91 万吨(全国第二)。宁波港辐射能力较强,向内可连接沿海各港口,又能通过江海联运覆盖整个华东地区及长江流域七省两市,向外直接面向东亚以及整个环太平洋地区,1 000 海里范围内可连接香港、高雄、釜山、大阪、神户这些重要的国际性货物集散港,是长三角地区原材料与加工品进出的重要门户,也是我国沿海和远洋运输辐射的理想货物集散地。同时,作为上海国际航运中心的重要组成,宁波港是我国大陆主要的集装箱、矿石、原油、液体化工中转储运基地,华东地区主要的煤炭、粮食等散货中转和储存基地。

二、宁波市大宗商品交易市场发展的劣势

(一)政策制度软环境建设相对滞后

与上海、大连、张家港等城市在大宗商品交易平台建设方面在税收、水利基金、土地等政策大力扶持相比,宁波在优惠政策制度制定上举措较少,导致相关企业既缺乏要素资源支持,又面临税负较重、市场竞争力下降。

(二)专业市场功能体系尚不够完善

宁波现有大宗商品交易市场经营品种多样,但上下游产业链之间合作不够紧密,功能布局不够合理,规模化程度不高。同时,内部区域之间存在着交易平台同构倾向,很大程度上分散了有限的基础设置和市场资源,加剧了内部竞争,影响宁波大宗商品交易竞争力的提升空间。

(三)仓储物流不能满足发展需要

宁波现有的仓储物流服务多以民营市场自发形成的基地为主,小而散现状突出,仓储管理水平标准化和规模化程度较低,具有公信力的标准仓储设施不多;尚未形成航运管理中心,航运资源比较分散;还没有国际物流基地,个别国际物流基地正在论证中,如梅山保税港区;现有交割库品种单一,库容明显不足;市场化服务、国际化水平有待提高。

(四)配套服务体系仍存在较多欠缺

宁波与大宗商品交易平台相配套的金融服务发展相对滞后,目前,宁波没有本地的第三方支付平台,宁波本地金融机构对大宗商品质押融资服务关注度不够,外资银行还未进入宁波开展大宗商品贷款融资业务,而且宁波尚未成为人民币结算试点。同时,宁波在电子认证方面没有统一的标准和平台,使得仓单质押服务受到很大限制,已开展的物流质押融资业务也多为动产质押,制约了大宗商品交易资金的流动。另外,由于信用体系尚不健全,宁波不

时发生信用缺失案例,随着大宗商品电子交易逐步推广,电子交易的虚拟性、跨地域交易等特点,法律不易约束和解决的交易信用和维权问题也日益增多,将会在一定程度上制约宁波大宗商品交易平台建设。

三、宁波市大宗商品交易市场发展的机遇

(一)长三角一体化快速推进

2010年5月,国务院正式批准实施《长江三角洲地区区域规划》,明确了长三角地区发展战略定位是亚太地区重要的国际门户、全球重要的现代服务业和先进制造业中心、具有较强国际竞争力的世界级城市群。这为现代物流业的发展,提供了极佳的机会。宁波作为长三角地区最重要的港口城市之一,长三角南翼经济的中心,国际班轮、国际货代等大型物流公司以及大量的国内物流企业将会进一步加大与宁波的合作力度。宁波大宗商品物流的进出规模将进一步扩大,这为建设大宗商品交易平台提供更加广阔的发展空间。

(二)上海国际航运中心建设

随着上海"国际金融中心、国际航运中心"建设不断推进,为宁波打开了一条全面融入长三角龙头城市的新通道,推动了宁波金融、航运、物流等现代服务业发展。在合作过程中,宁波将通过不断承接上海的辐射,吸引优质金融机构和服务中介来宁波设立区域总部或后台服务中心,加强两地在航运保险、航运金融等方面合作,完善宁波的金融体系和金融功能。更重要的是,宁波可以充分发挥在基础设施、金融生态、区位条件等方面的优势,成为上海金融业的后援和配套服务基地。同时,作为长三角最重要的两大枢纽港,宁波—舟山港与上海港将以"合作共赢、和谐发展"为宗旨,建立战略合作关系。随着上海国际航运中心建设的深入推进,上海港口的煤炭、化工、粮食等吞吐功能将会梯度转移,这将给宁波等周边港口带来新的发展机遇,从而为更好地融入上海国际航运中心的重要组成部分奠定基础。

(三)浙江省海洋经济战略实施

2011年2月,国务院正式批复《浙江海洋经济发展示范区规划》,浙江海洋经济发展上升为国家战略,其中宁波—舟山港海域海岛及其依托的城市为海洋经济核心区,宁波地处浙江海洋经济核心区,又是舟山群岛新区的陆地接点,发展海洋经济优势独特。面对蓝色经济时代的新竞争,宁波可以充分发挥优势,积极创新探索,加快建设全国物流节点城市、新型临港产业基地、重要能源和商品交易基地、海洋生态文明示范区,实现从"海洋经济大市"向"海洋经济强市"的战略性转变。浙江省着力推进以构建大宗商品交易平台为核心,完善海陆联运集疏运网络为基础,发展港口金融、信息配套服务为支撑的"三位一体"港航物流服务体系建设的战略构想,也符合宁波现代化国际港口城市的定位。

(四)宁波—舟山港一体化进程不断加速

随着长三角港口竞争日趋激烈,地域相近的宁波与舟山港口,合则两利、分则两损。宁

波—舟山港只有继续相互支撑、互为腹地,才能共享资源、共赢发展。宁波—舟山港的发展目标是打造成中国重要的"集散并重、以散为主"的枢纽港。宁波港连接着铁路,背后有大批腹地,更适合海陆联运、海铁联运等多式联运。舟山港虽有优越的岸线资源,但由于受集疏运网络体系的严重制约,在今后相当长的时期内并不具有发展集装箱多式联运的能力。舟山港更适合海海联运,作为国际大众物品的中转站和仓储基地。由此可见,双方将形成合作互补的双赢局面,两个港口的一体化进程必然会进一步加快。舟山群岛新区致力于建设中国大宗商品储运中转加工交易中心,势必会促使宁波—舟山港的港口吞吐量提升,促进宁波港口物流业的发展。多式联运的快速发展必然使进出宁波的大宗商品物流剧增,市场腹地进一步拓展,有力推动大宗商品交易平台的发展。

四、宁波市大宗商品交易市场发展的挑战

(一)长三角港口群内部竞争不断加剧

纵观长三角,以上海港为中心,南有全国货物吞吐量最大的宁波港,北有东方桥头堡之称的江苏连云港,沿长江溯游直上,还有太仓港、如皋港、江阴港、张家港港、南京港等大大小小 10 多个港口沿江密布。一些地方的港口建设过快,出现了运力结构性过剩。同时,由于长三角港口众多,且互为近邻,因而竞争在所难免。而许多港口资源不能充分利用,重复建设,削弱了港群整体的竞争能力。

(二)上海"两个中心"建设产生集聚效应

上海推进国际航运中心和国际金融中心建设,可能会弱化宁波港口的比较优势。尽管宁波—舟山港在岸线和土地资源等方面占有优势,但上海港口影响力较大,服务水平和服务能力较高,进出港口货物成本较低,即使在成本基本一致的情况下,货主对港口的服务等也会有所选择,这将对宁波—舟山港形成竞争压力。同时,上海"两个中心"建设将推进现代服务业发展,成为吸引更多现代服务业企业落户的热土,上海的国际金融中心地位可能将宁波部分优质的金融总部机构或航运服务企业总部引向上海,对宁波在金融和航运等领域的招商引资将带来严峻挑战。

(三)舟山群岛新区获批带来的冲击

舟山群岛新区批复后,国家的一些政策也会向其倾斜,这在一定程度上对宁波形成挤压效应,如在大宗商品交易、港航服务业、滨海旅游等产业发展上竞争会加剧。

宁波市大宗商品交易市场在发展过程中应充分利用其优势及机遇,不断改变劣势,可考虑在提高大宗商品交易增值服务、增强大宗商品交易市场集聚效应、选择具有竞争力的大宗商品货种优先发展等方面构建大宗商品交易平台。

参考文献

[1]   国务院批复:《浙江海洋经济发展示范区规划》,2011 年 2 月。

［2］ 宁波市发改委、宁波市发展规划研究院:《宁波市"十二五"海洋经济发展规划》,2011 年 3 月。

［3］ 宁波市发改委、宁波市服务业综合发展办公室:《宁波构筑大宗商品"三位一体"服务体系研究》,研究报告,2011 年 5 月。

［4］ 舟山市发改委:《中国舟山大宗商品交易平台建设探讨》,研究报告,2010 年 7 月。

［5］ 长城战略咨询:《中国大宗商品交易市场研究》,市场发展报告,2009 年 10 月。

［6］ 张小瑜:《国际大宗商品市场发展趋势及中国的应对》,《国际贸易》2010 年第 5 期。

宁波港口物流发展的评价指标构建

——基于国际竞争力的研究[*]

左 睿

（宁波大学）

摘要 在浙江海洋经济发展示范区的建设上升为国家战略层面的背景下,作为浙江省海洋经济发展和产业结构转型必经路径的宁波港口物流被提到了重要的议程。本文从宁波港口物流发展的必要性和可行性分析入手,以港口物流发展国际竞争力为切入点,提炼了宁波港口物流发展的评价指标。并根据评价指标对宁波港口物流发展现状的评价,提出了宁波港口物流应以国家政策为导向、以资源整合为途径、以国际竞争力塑造为目标的发展方向。

关键词 宁波港 港口物流 发展评价指标 发展方向

一、宁波港口物流发展的必要性和可行性

宁波港是一个集内河港、河口港和海港于一体的多样化、多功能的现代化深水大港,是中国大陆重点开发建设的四大国际深水中转港之一。由于其得天独厚的自然资源、地理优势和不断创新持续的发展力,已经迅速发展为中国货物吞吐量第一大港口,2011年集装箱吞吐量达到了1 451万标准箱,首次突破了1 400万标准箱[1]。此外,2012年3月,我国第五个保税港区——宁波梅山港的批复开放,使得原先由北仑港区、镇海港区、宁波港区、大榭港区、穿山港区五大港区组成的宁波港扩大为六大港区。伴随着宁波—舟山港一体化的不断深入,宁波港口物流如何在新的契机下获得更高的发展,如何在产业转型、能源减耗下获得更好的发展,则需要我们从必要性和可行性方面分析入手,从而为宁波港口物流的发展指明方向。

（一）宁波港口物流发展的必要性

国务院于2011年2月正式批复了《浙江海洋经济发展示范区规划》,这将浙江海洋经

---

* 本文系2011年度浙江省哲学社会科学规划课题"浙江省港口物流转型升级的路径选择和对策建议"(11JDHY02Z)、宁波市社会科学研究基地课题"宁波港口物流转型升级的路径创新和对策分析"(JD11QY04)阶段性研究成果。

济发展示范区建设上升到了国家战略层面,规划强调了以宁波—舟山港海域、海岛及其托付城市为核心区,以实现 2015 年浙江海洋生产总值突破 7 200 亿元的目标[2]。宁波—舟山港作为如今国内外货物吞吐量最大的组合港,浙江省将规划建设全国重要的大宗商品储运加工贸易基地和国际集装箱物流基地,以及开发新型临港工业和海洋新能源产业等。港口物流作为以临港产业为基础、信息技术为支撑、港口资源整合为目标的综合物流体系,打造国际物流中心已成为港口物流发展的主流。在海洋经济发展战略机遇的背景下,宁波港将建设大宗商品交易平台、海陆联动集疏远网络以及金融和信息支撑系统的"三位一体"的港航物流服务体系,从而打造具有国际竞争力的现代化强港,实现浙江海洋经济的跨越式发展。

(二)宁波港口物流发展的可行性

宁波港口物流不仅面临着发展机遇与挑战所带来的发展必要性,也具备着发展的优良土壤,主要体现在港口优势、政策支持以及所取得的具体成效三个方面。

1. 港口优势

首先,宁波港位于我国南北和长江"T"型结构的交汇点上,是中国大陆著名的深水良港,自然条件得天独厚,内外辐射便捷,经济腹地发达。这种独有的天然优势,为宁波港提供了快速发展的基础;其次,宁波港的配套基础设施建设正在逐步完善。截止 2011 年底,集装箱航线总数就达 236 条,比 2010 年增长了 3.39%。"十二五"期间,宁波市共斥资 169.43 亿元用于港航基础设施建设,预计新增集装箱泊位 7 个、新增吞吐能力 520 万标箱[3]。此外,对岸线资源利用混乱、深水浅用、码头布局散乱等问题,也进行了整合,并将改造老码头与扩建新设施同时抓,从而达到了资源的充分利用。最后,宁波港口 EDI 中心的升级创新、港口物流服务水平的提高、港口物流生产效率的提升以及港口物流管理水平的一体化等,优化了港口资源的整合和利用,从而促进了宁波港口的发展。

2. 政策支持

自 1992 年以来,宁波市就一直秉承"以港兴市、以市促港"战略,抓住机遇,迎接挑战,获得了一次又一次的腾飞。1996 年国家海关总署批准了杭州至宁波的直接通关业务,从而减少了中转的环节,大大促进了宁波港口物流的发展;"十一五"期间规划建设了作为浙江省物流龙头的国际一流的深水枢纽港和国际集装箱远洋干线港;宁波市"十二五"规划中明确强调要发展港口产业,以港口发展带动经济发展;2011 年 2 月,国务院批复的《浙江海洋经济发展示范区规划》将宁波港口物流建设上升为核心地位,这无疑为宁波港提供了更宽广的发展空间;2012 年宁波市第十二次党代会提出到 2016 年将宁波建设成为现代化的国际港口城市;2012 年 2 月,宁波市港航管理工作会议中规定了今后三年港航部门都免征中小企业货物港务费;2012 年 3 月,国务院正式批复同意了宁波港口岸的扩大开放。以上这些,都体现了宁波港口物流在政府的政策支持下有序地开展。

3. 具体成效

据 2011 年宁波市国民经济和社会发展统计公报,总体上,宁波港口生产持续增长。2011 年宁波港货物吞吐量达到 4.3 亿吨,比 2010 年增长 5.2%;集装箱吞吐量完成 1 451.2 万标准箱,比 2010 年增长 11.6%,稳居大陆港口第 3 位,世界港口第 6 位[4]。并且在欧美主要大港集装箱货量大幅缩减的情况下,我国规模以上港口集装箱吞吐量却增长了11%[5]。此外,2012年年初,宁波港口集装箱生产态势继续趋好,其中1月份完成139万标准箱,同比增长10.21%。这些具体的成效,正是宁波港口物流具备发展条件和能力的验证。无疑,宁波港口物流将在已有基础上取得更长远的发展。

二、港口物流发展国际竞争力的切入点

竞争力是一种能力,一种可以在如今激烈的市场角逐中凸显自己、发挥自己价值的力量。在国际化席卷全球的环境下,市场已经超越了地域的限制。港口物流想获得更长远的发展,需要的不仅仅是在本地区内享有声望,更要能与世界大港相媲美,具备国际竞争力。港口物流要发展国际竞争力,需要将其嵌入到经济全球化、贸易自由化、信息一体化的时代背景下,借鉴国际大港的发展经验,并结合自身的发展条件,补其所短,扬其所长,朝着国际竞争力的目标不断迈进,发展具有国际竞争力的港口物流体系。

(一)国际大港发展的原因分析

下面以荷兰鹿特丹港、新加坡港、中国香港以及比利时安特卫普港为代表,分析其得以快速发展的主要原因。

1. 荷兰鹿特丹港

荷兰鹿特丹港作为世界的第一大港,是一座港城一体化的国际城市。不仅具有完善的基础设施,拥有着世界上最先进的ECT集装箱码头,而且在物流运作、物流管理方面也独树一帜。鹿特丹港的开发与管理是由政府责任有限公司的港务局负责的,港务局在港口开发、经营和管理方面均处于世界的领先水平[6]。

2. 新加坡港

新加坡港作为全球最大的海洋转口运输中心之一,是政府支持的"一条龙"发展物流体系。不仅致力于科技投入和技术研发,采用综合营运系统和全国性海港网络电子商务系统,而且自新加坡港务集团成立以来就积极向海外拓展,平均每年用于拓展海外业务的金额达到3亿~4亿[7]。

3. 中国香港港

中国香港港作为全世界最繁忙也最具效率的国际集装箱港口之一,在港口管理方面有着先进的技术,实行自动化的弹性作业处理,使得港口费率在全世界最低。同时,为了进一步提高香港集装箱港口的竞争优势,香港特区政府给予了更多的政策支持。

4. 比利时安特卫普港

比利时安特卫普港作为欧洲第三大港口,以港区工业高度集中而著称,拥有欧洲最大的、有覆盖的仓储面积和最大的化学品集聚地。在市政府100%的高效管辖下,使其在欧洲市场上发挥着生产和物流中心的双重作用。

（二）发展国际竞争力的因素概括

从以上对具有代表性的国际大港的分析可以看出，港口物流要发展国际竞争力，需要在以下几方面进行落实。

1. 完善基础设施建设

基础设施建设的完善不仅是港口物流发展的前提条件，也是港口物流具有国际竞争力所必须依靠的后盾。基础设施的完善包括两个方面，一方面是对已有设施的改进和扩建；另一方面为新设施的筹建。

2. 提高运营水平

运营水平的提高是港口物流发展国际竞争力的主要着力点。如何获得高的货物吞吐量、集装箱吞吐量以及旅客吞吐量，如何充分利用自己的特色资源，如何发展自己的突出产业等等，都反映在港口物流的运营管理方面。而运营水平的提高，则需要资源的高度整合、组织的高效领导以及管理的高度科学。

3. 搭建物流信息平台

物流信息平台的搭建是港口物流向集成化、一体化、高效化发展的必然路径。港口物流有着它独特的服务特性，物流信息平台的搭建可以从信息的收集、加工、处理和反馈等不同环节，对港口物流服务的各方面进行分块和综合反映，从而促使港口物流的各个环节有凭有据、有条不紊地运作。

4. 持续的发展动力

发展动力的持续是港口物流发展国际竞争力的不竭之源。上述四个国际大港港口物流的发展都有一个共同的发展动力，那就是政策的大力支撑。此外，资金支持、技术支持、人才支持也是发展动力得以持续所不可或缺的组成部分。

三、宁波港口物流发展的评价指标构建

在整个经济发展潮流的推动下，宁波港口物流的发展将一步步从政策、口号层面落实到实际当中。而宁波港口物流发展情况，哪些方面发展较好，哪些方面发展存在不足等，则需要有可以量化的指标来加以评价。以下将在系统性、实用性、可操作性以及可比性原则下，结合宁波港口物流发展国际竞争力的四个切入点，以及港口物流系统的六个组成要素，即港口自然区位条件、港口基础设施、港口物流信息、港口物流运作、港口物流服务和港口物流管理，构建宁波港口物流发展的评价指标。

（一）宁波港口物流发展的评价指标的构建原则

没有规则难以成方圆，在构建宁波港口物流发展的评价指标前，需要明确其构建原则。

1. 从系统性角度来看

港口物流系统是一个层层相扣、复杂的内外部系统，不仅受到自身因素制约，而且受到

动态的环境因素的影响。因此在制定宁波港口物流发展的评价指标时,要注意这些评价指标的内在联系性。所以应在分析港口物流系统构成要素的基础上,对港口物流的系统进行层层分解,从而制定相应的评价指标。

2. 从实用性角度来看

构建宁波港口物流发展的评价指标,是为了通过这些构建的指标,评价宁波港口物流发展所处的阶段并找出存在的问题,从而找寻解决途径,以期增强宁波港口物流的国际竞争力。因此,需先分析什么样的港口物流具有国际竞争力,即达到国际竞争力需要从怎样的要求入手,才能使得构建的指标具有实用性的原则。

3. 从可操作性角度来看

可操行性原则要求指标应用于实际,而不是只停留在理论部分。宁波港口物流发展的评价指标要具有可操行性,则必须充分将港口物流发展指标结合宁波港的具体特点,进行匹配分析,从而剔出不相符的发展指标。

4. 从可比性角度来看

宁波港口物流发展评价指标的构建不仅是为了评价宁波港口物流的发展水平现状,更是立足于和其他港口的对比分析,从而找到发展具有国际竞争力优势的路径,在已有的发展基础上谋求新的飞跃。

总之,宁波港口物流发展的评价指标的构建应该秉承系统性原则、实用性原则、可操作性原则以及可比性的原则,在这样的原则指导下构建具有实际操作性和意义的指标。

（二）港口物流系统的构成要素

港口物流是中心港口城市利用其自身所具有的区位条件,依托于已建成的基础设施,通过对港口资源、货物资源、资金资源以及人员资源的整合,致力于构建涵盖物流产业链上所有环节并强化对周边港口物流活动的辐射能力的综合港口服务体系。从以上港口物流的定义以及港口物流产生、发展、增值和管理的全过程来看,可以将港口物流系统分解为港口自然区位条件、港口基础设施、港口物流信息、港口物流运作、港口物流服务以及港口物流管理六个子系统。

1. 港口自然区位条件

即港口由于所处的地理位置而独有的自然条件和区位条件。自然条件,即涉及岸线与岛屿、降水与泥沙、潮汐与潮流、风况与波浪等一系列相关的天然条件;区位条件,即港口位于的地理位置,这在很大程度上影响着一个港口内外辐射范围的大小。

2. 港口基础设施

即港口运营所必不可少的支撑系统。主要包括了港口的运输设施、停泊设施、储存设施、加工生产设施以及集装箱运输设施等。

3. 港口物流信息

港口物流系统运作的开端,也是港口物流系统可持续运作的保障。港口物流信息子系统主要是对物流信息进行收集、加工处理并供查询和反馈,从而达到港口物流系统运作的信息化、系统化以及高效化的目的。

4. 港口物流运作

毫无疑问是港口物流系统的核心环节。这主要指港口物流企业对港口物流作业的具体落实,比如货物的吞吐、集装箱的吞吐及旅客的吞吐等。港口物流是否具有国际竞争力也取决于在这方面的落实完善。

5. 港口物流服务

是港口物流系统的保值和增值的环节。不论是运输服务、作业服务,还是技术服务,都是港口物流价值创造中不可缺失的环节。在经济全球化、信息一体化、贸易自由化的背景下,港口独有的集水陆于一体的运输方式,使得港口服务的作用越加凸显。

6. 港口物流管理

即港口物流系统的集成控制与协调。港口物流管理不仅是对已存在问题的识别和发现,更是从专业角度对已存在的问题给予正确地解决,从而促使港口物流系统的可持续快速发展。

(三)宁波港口物流发展的评价指标

根据港口物流评价指标的构建原则,结合港口物流系统的构成要素、港口物流发展国际竞争力的切入点,以及宁波港口物流发展的现状,从基础设施、运营管理水平、信息化管理水平以及发展支持四大块构建评价指标,如表1所示。

表1 宁波港口物流发展的评价指标

目标层	准则层		指 标
宁波港口物流发展的评价指标	基础设施	建设状况	航道个数与密度、集装箱航线个数、码头泊位拥有量、库场面积、生产设备
		利用状况	码头泊位利用率与作业率、深水泊位比例、库场面积利用率与堆存期、集装箱化率、生产设备的利用率与完好率
	运营管理水平	吞吐量	货物吞吐量与外贸货物吞吐量、集装箱吞吐量、旅客吞吐量、吞吐量的相对值与增长率
		高效组织	港口物流的运作模式与创新水平
		整合资源	区位资源的利用率、自然资源的利用率、投入资源的利用率,各种资源的利用比例
		科学管理	质量管理水平、环境管理水平(废水的排放量与处理率)、服务管理水平(生产服务与增值服务)
	信息化管理水平		宁波港口EDI系统的覆盖率、注册用户数、各种业务查询所占的比例
	发展支持	政策支持	政策和法律法规的制定及执行情况、政府部门行政能力的运用情况
		资金支持	资金投放力度、各种资金投放比例、资金的实用率
		技术支持	政府部门与组织对技术研发的重视程度、技术的运用率
		人才支持	专业人才所占比例、储备人才所占比例、人才引进与培训体质的完善程度

四、宁波港口物流发展的评价指标运用

宁波港口凭借其独特的自然区位条件和发展势头，不仅成为浙江省，而且也成为我国重要的枢纽港口，其物流发展的内外部环境也在不断地改进与完善，正朝着国际物流中心的目标迈进。运用宁波港口物流发展的评价指标，可以看出宁波港口物流发展取得的成效以及存在的不足。

（一）宁波港口物流发展取得的成效

1. 基础设施不断完善

目前，宁波港已基本形成了高速公路、铁路、航空和江海联运、水水中装等全方位立体型的集疏运网络。2011年底，集装箱航线总数达236条，月均航班1 249班，航线总数和月均航班分别比2010年增长了3.39%和7.69%；2011年建成了大榭、烟台以及万华2万吨级液体化工码头等万吨级以上泊位5个，使得货物吞吐能力每年增加了2 170万吨；2011年水路货物量和货物周转量分别比2010年增长了8.2%和24.3%。从中可以看出，无论是航线布局的优化，码头泊位的扩建，还是港口物流货物量的增加以及货物周转率的加快，都表明了宁波港口物流在基础设施建设和利用方面的逐步完善[4]。

2. 运营管理水平的稳步提升

吞吐量的多少是运营管理水平最直接的反映。不论是资源的整合化，组织的高效化，还是管理的科学化，最后的产出形式都表现为吞吐量状况。2011年宁波港货物吞吐量达到4.3亿吨，比2010年增长了5.2%，其中外贸货物吞吐量2.3亿吨，增长13.3%；2011年集装箱吞吐量1 451.2万标准箱，增长11.6%，处于大陆港口第三位，世界港口第六位。

3. 信息平台的稳健搭建

作为宁波港口物流信息化建设重要组成部分的宁波港口EDI中心，自1995年创建以来，已发展成为宁波港口岸的港口码头、船公司船代、集疏运场站、理货、货主、代理及监管职能部门提供网站查询、一站式服务以及报文传输为主要服务内容的电子数据交换服务。此外，凭借着宁波港口码头职能化的构建，宁波港码头的作业效率在2008—2010年的三年期间位列世界第一。继续加快宁波港口物流信息化的整体建设和港口企业内部信息化建设，从而增强港口竞争力也成为了必然趋势。

4. 发展支持方面的政策多样化、资金增量化以及技术成熟化

在政策方面，宁波市"十二五"规划中就明确提出了着力打造"海上宁波"，加快建设综合性国际大港，从而促进海洋经济的跨越式发展；同时为了推进宁波建设成为全国节点城市以及现代化国际港口城市，在2009年的政府公报中公布了《关于加快宁波港海铁联运发展若干扶持政策的意见》；2012年国务院又批复了梅山保税港区的开放。这些多样化的政策支持，为宁波港口物流的发展提供了充足的后劲。在资金投资方面，2011年宁波市投资47亿元用于港口建设，重点推进北仑、梅山、大榭三个港区码头泊位建设，2010年，梅山岛国际集装箱码头投入运营。到2012年3月底，共开通了25条航线，新增了4条国际班轮航线，

进一步优化了航线结构。在技术方面,物流信息技术、物流运作技术(集装箱技术、装卸技术等)以及物流服务技术的日趋成熟,为宁波港口物流提供了技术支撑。

（二）宁波港口物流发展存在的不足

宁波港口物流虽然取得了显著的发展,但仍有很多方面需要改进。

1. 基础设施建设方面

虽然宁波港口物流已经形成了以港口为中心,公路、铁路、内河及航空等多种运输方式相互匹配的物流集疏运体系,但各运输方式的结构比例、建设状况方面存在着不平衡、不完善的问题。

2. 运营管理方面

宁波港口物流在发展过程中存在着由于多主体运作导致的管理体制不畅问题,从而妨碍了资源的有效整合和利用。

3. 信息化管理方面

随着信息的不断更新,对信息管理水平的要求也越来越高。而做好物流的信息化管理,不仅可以提高港口物流的运作效率,更能减少成本。但现如今港口物流信息化管理人才的短缺和流失,以及港口物流配套的金融、法律、税收等保障体系的脆弱,妨碍着管理水平的提高。

4. 发展支持方面

虽然宁波港口物流发展在政策方面得到了很大的支持,但政策的落实需要人来实现。宁波港口物流相应的专业人才和技术人才的匮乏,使得宁波港口物流在发展过程中遇到了人才瓶颈,而人才作为具有创造力的资源,是不可或缺的关键性因素。

五、宁波港口物流发展方向

通过对宁波港口物流发展的评价,可以看出宁波港口物流取得了很大的发展,但也存在着瓶颈。虽然瓶颈制约着发展,但反过来看,如果突破了瓶颈,将会取得意想不到的发展。在已有的发展成效下,宁波港口物流需要以国家政策为发展导向,以港口物流资源整合为发展途径,突破发展困境,致力于发展具备国际竞争力的港口物流。

（一）以国家政策为发展导向

政策支持一直以来都是各项事业得以快速发展的保障。在浙江海洋经济发展示范区建设上升为国家战略层面的背景下,宁波港口需要不断提升对外贸易水平和服务质量,培育可持续的发展动力,这些都需要国家政策的倾斜与引导。宁波港口物流的发展,需要以国家政策为发展导向,在政府的保驾护航中,让更多的人、财、物流入港口物流系统,为宁波港口物流的发展提供源源不断的发展资源。

（二）以港口物流资源整合为发展途径

拥有了正确的政策导向,并不意味着发展就能一帆风顺。发展程度的高与低、好与坏,则主要取决于对已有资源的整合和管理能力。港口物流资源的整合包括了对信息流、资金流、物流、人才流的协调管理与调配。

1. 从信息流来看

宁波港口物流 EDI 中心的逐步完善、信息系统的一体化、信息系统配套设施的升级构建,是宁波港口物流信息系统发展具有国际竞争力所必经的环节。

2. 从资金流来看

宁波市政府和相关企业为宁波港口物流发展提供了充沛的资金支持。据第一财经日报称,马士基集团旗下的马士基码头公司和宁波港签署了关于共同投资、经营宁波梅山保税港区梅龙码头的 3 号、4 号、5 号泊位的协议,项目资产规模约为 43 亿人民币。

3. 从物流来看

这是港口物流发展的基本要素,宁波港口物流更高层次的发展必须依赖于物流服务系统,以及物流管理系统的一体化与国际化。

4. 从人才流来看

人才是富有创造力的资源,是港口物流发展国际竞争力所无法或缺的资源。而就目前来看,宁波港口物流在结构调整和转型升级中面临着专业性物流人才紧缺的瓶颈。因此对专业人才的引进以及培养,显得异常重要。

宁波港口物流的发展需要充分对信息流、资金流、物流、人才流中的各种资源进行整合,从而发挥"1 + 1 > 2"的整合效果。

（三）以国际竞争力为发展目标

宁波港口发展成为国际大港的战略目标需依托在国际竞争力塑造的基础上,不论是政策的倾斜、资源的整合、基础设施的完善、技术的创新,还是业务的扩展等,其根本目的仍是为了提升宁波港口整体的国际竞争力。由于科技的日新月异,港口物流之间的竞争将越来越激烈。为了在竞争中保持持续的发展动力,需要不断地塑造和提升国际竞争力。

参考文献

[1] 宁波港集装箱吞吐 5 年,翻番排名世界港口第六[EB/OL]. 中国宁波网 http://news. cnnb. com. cn/ system①01/29/007221970. shtml.

[2] 国务院正式批复《浙江海洋经济发展示范区规划》[EB/OL]. 中国宁波网 http://news. cnnb. com. cn/ system①03/02/006858266. shtml.

[3] 宁波市将投资 169. 43 亿元建设港航基础设施[EB/OL]. 中国宁波网 http://www. ssefc. comhtmlzong-hezixun/hangyexinxi0809/3329. html.

[4] 宁波市统计局国家统计局宁波调查队 . 2011 年宁波市国民经济和社会发展统计公报[EB/OL]. 宁

波统计信息网 http://www.nbstats.gov.cnreadread.aspx? id = 27016.

[5] 沈文敏、吴明华:《中国港口集装箱逆势上扬》,《人民日报》,2011 年 12 月 19 日。

[6] 魏幼芳:《宁波港口物流的发展战略与发展模式》,浙江工业大学硕士学位论文,2010 年 4 月,第 25 页。

[7] 彭静、戴明福、杨帆:《宁波港口物流业差异化发展对策》,《特区经济》,2012 年第 3 期,第 67 - 69 页。

宁波市港口物流与经济发展的实证分析

——基于 1990—2010 年的数据[*]

高建慧　俞雅乖

（宁波大学）

摘要　本文以港口货物吞吐量与集装箱吞吐量作为宁波港发展的基本指标,利用 1900—2010 年的数据对宁波市港口发展与其经济运行状况进行相关性的分析,并利用回归分析构建了宁波市经济运行情况与港口发展之间的多重线性关系,指出宁波市的经济运行状况与港口发展呈现显著的正相关关系,宁波港的迅速发展极大地促进了宁波市经济和高速发展;宁波市港口物流在转型过程中需要相关的政策扶持,从产业集群的多样化以及人才培养等配套机制完善化等方面进行努力。

关键词　货物吞吐量　集装箱吞吐量　GDP 总量　经济运行

一、引言

在经济发展的热潮中,宁波市也开始凭借其自身的优势探寻"蓝色之路"。港口资源一直是宁波市发展最宝贵的资源,港口物流业的发展,也成为了宁波市经济发展的重要引擎。2010 年,宁波—舟山港全年集装箱吞吐量增幅居全球 30 大港口首位,年集装箱吞吐量排名跃升至国内第 3 位。伴随着宁波港的高速发展,宁波市的经济运行状况也一直为人瞩目。作为浙江省的三大经济中心之一,在中央以及浙江省的相关文件中,宁波市被定义为长三角南翼经济中心以及浙江省经济中心。相对于省会城市杭州以及以民营经济见长的温州,港口优势成为宁波市得天独厚的发展强项,宁波港的发展也与宁波市的总体经济发展相辅相成。

本文引用 1990—2010 年的统计数据,对宁波市经济增长的情况与港口发展情况进行比对分析,通过相关性的检验,旨在更加客观的验证宁波市历年来的 GDP 增长与港口货物吞吐量、集装箱吞吐量之间的相关关系,同时,通过多元线性回归法构建宁波市 GDP 增长同港口货物吞吐量与集装箱吞吐量之间的多元线性回归方程,并根据方程结果,探讨宁波市

---

　* 本文系 2011 年度浙江省哲学社会科学规划课题"浙江省港口物流转型升级的路径选择和对策建议"(11JDHY02Z)、宁波市社会科学研究基地课题"宁波港口物流转型升级的路径创新和对策分析"(JD11QY04)阶段性成果。

GDP 总量对港口集装箱吞吐量的具体影响。

二、宁波市港口物流发展与经济运行实证检验

(一)相关性分析

宁波作为一个港口城市,现代港口物流的发展对其经济运行状况有着相当大的影响。为更好地说明港口对经济运行的影响,本文选取宁波市 1990—2010 年 GDP 总量以及港口货物吞吐量和港口集装箱吞吐量作为分析指标,对其相互作用做相关性检验(见表 1 ~ 表 3)。

表 1　宁波市历年 GDP 总量与港口货物吞吐量及港口集装箱吞吐量数据比对表①

年度	GDP 总量 (亿元)	GDP 增幅 (%)	港口货物吞吐量 (亿吨)	港口货物 吞吐量增幅	港口集装箱吞吐量 (万标箱)	港口集装箱 吞吐量增幅(%)
1990	141.4	3.02	0.26	18.18%	2.2	
1991	169.87	20.13	0.34	30.77%	3.6	63.64
1992	213.05	25.42	0.44	29.41%	5.3	47.22
1993	315.11	47.90	0.53	20.45%	7.9	49.06
1994	459.66	45.87	0.59	11.32%	12.5	58.23
1995	602.65	31.11	0.69	16.95%	16	28.00
1996	784.07	30.10	0.76	10.14%	20.2	26.25
1997	879.1	12.12	0.82	7.89%	25.7	27.23
1998	952.79	8.38	0.87	6.10%	35.3	37.35
1999	1 017.08	6.75	0.97	11.49%	60.1	70.25
2000	1 144.57	12.53	1.15	18.56%	90.2	50.08
2001	1 278.75	11.72	1.29	12.17%	121.3	34.48
2002	1 453.34	13.65	1.54	19.38%	185.9	53.26
2003	1 769.9	21.78	1.85	20.13%	277.2	49.11
2004	2 158.04	21.93	2.26	22.16%	400.5	44.48
2005	2 446.4	13.36	2.69	19.03%	520.81	30.04
2006	2 864.49	17.09	3.1	15.24%	706.8	35.71
2007	3 433.08	19.85	3.45	11.29%	935	32.29
2008	3 964.1	15.47	3.6	4.35%	1 084.6	16.00
2009	4 214.6	6.32	3.8	5.56%	1 043.3	- 3.81
2010	5 125.8	21.62	4.1	7.89%	1 300	24.60

---

① 宁波市统计局、国家统计局宁波调查队:《宁波统计年鉴 1990—2010 年》。

表 2 宁波市 GDP 总量与港口货物吞吐量及港口集装箱吞吐量相关性分析

		GDP 总量 （亿元）	港口货物吞吐量 （亿吨）	港口集装箱吞吐量 （万标箱）
	Correlations			
GDP 总量 （亿元）	Pearson Correlation	1	0. 987 * *	0. 984 * *
	Sig. （2 – tailed）		0. 000	0. 000
	N	21	21	21
港口货物吞吐量 （亿吨）	Pearson Correlation	0. 987 * *	1	0. 977 * *
	Sig. （2 – tailed）	0. 000		0. 000
	N	21	21	21
港口集装箱吞吐量 （万标箱）	Pearson Correlation	0. 984 * *	0. 977 * *	1
	Sig. （2 – tailed）	0. 000	0. 000	
	N	21	21	21

* *. Correlation is significant at the 0. 01 level （2 – tailed）.

表 3 宁波市 GDP 增幅与港口货物吞吐量变化以及港口集装箱吞吐量变化相关性分析表

		GDP 增幅	港口货物 吞吐量增幅	港口集装箱 吞吐量增幅
	Correlations			
GDP 增幅	Pearson Correlation	1	0. 228	0. 238
	Sig. （2 – tailed）		0. 321	0. 312
	N	21	21	20
港口货物 吞吐量增幅	Pearson Correlation	0. 228	1	0. 592 * *
	Sig. （2 – tailed）	0. 321		0. 006
	N	21	21	20
港口集装箱 吞吐量增幅	Pearson Correlation	0. 238	0. 592 * *	1
	Sig. （2 – tailed）	0. 312	0. 006	
	N	20	20	20

* *. Correlation is significant at the 0. 01 level （2 – tailed）.

　　由表 1 和表 2 可知,有关变量"GDP 总量"、"港口货物吞吐量"与"港口集装箱吞吐量"之间的相关系数检验的 T 统计量显著性概率为 0,证明宁波市 GDP 总量与港口货物吞吐量以及港口集装箱吞吐量相互之间均存在着显著相关关系,这也进一步证明宁波作为一个典型的港口型城市,港口的发展程度与宁波市的整体经济运行起着相辅相成的作用。

　　而从表 1 和表 3"GDP 增幅"、"港口货物吞吐量增幅"以及"港口集装箱吞吐量增幅"的相关关系分析来看,尽管 GDP 的增长与港口货物吞吐量的增长,以及港口集装箱吞吐量之间的增长相关性并不显著,但是作为港口发展的两大重要指标,港口货物吞吐量变化与港口集装箱吞吐量的变化之间的相关性依然十分显著。

因此,从相关性的分析来看,港口经济腹地的发展程度与港口的发展程度有着显著的相关关系。而港口的发展中,集装箱运输量的变化以及货物吞吐量的变化都会对港口的发展起到作用。

(二)回归分析

相关性分析验证了宁波作为一个典型的以港兴市的城市,其港口发展与整体经济走势的相互影响。为了研究宁波市港口发展与经济发展之间的具体关系,这里利用《宁波市统计年鉴1990—2010》中的相关数据,分别就港口货物吞吐量以及港口集装箱吞吐量对宁波市 GDP 的影响进行相关的回归分析,并试图建立港口发展态势与宁波市整体经济运行之间的线性回归方程。回归结果如下:

1. 港口货物吞吐量与宁波市 GDP 的回归分析

从表1和表4港口货物吞吐量与宁波市 GDP 总量变化的回归分析中可知:

(1)由 Model Summary 可见港口货物吞吐量与宁波市 GDP 复相关系数 $R = 0.987$,判定系数 $R^2 = 0.975$,调整拟合系数为 0.974,误差只有 0.21 左右,因此,回归的拟合程度较好(判定系数越接近1,回归效果越好)。

(2)在回归方程系数检验(Coefficients[a] 表)中,常数项的 T 显著性概率为 0.223 大于 0.05,表示常数项与0没有显著性差异,因此,常数项不应出现在方程中,而 GDP 总量的 T 显著性概率为 0.000 小于 0.05,表示 GDP 总量与0有着显著性差异,GDP 总量受到港口货物吞吐量的显著性影响。

表4 港口货物吞吐量与宁波市 GDP 总量线性回归分析

Model Summary				
Model		R	R Square	Adjusted R Square	Std. Error of the Estimate
dimension0	1	0.987[a]	0.975	0.974	0.207 79

a. Predictors:(Constant),GDP 总量(亿元)

ANOVA[b]					
Model		Sum of Squares	df	Mean Square	F	Sig.
1	Regression	31.789	1	31.789	736.259	0.000[a]
	Residual	0.820	19	0.043		
	Total	32.609	20			

a. Predictors:(Constant), GDP 总量(亿元)

b. Dependent Variable:港口货物吞吐量(亿吨)

Coefficients[a]						
Model		Unstandardized Coefficients		Standardized Coefficients	t	Sig.
		B	Std. Error	Beta		
1	(Constant)	0.223	0.070		3.187	0.005
	GDP 总量(亿元)	0.001	0.000	0.987	27.134	0.000

a. Dependent Variable:港口货物吞吐量(亿吨)

2. 港口集装箱吞吐量与宁波市 GDP 的回归分析

从表1和表5港口集装箱吞吐量与宁波市 GDP 总量变化的回归分析中可知：

(1)由 Model Summary 可见港口货物吞吐量与宁波市 GDP 复相关系数 R =0.984，判定系数 R^2 =0.968，调整拟合系数为 0.966，因此，回归的拟合程度较好(判定系数越接近1，回归效果越好)。

(2)在回归方程系数检验(Coefficientsa)表中，常数项的 T 显著性概率为 26.463 大于 0.05，表示常数项与 0 没有显著性差异，因此，常数项不应出现在回归方程中，而 GDP 总量的 T 显著性概率为 0.000 小于 0.05，表示 GDP 总量与 0 有着显著性差异，GDP 总量受到港口集装箱吞吐量的显著性影响。

(3)从弹性分析上来看，港口集装箱吞吐量的弹性系数高达 0.287，表示 GDP 每增长一个百分点，其相应的集装箱吞吐量就会相应增加 0.287 个百分点，以 2010 年的宁波市 GDP 总量 5 125.8 亿元和港口货物吞吐量 1 300 万标箱为基数，GDP 每增长一个百分点，港口货物吞吐量将增长近 3.7 万标准箱，因此，宁波市作为典型的港口城市，其自身的强大优势构成了宁波市港口物流发展的有力支撑。

表5　港口集装箱吞吐量与宁波市 GDP 总量的回归

Model Summary				
Model		R	R Square	Adjusted R Square	Std. Error of the Estimate
dimension0	1	0.984[a]	0.968	0.966	78.514 9

a. Predictors：(Constant)，GDP 总量(亿元)

ANOVA[b]					
Model		Sum of Squares	df	Mean Square	F	Sig.
1	Regression	3 546 552.297	1	3 546 552.297	575.311	0.000[a]
	Residual	117 127.171	19	6 164.588		
	Total	3 663 679.468	20			

a. Predictors：(Constant)，GDP 总量(亿元)

b. Dependent Variable：港口集装箱吞吐量(万标箱)

Coefficients[a]						
Model		Unstandardized Coefficients		Standardized Coefficients	t	Sig.
		B	Std. Error	Beta		
1	(Constant)	−157.336	26.463		−5.946	0.000
	GDP 总量(亿元)	0.287	0.012	0.984	23.986	0.000

a. Dependent Variable：港口集装箱吞吐量(万标箱)

3. 多重线性回归分析

通过上述回归分析以及相关性分析，证明了宁波市港口发展态势与宁波市 GDP 走势之间的显著相关关系。本文又通过相关的回归分析,试图证明宁波市 GDP 总量与宁波市港口发展状况之间的多重线性相关关系。

首先,假设宁波市 GDP 总量(X)与港口货物吞吐量($X1$)以及港口集装箱吞吐量($X2$)之间存在多重线性关系,而设立回归方程为:

GDP 总量(X) = $\beta1$ + $\beta2$ 港口货物吞吐量($X1$) + $\beta3$ 港口集装箱吞吐量($X2$) + μ(μ 为残差)

即:$X = \beta1 + \beta2(X1) + \beta3(X2) + \mu$,得到结果如下所示:

表 6 宁波市 GDP 总量与港口货物吞吐量、港口集装箱吞吐量多重线性相关分析

Model Summary					
Model		R	R Square	Adjusted R Square	Std. Error of the Estimate
dimension0	1	0.992[a]	0.983	0.981	201.114 2

a. Predictors:(Constant),港口集装箱吞吐量(万标箱),港口货物吞吐量(亿吨)

ANOVA[b]					
Model		Sum of Squares	df	Mean Square	F	Sig.
1	Regression	4.231E7	2	2.116E7	523.038	0.000[a]
	Residual	728 044.672	18	40 446.926		
	Total	4.304E7	20			

a. Predictors:(Constant),港口集装箱吞吐量(万标箱),港口货物吞吐量(亿吨)

b. Dependent Variable:GDP 总量(亿元)

Coefficients[a]						
Model		Unstandardized Coefficients		Standardized Coefficients	t	Sig.
		B	Std. Error	Beta		
1	(Constant)	110.234	130.923		0.842	0.411
	港口货物吞吐量(亿吨)	658.426	164.512	0.573	4.002	0.001
	港口集装箱吞吐量(万标箱)	1.453	0.491	0.424	2.961	0.008

a. Dependent Variable:GDP 总量(亿元)

分析结果如下:

(1)常数项 $\beta1$ 的显著性概率为 0.411 > 0.05,因此,常数项与 0 没有显著性差异,常数项 $\beta1$ 为 0;

(2)港口货物吞吐量的显著性概率为 0.001 < 0.05,因此,港口货物吞吐量 $\beta2$ 与 0 有显著性差异,$\beta2$ 取值为 0.573;

(3)港口集装箱吞吐量的显著性概率为 0.008 < 0.05,因此,港口集装箱吞吐量 $\beta3$ 与 0 有显著性差异,$\beta3$ 取值为 0.424。

综上所述:$X = 0.573(X1) + 0.424(X2) + \mu$($\mu$ 为残差)。

三、相关结论

（一）模型说明

（1）无论是相关性检验还是回归模型的构建，仅表示一种总体的趋势，不能作为计算的公式来套用。

（2）从相关性检验上来看，宁波市的 GDP 与宁波港港口货物吞吐量与集装箱吞吐量呈显著性相关，基本保持正比同步增长。

（3）从回归分析的弹性分析来看，港口集装箱吞吐量的弹性系数高达 0.287，表示 GDP 每增长一个百分点，其相应的集装箱吞吐量就会相应增加 0.287 个百分点，再次印证了宁波市港口的发展与经济运行的状况呈现显著的正相关关系。

（二）结论

无论从相关性检验还是从回归分析上来看，宁波市的港口发展与 GDP 的增长呈现着显著的相关性，因此，在大力发展海洋经济的今天，宁波市需要在政策、科技、教育等各方面给予充分的支持，这是海洋经济发展的重要保障，更是宁波市未来经济发展的助推剂。

四、宁波市港口物流发展的政策建议

（一）相关政策的支持

1. 提高宁波港转型升级的组织领导力

《浙江省海洋经济发展示范区规划》的批复，是浙江省海洋经济发展的战略机遇，作为浙江省海洋经济发展示范区的核心区，宁波市在促进浙江海洋经济发展中具有重要的战略地位。发展海洋经济，不仅是宁波市贯彻国家海洋经济发展战略、优化沿海区域开发战略布局的战略要求，也是贯彻落实省委"海上浙江"和"港航强省"战略的重要举措，更是宁波实施"六个加快"发展战略的现实选择。建设海洋经济的重要性，要求宁波市在大力发展海洋经济的同时，加强组织领导，科学合理制定各类实施意见，明确分工，落实责任，加大对经济改革的创新力度，完善社会监督机制，充分发挥发改委、海洋局、统计局、财政局等相关部门的保障支持职能，有序的推进海洋经济发展的各项工作，保障宁波市海洋经济的顺利发展，同时也保证宁波港转型升级的顺利进行。

2. 加大对海洋经济发展的财政支持力度

海洋经济的充分发展，需要强有力的财政支撑。《浙江省海洋经济发展示范区规划》批复中，明确提出要打造现代海洋产业体系，发展海洋新兴产业、海洋服务业、临港制造业以及现代海洋渔业，同时也提出了构筑大宗商品交易平台、优化完善集疏运网络等构建"三位一体"港航物流服务体系的要求。这些都是未来宁波港在其转型升级过程中必经的发展之路,而宁波港的转型升级的顺利进行,需要充分发挥财政政策的引导支撑与保障作用。因此,在2011年出台的《宁波市海洋经济发展规划》中,提出了建立健全海洋开发政策扶持机制的要求。在未来宁波海洋经济发展过程中,应继续通过设立海洋经济发展专项基金扶持海岛基础设施、新兴产业,以及海洋科技创新体系的建设与发展,同时,通过对海岛科技型创新企业的税收优惠,加大对海洋科技创新企业的支持培育力度,加快推进创新型企业的发展,更好地吸引国内外大型资本集团,甚至民间资本共同参与到海洋经济开发建设中来。

3. 完善海洋经济发展的金融保障机制

金融是现代经济的核心,完善的金融服务体系以及多样化的金融工具将有助于支撑经济的平稳发展,促进经济发展的转型升级。宁波市经济战略由"陆地经济"向"海洋经济"的全面进军、宁波港的转型升级都离不开金融服务业的支持。目前,宁波市航运、物流方面的金融业务已有一定基础,各类业务均有涉及,有的已初具规模。但就总体而言,宁波市航运、物流金融的发展尚处于自发、分散的初级阶段,业务规模不大、品种单一[①]。未来应继续加大对航运、物流业的信贷支持力度,同时发挥行业自律机制的作用,发展物流企业联保、互保贷款业务,完善航运、物流企业融资担保机制;另外,应积极改善行业投资环境,扶持有关航运物流的龙头企业改制上市,解决融资难的问题;并且应大力发展航运、物流保险,完善保险市场与机制,提高保险力度与便利程度。

(二)多元化产业发展

1. 加快港口物流转型升级

对于宁波市而言,加快港口物流业的发展,是推进现代化国际港口城市建设的一项重要的战略举措,对宁波市打造全国性物流节点城市更是具有重要意义。作为中国内地四大国际深水港之一,"依港兴市"的宁波,基于其得天独厚的自然资源优势和区域经济发展需求的拉动,宁波港的发展速度一直很快,吞吐量居于世界前列。因此,在宁波市海洋经济发展如火如荼开展的今天,宁波市更应立足于自身优势,规避风险,抓住机遇,积极推进高效率的物流信息处理系统、多样化的港口服务功能、提供多样化的集装箱运输形式,以及完善的基础设施建设,打造港城一体化的国际港口城市,促使港口物流价值链的增值,深入挖掘港口物流在促进城市经济增长中的作用,并促进宁波港航运物流业向着第三代港口"国际物流中心"迈进。

2. 推进海洋生态旅游业、渔业的发展

海洋经济的发展已成为未来经济增长的重要突破口,作为海洋经济重要组成部分的海洋旅游业,也应逐渐朝着更加绿色化的生态旅游方向发展。海洋生态旅游业的发展不仅仅是一种海洋资源开发的重要实践工具,更带来了商业经济的新的增长点。然而,由于海洋资源的有限性,海洋旅游业本身所存在的风险性以及对于海洋开发经验的不足,宁波市在海洋旅游业上的力度仍较为薄弱。未来,宁波市应立足自身独特的海洋文化资源,依托相应的规划管理模式,引进先进的管理理念,生物开发技术,加大对海洋特色文化的挖掘程度,扩大与

---

① 宁波市政府办公厅:《关于加快航运物流金融发展促进我市现代航运物流业转型升级的指导意见》,2010年。

国内外海洋生态旅游示范城市的沟通交流力度;积极借鉴国内外的成功经验,推进海洋生态旅游业的蓬勃发展。另外,渔业资源作为海洋独特的资源,海洋养殖业的发展关系着海洋生态资源的可持续发展,因此,应该继续加强对海洋渔业的规范发展,控制捕捞强度,优化捕捞结构,大力发展远洋渔业,优先发展高效生态海水养殖,加快推进海洋生态渔业的发展。

3. 加强海洋生态文化建设

宁波市海洋文化源远流长,在大力推进海洋经济发展的过程中,更应该牢固树立生态海洋、和谐海洋的发展理念,坚持在保护中开发,在开发中保护,促进海洋生态建设与经济的可持续发展。在资源利用上,应该坚持集约开发利用海洋资源,加强对资源的利用监管,同时,对于临港产业的污染进行综合性的整治,对污染排放进行有效的控制,必要时开展跨省区的联合防治工程,务必对海洋污染进行有效的控制;在文化建设上,积极筹备各类海洋文化节、文化交流论坛,加强文化交流,传承海洋文化艺术,普及海洋知识,在全社会形成依托海洋、保护海洋的意识。

(三)健全海洋经济人才培养机制

1. 提高科研院校海洋科研能力

在《浙江省海洋经济发展示范区规划》中,明确提出发展浙江省海洋经济,需要提升海洋类院校实力,支持涉海学科建设,强化与国内外优秀高校、科研机构的学科建设合作,扩大研究生联合培养规模,增强研究生教育实力,形成海洋学科发展制高点。宁波市高校的科研质量也一直都在全省前列,在海洋经济发展过程中,应更加加强涉海类人才的培养力度,重点支持各类特聘教授、专家、学者以及科研类人才的涉海类科研项目;大力扶持高校海洋经济相关的专业、学科建设,以提高宁波市海洋科学的科研创新能力。

2. 积极培养物流等专项人才

在积极推进宁波港港口物流转型升级的过程中,转向物流人才的缺乏一直是阻碍宁波市现代化物流发展的瓶颈。制定专项人才发展规划,积极实施专项人才的培养计划,鼓励高技能人才的引进与招聘将是解决人才匮乏难题的重要手段;而对本土企业家的专项培训,高校物流专项人才的培养,以及对已有人才的发展留任,也是人才培养中较为重要的方面。因此,未来必须加快实施宁波市海洋经济紧缺型人才的培训工程,积极培育高技能实用型人才,完善人才交流的平台以及创新创业机制,鼓励校企结合,引导人才资源向企业流动,形成高效的人才发展环境。

海洋经济发展示范区休闲渔业发展 SWOT 分析

——以宁波市核心区为例*

邓启明　朱冬平　张秋芳

（宁波大学）

摘要　21 世纪是海洋的世纪,海洋休闲渔业是海洋经济发展重要增长点。文章在简要回顾、总结近年来国内外海洋休闲渔业发展相关文献资料的基础上,着重以浙江省国家海洋经济发展示范区宁波市核心区为例,对新时期海洋休闲渔业发展问题进行 SWOT 分析,以期较全面分析、把握新时期加快海洋休闲渔业发展的优、劣势和主要机遇与挑战,进而提出相应策略措施,促进海洋休闲渔业和全国海洋经济发展示范区又好又快发展。

关键词　海洋休闲渔业　SWOT 分析　海洋经济　宁波市

作为海洋渔业与现代旅游业相结合的一项新兴产业,海洋休闲渔业是现代渔业向第三产业的进一步延伸与拓展,尤其是要根据当地生产和人文环境规划、设计相关活动和休闲空间,提供人们体验海洋渔业活动并达到休闲、娱乐功能的一种产业[1]。自 20 世纪 60 年代拉丁美洲的加勒比海地区率先发展海洋休闲渔业以来,该产业已在全球范围内得到迅速发展,成为美国②、日本、欧盟及我国台湾地区海洋经济发展的重要新兴产业。从国内看,广东、浙江、福建、辽宁及山东青岛等大陆沿海地区都依据各自资源优势和区位条件,努力发展海洋休闲渔业,甚至发展成为推动当地经济社会发展的重要力量③。

作为全国海洋经济发展示范区的核心区,宁波市拥有得天独厚的海洋资源、区位优势和政策优势,在滨海旅游、海岛资源开发及休闲渔业等方面取得了一定成就,但也面临着海洋渔业资源衰退、生态环境恶化等方面的挑战。在浙江海洋经济发展纳入国家海洋经济试点省和全国示范区建设的重要机遇期,如何通过 SWOT 分析提出相应策略措施,对于调整和优化海洋渔业产业结构和发展方式、促进渔民转产增收、实现"海洋经济大市"向"海洋经济强市"转变,显然具有重要理论和实践指导意义。

---

*　基金项目:宁波市科技局软科学项目(2011A1035),宁波大学学科项目与预研项目(xkw11009、XYY09001)。

②　据美国海洋渔业局对全国休闲渔业调查,2008 年其休闲渔业销售总额达到 588.8 亿美元,在全国各地创造了38.47 万个工作岗位,休闲渔业旅游者达到 8 525.6 万人次,休闲渔业已成为美国国民经济新的经济增长点。

③　2010 年青岛城阳区首届钓鱼节成功举办,据统计,国庆黄金周期间,4 处省级休闲渔业示范点的人流量达到7 000人次,直接经济效益达 160 万元;整个活动期间共接待休闲、垂钓及观光游客达 10 万人次以上,有力推动了当地经济的发展。

一、文献回顾与问题的提出

(一)国外研究

海洋休闲渔业是现代渔业与旅游观光相结合的一项新兴产业,国外相关研究比较关注海洋休闲渔业的功能定位及其如何合理开发与管理等方面问题。Tony J. Pitche 等(2002)对休闲渔业的功能进行了较为全面的阐述,认为:从经济学角度来看,休闲渔业是一个拥有数10亿美元的世界产业;从社会学角度来看,休闲渔业已经融入许多国家的文化之中;从生态学角度来看,休闲渔业在许多方面影响着渔业环境和食物网[2]。由于海洋渔业可分为商业渔业和休闲渔业,Thomas F. lhde 等(2011)的研究认为,那些已经成熟的商业渔业产出水平战略对于具有多样化功能的休闲渔业部门管理不可能非常有效,因此,需要对美国海洋渔业制定新的管理战略[3]。在绩效管理和渔获量管理方面,Donald F. Gartsid 等(1999)基于澳大利亚俱乐部渔业调查数据的研究显示,渔获量和渔获率方面的改变对于衡量海洋休闲渔业的管理有重要影响,认为如果澳大利亚钓鱼俱乐部记录的格式更加标准化,对休闲渔业管理的价值将大幅提高[4];Josep Alos 等(2009)以西班牙 Balearic 岛为例进行研究,认为在海洋休闲渔业中,鱼类诱饵种类的管理可能会成为影响渔获种类和数量的一个简单工具,同时也有可能实现规范化的收获管理和设备的持续开发率[3]。

(二)国内研究

当前,国内对休闲渔业的研究多为基础理论和定性研究,并取得了丰硕成果,但对海洋休闲渔业的研究刚刚起步。台湾地区学者江荣吉(1992)较早界定了休闲渔业的概念[1],此后许多学者从不同角度阐述了休闲渔业的概念、内涵并进行分类研究。林岳夫(2002)研究认为,海洋休闲渔业包括海洋游钓业、观赏性渔业、淡水游钓、休闲采捕等类型,其中海洋游钓业最具发展前景[6]。实践探索方面,青岛市是我国北部沿海重要港口城市、滨海旅游胜地和著名的海洋科技城,张广海等(2004)的研究认为,其发展海洋休闲渔业具有众多优势,既可优化其海洋渔业结构,还可丰富其海洋旅游形式[7];刘兰等(2004)具体分析、总结了青岛市崂山区发展海洋休闲渔业的主要优势,提出了若干对策建议[8];张士军等(2010)从产业结构调整视角进行调查分析,认为青岛市海洋休闲渔业虽然有了较大的发展,但仍存在规划、管理、资金等方面问题,提出了多项对策建议[9]。许多学者对舟山海岛旅游业进行了较深入研究。在对蚂蚁岛省级休闲渔业示范基地调查分析中,伍鹏(2005)认为发展海洋休闲渔业应注重挖掘海洋文化和地方特色,与旅游等第三产业的发展相结合,与落实"五个统筹"、建设社会主义现代化新型渔村以及构建和谐社会相结合,提出了海洋休闲渔业主要发展模式[10]。类似的,林法玲(2003)、程胜龙等(2010)分别对福建省和广西北部湾海域海洋休闲渔业发展问题进行了较深入分析,提出合理开发海洋休闲渔业资源的对策措施[11-12]。

综上,国内外学者已对海洋休闲渔业成为海洋经济的新经济增长点达成了共识,取得了丰硕成果,尤其是国内学者已根据东部沿海具体城市或海域海洋休闲渔业发展问题进行较全面、深入分析研究,并提出配套对策建议,对未来海洋经济发展具有重要的实践指导意义。

但对宁波海洋休闲渔业发展问题尚未进行较全面、深入的分析研究,这也是笔者拟以此为选题进行分析研究的主要动机和依据之所在。

二、宁波市发展海洋休闲渔业的 SWOT 分析

SWOT 分析是战略管理中常用的分析工具,四个字母分别代表优势(Strength)、劣势(Weakness)、机会(Opportunity)和威胁(Threat)。这一方法通过较全面、系统分析与研究对象密切相关的各种主要内部优势与劣势、外部机会和威胁,得出一系列具有战略性的结论与决策(表1)。

表1 宁波市发展海洋休闲渔业的 SWOT 分析及演绎矩阵

内部环境 外部环境	优势(S) 1. 地理位置优越,区位优势明显 2. 资源禀赋丰富,发展基础良好 3. 经济实力雄厚,综合竞争力强	劣势(W) 1. 发展观念落后,缺乏统一规划 2. 资金投入不足,企业规模较小 3. 专业人才缺乏,服务水平不高
机遇(O) 1. 政府高度重视,实施科教兴海 2. 消费观念转变,市场潜力巨大	S—O 战略 1. 充分发挥政府与民间的力量,加快海洋休闲渔业的发展进程 2. 挖掘自身资源禀赋,开发特色产品,打造海洋休闲渔业品牌	W—O 战略 1. 抓住发展机遇,制定海洋休闲渔业的发展战略规划 2. 完善政策措施,多元化经营主体,拓宽融资渠道
挑战(T) 1. 环境保护不力,海洋生境恶化 2. 旅游业大发展,外部竞争加剧	S—T 战略 1. 加大资源开发与保护力度,确保海洋休闲渔业可持续发展 2. 加强区域合作与国际交流,努力降低外部竞争和市场风险	W—T 战略 1. 创新海洋休闲渔业管理体制机制,健全保障体系 2. 提升海洋科技创新与服务水平,健全人才培养机制

(一)优势分析(S)

1. 地理位置优越,区位优势明显

宁波地处宁绍平原,系我国大陆海岸线中段的东海之滨、长江三角洲南翼,北临上海,西接杭州,南靠台州,东北与舟山隔海相望,现已形成了以"东方大港"之称的北仑港为龙头,公、铁、空、水相协调发展的现代化交通体系,交通十分方便。特别是杭州湾跨海大桥和陆桥连岛大桥相继建成通车,宁波—舟山港口一体化重大项目建设进程加快,国际远洋航线不断增多,运输能力大幅度提高;此外,还开通了多条从宁波到舟山群岛等地区的海上轮渡航线。这一独特的地理区位优势,为宁波发展海洋经济创造了有利条件,海洋休闲渔业发展前景看好。

2. 资源禀赋丰富,发展基础良好

宁波市拥有海域面积9 758平方千米,其中滩涂面积940平方千米,－10米以上的浅海

面积约 776 平方千米,岸线总长 1 562 千米,其中大陆岸线长达 788.3 千米。长江、钱塘江、甬江及众多溪河注入东海,咸水、淡水交汇于此,含有丰富的浮游生物等营养物质,为滩涂和近海生物繁殖、生长、洄游、栖息创造了良好的物质条件。全市拥有丰富的海洋渔业资源,其中大小黄鱼、带鱼等鱼类数百种,海虾、蚶子等虾贝类几十种,还有海藻类等奇异罕见的海洋生物。此外,宁波沿海、海洋旅游资源丰富,涌现了西山原始海涂游乐区等滨海旅游乐园、碧海金沙的松兰山等沙滩、现代化的渔港和渔村风景区,并拥有纵多优良自然港湾、欣欣向荣的现代化港口、海洋文化、渔家民俗文化及海上丝路文化、开拓进取的商邦文化[13]等旅游资源。丰富的自然资源、独特的文化底蕴和现代滨海海洋旅游的发展,将为宁波海洋休闲渔业增加吸引力和生命力。

3. 经济实力雄厚,综合竞争力强

改革开放以来,宁波充分发挥沿海对外开放城市和现代化港口建设优势,不断调整和优化产业结构,形成了依托港口的石化、钢铁、机械、造纸、电子信息、能源等 6 大产业为主体的临港工业体系,彰显出巨大的活力和潜力,成为国内经济最活跃的区域之一。据统计,2010 年地区生产总值为 5 125.82 亿元,城镇居民可支配收入为 30 166 元、农村居民人均纯收入为 14 261 元,在全国 15 个副省级城市中名列第 1 位。同时,宁波也是全国历史文化名城、全国首批优秀旅游城市和园林城市,中国综合竞争力前 10 强城市。从而为宁波发展海洋休闲渔业提供了更为强大的经济支撑和发展后劲。

(二)劣势分析(W)

1. 发展观念落后,缺乏统一规划

长期以来,传统渔业在第一产业中占的比重较大①,各级政府、相关部门、渔民及生产经营者一直重视传统渔业的捕捞和水产养殖、生产与加工,而对海洋休闲渔业的发展并没有给予充分的认识和考虑。即使在发展海洋休闲渔业时,旅游景点大多集中在滨海边缘、海岸地带或海岛上,景点虽多但比较分散,间隔较远,未形成联动效应。海洋休闲渔业开发和具体项目规划与建设中,缺乏统一规划,缺乏独特风格与个性,主体功能定位不明确,甚至出现不少雷同与重复现象。

2. 资金投入不足,产业规模较小

目前,宁波市海洋休闲渔业的投入大部分是政府等相关部门以及少部分的个体经营者。在初期的项目建设中,政府的投入力度相对较大,但随着消费者追求个性化、多样化、高品位的生活需求层次不断提高,仅凭各渔区、渔港、渔岛现有的基础设施从事海洋休闲渔业,整体力量明显薄弱,缺乏集观赏、垂钓、餐饮、住宿、旅游、娱乐于一体的大规模综合休闲场所,不能满足游客的多样化需求。又由于个体经营者发展资金有限,资金来源渠道狭窄,现代经营管理理念与意识较为淡薄,难以加大资金投入,扩大经营规模。

---

① 据《宁波市统计年鉴 2010》相关数据测算,1990 年渔业产值占农业总产值的比重为 1/10,1993 年为 1/5,1995 年为 1/4,从 1998 年至 2009 年一直维持在 1/3。

3. 专业人才短缺,服务水平不高

海洋休闲渔业是综合性很强的产业,从业人员不仅需要具有一流的业务技能,还需具备二、三产业的经营管理、营销理念。但全市大部分海洋休闲渔业的经营主体多是从传统渔业养殖、生产与加工中或其他农村行业转产转岗而来的,文化教育程度不高。从业人员在休闲管理、高质量的海洋产品设计开发以及海洋资源开发与环境保护等方面都存在一定劣势,缺乏现代旅游服务技能和意识,与现代旅游消费的发展要求,特别是与发达国家或国内其他沿海发达地区的发展水平还有一定差距,这将极大地制约宁波海洋休闲渔业整体质量的提高。

(三)机会分析(O)

1. 政府高度重视,实施科教兴海

早在 2005 年,浙江省即出台了《浙江海洋经济强省建设规划纲要》,明确提出要依据本省实际,积极发挥浙江海洋资源优势,大力发展海洋经济,具有优越区位条件和海洋资源丰富的宁波成为该规划的重点地区。近年来,宁波市委、市政府大力实施科教兴市、兴海战略,高度重视海洋资源开发与保护工作,把海洋经济建设作为战略重点来抓,着力加强海洋科技创新体系建设,海洋与渔业科技创新力量进一步加强。特别是"浙江省海洋经济发展示范区"上升为国家战略之后,宁波已确定依托港口建立"三位一体"港航物流服务体系、大力发展临港工业、建设新型海洋产业基地等海洋经济建设三驾马车。作为海洋经济的重要组成部分,海洋休闲渔业的发展也受到各级政府相关部门的高度重视,从而为海洋休闲渔业提供了重要平台和政策保障。

2. 消费观念转变,市场潜力巨大

随着经济社会的快速发展和生活节奏的不断加快,人们希望回归自然,享海洋之美,"观海景、吃海鲜、住海边、购海品、游海洋"。长三角城市群是世界上第六大城市群和我国最大的旅游客源市场,作为长三角南翼经济中心的宁波,大力发展海洋休闲渔业正好可以满足人们不同层次、不同需求的愿望。宁波市已制定了 11 条特色旅游路线,包括绿色世界之旅、海滨风光寻觅胜等路线,还推出了海滨休闲游等 5 个休闲度假旅游特色项目[14]。不仅吸引着众多的国内游客,国外游客数量也呈不断上升的趋势,发展前景看好。

(四)威胁分析(T)

1. 环境保护不力,海洋生境恶化

宁波经济迅速发展,但陆域空间减小、自然资源日益枯竭,向海洋"要资源、要发展、要空间、要效益"的呼声不断高涨,但海域资源与环境未能得到有效的保护,生态环境日趋恶化,在一定程度给海洋休闲渔业发展带来的负面影响。如:城市生活污水和垃圾,农业化肥与农药的流失等竞相排入海洋,海上矿产资源不合理开发利用、繁忙的国际海洋运输、渔民的过度捕捞以及游客随手丢弃的废弃物,尤其是临港工业的"三废"排放物。据统计,宁波市 2009 年工业废水排放总量为 17 735 万吨,工业废气排放量达到 4 597.24 亿标立方米,固体废弃物排放量为 969.92 万吨,严重影响和威胁着海洋生态环境。

2. 旅游业大发展，外部竞争加剧

近年来，我国沿海地区和滨海城市纷纷将发展海洋旅游作为区域经济建设的新增长点和发展方式转变的重要一环，深入开展以"海"为特色的休闲度假区、海域风光等旅游项目。以长三角地区为例，仅浙江省就有温州市确立了以近海特色养殖和海岛旅游开发为重点的海洋经济发展规划；嘉兴市滨海旅游业也发展迅速。一方面长三角地区沿海城市较多，经济较发达，旅游消费需求旺盛，为宁波海洋旅游业发展带来了广大的客源；但上海、嘉兴、台州、温州等地的海洋旅游资源具有较大相似性，尤其是隔海相望、海岛旅游业发达的舟山群岛新区，将是宁波发展海洋休闲旅游业最强有力的竞争对手。

三、基于 SWOT 分析的海洋休闲渔业发展路径选择

基于上述分析结果，运用 SWOT 演绎矩阵将宁波发展海洋休闲渔业的策略措施进一步总结于表1，并据此从宏观和微观层面分析如下。

（一）宏观层面的策略措施

1. 政府扶持引导，发挥民间力量

面对海洋渔业资源逐步衰退的趋势，近年来宁波市紧紧围绕着渔民增收、渔业增效的目标，制订了加快海洋渔业结构调整，积极拓展远洋渔业，推广应用先进的海水养殖技术与设施，以及水产品精深加工和休闲渔业的基地建设的战略措施，使渔业经济呈现了快速发展的良好势态。但发展海洋休闲渔业比发展陆地渔业存在着更大的风险，因此，在发展海洋休闲渔业的过程中，需要各级政府部门长期保持对海洋休闲渔业项目开发与管理方面的高度重视和扶持引导，积极应对各种突发性事件的发生。从宁波经济较发达、民营企业众多的实际出发，还可以通过建立宁波市海洋休闲渔业发展协会组织，不断增强其对海洋休闲渔业的组织管理与指导协调能力，特别是市场信息搜集、处理与服务等方面作用，进而更好地动员和培育民间力量，不断培养和提高其对海洋休闲渔业发展的认识及其投资意愿、经营管理与获利能力，推进海洋休闲渔业发展规模与竞争力。

2. 制定科学规划，合理调整布局

21 世纪是海洋的世纪，对海洋资源的合理开发与利用，将会对经济社会的发展起到重要作用。但海洋休闲渔业建设，要根据当地的自然资源、客源、区位和技术条件进行，因此，政府相关部门应抓紧组织专家学者进行科学论证，从全局角度统筹制定全市海洋休闲渔业发展战略规划，并从沿海岸线地带、海岛、近海、远海等地域空间进行科学规划，分别发展海钓基地、赶海拾贝、捕鱼捉虾、海边沙滩娱乐运动、展示教育、体育休闲、游艇巡游、海边露营、近海潜水以及海上运动等具有大众化、趣味性、参与性的高端滨海休闲旅游娱乐项目，形成风格各异、具有海洋特色的休闲旅游区。同时，要抓紧建设、推出一批具有区域特色及吸引力的重点海洋旅游路线。力争在"十二五"期间及国家海洋局继续推进海洋特别保护区和海洋公园建设背景下，选择若干具有典型性、代表性的岛屿、海域或海岸带区域，建立国家级海洋自然保护区和海洋公园。

3. 加大环保力度,建设生态文明

随着资源节约型、环境友好型社会的逐步推进和可持续发展意识日益深入人心,人与自然和谐相处和生态文明成为国人的共同行为准则与追求。在海洋休闲渔业开发过程中,应注意与保护环境相结合,必须按照"保护优先、适度利用"的原则,把海洋生态环境保护作为海洋资源开发的重要目标与出发点,进一步加大环境保护力度,推进海洋生态文明建设,为宁波海洋休闲渔业的可持续发展奠定良好的生态基础。

4. 完善管理机制,健全保障体系

发展海洋休闲渔业涉及旅游、交通、规划、海洋与渔业等多个部门,是个复杂的系统工程。为此,各级政府部门首先要站在海洋经济示范区建设和充分发挥海洋休闲渔业整体带动功能的高度,明确各自的管理职能,加强与其他部门的合作与协调,努力实现经济、社会、生态三者效益最优化;其次,要加快制定和完善有关海洋经济和海洋休闲渔业等方面的法规条例,做到有法可依、有法必依,特别要对污染海洋环境、破坏渔业资源的各种违法行为进行规范和严厉的整顿;再次,要加强对有关海洋休闲渔业方面的基础设施、饮食卫生和安全等方面管理,保障游客的人身与财产安全,对从事海洋休闲渔业的船舶和从业人员等要严格按照一定程序进行审批,定期进行安全检查,提高船舶运行质量与管理水平。

(二)微观层面的策略措施

1. 挖掘海洋渔业的内涵,突显产品特色

作为一项新兴的现代旅游产业,海洋休闲渔业需要不断提高产品的文化品味和美学价值。在悠久的历史文化和海洋文化影响下,宁波形成了积淀深厚的古、近代文明文化体系。因此,在进行海洋休闲渔业产品开发时,应以这种深厚的文化体系为核心,挖掘以"渔"为主题的渔家文化和海洋文化,将文化建设与海洋休闲渔业产品开发相结合,积极地发展特色旅游产品,突显产品的特性与独特魅力,打造海洋休闲渔业品牌,提升产品质量和市场竞争力。同时,要以海洋休闲渔业综合开发为目标,把知名度较高的滨海旅游景点和海洋休闲渔业项目相连接,以建立集观赏、垂钓、餐饮、旅游、娱乐于一体的大规模综合旅游休闲场所。

2. 多元化投资主体,拓宽融资渠道

海洋休闲渔业既是一项具有功能综合、国家鼓励与扶持的朝阳产业,也是具有高风险的"弱质"产业[15],不仅需要有丰富的海域资源为依托,还需要陆域方面的积极投入,特别是资金等要素投入。从当前实际出发,未来加快宁波海洋休闲渔业发展,首先应多元化其经营管理的主体,同时从以下方面加大资金的投入力度。

(1)作为重要投资主体,政府应积极发挥财政的引导和支持力量,加大财政投入力度,加强交通、渔港、渔业等基础设施建设,完善市场、信息等相关服务配套设施。

(2)要研究、建立海洋休闲渔业发展的专项基金、发展基金,有重点地扶持海洋休闲渔业项目。

(3)要加大对海洋休闲渔业建设的金融支持力度,如加大银行对渔业信贷、渔业保险等方面的支持。

(4)尽快出台相关优惠政策(减免税、财政补贴等),鼓励和支持民营资本的进入,让民

营资本充分发挥其活跃经济、带动就业等方面的积极作用。

3. 加强对外交流与合作,降低市场竞争与风险

当前宁波海洋休闲渔业开发存在着许多欠缺,通过加强对外交流与合作,在避免同行之间争夺市场方面的恶性竞争的同时,还能优化地区间海洋旅游资源的配置。宁波应抓住浙江海洋经济建设上升为国家战略这一重要契机,以丰富的海洋资源、优越的区位条件和政策措施为依托,加强对外交流与合作,提高市场竞争力。为此,一是要加强与周边地区(舟山、嘉兴、台州、温州等地)的交流与合作,形成以宁波、舟山为中心,突出北翼的嘉兴,南翼的台州、温州等地,共同打造浙江沿海及海洋休闲旅游区域中心城市群;二是要加强与海洋休闲渔业发达国家(或地区,包括我国台湾地区)的交流与合作,积极争取海洋渔业大公司或跨国集团投资到宁波海洋休闲渔业中,进一步加强技术交流、人才交流、信息交流,为宁波海洋休闲渔业的发展与国际化提供资金保障和经验借鉴[16]。与此同时,要加强宁波市内不同行政区域间的交流与合作,形成以镇海、北仑为中心,重点推出慈溪、象山两区域,打造宁波沿海沿岸、滨海及海岛休闲渔业产业集群。

4. 提升科技创新与服务水平,建全育人用人机制

如前所述,专业人才短缺、服务水平不高是当前突出制约宁波海洋休闲渔业发展的因素之一。为此,一是要努力以宁波大学等相关人才培养机构、宁波海洋开发研究院等科研机构为依托,着力构建海洋科技创新与服务体系,科学评估海洋休闲渔业资源开发潜力和海洋环境的承载力;二是要积极培养、引进高素质的海洋与休闲渔业科技创新人才,增加人才引进、培养、培训等专项资金投入,吸引各类专业人才积极投身到海洋休闲渔业开发中去;三是要加强对海洋休闲渔业现有从业人员的业务指导与培训,包括海洋休闲渔业产品生产设计、产品营销、休闲服务等方面知识,同时需掌握一定的养殖与垂钓等海洋休闲渔业相关知识;四是实行从业人员持证上岗和相关经营业绩考核与星级评定制度,以提高他们的服务水平和质量,为宁波海洋休闲渔业的可持续发展提供人力资源保障。

四、简要小结与展望

海洋休闲渔业是许多沿海发达国家和地区一项重要新兴产业,近几年我国沿海地区也得到迅速发展并持续升温,发展潜力巨大。作为著名港口城市,宁波市地理位置优越,区位优势明显,不仅经济发展水平较高,城市综合竞争力强,而且市委、市政府高度重视海洋经济发展,努力实现"海洋经济大市"向"海洋经济强市"的转变,这就为宁波海洋休闲渔业发展提供了巨大的发展空间和难得的历史机遇。但当前宁波海洋休闲渔业发展观念相对落后,起步较晚,资金投入力度和相关服务配套设施还不足以支撑海洋休闲渔业的发展,同时面临近海、远海海域环境污染和生态破坏,以及周边地区海洋旅游业激烈竞争等方面的挑战。相信在宁波市委、市政府相关部门(或组织)领导和扶持下,通过制定发展规划,完善管理体制,优化投融资环境,建立健全人才培养,引进和对外交流合作机制,不断加大海洋资源开发与环境保护力度,加强海洋休闲渔业的包装与宣传,提升海洋科技创新和服务能力,实现生态效益、社会效益和经济效益的统一,进而带动相关产业结构调整和整个海洋经济又好又快

发展,也为全国海洋经济发展示范区建设提供成功实践与经验。

参考文献

[1] 江荣吉.《海洋休闲渔业经营管理》[J].《中国水产》,1992(7):47-52.

[2] Tony J. Pitcher, Charles Hollingworth. Recreational fisheries, ecological, economic and social evaluation fish and aquatic resources[M]. Britain: Blackwell Science ltd, Oxford, 2002.

[3] Thomas F. lhde, Michael J. Willberg, David A. Loewensterner, David H. Secor, Thomas J. Miller. The increasing importance of marine recreational fishing in the US: Challenges for management [J]. Fisheries Research, 2011(3): 268-276.

[4] Donald F, Gartside, Bradley Harrison, et al. An evaluation of the use of fishing club records in the management of marine recreational fisheries[J]. Fisheries Research, 1999 (1): 47-61.

[5] Josep Alos, Robert Arlinghaus, Miquel Palmer, David March, Itziar Alvarez. The influence of type of natural bait on fish catches and hooking location in a mixed-species marine recreational fishery: with implications formanagement[J]. Fisheries Research,2009(5):270-277.

[6] 林岳夫.《发展海洋休闲游钓业大有可为》[J].《海洋资源开发》,2002年,第1期,第16页。

[7] 张广海、董志文.《青岛市海洋休闲渔业发展初探》[J].《吉林农业大学学报》,2004年,第3期,第347-350页。

[8] 刘兰青、王开晓.《青岛市崂山区海洋休闲渔业发展研究》[J].《海洋开发与管理》,2004年,第6期,第91-93页。

[9] 张士军、刘群.《基于结构调整的青岛市海洋休闲渔业发展初探》[J].《中国渔业经济》,2010年,第3期,第32-36页。

[10] 伍鹏.《我国海洋休闲渔业发展初探——以舟山蚂蚁岛省级休闲渔业示范基地为例的实证分析》[J].《渔业经济研究》,2005年,第6期,第20-23页。

[11] 林法玲.《关于发展福建海洋休闲渔业的探讨》[J].《现代渔业信息》,2003年,第3期,第11-12页。

[12] 程胜龙、尚丽娜、何安尤.《广西北部湾海洋休闲渔业资源开发研究》[J].《河南科技》,2010年,第8期,第16-17页。

[13] 董鸿安.《城市滨海区域发展休闲渔业研究——以宁波市镇海区为例》[J].《经济论坛》,2010年,第4期,第112-115页。

[14] 高峻.《中国城市旅游发展报告》(2009)[M]. 北京:中国旅游出版社,2009年。

[15] 李季芳.《我国海洋休闲渔业发展中的问题分析与对策建议》[J].《山东农业大学学报(社会科学版)》,2006年,第4期,第35-38页。

[16] 邓启明、孙仁兰、张秋芳.《国家海洋经济发展示范区建设中的国际合作问题研究——以宁波市核心示范区为例》[J].《宁波大学学报(人文科学版)》,2012年,第2期,第45-48页。

宁波海洋产业的评估分析及其发展路径选择[*]

童 兰

（宁波大学）

摘要 在文献分析的基础上,结合宁波海洋产业发展的具体情况,选取 2005 年和 2010 年两个时间点的 9 个海洋产业部门为分析对象,运用 SSM 分析法对宁波海洋产业的总体结构效果进行分析。通过对宁波海洋产业部门份额偏离分量、结构偏离分量及竞争偏离分量的综合比较,发现宁波海洋产业总体发展较好,可将海洋油气业、海洋生物医药业作为宁波重点战略性海洋新兴产业来发展。根据实证结论,结合宁波海洋战略性新兴产业发展的制约因素,有针对性地提出具体发展路径。

关键词 海洋产业 战略性 新兴产业 SSM

自 20 世纪 90 年代以来,世界海洋经济以平均每年 11% 的速度增长,成为驱动全球经济的重要增长极;中国海洋资源丰富,海岸带漫长,涉海经济成为产业发展的重要组成部分;2011 年 2 月浙江海洋经济发展示范区建设上升为国家战略,宁波是浙江海洋经济发展的核心区,以传统资源密集投入、低附加值、自发布局为特征的海洋产业发展已经进入了转型升级的拐点区间,培育和发展以技术创新和新型海洋资源开发为核心的战略性新兴产业将成为宁波海洋经济发展的重点。

作为区域的小单元,城市区域涉及的海洋空间范围相对比较狭小,而随着空间范围的缩小,海洋资源不均衡分布的特征也愈加明显。受制于各地不同的资源禀赋和发展基础,对于不同区域而言,需要重点培育和发展的海洋战略性新兴产业也各不相同。依托区域资源选择与宁波经济发展相适应的海洋战略性新兴产业,可以充分发挥其对海洋经济的带动和集聚相关产业发展的重要作用。结合宁波实际情况,运用 SSM 分析法对宁波海洋战略性新兴产业进行选择,针对发展中存在的制约因素进行分析并进一步探讨其创新发展路径,对宁波海洋战略性新兴产业的发展具有重要的现实指导意义。

一、综述及问题

2009 年国务院提出发展战略性新兴产业的重要决策,将具有重大技术突破和重大市场

---

* 本文为宁波大学区域经济与社会发展研究院研究项目"宁波海洋战略性新兴产业的发展路径及培育模式研究"(QYJYD1202)阶段性成果。

需求的产业作为我国战略性新兴产业加以发展。由于我国海洋经济发展的长期滞后,至今尚未对海洋战略性新兴产业作出明确统一的定义。但学界比较认同的观点是,海洋战略性新兴产业是指关系到海洋经济发展和海洋产业结构优化升级,在海洋经济发展中处于产业链条上游,居于核心地位,掌握核心技术、附加值高、经济贡献大、耗能低的知识密集、技术密集、资金密集,引领海洋经济发展方向,具有全局性、长远性、导向性和动态性特征的产业①。其中具有高技术含量、低能耗、低污染和高效率的特征的新兴产业是海洋战略性产业的发展重点。随着海洋经济的发展深化,海洋战略性新兴产业的内涵也将不断丰富和完善(刘洪昌,2010)。

目前,对于海洋战略性新兴产业的基本特征,已经在认识的层面达成了共识。作为战略性新兴产业,一般应具备重大技术突破、重大市场需求以及良好的产业带动特征,因此,海洋战略性新兴产业的发展应当具有高技术引领、资源综合利用、环境友好、与陆域经济充分融合以及对国民经济具有强大的带动作用(向晓梅,2011)。从战略角度看,其实质是以抢占海洋高新技术制高点为核心,凭借巨大的市场潜力和产业带动力将过剩的社会资源由传统产业转移到新兴产业中(徐胜,2011);同时,还具有明显的政治性特征,占有公海和国际海底区域重要海洋资源对维护国家海洋权益具有重要的意义(姜秉国,2011)。因此,正确选择海洋战略性新兴产业是制定海洋战略规划中需要解决的重点问题,同时也决定着海洋经济能否实现跳跃式增长。面对资源枯竭、环境污染已达极限的现实大环境,全球的战略性新兴产业发展将朝着产业高端化、绿色环保化、技术融合化、区域集聚化方向发展(孙加韬,2010)。确定应重点发展的海洋战略性新兴产业,主要依据海洋科技发展水平、经济效益与市场需求及对其他产业的带动能力,当然,政策法规以及产业关联等因素也对其发展重点和趋势产生影响(韩立民,2011)。

当前国内外对海洋产业发展的研究主要集中在海洋产业含义及门类、海洋产业结构升级策略方面,大多都是政府对策应用的定性研究,主要根据海洋经济发展现状或趋势分析提出对策建议。而对海洋战略性新兴产业发展的影响因素、产业结构效果、产业部门优势,以及影响产业成长的内生因子等的研究相对较少。因此,本文从宁波产业基础和产业演化的实际情况出发,基于产业内生成长理论,运用实证定量的研究方法,对宁波海洋战略性新兴产业的选择及发展路径作一探索。

二、宁波海洋经济的发展及其产业评估

1. 宁波海洋经济的发展及其结构特征

宁波向海而生,倚港而兴,经济的每一次重大跨越,都与大海紧密相连。如今,浙江海洋经济发展上升为国家战略,作为浙江海洋经济的核心区,借助海洋经济的新引擎,宁波将开启一个全新的蓝色新纪元。近年来,宁波海洋经济综合开发取得了长足进展。2010 年宁波—舟山港货物吞吐量 6.2 亿吨,跃居全球海港第一,集装箱吞吐量达到 1 314 万标箱,跃

---

① 朱坚真、吴壮.《海洋产业经济学导论》[M]. 北京:经济科学出版社,2009 年。

身全球第六大集装箱港;港口后方培育出了一条拥有石化、钢铁、船舶修造等临港产业和海洋旅游、海水淡化、海洋生物医药、海洋可再生能源等新兴产业的20多千米的临港工业带。2010年海洋总产值为3 079.47亿元,海洋经济增加值为855.79亿元;2011年保持继续增长,海洋经济增加值达到950亿元,形成了以临港工业、港口物流为主导,滨海旅游、海洋化工等海洋高技术产业为引领,海洋捕捞、近海养殖为基础的现代海洋产业体系。与全国的海洋产业结构相比,宁波海洋第二产业的比重远高于全国水平,而第三产业的比重则明显低于全国水平。以2011年为例,全国海洋三次产业结构为5∶47∶48,而宁波为6.3∶66.6∶27.1。如图1所示,依托深水良港的天然区位优势以及初具发展规模的临港工业,宁波海洋经济的发展主要依赖于对经济贡献率较强的临港工业、海洋油气开采及加工业和海洋交通运输业等第二产业,而在海洋产业结构调整及升级优化下兴起的海滨旅游、海水淡化及综合利用等第三产业还没有完全表现出其经济效益。

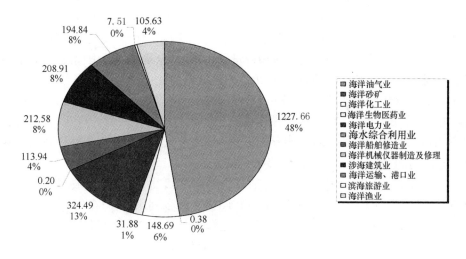

图1   2010年宁波主要海洋产业总产出(亿元)

数据来源:宁波市海洋与渔业局。

具体而言,涉海建筑、船舶制造、港口海运等传统产业仍是宁波海洋经济的重要组成部分。依托天然的港口区位优势,宁波港货物吞吐量已跃居全球第一;在船舶制造方面,目前宁波市海洋工程类船舶订单量已居全球第一,占总量的35%。2010年宁波船舶企业完成工业总产值120亿元,重点造船企业新承接订单159.9万载重吨,增幅达到240%。依托杭州湾跨海大桥等一批大型的海洋桥梁及海港建筑工程,宁波涉海建筑业得到了快速而持续的发展。在新兴产业领域,依赖于宁波发达的临港工业而发展起来的海洋油气业及海洋电力业已经初具规模,在海洋经济中占据了一定的比例。如海洋电力方面,宁波LNG接收站及储备基地建设扎实推进,一期建成后每年可以代替传统煤炭750万吨,是宁波海洋经济发展发挥示范作用的重要载体之一;装机规模49.5兆瓦的慈溪风电场一期项目日均发电量可满足慈溪约1/4的居民生活用电,若二期风电场项目建设完成,可解决慈溪一半的居民生活用电。

可以看出,目前宁波的海洋经济正处于高速发展时期,海洋产业已经从起步阶段仅限于近海的渔盐之利和舟楫之便的海洋渔业为主的"一、三、二"型结构跨越了滨海旅游、海洋交通运输第三产业为主导的"三、一、二"型结构,进入了依靠资金和技术支撑推动海洋生物工程、海洋石油、海上矿业、海洋船舶等第二产业高速发展的"二、三、一"型结构。随着宁波海洋经济的进一步发展,为适应海洋一、二产业升级和快速发展的需要,海洋第三产业将重新进入高速发展阶段,尤其是新型海洋服务业的快速发展,将推动海洋第三产业重新成为海洋经济支柱,海洋产业将演变为"三、二、一"的优化结构。

2. 宁波海洋产业的评估及选择

根据海洋战略性新兴产业的内涵,结合其现实特征和功能,主要可以依据三个方面来进行选择和确定:第一,具备良好的经济技术效益,在同类产业中具有明显的竞争优势;第二,具有产业带动性,能够带动相关产业的发展促进产业结构优化;第三,具有稳定的市场发展潜力,在同类产业中有突出的增长优势。为测度宁波海洋各产业的技术效益、发展潜力以及产业带动性,本文采用偏离 – 份额分析方法(SSM)进行分析。偏离 – 份额分析法是把区域经济的变化看成一个动态的过程,以其所在区域或整个国家的经济发展为参照系,将区域自身经济总量在某一时期的变动分解为份额分量、结构偏离分量和竞争力偏离分量三个指标,借此说明区域经济发展和衰退的原因,评价区域经济结构优劣和自身竞争力的强弱,找出区域具有相对竞争优势的产业部门,从而确定区域未来经济发展的合理方向和产业结构调整的原则。本文利用 2005 年、2010 年宁波主要海洋产业与同期全国海洋产业的产出值,通过计算竞争力偏离分量 D、结构偏离分量 P 以及总偏离分量 PD 来分析战略性新兴产业的经济技术效应及竞争力、产业结构优势以及部门的发展潜力。

文中选取 2005 年、2010 年两个时间点,根据数据的可得性,对占宁波海洋产业中的海洋油气开采业、海洋电力业、海洋渔业、海洋砂矿、海水综合利用业、海洋化工业、海洋生物医药业、海洋船舶修造业、涉海建筑业、海洋港口运输业、滨海旅游业等 11 个产业进行分析。由于全国海洋电力业及海水利用业在 2007 年对产业统计方法进行了调整,海洋电力业仅包括沿海地区利用海洋能和风能进行的电力生产活动,而海水利用业仅包括对海水的直接利用和海水淡化活动,与宁波海洋电力业及海水利用业的统计口径差别较大,不具有可比性,因此选择除了海洋电力业以外的 9 个产业为例来进行分析。

运用 SSM 模型计算公式分别计算份额偏量 N_i、竞争力偏离分量 D_i、结构偏离分量 P_i、部门总增长优势 PD_i、产业部门总结构偏离分量 P、总竞争力偏离分量 D、总的结构效果指数 W 及竞争力效果指数 U。其中份额分量 N_i 代表宁波相应产业部门按照全国平均增长率所发生的变化量;竞争力偏离分量 D_i 代表宁波海洋产业部门增长速度与全国相应部门增长速度差异引起的偏差,数值越大,说明该产业越有竞争力,经济效益越好,且对经济增长的作用越大;结构偏离分量 P_i 代表排除了宁波和全国海洋经济增长平均速度的差异之后单独显示的部门结构对增长的贡献,数值越大,表示产业结构素质越好,对海洋经济总体的带动作用越明显。产业总增长优势 PD_i 值越大说明该产业的市场发展潜力越好,在同类产业中越具有增长优势。对产业结构总体效果而言,若 G 值较大且 L 大于 1,则说明区域增加快于全国。若 P 值较大且 W 大于 1,则区域中朝阳产业比重较大,总体结构较好;反之则说明区域产业中夕阳产业比重较大,经济结构需要进一步调整。若 D 值较大且 U 大于 1,则区域各产业具有很强的竞争能力,具有较好的增长势头。

如表 1 所示,总体来看,宁波 9 个海洋产业部门的总经济增量 G 数值很大,且 $L>1$,表明宁波总体海洋经济增长速度大于全国海洋经济的总体增长速度;D 值较大,且 $U>1$,说明宁波海洋产业具有较强的竞争力;P 很大,且 $W>1$,表明宁波海洋产业中增长快、具有良好发展前景的朝阳产业部门比重较大,未来的海洋经济发展具有极大的优势。

表 1　宁波海洋产业结构总体效果分析

指标	总经济增量 G	份额分量 N	结构偏离分量 P	竞争力偏离分量 D	总偏离分量 PD	对全国相对增长率 L	结构效果指数 W	竞争力效果指数 U
数值	1 006.83	2.33	771.76	232.74	1 004.51	1.73	1.53	1.13

资料来源:计算所得。

具体到各个产业,宁波海洋经济的偏离分量数据如表 2 所示,结构偏离分量 P_i 值越大,说明该产业部门对总量增长的经济贡献越大。从 9 个产业部门结构来看,对宁波海洋经济总量贡献最大的是海洋油气开采、涉海工程建筑业,而海洋渔业对海洋经济的贡献最小,在一定程度上限制了宁波海洋经济的发展。宁波地处中纬度地带,具典型的亚热带季风气候,合适的气候条件为海洋生物提供繁衍生息场所,渔业资源丰富,种类多,数量大,种群恢复能力强。浙江省最重要的水产养殖基地之一、宁波市最重要的养殖海湾,是具有国家意义的"大鱼池",具全国意义的渔业资源优势。D_i 值代表竞争力偏离分量,数值越大说明该产业的竞争力越强,具有良好的市场前景。可见,宁波的海洋油气业的竞争力最强,而涉海建筑业、海洋砂矿业与全国相比并不具备竞争力。根据总偏离分量 PD_i 的数值判断,与全国海洋经济各产业的发展相比,宁波的海洋油气开采业具有较强的综合优势,其次为海洋化工业,而涉海建筑业的竞争优势最弱。

表 2　宁波主要海洋产业结构 Shift – share 分析

	海洋产业部门	G_i	N_i	P_i	D_i	PD_i
1	海洋渔业	35.87	− 0.56	− 22.55	58.97	36.42
2	海洋油气开采业	691.63	1.66	406.71	283.26	689.98
3	海洋砂矿	− 0.09	0.000 07	0.581 5	− 0.68	− 0.097
4	海洋化工业	112.77	0.05	33.289	79.43	112.72
5	海洋生物医药业	31.16	0.7	0.284 3	30.88	31.16
6	海洋船舶修造业	86.56	0.05	12.18	74.32	86.5
7	涉海建筑业	− 50.69	0.63	311.31	− 362.63	− 51.31
8	海洋运输、港口业	95.01	0.48	29.27	65.26	94.53
9	滨海旅游业	4.62	0.02	0.69	3.92	4.61
	合计	100 6.83	3.03	771.76	232.74	100 4.51

资料来源:通过 2005、2010 年国家海洋经济统计公报,宁波海洋与渔业局提供数据整理计算所得。

通过绘制 Shift – share 分析图(见图 2),可以看出宁波海洋各产业部门的部门优势和偏离分量情况。如图 2 所示，X 轴表示总偏离分量 PD_i，Y 轴表示份额分量 N_i，X 和 Y 轴将所有的产业部门划分成了 8 个区域，分别用 S1 至 S8 来表示，其中 S1、S2 区域表示既具有部门优势又增长较快的产业；S3、S4 区域为一般产业部门，S3 区域中的产业具有部门优势，但处于衰退状态，S4 区域则相反；S5、S6 区域表示较差产业部门，S5 区域中的产业虽为增长部门，但不具有部门优势，S6 区域则相反；S7、S8 区域为最差产业部门，既无部门优势又是衰退部门。进一步分析部门偏离分量，此时 X 轴表示竞争偏离分量值 D_i，Y 轴表示结构偏离分量值 P_i。在划分的各区域中，S1 代表产业基础好且具有较强竞争力的产业，S2 代表原产业基础较好且具有很强竞争力的产业，以此类推，P_i 值越大，代表产业基础越好，且对经济贡献越大，而 D_i 值越大，则代表产业竞争力越强。

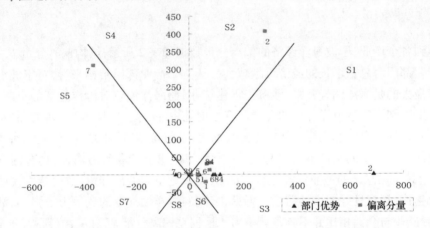

图 2　宁波主要海洋产业部门 Shift – share 分析图

1. 海洋渔业　2. 海洋油气开采业　3. 海洋砂矿　4. 海洋化工业　5. 海洋生物医药业
6. 海洋船舶修造业　7. 涉海建筑业　8. 海洋运输、港口业　9. 滨海旅游业

首先从产业部门优势来看，在宁波主要的海洋产业中，除了涉海建筑业及海洋砂矿，基本上都处于 S1 和 S3 区域内，属于部门优势产业，尤其是海洋油气业，具有极强的部门优势。但从总体来看，宁波海洋产业的增长优势并不明显，尤其是海洋渔业，与全国整体水平相比处于衰退状态。宁波海洋渔业作为最早发展的海洋产业，长期的捕捞已经导致邻近海域渔业资源严重衰退，而动力燃料的价格上涨、周边国家对于海域渔业资源的争夺等因素也在很大程度上限制了海洋渔业的发展。进一步对偏离分量进行分析，可以发现海洋油气业处于 S2 区域，表明具有极好的产业基础同时又具有较强的产业竞争力，有很大的发展潜力；而涉海建筑业则处于 S5 区域中，表明其具有良好的产业基础且对经济贡献度很大，但不具备产业竞争力。从宁波涉海建筑业发展现状来看，近几年涉海建筑维持增长并占据海洋经济产值稳定份额的主要动力来自于大规模的政府建设工程。这些工程规模巨大，并且垄断性比较强，大部分涉海建筑企业根本不具备承建能力，致使整个涉海建筑业无法充分发挥作用。宁波大部分海洋产业竞争力较强，但是海洋渔业、海洋砂矿、海洋生物医药的产业基础较差，在一定程度上影响了产业的发展。

综合上述分析，宁波各个主要海洋产业中，海洋油气开采业最具有综合竞争优势，是具备良好产业基础和竞争力的增长型产业;海洋化工、海洋船舶修造及海洋运输产业都具有较强的产业竞争力,其中海洋生物医药业的产业基础较弱,但其发展空间巨大,目前已经具备了一定的产业竞争力。结合宁波海洋资源禀赋以及经济发展的实际,可将海洋油气开采业、海洋生物医药业作为重点产业进行培育,海洋油气业发展将带动相关装备制造业的发展,而海洋生物医药的发展势必会带动相关海洋生物育种、深海开发技术的发展。

三、宁波海洋产业发展存在的问题及制约因素

从上述分析中可以发现,宁波海洋经济发展的过程中,部分产业已经表现出了一定程度的经济效益,市场潜力和产业的引领性也具备一定的发展基础,可以作为宁波海洋战略性新兴产业来加以重点发展,但由于我国的海洋经济发展总体起步较晚,宁波大部分海洋产业还处于发展初期,甚至有的产业才刚刚兴起,面临技术、资金等诸多因素的制约,有待于进一步的开发和深化。

1. 总体增长优势不明显主要由于缺乏突破性的技术创新

从表2中可以看出,宁波主要海洋产业的增长优势(N值)并不明显,部分既兼具部门优势和竞争优势产业的份额偏离量也较小。尤其对于海洋化工、海洋船舶修造、港口运输等部门综合优势较明显的产业而言,只有具有实质性重大突破的创新技术,才能催化其发展,扩大产业规模。从专利授予量来看,宁波的科研创新能力正在不断加强,2011年全市专利授权高达37 342件,在全国15个副省级城市中,仅次于深圳。但从其具体类别来看,发明专利远低于实用新型和外观设计,比例仅为1:8:14,可见大部分的专利授权都属于增量创新,而缺乏突破性创新。一般来讲,增量创新只是针对产品性能和外观等的变化以适应市场的多元化需求,无法从实质上对产品或技术起到推动作用,突破性技术创新的缺乏会严重制约宁波海洋战略性新兴产业的发展。

2. 创新成果产业化程度低限制了总体部门优势的发挥

宁波海洋产业总体上具有较强的竞争力且增长速度大于全国海洋经济的增长速度,但SSM分析结果中反映出部分部门优势明显的产业对经济增长的贡献作用(P值)却受到了一定的限制,如海洋生物医药、海洋船舶修造等。究其深层原因,主要是由于产业化发展落后于技术发展,造成技术成果转化和规模化发展的脱节。由战略性新兴产业自身特点及性质所决定,其发展一般具有较强的路径依赖性,大部分新兴产业会遵循技术创新、成果转化、规模生产、产业兴起的发展模式(于新东,2011)。长期以来,建设发展新兴产业的做法通常是以科研院校机构的某一项关键技术为突破口,通过技术创新来带动产业的发展。目前,我国战略性海洋新兴产业的年平均增速达到20%以上,但其发展规模却不足海洋生产总值的2%(荣燕,2010)。海洋经济的发展是以高新技术为支撑的,尤其对于战略性新兴产业而言,将重大的技术突破作为"引发器",市场作为"发动机",经过企业的"转化机"作用,才能实现高新技术的产业化。但是,相对于技术创新的速度而言,海洋经济的产业化速度却是远远落后的。据统计,发达国家的技术创新因素在海洋经济发展中的贡献率已经达到80%,而在我国其贡献率仅有30%左右。其中,高昂的成本是阻碍科技成果大规模推广及应用的

主要原因。例如,目前国内海水淡化所需材料 70% 依赖进口,海水淡化成本为 6～7 元/立方米,高于国际海水淡化的 0.6 美元/立方米[①],而与国内自来水 2～3 元/立方米的成本相比,更不具备竞争优势,从而使得海水淡化无法达到大规模的普及。

3. 资金投入不足导致战略性产业无法实现产业化、规模化

宁波具有良好的产业基础和雄厚的经济基础,但其经济发展的主要动力来自于活跃的民营经济。浙江省超过 8 成的上市公司为民营企业,2011 年民营经济占据了全省 GDP 的 62%。从宁波民营经济投资海洋经济情况分析,民营资本参与度较高的海洋产业为海洋渔业、海洋船舶业和海洋交通运输业等传统产业,而海洋油气业、海水利用、海洋工程建筑业、海洋化工等新兴海洋产业的民营资本参与度较低[②]。如宁波凭借港口优势发展起来的传统海洋交通运输业中,以宁波外运、宁波海运等为代表的船运企业中,80% 以上为民营船运企业;而在海水利用、海洋工程建筑等产业,则基本上没有民营资本的投入。可见,由于战略性新兴产业领域对企业资金和技术实力的进入门槛要求极高,而这些产业的高技术、低产业化导致资金投入具有极大的风险,致使风险中立或风险规避型的涉海企业更倾向于选择风险较小的传统海洋产业。而风险偏好型的企业则可能由于缺乏该领域的核心技术,或受其规模、实力的制约,无力参与战略性新兴领域的投资。

四、宁波海洋战略性新兴产业发展路径

虽然宁波海洋经济正在加速发展,但由于突破性创新能力有限、科技成果难以产业化及市场资金投入不足等因素的制约,作为浙江省所辖海域面积最大的城市,宁波在浙江海洋经济发展示范区建设中的核心角色的发挥要依赖于海洋战略性新兴产业的加快培育和高速发展,而选择正确的发展路径就成为宁波海洋战略性新兴产业发展壮大的关键。

1. 抓住市场机会,由技术导向转化为市场导向

战略性新兴产业是在重大技术突破和重大发展需求的基础上形成的。在技术为导向的模式下,一般都是政府牵头,选择科研单位和龙头企业作为承担单位,通过技术的突破来推进产业的发展。但在这种模式下,不同的研究单位机构成为分散的点,企业反而成了边缘化的部门,部分具有一定市场地位的大企业为保持自身的市场地位而放弃涉及具有挑战性的新兴产业,造成技术创新与产业化脱节。因此,在发展海洋战略性新兴产业的过程中,对市场和产业的关注应当更加重要。将目前以技术为导向的模式转化为市场导向型、以科研单位和战略企业出于市场的需求而进行创新、然后政府跟进推动的模式,才能使真正的产业核心技术不断涌现,并突破产业化瓶颈。

2. 拓宽投融资渠道,实现投资主体多元化

目前战略性新兴产业市场不够成熟,产业发展的经济收益还没有完全显现,而发展成本

---

① 我国海水淡化能力 7 年提高 13 倍 成本降到 6 元/立方米。http://news. nen. com. cn 东北新闻网,2012 年 7 月 4 日 10:00.

② 黄志明等.《国家海洋经济战略与宁波发展路径研究》[M]. 杭州:浙江大学出版社,2012 年。

却高于一般的传统产业。因此依赖政府补贴及优惠政策实现产业初期的发展,是大部分战略性新兴产业的必然选择①。但是,仅依赖于政府的扶持无法保持海洋战略性新兴产业长期的持续快速发展。尤其对于宁波而言,能否引导活跃的民营资本及民间资本投入涉海产业中,在很大程度上影响着战略性新兴产业的发展。因此除了政府给予必要的资金支持外,应该努力形成多元化的投融资体系,以企业投入为主,同时结合社会投入和外资投入。建立涉海民营企业的信用担保体系,完善涉海民营企业的融资平台,推动涉海民营企业的上市融资和民间融资,加大中小民营企业对海洋产业的参与度。

3. 加强产学研用合作,培育发展科技企业

海洋战略性新兴产业都是具有广阔前景的朝阳产业,通过产学研合作研发、成果转化及产业集群创新等,进一步促进各新兴产业中的科技企业发展。首先,作为行业龙头的大规模企业,一般具有较雄厚的资本和技术力量且能进行独立的研发工作。对于这部分企业应引导其在自主创新的基础上把握国际海洋科技前沿,学习知名企业的管理模式和先进技术。再者,对于大部分规模较小但已具备一定研发能力的中小型企业,通过建立海洋产业基地形成产业集聚效应,以此来培育具有自主知识产权的知名企业和拳头产品。

参考文献

[1] 朱坚真、孙鹏.《海洋产业演变路径特殊性问题探讨》[J].《农业经济问题》,2010 年,第 8 期,第 97 – 112 页。

[2] 刘洪昌.《中国战略性新兴产业的选择原则及培育政策取向研究》[J].《科学学与科学技术管理》,2011 年,第 3 期,第 87 – 92 页。

[3] 向晓梅.《我国战略性海洋新兴产业发展模式及创新路径》[J].《广东社会科学》,2011 年,第 5 期,第 35 – 40 页。

[4] 徐胜.《我国战略性海洋新兴产业发展阶段及基本思路初探》[J].《海洋经济》,2011 年,第 4 期,第 6 – 11 页。

[5] 姜秉国、韩立民.《海洋战略性新兴产业的概念内涵与发展趋势分析》[J].《太平洋学报》,2011 年,第 5 期,第 76 – 82 页。

[6] 孙加韬.《中国海洋战略性新兴产业发展对策探讨》[J].《商业时代》,2010 年,第 33 期,第 115 – 116 页。

[7] 韩立民、李大海、于会娟.《加快推进山东半岛蓝色经济区建设的对策研究》[J].《山东经济》,2011 年,第 1 期,第 115 – 119 页。

[8] 荣燕.海洋产业:《谁谋划深远谁引领蓝色经济》[N].《中国能源报》,2010 年 3 月 11 日。

[9] 张静、韩立民.《试论海洋产业结构的演变规律》[J].《中国海洋大学学报》,2006 年,第 6 期,第 1 – 3 页。

[10] 黄志明等.《国家海洋经济战略与宁波发展路径研究》[M]. 杭州:浙江大学出版社,2012 年。

[11] 李强、郑江淮.《我国战略性新兴产业的选择——基于突破性技术创新的视角》[J].《创新》,2011

① 李强、郑江淮.《我国战略性新兴产业的选择——基于突破性技术创新的视角》[J].《创新》,2011 年,第 6 期,第 49 – 54 页。

年,第 6 期,第 49 – 54 页。

［12］ 王桂银、刘凤翔.《基于 SSM 方法的海洋产业研究——以福建省为例》[J].《现代商贸工业》,2011
年,第 11 期,第 83 – 85 页。

［13］ 徐敬俊、韩立民.《"海洋经济"基本概念解析》[J].《太平洋学报》,2007 年,第 11 期,第 79 – 85 页。

［14］ 朱坚真、吴壮.《海洋产业经济学导论》[M]. 北京:经济科学出版社,2009 年。

［15］ 张祝钧.《宁波海洋产业结构分析及优化升级》[J].《港口经济》,2011 年,第 4 期,第 48 – 50 页。

海洋战略性新兴产业的培育机制及发展路径研究

——基于宁波的经验[*]

胡求光¹　童兰²

（1. 浙江省海洋文化与经济研究中心　2. 宁波大学）

摘要　不同的产业由于产业基础、发展动力、市场需求等因素各不相同,使其在演进过程中的发展路径也各异。本文基于海洋战略性新兴产业不同的发展路径框架,结合宁波各海洋产业的实际,分别对海洋装备制造业、海洋生物医药产业、海洋生物育种及健康养殖产业、海洋清洁能源产业,以及海水综合利用业等海洋战略性新兴产业的产业基础、发展前景以及瓶颈因素进行分析,结合不同的培育机制提出不同的发展路径,并进一步探讨不同路径下各战略性新兴产业具体发展策略。

关键词　战略性新兴产业　海洋　发展路径

一、引言

21 世纪是海洋的世纪,越来越多的国家谋求利用海洋拓宽生存和发展空间,在海洋资源、海洋空间以及海洋能源上的争夺与竞争日益加剧。海洋战略性新兴产业在海洋经济发展中处于产业链条上游,掌握核心技术、附加值高、经济贡献大、耗能低,具有全局性、长远性、导向性和动态性特征(孙志辉,2010),体现了一个国家和地区在未来海洋利用方面的潜力和前景,直接关系到一国和地区能否在蓝色经济时代占领世界经济发展的制高点。海洋战略性新兴产业具有高技术性、强产业带动性以及良好的市场发展前景特征,主要涵盖海洋生物育种及健康养殖、海洋生物医药、海水利用 、深远海装备制造、海洋监测仪器设备制造等产业(李晶,2012)。

对于海洋战略性新兴产业的培育,除了新兴产业本身技术上的支持,可以进一步运用风险投资机制、投资重心分化,以及灵活的退出机制等创新方法来弥补海洋战略性新兴产业的资金短缺(白福臣,2011)。一般而言,战略性新兴产业处于产业生命周期曲线的成长阶段,以先进的生产技术为突破点开拓新的市场,最突出的特点是其创新驱动性、突破性以及先导性。但技术本身并没有任何的经济价值,只有通过一定的途径将其产业化、商业化才能获得

＊ 本文系宁波大学区域经济与社会发展研究院重大研究项目"宁波海洋战略性新兴产业的发展路径及培育模式研究"(QYJYD1202)阶段性成果。

经济回报(陈志,2012)。相对于陆域产业而言,海洋战略性新兴产业的发展具有一定的特殊性,将技术突破转化为生产力,再进一步将生产力转化为市场供给的具体路径也与陆域产业存在差异。基于各战略性新兴产业的规模、技术以及市场需求等方面的差异,需要选择与其现状相符的发展路径,因此,本文通过对海洋战略性新兴产业演进路径的理论分析,结合宁波海洋战略性新兴产业的现状,深入研究新兴产业的培育机制及发展路径,对我国培育海洋战略性新兴产业,促进海洋经济的发展起到一定的借鉴和示范作用。

二、海洋战略性新兴产业的演进路径

在海洋三次产业的交替演进发展过程中,按照形成时间,可以分为传统型海洋产业、新兴海洋产业和未来海洋产业。传统型产业主要包括海洋捕捞业、海水制盐业和海洋交通运输业等产业。新兴海洋产业则包括海水增养殖业、滨海及海洋旅游业、海水盐化工业、海洋油气业、海洋工程建筑业、海洋药物和食品工业、海水直接利用业和海洋服务业等产业。未来海洋产业则指技术尚未成熟但是具有很强开发价值的海洋能利用、深海采矿业、海洋信息产业和海水综合利用业等产业。新兴海洋产业与未来海洋产业都是随着人类对海洋认知的深入和技术水平的进步逐渐出现的,一部分新兴海洋产业是在陆域产业发展到一定阶段后演化而产生的,而部分新兴产业则是脱胎于陆域产业直接依靠某领域重大的技术突破而产生。不同的产业由于发展动力、市场环境等因素各不相同,致使其在演进过程中的发展路径也存在着较大的差异。

一般而言,海洋战略性新兴产业的发展可以依赖适应调整式路径、渗透式路径和直接进入式三种路径形式。

1. 适应调整式发展

适应调整式发展通常发生于传统海洋产业中,由于市场对海洋产品的需求日益增加,依靠传统技术和生产方法已不能满足消费者需求,急需对已经过时的海洋技术进行完善和改进,以适应新的市场需求。市场容量的突然扩大,往往会刺激在位企业寻求新的技术突破,以保持行业内的领先地位并阻遏潜在进入者。遵循适应调整式发展的海洋产业中发生的技术创新往往属于增量创新,这种创新是渐进性和改善式的,一般不会给已有企业带来破坏性的改变,反而能够给及早采用了新技术的在位企业带来成本降低、利润提高或市场拓宽等优势。

2. 渗透式发展

渗透式发展是指陆域产业已经发展到一定阶段,有了足够的资金积累和技术研发能力后逐渐向海洋领域渗透,从而形成新兴的海洋产业,通常发生于在位企业已经是行业领先者的角色,在开拓新的资源和市场、提升产品差异化等现实需求面前,企业逐渐将投资领域伸入海洋产业。由于已有的陆域产业消费市场竞争已经趋于饱和,产品趋于同质化,现有的产品已不能满足消费者的全部需求,消费者对产品性能有了更高的要求;同时,在饱和竞争市场下,企业也需要寻找新的原材料来源以降低成本,保持自身的竞争优势。两方面的迫切需求均推动着企业不断开拓新的领域,而近些年提出的海洋经济概念和海洋自身所蕴藏的巨大丰富的资源理所当然成为企业目光聚集的焦点。但海洋资源开发对企业的资金实力和技术研发能力以及风险承受能力都有着极高的要求,因此渗透涉足海洋领域的通常都是有着多年积累且资金雄厚的在位企业,一般都是行业领头羊,企业内部设有专门的研究机构,关注行业前沿技术开发,市场嗅觉灵敏且企业战略具有前瞻性。

   3. 直接进入式发展

   遵循直接进入式发展的通常是我们所说的未来海洋产业,这些新兴海洋产业一般技术尚未成熟,所有企业处于同一起跑线上,产品成本往往很高,导致市场价格偏高,市场容量还非常有限,但一旦技术成熟、成本降低后,这些产业将具有丰厚的利润回报和广阔的市场前景,因此能吸引许多潜在企业进入。由于行业中并不存在具备完全优势的在位企业,新企业进入也不构成与在位企业产品直接竞争的问题,因此在位企业往往不会察觉这类企业进入带来的威胁,这也为潜在企业进入创造了相对轻松的竞争环境。当然,遵循这种路径发展的海洋产业通常进入门槛很高,严重依赖技术开发,前期的研发资金投入十分高昂,且研发周期较长,必须等到技术成熟稳定后,通过规模经济来降低成本和价格以后,才能进入盈利阶段。通常只有大型企业或国有企业,才能承担如此高投入、高风险的项目。但由于这类产业涉及的新能源开发利用通常关系到国计民生问题,会更容易获得政府资金资助,这一条件也往往吸引潜在企业进入。

三、宁波海洋产业的发展现状及其特征

   宁波拥有丰富的海洋资源,依托宁波港的天然地理区位优势,目前已经基本形成了以临港工业、港口物流为主导,以滨海旅游、海洋化工等海洋高技术产业为引领,以港口贸易、金融等为配套的现代海洋产业体系。2011年宁波实现海洋产业总产出3 626亿元,三次产业结构比为6.3∶66.6∶27.1,明显处于海洋二产大发展的阶段,海洋第二产业占绝对主导地位,第一和第三产业比重偏小。

   表1数据显示,宁波海洋产业中,海洋油气开采业占据着主导地位,其产值远高于其他产业。分析宁波海洋主要产业的构成,按其产业规模以及所占比重大小,可将宁波海洋产业大致划分为如表2所示的4个大类。其一是以新兴的海洋产业为主,在海洋经济中所占的比重非常小,数值基本上都小于0.1%,主要包括海洋矿砂、海水综合利用、涉海信息服务业等海洋产业。其二是包括海洋生物医药业、海洋机械仪器制造及修理、海洋涉渔工业在内的战略性产业,这类产业发展增速显著,其中海洋生物医药业从2003年的3.38亿元增长到2011年的17.5亿元,但因其发展时间较短,产业基础较为薄弱,总体产业规模在宁波海洋经济中比重分别只占1%左右。其三是具有相当的规模,并已经形成一定产业优势的产业,主要包括海洋船舶修造、海洋化工、海洋渔业、海洋运输、涉海工程、海洋电力业、海洋批零贸易餐饮、海洋金融保险等产业。其中,传统的海洋渔业保持稳步态势,2011年渔业总产值约127.7亿元,占宁波主要海洋产业总产值的3.52%;涉海建筑业总产出303亿元,占主要海洋产业总产出的8.37%。海洋金融保险、海洋批零贸易餐饮和海洋运输业增长迅速,已成为宁波海洋第三产业的主导产业,总产出分别为378亿元、141亿元和219亿元,分别占主要海洋产业总产值的10%、4%和6%。其四是依托宁波发达的临港大工业带发展起来的海

洋油气开采业,在宁波海洋经济中的比重高达45%,是宁波最具有综合竞争优势,并具备良好的产业基础和竞争力的增长型产业[1],对宁波海洋经济的发展起到重要的主导作用。

表1　2011年宁波主要海洋产业总产值

海洋产业部门	各海洋产业总产值(万元)
海洋渔业	1 276 779
海洋油气开采及加工业	16 283 615
海洋砂矿	23 463
海洋化工业	1 418 003
海洋生物医药业	175 362
海洋电力业(潮汐能、风能等)	3 779 872
海洋船舶修造业	1 107 489
海洋机械仪器制造及修理	318 864
海洋涉渔工业	477 404
涉海建筑业	3 035 391
海洋运输、港口业	2 186 125
滨海旅游业	751 023
海洋批零贸易餐饮业	1 410 847
海洋金融保险业	3 781 330
涉海信息服务业	13 594

数据来源:宁波海洋与渔业局。

表2　宁波海洋产业按规模分类情况

分类	发展情况	海洋产业
1	产业规模很小,但产业总体发展速度较快	海洋矿砂、海水综合利用、涉海信息服务
2	产业规模较小,产业发展速度十分迅速	海洋生物医药、海洋机械仪器制造及修理、海洋涉渔工业
3	具有一定的产业规模,并保持着稳定的发展速度	海洋船舶修造、海洋化工、海洋渔业、海洋运输、涉海工程、海洋电力业、海洋批零贸易餐饮、海洋金融保险
4	产业规模很大,占据海洋经济重要地位	海洋油气开采及加工业

资料来源:根据相关资料由作者自行整理而成。

---

① 童兰、胡求光.《宁波海洋产业的评估分析及其发展路径研究》[J].《农业经济问题》,2013年,第1期。

四、宁波海洋战略性新兴产业的发展路径

海洋战略性新兴产业同时具备战略性和新兴性两个明显的特点,基于其高技术性、高产业带动性,以及具有良好市场发展潜力的特性(姜秉国、韩立民,2011),结合各地资源禀赋,考虑与传统产业协调发展、带动效应及增长潜力等因素[①]来加以选择。结合表2的分类,可以发现作为战略规划的海洋新兴产业中,除了海洋装备制造业已经具有一定的产业规模之外,其他战略性新兴产业虽然发展迅速,但产业基础相对较薄弱。如要发展壮大这些海洋战略性新兴产业,成为宁波今后海洋经济的增长极,就须选择适合自身产业状况的发展路径。

宁波在"十二五"海洋经济发展规划中将海洋装备制造业、清洁能源产业、海洋药物及生物制品产业、海洋生物育种及健康养殖业、海水综合利用等产业作为海洋经济重点扶持发展的战略性新兴产业。通过SSM分析法对宁波海洋产业的评估分析,发现海洋油气开采业最具有综合竞争优势,海洋船舶修造及装备制造、海洋生物医药及相关生物育种养殖等产业已具备较强的产业竞争力(童兰、胡求光,2013)。结合前期研究成果以及宁波海洋战略规划内容,将以下五种战略性新兴产业作为本文研究的对象,逐一分析各产业的发展路径。

1. 海洋装备制造业

海洋装备制造是海洋经济发展的前提和基础,对海洋各个领域的开发利用都需要有相应的海洋工程装备作为工具和手段。2011年,全球海洋工程装备订单金额达690亿元,比2010年增长130%,具有良好的市场前景[②]。海洋装备制造所涉及的领域十分广泛,在开发、利用和保护海洋活动中所使用的各类装备都可以归为海洋装备制造业,而不同领域的海洋装备制造业发展路径又有所区别。

目前宁波的海洋装备制造业主要以海洋船舶修造为主,现有超过60家船舶修造企业,其中具备建造万吨级以上船舶能力的企业有20多家,在船舶制造方面,宁波海洋工程类船舶订单量已居全球第一,占总量的35%[③]。相对于其他的战略性新兴产业而言,宁波的海洋船舶修造业已经具备了一定的产业规模且保持着稳定快速的发展,具备了适应调整式发展的条件。面对世界船舶科技的迅速发展,船舶市场产品呈现大型化、多样化的发展趋势,船舶修造企业应该及时调整产品结构,进行各种新船型的设计和开发;围绕"绿色船舶"的发展理念,设计低碳、节能、低能耗、低排放的船型;以船用主机和关键部件为重点,开展线型优化、轮机系统优化等局部环保节能技术的开发。在传统海洋船舶制造基础上,应加大液化天然气船、豪华游轮、特种船舶等海洋高技术船舶生产能力,并提升船舶配套产品,如发动机、通讯导航设备等的国产化率。

当前海洋油气和矿产开发是国际海洋资源开发的热点领域,相应的海洋油气矿产资源开发工程装备技术也相对成熟,围绕海洋矿产资源的勘探、开发、生产、加工、储运以及海上作业等环节的需求,海洋钻井平台、大型海上浮式结构物、水上承载装置、水下生产系统和作

---

① 宁凌.《海洋战略性新兴产业选择基本准则体系研究》[J].《经济问题探索》,2012年,第9期。

② 海洋装备制造业步入"黄金时代",HTTP ://news.10jqka.com.cn /20120510/c527605737.shtml 2012 –5 –10.

③ 童兰、胡求光.《宁波海洋产业的评估分析及其发展路径研究》[J].《农业经济问题》,2013年,第1期。

业装备等海洋工程装备及其关键设备与系统的技术和应用都日趋成熟。虽然宁波的海洋油气开采及加工业一直保持着稳定的市场份额,但在高端工程装备领域却依然比较薄弱。目前海洋油气矿产资源开发的核心技术,尤其是深海勘探钻井采矿的尖端技术大多被发达国家所垄断,国内海洋高端工程装备关键设备主要依靠进口,国内企业整体研发设计能力还比较薄弱。2000年以来,中国国内企业建造的40余座海上石油钻井平台,70%以上是由欧美公司设计①。但至2012年,国内已有海洋工程装备骨干企业交付了国内首座深水半潜式起重生活平台、第六代深水半潜式钻井平台、世界顶级深水三用工作船等海工装备;承接了半潜式钻井平台、自升式钻井平台、深海浮式生产储卸装置等订单,在多型海工装备自主研发、设计及建造上取得了一定的突破,具备了渗透式发展的技术突破、市场需求等条件。因此,可以依赖渗透式发展路径,以海洋油气勘探开发装备制造技术为突破,重点开发海洋外钻井平台、浮式生产储油轮、水上承载装置、海洋勘测与海底布缆船舶、全集成生产钻井储存平台等;研制大深度潜水器、海底管线电缆检测及维修装置、深海潜网设备、深海探测装备、深海导航装备、深海通信装备、深海作业工具等;建造自动化、信息化捕捞技术装备渔船等,使宁波成为中国重要的船舶制造基地和海洋工程装备制造基地。

2. 海洋生物医药产业

随着生活水平的提高,消费者越来越关注健康安全问题,海洋概念的兴起令人们普遍认为海产品营养价值更高,生产程序更安全可靠,市场对海洋概念的心理认同和产品本身由于技术含量高而体现出的效用能够给企业带来远远超过初始时期研发资金投入成本的附加价值。相关统计数据表明,当今全球海洋生物产业的销售额年增长率高达30%,接近世界经济增长率的10倍。而随着我国在现代海洋生物技术上的不断突破,海洋生物产业已成为我国与发达国家在基础研究上差距最小的领域之一。

近年来宁波海洋药物研究致力于新药和新产品的开发,重点集中在海洋化学药物、海洋新型疫苗、海洋诊断试剂、海洋生物技术药物等海洋生物医药领域的创新研发和产业化推广。围绕海洋生物活性多肽、糖氨聚酸、膳食纤维等功能成分,开发针对重大疾病的新型海洋药物以及抗衰老、健脑益智、降脂降压的海洋功能食品,鱼油降脂丸、角鲨烯、多烯康等产品已经具备一定的市场基础。除部分生物制药企业专营海洋生物医药产品之外,宁波大部分的海洋生物医药企业都是以生产海洋食品、饲料或者养殖业为开端,在企业具备了一定的经济以及研究基础之后,才逐渐将企业的生产领域拓展到海洋生物药品的研发与生产。以浙江万联药业为典型代表,宁波海浦、宁波王龙等20多家宁波生物医药企业在2011年产值高达187.38亿元,为宁波海洋生物保健品和功能性食品生产奠定了坚实的基础。因此,发展海洋生物医药业可以借助渗透式路径,积极引导相关企业进行海洋生物医药研究,通过建设宁波海洋生物科技园,重点发展海洋药物、海洋生物保健品和海洋生物功能材料产业;利用在甬涉海科研院所优势,加强海洋功能食品生产技术研究;探索设立海洋生物产业引导基金,规划建设宁波海洋生物工程院,形成较强海洋生物医药技术研发能力和产业化促进体系。

---

① 孙加韬.《中国海洋战略性新兴产业发展对策探讨》[J].《商业时代》,2010年,第33期。

3. 海洋生物育种及健康养殖产业

中国幅员辽阔,但海洋资源并不能称作丰富,人均渔业资源不到世界水平的30%。近10年间,中国对海产品的需求量增加了30%,长期巨大的捕捞量已经导致中国近海渔业生态系统产生了难以逆转的严重退化。环保部《2010年中国环境状况公报》表明,中国沿海生态系统亚健康、不健康率已经超过了80%,仅剩16%的生态系统较为健康①。中国传统的近海捕捞方式已经远远不能满足市场对于海产品的需求,从而催生了海洋生物人工育种和健康养殖以及深海捕捞等新兴产业的发展。

随着经济的发展,家庭收入水平大大增加,消费者不再仅仅满足于温饱问题的解决,营养健康开始成为消费主流,海洋功能食品的市场需求开始激增,对在位企业的生产能力提出了更高的要求,客观上要求企业突破现有技术,提高产品供给能力。宁波在海洋生物育种及健康养殖等方面掌握了较先进的技术,并且已经形成了较好的产业基础。海洋生物杂交、细胞工程、基因工程等技术在育苗中的应用以及岱衢族大黄鱼、三疣梭子蟹等遗传育种工作方面,宁波具有全国领先的优势。目前,宁波海水养殖面积3.52公顷,海水养殖产量27.09万吨,养殖从业人员约4万人,养殖区域从象山海港延伸到渔山海区,养殖品种超过40余个②。依托宁波超星海洋生物制品有限公司、宁波大红鹰生物工程股份有限公司等海洋生物高新技术龙头企业,充分发挥其在资金、技术、人才、信息方面的优势,通过调整式的发展路径来促进宁波海洋生物育种及健康养殖产业的发展,通过大量的技术创新和增量创新来促进行业的发展,转变单靠扩大面积来增加产量的传统养殖模式,利用高通量测序技术手段,通过结构基因组合功能基因组学研究,筛选和培育新品种来增加产量;同时,加强工程化养殖成套装备与技术,集成开发自动投饵、视频监控、数字控制装备,熟化温室大棚、深水网箱等标准化配套应用技术;通过建立良种检验检疫制度,促进海洋生物育种产业的持续发展。

4. 海洋清洁能源产业

海洋清洁能源产业主要是通过一定的技术手段和设备装置将海洋清洁能源转化成电能或其他形式的能源。据统计,海洋能源约占世界能源总量的70%以上,且海洋能中的潮汐能、波浪能、海流能、海水温差能、盐差能等都是可再生清洁能源。然而,对海洋能源的利用需要以先进的技术以及雄厚的资金为依托。总体而言,目前国内的海洋能利用技术与国际先进水平存在明显的差距,发达海洋国家的海洋波浪能、潮流能电站已达兆瓦级,如韩国计划在2018年之前建成可达400兆瓦级别的潮流发电园区,而当前国内还只能建设百万千瓦级的发电站,并且已上马项目的技术和设备国产化程度不高,大部分核心技术和关键设备均依赖进口,这也是新能源利用成本居高不下的主要原因。

宁波是我国沿海最大的海洋风能资源区,海岸沿线年平均风速为5.6米/秒,可供风力发电的5~17米/秒风速全年持续时间约为4 800小时。宁波北仑穿山风电项目是目前浙江最大的风力发电项目,此外象山海域拟建成百万千瓦海上风电基地,建成后总装机容量可达25万千瓦,其余还有数个已建或在建的中小型风电项目,如茶山风电、檀头山风电、涂茨

---

① 中国渔民为何总"捞"过界? http://view. news. qq. com/a/20120719/000006. htm,沈阳日报,2011年12月26日。
② 黄志明等.《国家海洋经济战略与宁波发展路径研究》[M]. 杭州:浙江大学出版社,2012年。

沿海山地风电场等等。已进入最后调试阶段的浙江 LNG（liquefied natural gas，液化天然气）项目一期工程建设规模为 300 万吨/年，建成后每年可以代替传统煤炭 750 万吨。海洋能利用可以依赖直接进入式发展路径，通过掌握核心技术降低成本，实现规模化生产来推动宁波海洋能的高效利用。当然，遵循直接进入式路径发展的海洋产业通常进入门槛很高，严重依赖技术开发，前期的研发资金投入十分高昂，且研发周期较长，必须等到技术成熟稳定后，通过规模经济来降低成本和价格以后，才能进入盈利阶段。在海洋清洁能源中，海洋潮汐能的技术较为成熟且具有一定的规模。但对于宁波而言，潮汐能利用还处于发展初级阶段，大型的宁海岳井洋潮汐能电站还处于招商筹建中。与法国、加拿大、俄罗斯等掌握核心技术的国家相比较，中国的潮汐发电机组仍存在着极大的改进空间，可通过先进的制造技术、材料技术、控制技术以及流体动力技术设计来降低成本并提高效率。

5. 海水综合利用产业

海水综合利用是指通过采用技术工艺，将海水直接利用、海水淡化和海水化学资源等工艺环节相结合，以提高海水资源的利用率，达到海水循环利用、节约能源和减少污染的目的，其中海水淡化是各国海水利用的关注重点。随着工农业发展和城市人口增加，我国淡水供应逐渐紧张，尤其是一些沿海城市近年来严重缺水，海水淡化成为开发新水源的重要途径之一。早在 2005 年国家就颁布实施了《海水利用专项规划》，到 2012 年的《国务院办公厅关于加快发展海水淡化产业的意见》以及《海水淡化产业"十二五"规划》，都体现出国家在政策上对于海水综合利用的支持与倾斜。中国海水淡化产能已从 10 年前的 3 万吨/天增至目前的 60 万吨/天，每年海水直接利用量达到 500 亿立方米。海水综合利用是典型的依赖直接进入式路径发展的新兴海洋产业，基本上很少有民营资本的参与，只有大型国企或者政府项目投资，才能满足海水综合利用项目的巨大资金需求。目前的海水淡化工程 60% 采用反渗透膜技术，主要是海水淡化预处理的超滤膜和海水脱盐的反渗透膜。借助已经拥有的在海水淡化中被广泛利用的反渗透膜核心技术，宁波依托大唐乌沙山电厂和国华宁海电厂在水处理方面的优势，开始将海水综合利用作为未来重点发展的海洋新兴产业之一。目前宁波象山乌沙山海水淡化站已启动，海水淡化规模 10 万吨/日，投产后向象山丹城、石浦等地居民供水，将是我国南方最大的海水淡化工程。

但前期的技术、资金投入将导致新兴产品的高昂成本，只有通过规模经济降低生产成本才能使产品真正符合市场需求。以海水淡化为例，淡化水的淡化成本为 6~7 元/立方米，远高于国内自来水价格的 2~3 元/立方米，因此在掌握海水淡化核心技术的基础上，海水淡化能真正得以推广的前提是将海水淡化水的价格降至自来水价格。高昂的淡化成本造成海水淡化无法大规模发展，其主要原因是由于海水淡化的核心技术设备基本上全部依赖于国外进口。国内目前使用的超滤膜基本上全部依靠进口，而进口反渗透膜占据国内 90% 的市场份额①。国内已经成功生产的反渗透膜占据 10% 的市场份额，但其脱盐率却无法达到国家最高标准。

---

① 海水淡化技术和装备需求迫切, http://www.longbor.com/newsd-nid-13.html, 2011 年 6 月 24 日。

五、小结

海洋战略性新兴产业的发展需要天时、地利、人和的条件,包括技术开发应用、市场潜力挖掘的天时,基础条件、人力资源的地利以及国家政策倾斜的人和共生条件。兼具了发展海洋战略性新兴产业所必需的地理、资源优势等基础条件、技术开发应用的市场需求,以及国家海洋战略政策机遇等诸多有利条件的宁波,在海洋战略性新兴产业方面的发展路径及培育经验,对于我国海洋经济的发展具有重要的样本意义。

海洋战略性新兴产业通过不同的培育方式,依赖不同的路径进行发展。海洋装备制造业、海洋生物医药产业、海洋生物育种及健康养殖产业、海洋清洁能源产业、海水综合利用等这些产业要发展,不论是通过调整式发展、渗透式发展,还是直接进入式发展,对于宁波,乃至全国而言,在培育过程中都面临着成本高、生产规模小、技术产品转化率低等问题,均面临着资金、技术、人才方面的巨大制约共性。因此,通过拓展资金筹措渠道、加快人才队伍建设、加快科技企业培育、完善相关管理制度等措施,在资金、人才、技术以及制度等多方面为战略性新兴产业的发展提供保障,构建海洋战略性新兴产业发展的良好市场环境以及政策体系,对于发展宁波乃至全国的海洋战略性新兴产业至关重要。

参考文献

[1] Mezher. T. and Fath. H. 2011: Techno – economic Assessment and Environmental Impacts of Desalination Technologies, Desalination, Vol. 266, No. 1 – 3.

[2] Lovdal. N. and Neumann. F. 2011: Internationalization as a Strategy to Overcome Industry Barriers – An Assessment of the Marine Energy Industry, Energy Policy, Vol. 39, No. 3.

[3] 姜秉国、韩立民.《海洋战略性新兴产业的概念内涵与发展趋势分析》.《太平洋学报》,2011 年,第 5 期,第 76 – 82 页。

[4] 刘洪昌.《中国战略性新兴产业的选择原则及培育政策取向研究》[J].《科学学与科学技术管理》,2011 年,第 3 期,第 87 – 92 页。

[5] 向晓梅.《我国战略性海洋新兴产业发展模式及创新路径》[J].《广东社会科学》,2011 年,第 5 期,第 35 – 40 页。

[6] 徐胜.《我国战略性海洋新兴产业发展阶段及基本思路初探》[J].《海洋经济》,2011 年,第 4 期,第 6 – 11 页。

[7] 李胜会.《我国 LED 产业演进轨迹及其区域竞争评估》[J].《人大产业经济》,2011 年,第 10 期,第 37 – 45 页。

[8] 陈志.《战略性新兴产业发展中的商业模式创新研究》[J].《经济体制改革》,2012 年,第 1 期,第 12 – 116 页。

[9] 李晶、刘小锋.《福建省海洋战略性新兴产业发展路径研究》[J].《农业经济问题》,2012 年,第 2 期,第 103 – 107 页。

[10] 孙加韬.《中国海洋战略性新兴产业发展对策探讨》[J].《商业时代》,2010 年,第 33 期,第 115 – 116 页。

[11] 宁凌、张玲玲、杜军.《海洋战略性新兴产业选择基本准则体系研究》[J].《经济问题探索》,2012

年,第 9 期,第 107－111 页。

[12]　张静、韩立民.《试论海洋产业结构的演变规律》[J].《中国海洋大学学报》,2006 年,第 6 期,第 1－
　　　 3 页。

[13]　黄志明等.《国家海洋经济战略与宁波发展路径研究》[M].杭州:浙江大学出版社,2012 年。

[14]　于新东、牛少凤.《全球战略性新兴产业发展的主要异同点与未来趋势》[J].《国际经贸探索》,2011
　　　 年,第 10 期,4－11 页。

宁波港:加快转型打造国际强港

王军锋

（浙江工商职业技术学院）

摘要 2011年2月25日,国务院批复《浙江海洋经济发展示范区规划》,浙江海洋经济发展示范区建设上升为国家战略。浙江由陆域经济转向海洋经济,成为实施"海洋强国战略"和"东部地区率先发展战略"先行先试者。宁波具有得天独厚的海洋资源和区位优势,具有特色发展资源和潜力发展优势,是浙江省建设海洋经济的核心区。加快宁波港腹地拓展,打造国际强港,推进产业升级,弹好"三部曲",提升"三优势",实现"四突破",推出十大工程,积极推进宁波港实现从传统单纯货物"运输港"向"贸易物流港"、"世界大港",及向"国际强港"、"海洋经济大市"、"海洋经济强市"转变,是实现宁波海洋经济跨越式发展的重要路径。

关键词 国际强港 宁波港 转型升级

一、弹好"三部曲"

1. 弹好港口优势与发展大势"协奏曲"

紧紧抓住浙江海洋经济发展上升为国家战略、舟山群岛新区获批等重大机遇,充分发挥区位、产业、资源、人文等优势特点,借势、借力、借机加快转型发展,努力促进经济社会全面协调可持续发展。充分发挥港口优势,集聚产业,培育市场,做大做强大宗商品交易,依托港口特点,整合资源,实现区域间差异化发展,形成以"海港、空港、信息港"三港为核心,以金华、义乌、慈溪、绍兴、衢州、上饶、鹰潭、嘉兴、萧山等9个无水港及办事处为枢纽,省内外港口联盟和国内外合作港口,形成综合港口体系。发展海港体系,加快宁波—舟山港资源优化整合,实现两港规划、品牌、建设、管理、港政、航政、海事、海关、边检、商检等全方位一体化,发展腹地无水港。推进省内港口联盟与国外港口合作经营模式,形成腹地范围广、服务能力强、现代化程度高、发展多式联运现代海港体系。

2. 弹好城市发展与经济转型"共鸣曲"

充分发挥城市发展和产业优势,择优发展临港工业,努力打造高技术含量、高附加值、环境友好的临港工业基地,大力推动产业转型升级。做好海洋经济这篇文章,发挥比较优势,注重区域特点,提升发展海洋服务业,积极培育海洋新兴产业,全面提升海洋经济发展水平。

积极培育都市旅游、港航物流、创意设计等现代服务业,加快发展战略性新兴产业,实现转型发展。发展空港体系,积极参与周边机场的合作,通过增加航线和开拓市场,形成以空港物流中心为核心区、以整个市域范围为海空联动区、以整个长三角为辐射区的航空物流网络。发展海铁联运和江海联运,加大长江沿线港与宁波港对接,提升宁波港发展水平。

3. 弹好经济发展与民生改善"主题曲"

发展信息港体系,统一规划和建设宁波公共综合物流信息平台,对接整合宁波海关、港口 E-DI、电子口岸三大公共物流信息平台。整合航空信息资源,推进国内外物流在信息互通、票据流转、作业流程、全程监控等方面实现无缝衔接,实现"一票制"多式联运。加快推进铁路进港支线和集装箱中心站港建设,积极推进海铁联运城市联盟。建设生态型港口,发展港口,实现人与自然、生产与环境、港口与社会和谐发展,推进港口向价值链高端转变。

二、提升"三优势"

1. 提升城市经济"核心优势"

构建国际航线、内支线、城市环线、省内网线和省外专线等多层次综合运输体系,加快形成"一环六射"高速公路主骨架网络、"八横五纵三沿海"干线公路主骨架格局和新建铁路港区支线。利用杭州湾跨海大桥,加强北向对外交通干线建设,完善和拓展长三角地区运输网络,尽快向长江中、下游各省间接经济腹地和华北、西南、西北、东北等国内其他内陆腹地推进。拓展国际集装箱环球远洋航线网络系统,开辟江海联运及南北沿海集装箱运输支线,加快港口集疏运通达能力,全方位吸引海向和陆向经济腹地国际集装箱货源,推进港口物流向价值链高端转变。

2. 提升交通经济"竞争优势"

调整宁波铁路网规划,将大碶铁路集装箱中心站提高到260万标准箱/年,结合进港铁路支线建设,在港区内配套建设铁路集装箱港站。加快滨海快速路实施,尽快分流穿山、大榭、北仑、镇海四港区东西向疏港交通及四港区间交通量。发展国际中转及内支线业务,提高海运水水中转比例,降低港口对陆路集疏运需求,减少水水中转集装箱在不同港区间转换。注重发展多式联运,提高运输网络利用效率。重点发展腹地400千米内海-公联运、400千米外海-铁联运、江-海联运集装箱运输方式,吸引间接腹地特别是长江流域、西南地区货源。

3. 提升现代港口"规模优势"

建设以港口为龙头、以综合运输体系为通道多式联运体系和现代物流运作体系。

(1)台州、温州等南向联运体系,金华、衢州等西南向联运体系,绍兴、杭州等西北向联运体系,沿杭州湾跨海大桥上海、苏南方向联运体系,这四个集装箱多式运输体系主要是公-海联运模式。

(2)沪杭—浙赣以北、以南、以西方向江西、安徽、贵州、重庆等地至宁波铁-海或铁-公-海集装箱多式联运体系。

（3）杭甬运河至宁波港水水集装箱联运体系。

（4）长江至宁波港水水集装箱联运体系。

（5）欧美—亚太地区海运中转业务。

围绕宁波港转型升级，加快谋划港航信息化发展规划，理清发展思路和建设重点，推进港航公共信息化服务平台建设。尽快融合电子口岸平台，加快融合港口生产协同管理系统和引航调度系统，完善应用条形码、智能标签、无线射频识别（RFID）等自动识别技术和电子数据交换（E-DI）技术，提高港航物流整体信息化水平。培育与港口经济相关国际咨询、国际法律援助服务，形成与现代国际港口物流、港口经济国际服务体系，提升宁波港及整个城市综合竞争力。

三、实现"四突破"

1. 在港口"创新驱动"增长路径上实现突破

实施"港城一体化"，明确北仑城区与港区发展定位，为港区提供充足发展空间。发展航运保障体系，加快推进宁波国际航运服务中心建设，实现网上运输市场和政府管理服务相结合，激活运输市场主体，构建市场化、信息化、集约化服务模式。开展离岸金融业务，构建智慧金融信息网，吸引国际金融机构进驻宁波，发展金融等与港口、航运、贸易相配套现代服务业，强化金融与政策支撑，实现港口与城市经济互动。

改善通关环境，协调码头与海关作业流程，优化港口查验环境，优惠口岸收费，适应港口发展需要，提升港口竞争软实力。

建设生态型港口，实现人与自然、生产与环境、港口与社会和谐发展，实现绿色发展。加快人才培养，造就人才发展环境，创新综合物流无缝衔接，为宁波港口发展提供智力支撑。

2. 在港口"绿色低碳"发展模式上实现突破

优化物流园区、保税物流园区、配送中心、转运中心、流通加工中心、集装箱堆场、杂货堆场等港区节点和中转节点，顺畅衔接海、空、公、铁、河、管道等运输方式及国内国际物流枢纽。有序建设"一主六副"物流园区。北仑主物流中心加大力度引进采购、配送、国际中转等国际贸易物流企业，空港物流中心提升航空物流发展。以《国家海洋经济示范区》为契机，做好保税物流园区、宁波出口加工区、慈溪出口加工区、金融服务区和集疏运等设施规划设计工作，引进多功能、低碳型行业性企业落户港区。推动"区港联动试点"，通过推介、宣传"绿色低碳"发展模式吸引更多物流企业到园区租仓开展保税业务。确定集装箱综合场站方案，列入"绿色低碳"土地利用规划，做好用地控制。以宁波港为枢纽，"支线港"、"喂给港"和"无水港"为节点，公、铁、水联运为纽带，增强宁波港对腹地辐射力和货源控制力，提高宁波港货物接卸能力和港区码头使用效率。

3. 在港口"开放高效"体制机制上实现突破

培育港口供应链各类物流市场主体，重点培育社会化第三方、第四方物流企业及承接基于IT技术离岸物流外包业务新型企业主体，提供多元化服务。综合物流体系与全球产业转移联动，发展快速、高附加值物流服务。按照港口转型升级目标，优化政策措施，调整政策重点、方向、力度、土地、资金、人才等要素资源向港口发展重点领域、薄弱环节、新增长点集中倾斜。做大港口需求市场,发展国际中转及增值服务等国际服务。依托宁波港资源和梅山保税区等国家海关特殊政策,发挥"政策叠加、功能整合"优势,全面推进宁波港转型升级。

4. 在港口"立体多元"体系上实现突破

发展"三位一体"的港航物流服务体系。发挥港口资源优势和区位交通优势,着力构建大宗商品交易平台、海陆联动集疏运网络、金融和信息支撑系统"三位一体"的港航物流服务体系。按照国家《长江三角洲地区区域规划》要求,发挥海铁联运优势,以液体化工、铁矿石、煤炭、塑料、钢材、木材、粮油、镍金属、船舶等为重点,积极打造大宗商品交易平台,力争形成若干个在长三角、全国甚至全球有影响力的交易平台,努力建设成为我国大宗商品区域性配置中心和现代化国际枢纽港。统筹规划建设一批大宗散货储运基地和交割仓,完善配套设施,提高储运能力。培育引进一批中转、运输、配送等物流企业,形成集储存、交易、运输为一体的交易服务体系,着力构建大宗商品的区域性配置中心。建设战略物资储运基地。根据国家战略部署和长三角、长江流域经济发展需要,以石油、天然气、铁矿石等战略物资为重点,统筹规划建设一批国家战略物资储运基地,完善配套设施,提高宁波港中转储运能力。结合东海油气资源开发,根据浙江省统筹规划需要,在北仑、大榭等地规划建设后方港口服务基地,开展转储运、加工等服务,更好地保障国家能源等战略安全,积极培育宁波港海洋经济发展的核心竞争力。

四、推出十大工程

1. 拓展完成新的项目

(1)新建宁波大榭、穿山、梅山保税港区等一批深水码头,新增生产性码头泊位28个;

(2)加快疏港交通建设,公路形成"一环六射"为主骨架疏港高速公路网络,铁路形成"五线一枢纽"布局,通达主要港区;

(3)推进海铁联运,完善海铁、公铁、公水等多式联运设施,实现"零距离装、无缝隙衔接"。

2. 建设物流园区,提高专业化水平

(1)加快宁波梅山保税物流园区、镇海大宗货物海铁联运枢纽港等临港物流园区,推进海港与空港、陆港及物流园区的联动发展,推进港口物流业与流通商贸业及临港制造业联动发展;

(2)完善物流运作系统,优化物流业务流程,逐步形成以电子商务为基础的新型物流中心,发展数字化物流,拓展物流空间,提高专业化物流水平。

3. 搭建交易平台,发展进出口贸易

(1)到2015年力争港口大宗商品交易平台实现市场交易额达4 000亿元,重点整合建设镇海液体化工产品市场、镇海煤炭交易市场等15个有影响力市场;

(2)创新大宗商品交易模式,统筹规划建设一批大宗商品储运基地和交割仓,提升宁波四大中远期交易市场功能,巩固大宗商品区域资源配置能力;

268

（3）开发高附加值商品交易市场,发展进口贸易,形成宁波商附加值产品的国际供应链管理中心。

4. 集聚资源要素,发展现代服务业

（1）选择培育进口高新技术装备和重大建设项目,集聚资源要素,全面展开国际转口贸易、国际中转、国际采购、分销配送、构建进口商品经营分销体系;

（2）加快推进船货代船租赁及航运经纪人等中介现代服务业快速发展,打造国际航运后勤服务基地,设立宁波航运交易机构,壮大宁波船舶服务业。

5. 建设智慧港口,推进信息化运作

（1）到 2015 年基本建成具有国内领先、国际先进的港口信息化运作和管理体系;

（2）形成港口、物流、交易、信息和口岸通关政务信息互联互通,实现物流全程信息化、电子化运作;

（3）宁波第四方物流市场年网上交易额突破 50 亿元。

6. 做强港口企业,打造综合服务商

（1）鼓励港口企业做大、做强,共同发展新型临港工业、海洋科教业、海洋旅游业,提升港口产业集群规模层次和国际竞争力;

（2）大力发展海洋运输业,引进国际国内航运龙头落户宁波,解决"大港小航"瓶颈,实施资本运作拓展港口物流业。

7. 加大引进力度,培育临港物流业

（1）至 2005 年全市引进培育 15 家营业收入在 15 亿元以上的总部物流企业;

（2）培育一批主营业务收入超过 5 亿元市级物流龙头企业;

（3）全市沿海船舶运输力达到 600 万载重吨。

8. 广升融资渠道,创建金融新模式

（1）创新航运物流信贷模式,拓宽航运物流企业融资渠道,完善航运物流保险服务,开展离岸金融业务,提高港口资本运营效率;

（2）做大做优航运产业发展基金,争取总规模达 100 亿元;成立宁波专业航运保险法人机构进入运营,争取实现年保险额达 100 亿元。

9. 加强监管机制,深化口岸大通关

（1）加强港口一体化,统筹宁波、舟山两地港口资源合理布局,建立有利于宁波—舟山港一体化发展的口岸监管机制;

（2）支持港口集装箱江海联运和海铁联运,以宁波—舟山港 7 亿吨货物吞吐量和 2 500 万集装箱吞吐量来编制发展规划;

（3）加强宁波口岸与"无水港"城市、港口联盟及城市口岸协作,实现电子口岸对接,探索多式联运口岸监管的无缝衔接和无障碍流转。

10. 发挥保税增值,打造强港示范区

（1）在新一轮发展中,宁波梅山保税港区将建设成为国际强港示范工程,宁波、舟山两地联手推进宁波—春晓—舟山六横保税物流体系核心建设平台作为整体发展;

（2）充分发挥梅山保税港区优势,推进宁波港实现向"贸易物流港"、"世界大港"向"国际强港"转变,将梅山保税港区打造成为宁波建设亚太地区重要国际门户的核心功能区、浙江省实施海洋经济战略的先导先行区、国家建设自由贸易区的先行试验区。

参考文献

［1］ 丁俊发.《港口物流与中国经济发展》［J］.《上海海运学院学报》,2004 年,第 2 期。

［2］ 李学工.《构筑现代港口物流的政策框架》,中国物流与采购网 http://www.chinawuliu.com.cn/xsyj/200601/20/130061.shtml.

［3］ 天津东疆保税港区课题组.《建设天津东疆保税港区的战略研究》［J］.《天津经济》,2006 年,第 10 期。

［4］ 杨兵杰.《关于梅山岛保税港区规划建设的认识与思考》［J］.《三江论坛》,2006 年,第 11 期。

［5］ 王军锋.《"十五"时期宁波现代物流发展战略》［J］.《中国商贸》,2001 年,第 12 期。

［6］ 王军锋.《企业现代物流经营方式与增效途径》［J］.《浙江经济》,2002 年,第 8 期。

［7］ 王军锋.《多式联运:宁波港拓展腹地的关键》［J］.《中国物流与采购》,2005 年,第 15 期。

［8］ 王军锋.《现代物流业在宁波崛起》［N］.《国际商报》,2006 年 2 月 27 日。

［9］ 王军锋.《"十一五"时期宁波物流业任务与发展方向》［N］.《现代物流报》,2006 年 12 月 26 日。

［10］ 王军锋.《发展宁波国有物流》［N］.《新华月报》,2007 年 9 月 14 日。

加快海洋旅游人才培养 推动海洋旅游产业发展

——以宁波市为例[*]

苏勇军

（宁波大学）

摘要 21世纪是海洋世纪。海洋旅游产业是宁波经济发展新的增长点。而宁波市海洋旅游产业持续、快速、健康发展有赖于海洋旅游行业高素质人才队伍建设。当前,我们在重视海洋旅游资源开发的同时,要更加重视海洋旅游人才的培养教育工作。为此,地处浙江海洋经济发展示范区核心区域的宁波高等院校更应积极调整思路,围绕浙江海洋经济示范区建设的战略部署,加快海洋旅游人才的培养,如积极争取政府部门对海洋旅游人才培养的扶持;全方位开展国际交流与合作;积极推进与海洋旅游相关企业合作等。

关键词 海洋旅游人才;海洋旅游;高等院校;宁波市

一、宁波市加快海洋旅游人才培养的必要性

国务院2011年2月底正式批复《浙江海洋经济发展示范区规划》,标志着浙江海洋经济发展上升为国家战略,为浙江海洋经济发展带来了前所未有的战略机遇。宁波位于我国长江发展轴和沿海发展轴"T"字形交汇处,是浙江省海洋经济发展示范区的核心区,在促进浙江海洋经济发展中具有重要的战略地位。

宁波市海洋旅游资源品种丰富、类型多样,自然与人文资源兼备,不仅拥有海岛、沙滩、奇岩、滩涂等自然风光和海上丝绸之路、浙东渔民俗、海防等文化资源,还拥有北仑港和杭州湾跨海大桥等一流的现代建设成就,并辅以良好的经济发展态势和区位交通优势,为宁波市海洋旅游业的发展提供了充足的条件。宁波旅游发展"十二五"规划提出,把宁波市建设成为以海洋旅游为特色的国内一流的旅游目的地。围绕这一目标,宁波市正在有计划地开发宁波海洋旅游资源,推出一批兼具山海特色、海洋文化底蕴深厚、适应现代海洋旅游度假需求的旅游产品,与上海都市旅游和杭州西湖山水形成鼎足之势,努力实现建设旅游强市和国际港口旅游名城的宏伟目标。我们认为,宁波海洋旅游产业的快速发展要求加快海洋旅游人才培养,加大旅游教育投入,优化配置旅游教育资源,逐步形成适应海洋旅游发展要求的

---

* 基金项目:宁波大学教学研究项目(JYXMxyb201108),浙江省教育科学规划项目(SCG107)。

旅游教育体系,为旅游产业发展提供人才保障。

二、宁波市海洋旅游业的快速发展与高校海洋旅游人才培养之间的矛盾

(一)宁波海洋旅游发展迅速

进入海洋世纪,宁波市海洋旅游项目开发建设迎来高潮。宁波市在建投资过亿元的海洋旅游项目有 21 个,投资总额超过 310 亿元,走在全省前列。象山半岛的休闲度假项目不断提升,宁海湾旅游度假区崭露头角,奉化滨海的阳光海湾项目动工建设,杭州湾新区、宁海三门湾新区、北仑滨海新区和梅山保税港区的休闲旅游项目进入规划阶段,正从滨海观光旅游向海洋旅游"深蓝时代"跨越式发展。经过几年建设,宁波市目前拥有 1 个省级海洋旅游度假区和 8 个国家 4A 级海洋旅游景区,在全省处于领先地位。经过不断发展,已经形成了以松兰山海滨旅游度假区、中国渔村、海天一洲观光平台、杭州湾湿地公园、凤凰山海港乐园、洋沙山风景旅游区、海洋世界等为代表的一大批海洋旅游特色景区。

随着宁波市大型海洋旅游项目建设的逐步推进,以华东、华北、华南三大区域为主体的旅游市场不断扩大。2009 年宁波实现旅游总收入 530.5 亿元,同比增长 17.84%;接待入境旅游者 80.05 万人次,同比增长 5.74%;创外汇 4.86 亿美元,同比增长 3.76%。

(二)海洋旅游人才培养严重滞后

海洋旅游业的经营管理,需要大批熟悉旅游业务、经营管理、精通外语的专业人才。这是海洋旅游业发展的关键。因而在重视海洋旅游资源开发的同时,要更加重视海洋旅游人才的培养教育工作。目前宁波拥有宁波大学、宁波工程学院、浙江大学宁波理工学院、宁波城市职业技术学院以及宁波市海洋与渔业研究院、宁波海洋开发研究院等一批涉海高校与科研机构,还拥有海洋与渔业领域重点实验室 9 家、市级企业工程(技术)中心 8 家,但这些机构主要分布在海洋化工、海洋装备、海洋渔业、海洋交通运输物流、海洋工程、海洋能源矿产等领域,拥有海洋高层次科技人才约 2000 人。而在涉及旅游专业或学科的高校中,宁波市共有 7 所高等院校开设旅游专业(或学院),在校生 2500 人左右,其中大专生约占 80%,本科生约占 20%。不少普通高校设置的旅游系或者旅游专业,还没有形成一定的实力与特色,特别是针对海洋旅游人才培养方面,还尚有不少新的课题亟待研究与实践。这种状况导致了宁波海洋旅游从业人员无论是数量,还是业务素质普遍偏低,无法顺应海洋旅游产业迅速发展的需求。

三、宁波高等院校加快海洋旅游人才培养的思考

宁波高等院校应积极调整思路,围绕浙江海洋经济示范区建设的战略部署,加快海洋人才的培养。在这样的背景下,宁波高校在旅游人才培养目标上要凭借海洋地域优势,力争办出特色,更好地服务海洋旅游经济。通过调研,我们发现宁波目前这几类海洋旅游人才最为

紧缺:海洋旅游职业经理人,海洋旅游景区规划,海洋旅游电子商务和市场营销人才,游艇、邮轮、会展、度假等产业和形象策划人才,复合型、外向型和应用型海洋旅游人才,海洋旅游一线服务人员等。

(一)宁波市海洋旅游人才培养的指导原则

1. 市场导向性原则

宁波海洋旅游人才培养应坚持以市场需求为导向,即高等院校应坚持面向区域海洋经济主战场,面向生产、服务与管理第一线设置专业或专业方向,将当前海洋旅游快速发展和人才需求的变化趋势作为旅游人才培养的依据。同时,随着区域海洋旅游的发展,人才需求情况也会不断发生变化,这就需要我们进一步对海洋旅游人才市场进行细分,设置、开发与市场需求对路的专业或方向。

2. 教育国际化原则

鉴于海洋旅游的国际化程度日趋明显,这就对海洋旅游人才培养提出了国际化的要求。充分发挥宁波海洋旅游国际性资源和国际市场基础,强化国际化视野,形成国际化思维,以国际化标准,对应国际化需求,构建国际化服务体系,建设国际化产品,规划建设海洋旅游国际化人才培养。

3. 办学特色性原则

保持专业特色是高校旅游管理专业定位最核心的工作。就宁波而言,要以建设海洋旅游特色专业统领教学基本建设、师资队伍建设、学风建设和实践教学环节等工作,要以专业特色建设、实践教学活动促进学科专业建设,努力实现学科专业建设与其他建设的协调发展。

(二)宁波高等院校加快海洋旅游人才培养的思路

1. 积极争取政府部门对海洋旅游人才培养的扶持

随着《浙江海洋经济示范区发展规划》上升为国家战略,教育部门也积极响应示范区建设,制定海洋人才培养计划,即《浙江省高校海洋学科专业建设与发展规划(2011—2015年)》。按照规划,在5年里,浙江将重点支持3个海洋学科一级学科建设,大力扶持30个涉海重点学科,科学规划建设50个涉海特色专业,培养一批海洋应用型人才,基本完成对接现代海洋产业体系的建设,使得海洋高等教育综合实力、国际竞争力和可持续发展能力显著增强,有力支撑引领海洋经济的发展。因此,高校应积极与政府部门建立合作关系,争取政府在经济、政策等方面对海洋旅游人才培养给予扶持。

2. 加强统筹,合理布局涉海旅游专业或课程群

目前,宁波市3所本科院校旅游专业应根据现代海洋旅游产业集群的产业链条分布、岗位需要以及错位发展的要求,科学合理定位,集成优质资源,发挥比较优势,构建涉海旅游专业课程群,提高人才培养的适应性。在现有4所旅游高职的基础上,发展相应的涉海专业,如滨海旅游、邮轮旅游、海洋度假会展等专业,将单一的旅游专业延伸为涉海专业群,从而多

层次、全方面培养海洋旅游专业人才。

3. 海洋旅游人才培养模式与国际接轨

海洋旅游的国际化是一种必然趋势。为此,海洋旅游人才的培养也应该顺应旅游国际化的需求。首先,课程体系国际化。大幅度增加外语课、双语课和全外语专业课的比例,同时引进国际知名旅游院校的旅游专业教材。其次,师资国际化。国际化人才培养离不开国际高水平的专业师资。要通过各种途径,引进国际知名海洋旅游专家、学者来学校给学生进行讲座或授课。再次,实习实践的国际化。学校教育与国际化海洋旅游企业(比如歌诗达邮轮公司、丽星邮轮公司等)培养紧密结合,企业培养时间占整个培养体系总课时数的比重可达到1/4或更多。

4. 加强校企合作,培养海洋旅游技能型人才

近年来校企合作呈"全方位、多层次"发展态势,合作内容丰富,出现建立人才开发培养基地、订单式培养、产学研结合、引入智力资源参与企业改革等多种方式。在宁波市特色海洋旅游人才培养过程中,也应该加强校企合作,培养适应企业、行业发展需要的技能型专业人才。在宁波市高等院校与涉海旅游企业的合作上,政府要出台优惠政策,明确旅游企业的税收优惠政策,鼓励旅游企业投资办学,鼓励企业捐资助学行为,明确校企合作双方的权利、义务和责任。而高校要主动为海洋旅游服务,搭建工学结合平台,培养涉海旅游技能型人才。

参考文献

[1] 段学成. 高职院校培养海洋旅游企业人才的对策分析[J],经济师,2010(3)
[2] 施超. 我市挺进海洋旅游"深蓝时代"[N]. 宁波日报,2012-10-7(1)
[3] 宁波市旅游局. 2011年宁波旅游经济运行分析白皮书(总报告)[EB/OL].(2012-1-20)http://www.nbtravel.gov.cn/zt/jjyx/201201/t68097.htm
[4] 钱军. 浙江海洋旅游人才培养基地建设的构想[J],浙江海洋学院学报(人文版),2010(2)
[5] 校企合作,共担旅游人才开发之责[N]. 中国旅游报,2010-4-2(8)
[6] 钱军. 海洋旅游产业背景下的高职旅游专业人才培养特色化思考[J],浙江国际海运职业技术学院学报,2009(4)